U0261929

海河流域水资源保护局志

海河流域水资源保护局　编

中国水利水电出版社
www.waterpub.com.cn
·北京·

内 容 提 要

　　本书以通俗流畅的史志笔法，横排门类、纵写始末，全面记述了海河流域水资源保护局自1980年成立以来海河流域水资源保护事业和机构的发展历程和工作成果，包括机构沿革、水环境监测、饮用水水源地保护、引滦水资源保护、水功能区监督管理、入河排污口监督管理、突发水污染事件处置、水资源保护规划、水生态系统保护、科学技术研究、环境影响评价、财务经济管理、综合管理、改革发展成果等内容，共十四章，同时辅以大事记和附录为补充。

　　本书具有鲜明的流域特色、专业特色和时代特色，志书内容丰富、资料翔实、图文并茂，对想要全面了解海河流域近40年水资源保护工作全貌和发展变化的各级管理者、相关研究者、水利工作者、史志爱好者，都是不可多得的工具书。

图书在版编目（CIP）数据

海河流域水资源保护局志 / 海河流域水资源保护局
编. — 北京：中国水利水电出版社，2021.2
ISBN 978-7-5170-9444-9

Ⅰ．①海… Ⅱ．①海… Ⅲ．①海河－流域－水资源保
护－管理部门－概况 Ⅳ．①TV213.4

中国版本图书馆CIP数据核字（2021）第036493号

责任编辑：任书杰

书　　名	**海河流域水资源保护局志** HAI HE LIUYU SHUIZIYUAN BAOHUJU ZHI
作　　者	海河流域水资源保护局　编
出版发行	中国水利水电出版社 （北京市海淀区玉渊潭南路1号D座　100038） 网址：www. waterpub. com. cn E - mail：sales@waterpub. com. cn 电话：（010）68367658（营销中心）
经　　售	北京科水图书销售中心（零售） 电话：（010）88383994、63202643、68545874 全国各地新华书店和相关出版物销售网点
排　　版	中国水利水电出版社微机排版中心
印　　刷	北京瑞斯通印务发展有限公司
规　　格	184mm×260mm　16开本　18.75印张　462千字　8插页
版　　次	2021年2月第1版　2021年2月第1次印刷
定　　价	**118.00元**

2009 年水利部部长陈雷慰问海河流域水资源保护局职工

2005 年水利部副部长索丽生（左）视察海河流域水资源保护局

2006 年水利部副部长矫勇（左 2）视察海河流域水资源保护局

2011 年水利部副部长刘宁（右 3）视察海河流域水资源保护局

2006 年水利部副部长胡四一（左 2）视察海河流域水资源保护局

2017 年水利部副部长叶建春（右 2）视察海河流域水资源保护局

2010 年海委主任任宪韶（右 5）调研蓝藻研究基地

2007 年海委副主任户作亮（左 2）现场
指导洋河水库蓝藻暴发应急监测工作

2008 年水利部水资源司副司长孙雪涛（左）
看望海委抗震救灾工作组

2018 年海委主任王文生（右一）慰问海河流
域水资源保护局职工

2008 年海河流域水资源保护局局长张胜红（右 3）调研潮白河生态修复工作

2015年海河流域水资源保护局局长郭书英（左2）调研六河五湖综合治理和生态修复工作

2006年海河流域水资源保护局副局长林超
在GPA第二次政府间审查会上作专题发言

2015年海河流域水资源保护局副局长范兰池
（左4）带队开展流域重要水源地联合检查

2015 年海河流域水资源保护局副局长罗阳（右 3）陪同瑞典水资源专家参观水环境监测中心实验室

2002 年海河流域水资源保护局原副局长及金星（左 3）带队开展入河排污口调查

1996 年中美地下水对照研究项目打井现场（河北省丰南县某地）

2002年海河流域水资源保护局组织流域生态调研查勘

2003年海河流域农村地下饮用水源污染情况调查

2007年海委突发水污染应急演练水质现场监测环节

　　2008 年海委赴四川抗震救灾应急水源水质监测组荣获中华全国总工会"工人先锋号"称号

2014 年中法海河流域水资源综合管理项目研讨会会场

2018年海河流域水资源保护局组织开展水源地保护宣传活动

海河流域水环境监测中心水质分析实验室

2013 年海河流域水资源保护局党支部组织"弘扬伟大抗战精神 发挥先锋模范作用"主题党日活动

海河流域水环境监测中心职工王乙震获海委系统 2015 年水质监测岗位操作比武第一名

2011 年海河流域水资源保护局职工参加"红歌唱响海委"活动

2006 年海河流域水资源保护局职工合影

2008 年海委抗震救灾应急水源水质
监测工作组在灾区现场监测

2017 年海河流域省界水体水质监测水样采集现场

2013年浊漳河突发水污染应急监测破冰取样现场

2016年海河流域入河排污口调查监测现场

2018年海河流域水资源保护局组织开展"世界水日""中国水周"宣传活动

2015 年海河流域水资源保护局组织水生态保护修复联合调研查勘

2018 年海河流域水资源保护局局长郭书英（左）看望原海河水资源保护办公室副主任王亚山（右）

2019 年海河流域水资源保护局领导班子慰问原副局长马增田（右 2）

2013 年海河流域水资源保护局职工参加海委机关广播体操比赛活动

2010 年海河流域水资源保护局建成海河流域水质监控中心

海河流域水资源保护局组织设置的水功能区标识

海河流域水资源保护局办公楼

《海河流域水资源保护局志》
编纂委员会

主　　任：郭书英

副 主 任：林　超　　范兰池　　罗　阳

委　　员：孙　锋　　戴　乙　　李漱宜　　郭　勇　　孟宪智
　　　　　刘德文

编辑人员：张增阁　　孙伟琰　　张睿昊　　郝光玲　　高晓月
　　　　　张世禄　　徐　宁　　高金强　　赵雪飞　　张　辉

参编人员：韩东辉　　王振国　　于　卉　　朱龙基　　王佰梅
　　　　　郭　斌　　徐丽荣　　郭纯子　　王洪翠　　张　俊
　　　　　许　维　　周绪申　　石　维　　侯思琰

《海河流域水资源保护局志》即将出版，深感欣慰。打开书稿，一幅幅图片、一段段文字，唤起几十年往事记忆。

海河流域是我国水资源最为紧缺的地区之一，随着20世纪90年代经济社会快速发展，流域水资源短缺、水污染严重、水生态损害、省际水污染纠纷等问题日益凸显。尤其是平原地区表现更为突出，"有河皆干、有水皆污"成为了海河流域水生态环境问题的真实写照。

海河流域水资源保护局坐落在天津市河东区龙潭路15号，1980年成立以来，在水利部、海河流域委员会和流域内省（自治区、直辖市）有关部门单位领导、支持和帮助下，开展了大量卓有成效的工作，为海河流域水生态文明建设乃至流域经济社会可持续发展作出了突出贡献。

海河流域水资源保护局前身是海河流域委员会内设机构水资源保护办公室，1980年随海河流域委员会成立而设立。其设立伊始也正是我国改革开放起步、经济快速发展时期，流域水资源保护工作面临艰巨而复杂的工作任务。多年来，海河流域水资源保护局贯彻国家资源环境保护政策，执行上级主管部门工作部署，认真落实最严格水资源管理制度，全面履行行政职责，与时俱进，主动担当作为，在海河流域水资源保护、水生态系统保护与修复方面开展了大量工作，发挥了突出作用，取得了丰硕成果。

《海河流域水资源保护局志》对海河流域水资源保护局机构沿革、依法履职、综合管理、改革发展等进行了详细记述。编制人员查阅了大量文献档案，充分尊重史实，并多方请教、反复求证，力求准确反映事件原貌。该著作内容丰富、图文并茂、语言朴素，实事求是地再现了海河流域水资源保护局改革发展历程和工作场景。

《海河流域水资源保护局志》的出版，为了解、认识、追忆海河流域水资源保护局改革发展历程提供帮助，为流域水资源保护、水生态系统保护与修复提供宝贵的历史文献，为流域水生态文明建设工作提供了资政参考。

中国特色社会主义进入了新时代，绿色发展、人与自然和谐共生理念早已深入人心。2019 年，海河流域水资源保护局转隶为生态环境部海河流域北海海域生态环境监督管理局（简称海河流域局），任务更为艰巨、工作更为光荣，祝愿海河流域局借改革之东风，直面新挑战，抓住新机遇，实现大发展，以生态环境保护更大贡献助力海河流域北海海域经济社会高质量发展，进而决胜全面建成小康社会。

2020 年 8 月

编制说明

2018 年 9 月，水利部海河水利委员会启动《水利部海河水利委员会志》编纂工作，恰逢新一轮机构改革，海河水保局面临较大机构变动。经海河水保局党委会集体研究，决定结合《水利部海河水利委员会志》组稿，组织开展《海河流域水资源保护局志》编纂工作。通过编纂《海河流域水资源保护局志》，系统梳理总结 1980 年机构设立以来海河流域水资源保护事业发展概况，全面记述海河水保局机构沿革、履行海河流域水资源保护和自身发展重大事件，为海河流域水资源保护事业改革发展乃至海河流域水生态文明建设提供资政参考。

本志编纂工作始于 2018 年 9 月，海河水保局各部门单位都参加了编纂工作，经广泛收集资料，系统整理、考证、编纂，2019 年 2 月完成初稿。经 3 次审稿、修改，2020 年 3 月定稿。

本志共分十四章，另附彩页、综述、大事记、附录。其中综述、机构沿革、综合管理、改革发展成果、大事记部分由海河水保局办公室编写，水环境监测部分由监测中心编写，饮用水水源地保护、引滦水资源保护、水功能区监督管理、入河排污口监督管理、突发水污染事件处置部分由监督管理处编写，水资源保护规划、水生态系统保护部分由规划保护处编写，科学技术研究由科研所编写，环境影响评价部分由海河水资源保护科学研究所、碧波公司共同编写，财务经济管理部分由计划财务处、碧波公司共同编写。

在本志编纂及档案资料查询过程中，得到海河档案馆、海委办公室、海委人事处以及单位退休职工等的大力支持和帮助，在此一并表示感谢！

由于时间跨度较大，可供查询的档案资料有限，有些记述难免出现疏漏和不妥，敬请读者批评指正。

2020 年 3 月

凡例

一、本志以海河水保局为对象，全面记述机构设立以来海河流域水资源保护事业和机构沿革、现状和成就。

二、本志以志为主，设章、节、目，综述、大事记、附录、后记等不设章节。

三、本志记事时间，上限为1980年机构设立，下限为2018年，个别内容适当上溯或下延。

四、大事记采用编年体和记事本末体相结合的体裁。

五、本志书记述采用第三人称编写，行政区划、机构、地名等均以记事年代时的名称为准。

六、附录收录与本志密切相关、又不便编入正志的文件资料。

七、本志资料来源为海河档案馆、海河水保局的各类档案资料。

主要机构全称与简称对照一览表

全　称	简　称
中华人民共和国水利部	水利部
中华人民共和国环境保护部	环保部
中华人民共和国住房和城乡建设部	住建部
中华人民共和国水利电力部	水电部
中华人民共和国城乡建设环境保护部	建设部
海河水利委员会	海委
海河流域水资源保护局	海河水保局
水利部海委漳河上游管理局	漳河上游局
水利部海委引滦局	引滦局
水利部海委漳卫南运河管理局	漳卫南局
水利部海委海河下游管理局	海河下游局
海河流域水环境监测中心	监测中心
海河流域水资源保护科学研究所	科研所
海河水资源保护科学研究所	科研所
水利部国际合作与科技司	水利部国科司
潘家口、大黑汀水库	潘大水库
中国石油天然气集团公司	中石油
中国海洋石油集团有限公司	中海油
中国石油化工集团公司	中石化
神华集团有限责任公司	神华集团
中国国际工程咨询有限公司	中咨公司
各省、自治区、直辖市水环境监测中心	省中心
国家环境保护总局	国家环保总局
国家环境保护局	国家环保局
国家水体污染控制与治理重大专项办公室	国家水专办
中华全国总工会	全国总工会
国务院环境保护委员会办公室	国务院环委办
国务院环境保护委员会	国务院环委
天津市龙网科技发展有限公司	龙网公司
海委水政监察总队水资源保护支队	水资源保护支队
天津市碧波环境资源开发有限公司	碧波公司

目录

海河流域位于北纬 35°～43°、东经 112°～120°之间，东临渤海，西倚太行，南界黄河，北接蒙古高原，流域总面积 32 万平方千米。行政区包括北京、天津两市，河北省绝大部分，山西省东部，山东、河南省北部，辽宁省及内蒙古自治区的一部分。全流域地势西北高、东南低，高原、山地占流域总面积的 60%，平原占流域总面积的 40%。

海河流域包括海河、滦河、徒骇马颊河 3 大水系，其中，海河水系是主要水系，由北部的蓟运河、潮白河、北运河、永定河和南部的大清河、子牙河、漳卫河组成；滦河水系包括滦河及冀东沿海诸河；徒骇马颊河水系位于流域最南部，为单独入海的平原河道。海河流域共有大型、中型、小型水库 1900 多座，其中大型水库 36 座。

海河流域人口密集，大中城市众多，流域内有北京、天津、石家庄，以及唐山、秦皇岛、廊坊、张家口、承德、保定、邯郸、邢台、沧州、衡水、大同、朔州、忻州、阳泉、长治、安阳、新乡、焦作、鹤壁、濮阳、德州、聊城、滨州等 26 座大中城市。据统计，2016 年流域总人口为 1.53 亿人，占全国总人口的 11%。2016 年国内生产总值达到 9.4 万亿元，约占全国的 13%。

海河流域地处京畿要地，人均水资源量不足 270 立方米，是我国水资源最为紧缺的地区之一。随着经济社会快速发展，海河流域水资源短缺、水污染严重、水生态损害日益凸显，海河流域水资源保护、水污染防治、水生态修复任务紧迫而艰巨。

为了加强海河流域水利工作的统一领导、统一规划、统一管理及省际边界河流治理和水事矛盾协调工作，经国务院批准，1980 年成立了海委，其内设机构水资源保护办公室是海河水保局前身。自机构设立以来，海河水保局与时俱进，主动担当作为，贯彻国家资源环境保护政策，认真落实上级主管部门工作部署，严格执行最严格水资源管理制度，全面履行行政职责。经过近 40 年改革发展，海河水保局工作能力和水平不断提升，服务流域生态文明建设、助推流域经济社会永续发展作用日益显著。

水是生命之源、生产之要、生态之基，水资源是人类赖以生存和发展的最重要的自然资源之一，是经济社会发展的重要支撑。海河流域地处京畿要地，人均水资源量不足 270 立方米，是我国水资源最为紧缺地区之一。随着经济社会快速发展，海河流域水资源短缺、水污染严重、水生态损害日益突显，海河流域水资源保护、水污染防治、水生态修复任务紧迫而艰巨。

为了加强海河流域水利工作的统一领导、统一规划、统一管理及省际边界河流治理和水事矛盾协调工作，经国务院批准 1980 年成立了海委，其内设机构水资源保护办公室是海河水保局前身。自机构设立以来，海河水保局与时俱进，担当作为，贯彻国家资源环境保护政策，认真落实上级主管部门工作部署，严格执行最严格水资源管理制度，全面履行行政职责。经过近 40 年改革发展，海河水保局工作能力和水平不断提升，服务流域生态文明建设、助推流域经济社会永续发展作用日益显著。

　　水质监测是水资源保护工作中一项最基础的工作，同时也是机构设立后，海河水保局最先开展的基础工作之一。通过实验室建设、人才队伍建设，1987 年海河水保局就具备了较强的水质监测能力，1994 年通过国家计量认证考核。在海委领导下，按照水利部、原水电部工作安排，海河水保局先后组织开展了引滦水质监测、白洋淀水质监测、海河流域地下水水质调查监测、海河流域入河排污口调查监测等方面工作，为引滦水资源保护、海河流域地下水开发利用保护及海河流域水污染防治工作提供了数据支持。1997 年之后，海河水保局贯彻实施《中华人民共和国水污染防治法》、《中华人民共和国水法》、最严格水资源管理制度，先后启动并常态化开展海河流域省界水体水质监测、海河流域水功能区水质监测、海河流域地下水水质监测、海河流域入河排污口监督性监测工作，为海河流域水资源和水生态系统保护提供及时有效的科学支撑。结合工作需要开展了引黄济津应急调水、2008 年北京奥运会应急调水等水质监测、2008 年汶川地震灾区应急水源水质监测、2013 年浊漳河突发水污染应急监测等方面工作，海河水保局较好地完成了各项急难险重的水质监测任务。

　　海河水保局积极组织开展海河流域水质资料整编、各类水质信息编发工作，为各级部门科学决策提供了重要依据。海河水保局组织制定了海河流域水质监测规划，组织建立并不断完善海河流域水质监测站网，不断优化水质监测断面，不断提高监测数据代表性。2003 年之后，海河水保局依托《21 世纪初期首都水资源可持续利用规划》实施，结合相关海河流域水资源监测能力建设项目实施，开展了移动实验室建设、自动监测站建设，提高机动监测、实时监测以及水质预测预警能力；进一步拓展监测项目、开展生物藻类监测，不断完善监测体系；进一步加强水质监测质量控制管理，不断规范水质监测各环节工作，提高水质监测工作水平。

　　至 2018 年 12 月，海河水保局拥有水质监测专业硕士、博士等高级人才 13 名、大型实验室检测仪器 50 多台（套）、移动实验室 2 台（套）、自动监测站 14 座，水质检测能力达到 149 项。在做好水质监测工作同时，努力推进建立海河流域水质监测数据共享机制，为海河流域生态文明建设、经济社会可持续发展提供更为便利的水资源保护信息服务。

　　规划工作是水资源保护中一项重要的战略工作。机构设立后，海河水保局在上级主管部门领导下，先后承担和参与了多项规划编制工作。1986 年、2000 年、2012 年 3 次组织编制海河流域水资源保护规划，1986 年、2012 年规划成果分别纳入《海河流域综合规划》，于 1993 年、2013 年经国务院批准。1999 年按照水利部统一部署，组织海河流域内各省、自治区、直辖市水行政主管部门拟订海河流域水功能区划，区划成果纳入《中国水功能区划（试行）》(2002 年)。2008—2010 年，组织开展海河流域水功能区划复核工作，复核成果纳入《全国重要江河湖泊水功能区划（2011—2030 年)》，为海河流域水资源开发利用管理保护提供指导依据。

1992—1994 年承担完成《南水北调东线水资源保护规划（黄河以北段）》及相关环境影响评价工作，为工程实施提供科学依据。1998 年参与《21 世纪初期首都水资源可持续利用规划》编制工作，2001 年经国务院批准实施，有效缓解北京水资源供需紧张局面。2001—2007 年，参与《南水北调东线一期治污规划》《海河流域水资源综合规划》《海河流域生态环境恢复水资源保障规划》《京津冀都市圈水资源专题规划》《渤海环境保护总体规划》编制工作，为流域、区域生态文明建设和经济社会可持续发展提供科学依据和指导性文件。1997 年、2010 年作为副组长单位参与《海河流域水污染防治规划》《重点流域水污染防治规划（2011—2015 年）》编制工作，两规划分别于 1999 年、2011 年由国务院批准和多部委联合印发，成为海河流域水污染防治工作指导性文件。

水功能区监督管理是《中华人民共和国水法》赋予流域管理机构的一项重要行政职责。海河水保局按照水利部和海委工作部署，努力推进海河流域水功能区划工作和流域内各省、自治区、直辖市水功能区划颁布实施。在水利部 2002 年印发《中国水功能区划（试行）》后，海河水保局 2003 年开始组织开展海河流域水功能区水质监测通报工作，加强海河流域水功能区水质状况监测监督工作。2005 年开始组织开展水功能区入河排污口登记工作，先后多次开展海河流域入河排污口调查监测，制定了《海河流域入河排污口监督管理权限》。2009 年开始，结合流域入河排污口调查监测工作，实施海河流域重要水系入河污染物总量通报，加强入河排污口监督管理工作。2010 年开始，组织海河流域省界缓冲区和海委直管水功能区确界立碑及标志碑维护管理工作，不断加强和规范水功能区监督管理。

2012 年，国务院关于最严格水资源管理制度的意见出台后，海河水保局按照水利部、海委工作安排，积极配合开展最严格水资源管理制度贯彻落实相关工作。协商确定流域各省级行政区不同阶段水功能区达标率指标，组织开展海河流域重要水功能区达标评估工作，核定考核年度各省级行政区水功能区达标率，组织开展考核水功能区水质比对监测，审核报送海河流域省界水体水质监测数据，为最严格水资源管理制度考核工作提供重要基础支撑。

海河水保局严格执行国家取水许可管理、入河排污口管理有关规定，组织开展了管辖范围内取水许可退水水质监督检查相关工作，严格授权范围内入河排污口设置许可审查及水资源论证审查工作，全面认真履行行政职能。每年参与、协助环保部、住建部完成国家年度水污染防治落实情况和黑臭水体整治情况考核，充分发挥流域水资源保护工作机构作用，与各相关机构共同推进海河流域水环境质量逐渐改善。

四

指导协调流域饮用水水源保护工作是海河水保局的一项重要任务。自1983年开始，海委水资源保护办公室按照水电部和海委工作安排，组织开展引滦水资源保护相关工作。1984年，引滦水资源保护领导小组成立后，海委水资源保护办公室承担引滦水资源保护领导小组办公室日常工作，组织开展了引滦水质监测、引滦水资源保护联合检查、引滦沿线污染源限期治理、《引滦水资源保护条例》《引滦水质管理规划》编制等相关工作，努力推进引滦水资源保护各项工作，保护引滦水质安全。2003年，组织编制《潘家口、大黑汀水库水源地保护规划》，提出潘家口、大黑汀水库饮用水水源保护措施建议和饮用水水源保护区划分意见。针对引滦水资源保护存在问题，多次向水利部等国家部委报告呼吁，并提出加强引滦水资源保护相关建议意见。2017年，经国家相关部委及河北省多方努力，协调促成了潘家口、大黑汀水库网箱养鱼清理工作。积极组织编制《引滦水资源保护总体方案》《滦河上游水功能区达标建设方案》，为潘大水库水质持续改善提供指导依据。

2003年，针对海河流域农村饮水困难及地下水水源保护问题，开展了海河流域农村地下饮用水源调查工作，为海河流域农村水改工作提供科学依据。2005年，按照水利部统一部署，组织开展《海委直管水库水源地安全保障达标建设规划》编制工作，规划成果纳入《全国城市饮用水安全保障规划》。2012年开始，按照水利部工作安排，组织指导海河流域重要水源地安全保障达标建设工作，组织开展海河流域重要水源地全指标监测及水质信息编报工作。同时，积极组织开展海委直管水源地保护联合执法检查，组织编制了《潘家口、大黑汀水库达标建设方案》《岳城水库达标建设方案》，努力推进海委直管水源地保护工作。

五

指导协调流域水生态保护和地下水保护是海河水保局的一项工作职责。1981年，海委水资源保护办公室就按照水利部和海委要求，开展了白洋淀环境水利相关调查，编报了《白洋淀生态环境变化的调查报告》。1990年、1995年，海河水保局开展了白洋淀水质调查监测工作，提出了白洋淀水体富营养化防治对策和措施，为白洋淀生态环境保护提供科学依据。2002年，针对海河流域突出的生态问题，按照水利部、海委工作部署，开展海河流域生态环境恢复研究，为《海河流域生态环境修复水资源保障规划》提供科学依据。2005年之后，组织开展海河流域湿地调查工作，并提出湿地保护修复措施。2008年，按照水利部水文局工作安排，启动潘家口水库、大黑汀水库、岳城水库、白洋淀等湖库藻类监测（试点）工作。2015年，开始白洋淀、衡水湖、七里海、南大港、北大港等海河流域"五湖"水生态监测工作。2011年之后，开展海河流域河湖健康评估试点工作，先后对白洋淀、滦河、于桥水库、岳城水库、漳河、洋河、桑干河、永定河等重要河湖进行了健康评估，提出生态保护措施。

1991年，根据水利部水文局安排，组织开展海河流域地下水水质调查评价及与地表水污染关系分析工作，提出了流域地下水保护措施。2014年，承担开展海河流域地下水水质专项监测工作。2015年，承担国家地下水监测工程项目，为海河流域地下水开发利用管理和保护提供了科学依据。2013年起，协助组织开展海河流域水生态文明城市建设试点相关工作，北京市密云县、门头沟区、延庆县，天津市武清区、蓟县，河北省邯郸市、邢台市、承德市，河南省焦作市先后被列为建设试点。2015—2016年，海河水保局按照水利部、海委工作部署，作为主要承担单位编制了《京津冀协同发展六河五湖综合治理与生态修复总体方案》《永定河综合治理与生态修复总体方案》。各项试点、规划、方案实施，为海河流域生态文明建设提供了积极示范和指导依据。

省际水污染纠纷协调、重大水污染事件调查是海河水保局的一项重点工作。海河流域水资源短缺和经济社会快速发展，水资源供需失衡，导致流域水污染事件和水污染纠纷多发频发。自机构设立后，按照水利部、海委要求，1982年参与调查协调海河干流水质污染死鱼事件，1986年调查浊漳河污染，并提出了调查报告和处理意见。1990年之后，海河流域省际污染纠纷、矛盾更加突出，海河水保局参与或组织调查协调沧浪渠、北排河天津、河北上下游省际水污染纠纷，调查协调南运河吴桥、德州水污染纠纷，协调天津、河北南运河污染纠纷，协调漳卫南运河上下游、左右岸污染纠纷，调查蓟运河海水上溯纠纷，为海河流域省际水事纠纷矛盾的化解协调做了大量工作。2000年之后，参与河北省秦皇岛市洋河水库蓝藻暴发、潘家口水库大规模网箱死鱼事件应急工作，为水库供水安全提供了保障。2007年、2013年先后组织编制、修订了《海委应对突发水污染事件应急预案》，不断完善海委水污染事件处置工作机制，每年组织开展突发水污染应急演练，不断提高突发水污染应急能力和水平。参与2013年浊漳河突发水污染应急处置工作，保障了下游岳城水库供水安全。积极组织调查协调沟河、中亭河天津、河北省际水污染纠纷，调查协调了漳卫新河河滩地非法倾倒污染物事件、龙河及龙北新河（津冀）水污染纠纷、北运河及潮白新河（京津）水污染纠纷，主动组织开展水污染隐患排查工作，强化流域水资源保护工作机构作用，维护流域省际水事稳定。

水资源保护科学研究是海河水保局较早开展的一项工作。1981—1982年，按照水利部和海委工作安排，开展了白洋淀环境水利调查研究，牵头对西大洋水库引水至府河冲污以改善白洋淀水质的可行性进行了专题分析并提出了报告。1983—1986年，作为主要承担单位，开展了华北地区地表水水质评价和水源保护措施研究项目。1990年，成立了海委水资源保护科学研究所，开展水资源保护科学研究同时，开展建设项目环境影响评价工作。1991年开展海河流域地下水水质调查评价及与地表水污染关系分析研究，提出了地下水保护建议措施。1993—1996年，作为主要参加单位，承担亚洲开发银行的技术援助计划（TANO.1835—PRC）资助项目海河流域环境管理与规划研究水资源保护部分研究工作，1994年完成了唐河污水库对地下水水质的影响研究项目。1995年，承担中美合作研究"区域地下水水质与保护对策系统分析"项目、完成了白洋淀水体富营养化研究项目，为海河流域水资源保护工作提供有力技术支撑。

2000年之后，海河水保局先后承担完成了海河流域重点水源地富营养化防治对策研究项目（中美合作）、海河流域生态环境修复需水量研究、北方水库蓝藻暴发阈值研究（水利部公益性行业专项经费项目）、海河流域平原河道生态保护与修复模式研究、半湿润半干旱缺水地区水生态修复政策研究、海河流域典型河流生态水文效应研究、GEF项目海河流域废污水再生利用战略研究以及国家国际科技合作专项中法合作饮用水源保护生态修复成套关键技术研究、州河流域水资源与水生态修复规划等科学研究项目。积极承揽开展环境影响评价工作，先后完成了南水北调东线一期工程环境影响评价、海河干流河口规划环境影响评价等多项建设项目、规划环评工作，积极开展海河流域水资源保护相关科技创新推广工作。积极探索和推进流域水资源保护和水生态系统保护修复技术，为流域生态文明建设提供科学支持，多项成果荣获"大禹水利科技进步奖"。

海河水保局高度重视队伍建设和事业发展工作，经过近40年改革发展和全局职工不懈努力，逐渐从无到有，从弱到强，由海委内设机构成为拥有机关、企事业单位为一体的副局级单列机构。1980—1990年，机构设立初期是海委机关职能部门，1983年起国家对流域水资源保护工作实行水电部、建设部双重领导管理体制，1984年起承担引滦水资源保护领导小组办公室日常工作，极大地促进了海河流域水资源保护工作开展。1988年、1990年先后成立了水环境监测中心、水资源保护科学研究所，海河水资源保护办公室1990年升格为水资源保护局，随着机构改革和事业发展，大量优秀人才引进，队伍逐渐壮大。2013年海河水保局党委成立，2014年海河水保局工会成立，机构不断健全。至2018年，海河水保局职工总数达到60人。

海河水保局注重单位制度建设工作，先后出台海河水保局工作规则、"三重一大"议事制度等一大批规章制度，不断提高规范化管理水平；注重单位文化建设，组织开展了职工之家建设、五好党支部建设，不断提高职工凝聚力；注重高素质人才培养和青年人培养，加强学习培训、人才引进、国内外交流，逐步建成一支技术过硬、作风优良、忠诚担当、能打硬仗的高素质人才队伍。多年来，先后荣获全国水资源工作先进单位、海委引黄济津先进集体、全国总工会模范职工之家、全国农林水利工会劳动奖状、共青团中央水利部青年文明号、天津市先进基层党组织、天津市文化体育活动示范单位等荣誉。

党的十九大掀开了美丽中国建设新篇章，习近平生态文明思想对流域水生态文明建设、流域水资源保护工作提出了更高要求，海河流域水资源管理、水环境保护、水生态系统保护修复工作任重道远，海河水保局将以习近平新时代中国特色社会主义思想为指导，坚持人与自然和谐共生理念，迎难而上，担当作为，为流域生态文明建设和经济社会可持续发展作出更新更多更大的贡献。

第一章

机 构 沿 革

海河水保局坐落在天津市河东区龙潭路 15 号，是具有行政职能的事业单位。海河水保局前身是海委内设机构——水资源保护办公室，1980 年开始设立，经过历次机构改革，发展成为隶属海委的副局级单列机构。海河水保局内设 4 个正处级职能部门，下设两个正处级事业单位，拥有国家计量认证水质检测分析实验室，承担海委水资源保护行政职能。

第一节　机构设置与主要职责

海河水保局于 1980 年随海委成立而设立，初期为海委内设机构水资源保护办公室，1983 年在业务上由水电部、城乡建设环境保护部双重领导，1990 年升格为水资源保护局，1991 年更名为"水利部、国家环保局海河流域水资源保护局"，2008 年更名为"海河流域水资源保护局"并一直沿用。2002 年"三定"明确海河水保局为海委单列机构，2012 年"三定"进一步明确，海河水保局为具有行政职能的事业单位，海委水资源保护行政职能由海河水保局承担。

一、机构设立

（一）机构设立

1980 年 4 月 1 日，海委成立，内设水源保护水土保持办公室（正处级），标志着海河流域水资源保护工作机构正式设立。

（二）双重领导

1983 年 5 月 6 日，建设部、水电部联合印发《关于对流域水源保护机构实行双重领导的决定》（〔83〕城环字第 279 号），为加强对我国主要水系水体环境保护的管理工作，对流域的水源保护局（办）实行水电部和建设部双重领导、以水电部为主的领导体制（工作职责及原隶属关系不变），有关水体的环境保护工作，接受两部的领导，并明确了流域水源保护局（办）在环境保护方面的六项主要任务。根据文件精神，海委水源保护水土保持办公室有关水体的环境保护工作，接受水电部、建设部双重领导。

1987 年 10 月 12 日，水电部、国家环保局联合印发《关于进一步贯彻水电部、建设部对流域水资源保护机构实行双重领导的决定的通知》（〔87〕水电水资字第 20 号），在肯定双重领导体制的正确和必要基础上，重申在国务院机构变动后，由水电部、国家环保局对流域机构水资源保护局（办）实行双重领导（工作职责及原隶属关系不变）。

二、机构改革

（一）初期职能调整及名称变更

1983 年 7 月，海委增设农田水利处，把水土保持工作纳入农田水利处管理，撤销水土保持办公室，水源保护水土保持办公室改称"水资源保护办公室"。

1984 年 3 月 10 日，水电部、城乡建设环境保护部联合印发《关于流域机构水资源保护局（办）更改名称的通知》（〔84〕水电劳字第 2 号），海委水资源保护办公室改称水电部、城乡建设环境保护部海河水资源保护办公室，人员编制由内部协调解决，对内仍为海委的职能部门，在水源环境管理上按《关于对流域水源保护机构实行双重领导的决定》（〔83〕城环字第 279 号）执行。

（二）升格及名称变更

1990 年 5 月，水利部印发《关于批准水利部海河水利委员会"三定"方案的通知》（水办〔1990〕第 20 号），原水资源保护办公室升格为水资源保护局，为海委内设机构，副局级。

1991 年 3 月 21 日，水利部、国家环保局联合印发《关于更改各流域水资源保护局名称的通知》（水人劳〔1991〕18 号），"由于国家机关体制改革，原部委机构有所变化，为理顺关系，将原水电部、城乡建设环境保护部××水资源保护局改为水利部、国家环保局××流域水资源保护局"。海委水资源保护局对外更名为"水利部、国家环保局海河流域水资源保护局"。

（三）海委内设机构到直属事业单位、单列机构

1994 年，水利部《关于印发海河水利委员会职能配置、机构设置和人员编制方案的通知》（办秘〔1994〕24 号），规定海河水保局为海委直属事业单位，副局级。

2002 年 4 月 28 日，中央机构编制委员会办公室《关于印发〈水利部派出的流域机构的主要职责、机构设置和人员编制调整方案〉的通知》（中央编办发〔2002〕39 号）、水利部《关于印发〈海河水利委员会主要职责、机构设置和人员编制规定〉的通知》（水人教〔2002〕337 号），明确海河水保局为海委单列机构，副局级。

2002 年 7 月，海河水保局申请并获批事业单位法人资格，正式成为独立法人单位。

2008 年 6 月，接上级通知，各流域水资源保护局统一更改名称，海河水保局按照要求将单位名称由"水利部、国家环境保护局海河流域水资源保护局"更名为"海河流域水资源保护局"。

2009 年，水利部《关于印发海河水利委员会主要海河水利委员会主要职责、机构设置和人员编制规定的通知》（水人事〔2009〕645 号），明确海河水保局为海委单列机构，副局级。

2012 年，水利部《关于印发海河流域水资源保护局主要职责机构设置和人员编制规定的通知》（水人事〔2012〕4 号）明确海河水保局为海委单列机构，是具有行政职能的事业单位，海委水资源保护行政职能由海河水保局承担。

三、主要职责及调整

(一) 1980—1989 年

1980 年 9 月 17 日，根据《水利部海河水利委员会各处室工作职责范围（试行）》，水资源保护、水土保持办公室职责：①贯彻执行国家有关水资源保护、水土保持的方针政策和法令，制定具体实施条例、细则、规定；②协同水文系统掌握流域内的水质监测网，调查收集监测成果，并做好水质监测化验分析和水资源的保护工作；③掌握流域内水资源保护、水土流失的状况和变化的趋势，会同有关单位进行污染情况的调查，水土保持查勘，编制规划和年度计划，研究制定水资源保护和控制水土流失的技术措施；④总结推广流域内水源保护、水体保持经验，组织开展两保工作；⑤督促检查流域所辖范围内有关单位的水源保护和水土保持工作；⑥加强水资源保护和水土保持的科学管理，组织开展水资源保护、水土保持的试验研究工作，配合科技单位筹建不同类型区的水土保持试验站；⑦培训专业技术人员；⑧大力开展水资源保护、水土保持的宣传工作。

1983 年 5 月，城乡建设环境保护部、水电部《关于对流域水源保护机构实行双重领导的决定》（〔83〕城环字第 279 号）明确流域水源保护局（办）在环境保护方面主要任务是：①贯彻执行国家环境保护的方针、政策和法规，协助建设部草拟水系水体环境保护法规、条例；②牵头组织水系干流所经省、自治区、直辖市的环境保护部门制订水系干流的水体环境保护长远规划及年度计划，报建设部、水电部批准实施；③协助环境保护主管部门审批水系干流沿岸修建的工业交通等工程以及有关大中型水利工程对水系环境的影响报告书，协助各级环境保护主管部门监督检查新建、技术改造工程项目对水体保护执行"三同时"的情况；④会同各级环境保护部门监督不合理利用边滩、洲地，任意堆放有毒有害物质，向水体倾倒和排放废弃物质造成的污染和生态破坏；⑤在全国环境监测网的指导下，按商定的统一监测方法和技术规定，组织协调长江、黄河干流的水体环境监测（淮河、珠江、海河另行商议），掌握水质状况，提出干流水质监测报告，报送建设部、水电部，并供沿岸各环境保护和水利主管部门及其监测站使用；⑥开展有关水系水体环境保护科研工作，如水体环境质量、环境容量、稀释自净规律及水利开发、工程建设对环境的影响和评价等。

(二) 1990—2001 年

1990 年 10 月 15 日，根据海委《关于印发海委机关各部门工作职责的通知》（〔90〕海水办字第 21 号），水资源保护局职责：①宣传、贯彻执行国家环境保护方针、政策和法令。对流域水资源保护工作进行宏观指导，对委属单位水资源保护工作实行行业管理。②牵头组织制定流域内或跨流域引水工程、主要河段、重点水库、洼淀的水资源保护条例，组织编制流域水资源保护规划。③会同环保部门对流域内水资源的污染防治进行监督管理；对重大水体污染事故进行调查处理，组织协调处理跨省自治区、直辖市河流水污染纠纷。④按部授权组织大中型基建项目的水环境影响报告书的预审、上报。⑤负责引滦水资源保护领导小组办公室和天津水利学会环境水利研究会的日常工作。⑥归口管理海河水质监测中心和科研所。⑦承办海委交办的其他工作。

1996 年，《中华人民共和国水污染防治法》第十八条"国家确定的重要江河流域的水资源保护工作机构，负责监测其所在流域的省界水体的水环境质量状况，并将监测结果及时报国务院环境保护部门和国务院水利管理部门；有经国务院批准成立的流域水资源保护领导机构的，应当将监测结果及时报告流域水资源保护领导机构。"赋予了海河水保局海河流域省界水体水环境质量状况监测职责。

（三）2002—2011 年

2002 年，水利部海委《关于印发〈海河流域水资源保护局主要职责、机构设置和人员编制方案〉的通知》（海人教〔2002〕82 号）明确海河水保局主要职责为：①负责《水法》《水污染防治法》等法律、法规的贯彻实施；拟订海河流域水资源保护、水污染防治等政策和规章制度并组织实施；指导流域内水资源保护工作。②组织海河流域水功能区划；对流域内水功能区划实施监督管理。③组织编制流域水资源保护规划并监督实施；指导和协调流域内各省（自治区、直辖市）水资源保护规划编制；负责编制流域内水资源保护中央投资计划并监督实施，负责流域水资源保护专项资金的使用、检查和监督。④根据授权，审定水域纳污能力，提出限制排污总量意见并监督实施。⑤负责流域内重大建设项目的水资源保护论证的审查；负责取水许可的水质管理工作。⑥根据流域水资源保护和水功能区统一管理要求，指导、协调流域内的水质监测工作；负责拟订流域水环境监测规范、规程、技术方法和省界水环境质量标准，并组织实施。⑦开展流域水污染联防；协调流域内省际水污染纠纷；调查重大水污染事件，并提出处理意见。⑧负责海河流域水资源保护管理的现代化建设；组织开展水资源保护科研成果的应用和国际交流与合作。负责编制流域水环境监测规划；负责监测流域省际水体、跨流域调水、重要水源地水环境质量；负责发布海河流域水资源质量状况公报。⑨根据法律法规条例授权，负责河道管理范围内的湿地生态保护工作；监督不合理利用边滩、洲地、任意堆放有毒有害物质、向水体倾倒和排放废弃物质造成的水体污染和生态破坏。⑩按照规定或授权，负责管理范围内水资源保护国有资产监管和运营。⑪负责引滦水资源保护领导小组办公室日常工作。⑫承办海委授权和交办的其他事宜。

（四）2012—2018 年

2012 年，根据水利部《关于印发海河流域水资源保护局主要职责机构设置和人员编制规定的通知》（水人事〔2012〕4 号），海河水保局主要职责为：①负责流域水资源保护工作。拟订流域性水资源保护政策法规，负责水资源保护和水污染防治等有关法律法规在流域内的实施和监督检查。②组织编制流域水资源保护规划并监督实施；按规定组织开展水利规划环境影响评价工作，参与重大水利建设项目环境影响评价报告书（表）预审工作，负责流域机构直管水利建设项目环境保护管理工作；承担流域水资源保护中央投资计划与预算项目组织、实施工作。③组织拟订跨省（自治区、直辖市）江河湖泊的水功能区划并监督实施；核定水域纳污能力，提出限制排污总量意见；按规定对重要水功能区实施监督管理。④承办授权范围内入河排污口设置的审查许可，组织实施流域重要入河排污口的监督管理。⑤负责省界水体水环境质量监测，组织开展重要水功能区、重要供水水源地、重要入河排污口的水质状况监测；组织指导流域内水环境监测站网建设和管理，指导流域内水环境监测工作。⑥承担流域水资源调查评价有关工作，按规定归口管理水资源保护信息发布工作。⑦承担取水许可水质管理工作，参与流域机构负责审批的规划、建设项目水资源论证报告书的审查。⑧指导协调流域饮用水水源保护工作、水生态保护和地下水保护有关工作,协助划定跨省(自治区、直辖市)行政区饮用水水源保护区。⑨按规定参与协调省际水污染纠纷,参与重大水污染事件的调查,并通报有关情况;组织开展水资源保护科学研究和信息化建设工作。⑩承担引滦水资源保护领导小组办公室日常工作,承办上级交办的其他事项。

第二节 内设机构和直属单位

根据水利部《关于印发海河流域水资源保护局主要职责机构设置和人员编制规定的通知》(水人事〔2012〕4号),海河水保局机关内设办公室(人事处)、监督管理处、计划财务处、规划保护处4个正处级职能处室,局下设监测中心、科研所2个正处级事业单位(图1-1)。

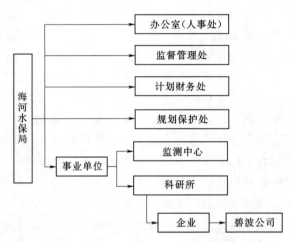

图1-1 海河水保局内设机构和直属单位

一、内设机构

(一)1980—1989年

海委水源保护水土保持办公室设立初期,内设综合科、监测化验科、水源管理科、水土保持科等4个正科级机构。

1983年7月,水源保护水土保持办公室更名为水资源保护办公室,设置综合科、监测化验科、水源管理科等3个正科级机构。

(二)1990—2001年

1990年1月20日,海委印发《关于部分处室设立科级建制的通知》(〔90〕海办人字第3号),明确水资源保护办公室设立:管理科、监测科、综合科等3个正科级机构。

1990年12月28日,海委印发《关于委机关处室科级机构设置的通知》(〔90〕海水人字第79号),水资源保护局设置管理科、综合技术科、监测科等3个正科级机构。

1994年,海委印发《关于海委机关科级机构设置及科长任职的通知》(海人字〔1994〕第23号),明确水资源保护局内设:综合技术科、污染防治科、水质监测科、技术开发科等4个正科级机构。

1997年,海河水保局内设机构由科(正科级)升格为处(副处级),内设:规划环评处、监督管理处、水质监测处,下辖碧波公司。

(三)2002—2018年

2002年,海委印发《关于印发〈海河流域水资源保护局主要职责、机构设置和人员编制方案〉的通知》(海人教〔2002〕82号),明确海河水保局内设4个正处级内设机构:办公室、监督管理处(含引滦水资源保护领导小组办公室)、规划环评处、监测管理处,下设 2 个正处级直属事业单位：科研所、监测中心。海河水保局事业编制总数为 60 名，其中行政执行人员编制 40 名，公益事业人员编制 20 名。

2007 年，根据海委《关于海河流域水资源保护局监测管理处更名及职能调整的批复》（海人事〔2007〕77 号），海河水保局监测管理处更名为行业管理处，并按照批复文件对工作职能进行了调整。

2012 年，根据《海委关于印发海河流域水资源保护局机关各部门和直属事业单位主要职责机构设置和人员编制规定的通知》（海人事〔2012〕94 号），明确海河水保局内设 4 个正处级内设机构：办公室（人事处）、监督管理处、计划财务处、规划保护处，下设 2 个正处级直属事业单位：监测中心、科研所。海河水保局事业编制总数为 70 名，其中行政执行人员编制 40 名，公益事业单位人员编制 30 名。

1. 办公室（人事处）

协助局领导组织局机关日常工作，并对局直属单位和局机关各部门工作进行综合协调。负责局重要事项的督办、查办和催办工作。组织局综合性重要文稿草拟工作，负责局公文处理、保密、信访及内部规章制度建设工作。负责局人事、劳资以及干部职工培训工作。负责局政务公开、会议计划管理、重要会议活动组织、重要接待工作，负责局信息化建设工作。负责局党务、档案、安全生产、工会管理工作。负责局机关并指导局直属单位退休职工管理工作。负责局对外宣传、政务信息工作，负责海河水保局网站管理工作，负责《海河年鉴》水资源保护部分编纂工作。承办局领导交办的其他工作。

2. 监督管理处

负责水污染防治有关法律法规在流域内的实施和监督检查。指导流域水功能区监督管理，按规定对重要水功能区实施监督管理。承办授权范围内流域入河排污口设置的审查许可。组织实施重要入河排污口的监督管理。负责省界水体水环境质量监测管理工作，组织开展重要水功能区、重要供水水源地、重要入河排污口水质监测。归口管理水资源保护信息发布工作。指导协调流域饮用水水源保护工作，协助划定跨省（自治区、直辖市）行政区饮用水水源保护区。按规定参与协调省际水污染纠纷，参与重大水污染事件的调查，并通报有关情况。承担取水许可水质管理工作，参与流域机构负责审批的规划、建设项目水资源论证报告书的审查。承担引滦水资源保护领导小组办公室日常工作。承办局领导交办的其他工作。

3. 计划财务处

负责提出或审核流域水资源保护中央投资计划与预算项目建议，归口管理直管水资源监测发展建设工作。承担流域水资源保护中央投资计划与预算项目组织、实施工作。负责局建设项目（或技术成果）的验收归档工作。负责水资源监测项目以及财政预算项目的建设管理工作，归口管理国库支付、政府采购工作。组织指导流域内水环境监测站网建设和管理工作。归口管理流域水质监测资料整汇编工作。负责局财务经济工作，负责经济合同的审查与监督工作，负责预算资金的安全使用工作。负责局国有资产的监督管理工作。负责局预算和建设项目的统计工作。承办局领导交办的其他工作。

4. 规划保护处

拟订流域性水资源保护政策法规，负责水资源保护有关法律法规在流域内的实施和监督检查。组织编制流域水资源保护规划并监督实施；组织拟订跨省（自治区、直辖市）江河湖泊的水功能区划并监督实施；核定水域纳污能力，提出限制排污总量意见。按规定组织开展水利规划环境影响评价工作，参与重大水利建设项目环境影响评价报告书（表）预审工作，负责流域机构直管水利建设项目环境保护管理工作。指导协调流域水生态保护和地下水保护有关工作。承担流域水资源调查评价有关工作，归口管理水资源保护基础业务建设工作。负责局科技管理工作。组织科研项目申报和管理工作，负责科研成果报奖、技术推广以及学术交流工作。承办局领导交办的其他工作。

二、直属单位

（一）监测中心

1. 机构设置

1988年3月1日，根据水电部海委《关于成立"水利电力部、城乡建设环境保护部海河流域水质监测研究中心"的通知》（〔88〕海水人字第2号），海河流域水质监测研究中心成立，王裕玮兼任中心主任，周信泉兼任中心副主任。

1991年7月22日，根据水利部《关于加强流域机构水环境监测工作的通知》（水文〔1991〕8号），"海河流域水质监测研究中心"更名为"海河流域水环境监测中心"。

2004年，海委深化事业单位机构改革，监测中心正式成为独立法人单位。

2. 主要职责

承担流域省界水体水环境质量监测工作，开展重要水功能区、重要供水水源地、重要入河排污口以及跨流域调水的水质状况监测工作。承担流域省际水污染纠纷及突发水污染事故水质监测。授权编制或发布流域水环境质量通报。承担流域水资源监测能力发展规划编制工作。承担流域内水环境监测站网建设有关工作，承担流域水质监测资料整汇编工作。按授权指导流域内水环境监测工作，负责流域水质监测的质量保证和监督工作。负责流域水质监测新方法、新技术的研究推广及水利系统水质监测人员的技术培训和考核。参与组织制订和修订水质监测规程规范和技术标准，并实施。负责管理范围内国有资产管理工作。承办海委及海河水保局交办的其他工作。

3. 分中心

1994—2005年，相继成立了漳卫南运河分中心、引滦工程分中心、北京分中心、漳河上游分中心、海河下游分中心5个监测中心分中心，承担水质自动监测站管理、周边突发污染事件的应急监测工作，所辖区域的水环境专题调查、评价和科研工作等。

（二）科研所

1. 机构设置

1990年2月16日，根据水利部《关于成立水资源保护科学研究所的批复》（人劳组〔1990〕11号），海委水资源保护科学研究所成立，隶属海委水资源保护局。

2004年，海委深化事业单位机构改革，海委水资源保护科学研究所正式成为独立法人单位。

2002年，根据海委《关于印发〈海河流域水资源保护局主要职责、机构设置和人员编制方案〉的通知》（海人教〔2002〕82号），海委水资源保护科学研究所改称"海河流域水资源保护科学研究所"。

2012年，根据《海委关于印发海河流域水资源保护局机关各部门和直属事业单位主要职责机构设置和人员编制规定的通知》（海人事〔2012〕94号），海河流域水资源保护科学研究所改称"海河水资源保护科学研究所"。

2. 主要职责

承担流域水资源保护规划、流域水生态保护与修复规划、流域水污染防治规划编制工作。承担流域水资源保护、流域水生态保护与修复科学技术研究工作。开展规划及建设项目环境影响评价、建设项目水资源论证和水资源调查评价等工作。承担水资源保护、水生态保护与修复、环境工程科技成果推广应用工作。开展水资源保护和水生态系统修复等相关专业培训。负责管理范围内国有资产管理工作。承办海委及海河水保局交办的其他工作。

3. 碧波公司

1996年3月，碧波公司完成工商登记注册，企业类型为有限责任公司（法人独资），具有环境保护部颁发的建设项目环境影响评价乙级资质证书。自2015年7月始，碧波公司变更为科研所全资企业。碧波公司营业范围包括：环境科学、环境工程、水利工程、现代农业、水资源管理与保护、水生态保护与修复、电子信息技术及产品的开发、咨询、服务、转让及环境评估服务等。

第三节　历　任　领　导

1980—1990年，海河水资源保护办公室为海委内设机构，姜维忠、王裕玮先后任海河水资源保护办公室主任。1990年，海河水资源保护办公室升格为海河水保局，初期由海委分管水资源保护工作副主任兼任局长，康文龙、张锁柱先后兼任海河水保局局长。1996年起，设专职局长，赵光、户作亮、张胜红、郭书英先后任海河水保局局长。

一、海河水资源保护办公室历任领导班子成员

海河水资源保护办公室历任班子成员及任职时间见表1-1。

表1-1　　　　海河水资源保护办公室历任班子成员及任职时间一览表

主任	任职时间	副主任	任职时间
姜维忠	1980年10月至1983年7月	李善才	1980年11月至1984年2月
		王亚山	1983年3月至1989年12月
		王裕玮	1983年9月至1986年1月
王亚山（副主任主持工作）	1983年9月至1986年1月	王裕玮	1983年9月至1986年1月
		周信泉	1985年5月至1990年10月
王裕玮	1986年1月至1990年10月	王亚山	1986年1月至1989年12月
		周信泉	1985年5月至1990年10月

二、海河水保局历任局长

海河水保局历任局长及任职时间见表1-2。

表1-2　　　　　海河水保局历任局长及任职时间一览表

序号	姓　名	任　职　时　间	备　注
1	康文龙	1990年10月至1994年2月	海委副主任兼
2	张锁柱	1994年2月至1996年10月	海委副主任兼
3	赵　光	1996年10月至2000年3月	
4	户作亮	2000年3月至2003年7月	
5	张胜红	2003年7月至2012年2月	
6	郭书英	2012年8月至2018年12月	2013年7月起兼任局党委书记

三、海河水保局历任领导班子成员

海河水保局历任领导班子成员及任职时间见表1-3。

表1-3　　　　海河水保局历任领导班子成员及任职时间一览表

序号	局长	任职时间	副局长	任　职　时　间
1	康文龙	1990年10月至1994年2月	王裕玮	1990年10月至1996年12月 1993年12月至1994年2月任常务副局长
			周信泉	1990年10月至2006年3月
			马增田	1990年10月至1996年12月
2	张锁柱	1994年2月至1996年10月	王裕玮	1990年10月至1996年12月
			周信泉	1990年10月至2006年3月
			马增田	1990年10月至1996年12月 （1997年11月退休）
			林　超	1994年11月至2018年12月 （1994年11月至1997年6月局长助理）
3	赵　光	1996年10月至2000年3月	周信泉	1990年10月至2006年3月
			林　超	1994年11月至2018年12月 （1994年11月至1997年6月局长助理）
			及金星	1999年4月至2012年12月
4	户作亮	2000年3月至2003年7月	周信泉	1990年10月至2006年3月
			林　超	1994年11月至2018年12月 （1994年11月至1997年6月局长助理）
			及金星	1999年4月至2012年12月

序号	局长	任职时间	副局长	任　职　时　间
5	张胜红	2003 年 7 月至 2012 年 2 月	周信泉	1990 年 10 月至 2006 年 3 月
			林　超	1994 年 11 月至 2018 年 12 月 （1994 年 11 月至 1997 年 6 月局长助理）
			及金星	1999 年 4 月至 2012 年 12 月
6	郭书英	2012 年 8 月至 2018 年 12 月	林　超	1994 年 11 月至 2018 年 12 月 （1994 年 11 月至 1997 年 6 月局长助理）
			及金星	1999 年 4 月至 2012 年 12 月
			范兰池	2012 年 12 月至 2018 年 12 月
			罗　阳	2013 年 3 月至 2018 年 12 月

四、海河水保局各部门单位主要负责人名单

2018 年 12 月，海河水保局各部门单位主要负责人一览表见表 1-4。

表 1-4　　　　　　海河水保局各部门单位主要负责人一览表

姓　名	职　务
孙　锋	办公室（人事处）主任（处长）、工会主席
戴　乙	监督管理处副处长（主持工作）
李漱宜	计划财务处处长
郭　勇	规划保护处处长
孟宪智	监测中心主任
刘德文	科研所所长

第二章

水 环 境 监 测

　　水环境监测与评价是水资源管理与保护的一项重要基础性工作，也是海河水保局成立后最早开展的一项水资源保护工作。1983 年引滦入津通水，开启了流域水环境监测工作的先河。20 世纪 80 年代至 2000 年，海河水保局承担了多项水资源保护专项监测。自 1997 年起，开始组织省界监测、水功能区监测、水源地监测等地表水监测工作，并定期完成《海河流域省界水体水环境质量状况通报》等信息通报。2008 年，开始开展水生态监测工作。2014 年，开始开展流域地下水监测工作。2000 年后，海河水保局多次完成引黄济津、引黄入冀、山西省与河北省向北京市集中输水等跨流域调水水质监测，完成了 2007 年洋河水库蓝藻暴发、2007 年潘家口水库死鱼事件、2008 年 "5·12" 汶川地震抗震救灾、2013 年浊漳河突发污染事故等突发事件应急监测。

　　流域水资源保护机构自成立之初，便十分重视水环境监测能力建设，经过近 40 年的努力，逐步建立起覆盖海河流域重要断面的水环境监测站网和质量保证体系完善、具备实验室计量认证资质的流域中心及分中心实验室，为海河水保局更好地履职、服务流域水环境管理及科研等工作提供强有力的支撑。

第一节 常 规 监 测

　　1983 年开始的引滦水质监测，开启了海河水保局水质监测的先河。20 世纪 80 年代，承担了潘家口水库水资源保护专题的水质监测；90 年代，完成了白洋淀水质管理有关水质监测和地下水研究监测。1997 年开始，先后开展了省界水体监测、水功能区监测、水源地监测、地下水监测等，成为常规工作。

一、早期水质监测

（一）引滦水质监测

　　1983 年 7 月，海委组织召开引滦水质监测工作会议，讨论确定《关于引滦水质监测工作的安排意见》，天津市、河北省等有关单位参加会议。

　　1983 年 8 月，海委印发《关于引滦水质监测工作的安排意见》（〔83〕海水保字第 9 号），安排部署引滦水质监测工作。水资源保护办公室组织天津市环保等部门对引滦入津沿线水质进行监测、化验。

1985 年，海委以引滦水资源保护领导小组办公室名义，每年组织开展引滦水质监测及《引滦水质简报》编发工作。

1986 年 4 月，海委引滦水资源保护领导小组办公室以《关于发送〈引滦水质监测网管理办法〉的通知》（〔86〕引滦办字第 6 号）文件形式，向引滦水质监测网各组成单位、协调小组成员单位印发《引滦水质监测网管理办法》，明确引滦水质监测网的任务、组成单位、协调小组成员单位、职责及分工、监测频次及项目等。

（二）专项监测

1987 年 10 月至 1988 年 10 月，承担潘家口水库调查评价与水资源保护专题。为更好地完成水电部水文局和水资办联合下达的"城市供水水库调查评价与水源保护工作"中有关潘家口水库部分，在水电部下达的技术提纲要求前提下，增加了化验项目，如透明度、浊度、碱度、DDT、六六六、细菌总数等；为了解水库营养化状况，增加了叶绿素、浮游植物、浮游动物等生物指标测定；增加入库口监测断面，并且分层采样，有表层水、7 米深水，部分项目的底层水。同时，对水库周围的土样进行监测，对水库周围 8 个铁矿地进行 2 次调查及污水监测。监测工作每月一次（冰封期除外）。这是潘家口水库自建库以来，监测最全的一次。

1990—1991 年，承担白洋淀水质管理方案的研究。进行了系统的白洋淀水质调查评价、水生生物评价、底泥调查评价，并结合淀区不同水量情况、污染源情况，提出了水质管理方案和预测预报方案。

1991—1994 年，承担海河流域地下水水质调查评价及与地表水污染关系的研究。对流域范围内的地下水水质和水位开展野外观测、水质评价、成果汇总等工作。项目历时 4 年，投入人力约 1600 人，资金 170 万元，实测水质监测的井数 2015 眼，水质参数 26 项，获取监测数据 14 万，编制图件 11 套。研究表明，Ⅰ～Ⅲ类水的测站为 443 个，占总测站数的 22.0%，面积 7.21 万平方千米，主要分布在山区和山间平原；Ⅳ～Ⅴ类水的测站为 1572 个，面积 16.37 万平方千米，主要分布在中东部平原和滨海平原。

1995—2000 年，承担区域地下水水质评价与系统分析研究。1995 年 5 月，海委与美国地质调查局签订了中国海河流域与美国类似流域之间地下水水质对照合作研究项目的实施计划书，明确了研究单元定位在中国海河流域的唐山地区与美国东海岸的德尔马拉半岛、加利福尼亚的圣华金及萨克拉门托流域。

1996—2000 年，在唐山研究区进行了大量野外工作，对研究区内 111 眼地下水井进行水位、水质观测，取得实测数据 5359 个；测定大气降水水质 2 次，取得实测数据 184 个；进行地下水抽水试验，取得数据 459 个；进行农药、化肥使用量调查，调查农户 6036 个，取得数据 63 万个。编制完成《区域地下水水质评价与系统分析研究》，专题报告《唐山市平原区区域地下水水量模型与水质模型研究》《唐山市农业灌溉施肥条件下氮素在土壤中迁移转化的研究》《点源污染对唐山地下水水质的影响研究》等。

二、地表水监测

（一）省界水体监测

1997 年，海委正式启动省界水体水质监测工作。根据《中华人民共和国水污染防治法》第十八条和水利部"三定"方案，海河流域设立了52个省界河流水质监测断面。从1997年起，每年编发6期《海河流域省界水体水环境质量状况通报》，报送水利部、国家环保总局、流域内有关部门，强化流域省界水体水质监督工作。

2000年，海委组织完成了流域52个省界监测断面界碑埋设工作。根据水利部关于在全国设立监测站点及埋设省界界碑的要求，海委组织开展了海河流域省界监测断面设置和界碑埋设工作。在反复征求有关省（自治区、直辖市）意见基础上，结合有关河道特点和水环境状况，确定了省界断面52个。2000年7月，省界界碑设置工作全面完成，完善了流域省界水体监测体系，促进流域省界水体管理和保护工作。

2010—2011年，海委按照水利部办公厅《关于开展省界缓冲区水质监测断面复核和监测规范化工作的通知》（办资源〔2010〕83号），组织流域内相关省（自治区、直辖市）水利、环保部门完成了海河流域省界缓冲区水质监测断面复核工作，相关各方共同查勘、多次协调，基本达成一致意见。根据《关于加强省界缓冲区水质监测工作的通知》（海水保〔2011〕1号），海河流域省界缓冲区水质监测断面由52个增加到65个。

随后根据省界水体监测工作开展，不断复核调整，断面设置更加合理，断面监测数据更加科学反映跨省河流出入境水质状况，复核成果为加强和规范流域省界缓冲区水质监测工作提供了科学依据。2014年，确定海河流域省界断面70个。此后每年海河水保局组织流域中心及分中心对70个省界断面逐月开展监测，每月发布《海河流域省界水体水环境质量状况通报》。

（二）水功能区监测

1999年，海委按照水利部要求组织流域内各省（自治区、直辖市）水利厅（局）开展海河流域水功能区划工作。

2003年7月，海委组织召开海河流域水功能区管理工作会议，与流域内各省（自治区、直辖市）水利厅（局）共同研究讨论、安排部署流域水功能区管理工作。

2018年开始，根据《海委关于报送海河流域2018年度重要水功能区水质监测方案的函》（海水保函〔2017〕18号）要求，海河流域内省界缓冲区及海委直管水功能区原则上由海委负责监测，其他重要水功能区由流域各省（自治区、直辖市）负责监测。监测中心对各省（自治区、直辖市）监测的重要水功能区开展监督性监测。海河水保局汇总海委直测及流域各省（自治区、直辖市）监测的重要水功能区数据成果，每季度编发《海河流域重要水功能区达标评估通报》。

（三）水源地监测

2012年，根据《关于公布全国重要饮用水水源地名录的通知》（水资源函〔2011〕109号），监测中心对名录中8个地表水水源地（含13座水库）开展常规水质监测。

2015年，海河水保局组织监测中心及流域各省（自治区、直辖市）水行政主管部门对名录中8个地表水水源地（含13座水库）和8个地下水水源地进行监测评价，按月编制《海河流域重要饮用水水源地水质简报》，发送至水利部水资源司及流域各省级水行政主管部门。

2017年，根据《水利部关于印发全国重要饮用水水源地名录（2016年）的通知》（水资源函〔2016〕383号），海河水保局组织监测中心及流域各省（自治区、直辖市）水行政主管部门对新名录中海河流域 30 个地表水水源地（含 32 座水库，1 条河道）和 25 个地下水水源地进行监测评价，并按月编制《海河流域重要饮用水水源地水质简报》，发送至水利部水资源司及流域各省级水行政主管部门。

三、地下水监测

（一）地下水常规监测

2013 年 12 月 4 日，水利部办公厅印发了《水利部办公厅关于开展流域地下水水质监测工作的通知》（办水文〔2013〕235 号），决定开展流域地下水水质监测工作。2014 年 1 月 3 日，海委印发了《海委关于开展海河流域地下水水质监测工作的通知》（海水保〔2014〕1 号），安排部署 2014 年度海河流域地下水水质监测工作，明确了监测范围、监测项目、监测频次和任务分工。监测范围为海河流域 565 个地下水测站。监测项目执行《地下水质量标准》（GB/T 14848—93），共 39 项，其中包括必测项目 20 项、选测项目 19 项。监测频次为水源地地下水监测站点每年 12 次，每月 1 次；河北省、河南省的地下水监测站点每年 4 次，每季度 1 次；北京市、天津市、山西省、山东省 4 省（直辖市）地下水监测站点每年 2 次，汛期、非汛期各 1 次。海河水保局负责组织实施地下水水质监测工作，监测中心负责地下水水质检测工作，各省（直辖市）水文局（总站、中心）负责水样采集及运送工作。

2015 年 2 月 26 日，海委印发了《海委关于开展 2015 年海河流域地下水水质监测工作的通知》（海水保〔2015〕3 号），安排部署 2015 年度海河流域地下水水质监测工作，明确了监测范围由海河流域 565 个地下水测站调整为 598 个地下水测站。

2018 年 1 月 8 日，海委印发了《海委关于开展 2018 年度海河流域地下水水质监测工作的通知》（海水保函〔2018〕1 号），安排部署 2018 年度海河流域地下水水质监测工作，明确了监测范围由海河流域 598 个地下水测站调整为 565 个地下水测站。

2018 年 5 月 1 日，《地下水质量标准》（GB/T 14848—2017）颁布实施。海河流域地下水水质监测工作的监测项目由 39 项增加至 93 项，其中包括常规指标 39 项、非常规指标 54 项。

（二）国家地下水监测工程监测

2015 年 10 月 13 日，监测中心向招标采购单位递交《国家地下水监测工程（水利部分）成井水质检测分析项目投标文件》，参与投标。

2015 年 10 月，监测中心接到国家地下水监测工程（水利部分）成井水质检测分析项目《中标通知书》，于 2015 年 10 月 18 日签订合同。

2015 年 12 月，监测中心根据合同要求，编制了工作方案，通过了水利部水文局的审查。

2015 年 12 月 15 日至 2018 年 1 月 10 日，监测中心对北京、天津、河北、山西 4 省（直辖市）2260 个新建和改建监测井成井后的初始水样进行采集和水质检测分析。检测指标共 26 项，共出具检测数据 65000 多个，提交 22 份检测报告。

2017 年 11 月，水利部水文局（水利部水利信息中心）与监测中心签订了合同的补充协议，增加对地下水监测井水质监测数据的分析评价工作。根据补充协议，监测中心完成了 52 份省（直辖市）及地市水质评价报告。

2018 年 4 月 12 日，水利部国家地下水监测工程项目建设办公室在天津组织召开了合同验收会，对合同工作与技术方案、外委合同验收情况、合同经费使用情况、完成的主要工作内容及合同验收申请情况进行了审查，监理单位对审查结果进行了确认，合同通过验收。

第二节　水生态监测

水生态监测始于 1987 年。2007 年之前，水生态监测以对外委托为主要形式。2008 年启动了直管水库藻类试点监测工作，迈出了自行开展水生态监测的第一步。2015 年增加了五湖水生态监测工作。

一、直管水库藻类监测

1987 年，海委组织开展《引滦水质管理规划》编制工作，根据工作需要，委托天津市水产研究所、南开大学生物系对潘家口水库进行了为期 1 年的浮游植物、浮游动物定性、定量分析。根据监测结果，从浮游植物种类组成、浮游植物生物量分析，潘家口水库处于贫—中营养型阶段。

2001 年 9 月和 2002 年 5 月，根据水利部中美合作交流项目《海河流域重要水源地富营养化防治对策研究》工作需要，委托南开大学生命科学学院开展潘家口水库、大黑汀水库以及潘家口水库上游河流开展浮游植物、浮游动物、底栖动物监测，共布设样点 12 个，监测频次为 2 次。

2008 年，海河水保局正式启动藻类监测试点工作。根据水利部水文局《藻类试点监测工作实施方案》《全国重点湖库藻类试点监测技术规程（暂行）》和《关于开展 2009 年藻类试点监测工作的通知》（水文质〔2009〕68 号）的要求，开展了潘家口水库、大黑汀水库、岳城水库、白洋淀等湖库监测工作，监测频次为每年 5—10 月每月 1 次，主要监测项目为藻类主要种类组成、藻类细胞密度、富营养化状况、藻类暴发预警风险等。2008 年起，每年编发 6 期《海河流域藻类监测试点工作情况通报》，报送水利部水文局。

二、重要湖泊水生态监测

2015 年，根据水利部水资源司工作安排，海河水保局启动海河流域五湖水生态监测工作，具体监测工作由监测中心承担。按照《京津冀协同发展规划纲要》关于六河五湖综合治理与生态修复的要求，海委组织开展了五大重点湖泊湿地水生态系统综合治理的顶层设计，以落实国家确定的推进五湖保护与修复的目标。海河水保局启动了七里海、北大港、南大港、白洋淀、衡水湖等 5 湖的监测工作，监测频次为每年 6 次（单数月份），共布设监测点位 16 个，主要监测项目包括浮游植物、浮游动物、底栖动物、土地利用类型、水质状况、管理与保护情况等。2015 年起，每年编制 1 期《海河流域五湖水生态状况调查评价》，主要内容包括湿地基本情况、土地利用调查、水质调查评价、水生态调查评价、管理与保护等。

第三节　其　他　监　测

在完成常规监测之外，海河水保局多次完成引黄济津、引黄入冀、河北省和山西省向北京市集中输水等跨流域调水水质监测工作，完成了 2007 年洋河水库蓝藻暴发、2007 年潘家口水库死鱼事件、"5·12"汶川地震抗震救灾、浊漳河突发污染事故等突发事件应急监测工作。

一、跨流域调水监测

（一）引黄济津

2000 年是华北地区连续干旱的第 4 年。面对天津城市供水紧缺的严峻形势，水利部于 6 月 22 日向国务院报送《关于天津城市供水应急措施的请示》（水资源〔2000〕236 号）。2000 年 8 月 15 日，引黄济津工程在山东、河北两省和天津同时开工，10 月 10 日工程全部竣工。10 月 13 日 15：05，黄河位山闸闸门开启，引黄济津工程开始向天津送水。

2000—2009 年，海河水保局共完成了 5 次引黄济津水质监测，概况见表 2-1。

表 2-1　　　　　　　　　　引黄济津水质监测一览表

序号	时　间	依　据	监测断面	采样个数/个	监测项目/个	监测数据/个	水质通报/期
1	2000 年 10 月 11 日至 2001 年 2 月 5 日	水利部《关于印发 2000 年引黄济津应急调水管理办法的通知》（水汛〔2000〕406 号）、水利部水文局《关于做好引黄济津应急调水水文监测工作的通知》（水文测〔2000〕83 号）、海委《2000 年引黄济津应急调水水量监测实施方案》和《引黄济津应急调水水质监测工作计划》	8 个：孙口、位山、崔庄、刘口、谢炉桥、张二庄、清南连接渠、九宣闸	1500	17	3200	22
2	2002 年 11 月 1 日至 2003 年 1 月 23 日	水利部《关于做好 2002 年引黄济津应急调水输水调度管理和水量水质监测工作的通知》（国汛办电〔2002〕88 号）、海委《2002 年引黄济津应急调水水质监测实施方案》	6 个：孙口、位山、穿位枢纽、代庄闸、九宣闸站（设南运河和马厂减河 2 个断面）	200	23	4000	9
3	2003 年 9 月 12 日至 2004 年 1 月 10 日	海委《2003 年引黄济津应急调水水量水质监测实施方案》	10 个：孙口、位山、崔庄、穿卫枢纽站、张二庄、连村、代庄（大浪淀引水渠闸下、代庄闸下 2 个断面）、九宣闸站（闸下和南运河 2 个断面）	300	23	6000	13
4	2004 年 10 月 9 日至 2005 年 1 月 30 日	海委《2004 年引黄济津应急调水水质监测实施方案》	10 个：孙口、位山、崔庄、穿卫枢纽站、张二庄、连村、代庄（大浪淀引水渠闸下、代庄闸下 2 个断面）、九宣闸站（闸下和南运河 2 个断面）	200	23	4000	12

续表

序号	时间	依据	监测断面	采样个数/个	监测项目/个	监测数据/个	水质通报/期
5	2009年10月10日至2010年2月28日	海委《2009年引黄济津应急调水水质监测实施方案》	10个：孙口、位山、崔庄、穿卫枢纽、张二庄、连村、代庄（大浪淀引水闸下、代庄闸下2个断面）、九宣闸、白洋淀入淀口十二孔闸	200	23	4000	12

（二）引黄入冀

为缓解河北省白洋淀、衡水湖等的干旱缺水状况，保护白洋淀、衡水湖的生态环境，保证周边群众生活、生产用水安全，国家防总、水利部于2012—2013年实施了引黄入冀工程。海河水保局共完成了2次引黄入冀水质监测，概况见表2-2。

表2-2　　　　　　　　　　引黄入冀水质监测一览表

序号	时间	依据	监测断面	采样个数/个	监测项目/个	监测数据/个	水质通报/期
1	2012年11月16日至2012年12月31日	海委《2012年引黄入冀位山线路应急调水水质监测实施方案》	1个：刘口	24	20	1000	5
2	2013年11月7日至2014年1月11日	海委《2013年引黄入冀位山线路应急输水水质监测实施方案》	1个：刘口	42	20	800	5

（三）河北省与山西省向北京市集中输水

按照国务院批复的《21世纪初期首都水资源可持续利用规划》，为合理配置水资源、缓解北京市水资源紧缺局面，从2003年开始山西省向北京市集中输水，从2004年开始河北省也向北京市集中输水。除个别年份没有输水外，每年河北省、山西省向北京市集中输水成为常态。

2003—2018年，海河水保局共完成了14次河北省与山西省向北京市集中输水水质监测，概况见表2-3。

表2-3　　　　　河北省与山西省向北京市集中输水水质监测一览表

序号	时间	依据	监测断面	采样个数/个	监测项目/个	监测数据/个	水质通报/期
1	2003年9月26日—10月7日	海委《山西册田水库向官厅水库集中输水水质监测实施细则》	3个：册田水库（出口）、石匣里、官厅入口（黑土洼）	40	23	100	2
2	2004年10月12日—11月15日	海委《2004年山西省、河北省向北京市集中输水实施方案》	6个：册田水库（出口）、石匣里、官厅入库（黑土洼）、壶流河水库（出口）、云州水库（出口）、下堡	40	23	100	3

序号	时间	依 据	监测断面	采样个数/个	监测项目/个	监测数据/个	水质通报/期
3	2006 年 10 月 13 日—11 月 19 日	海委《2006 年度山西省、河北省向北京市集中输水水量水质监测实施细则》	8 个：册田水库出库、壶流河水库出库、石匣里、友谊水库出库、响水堡、官厅水库入库（八号桥）、云州水库出库、下堡	100	30	1500	10
4	2008 年 9 月 18 日至 2009 年 7 月 31 日	水利部《北京 2008 年奥运会应急调水实施方案》、海委《南水北调中线京石段应急供水水量水质监测实施方案》	8 个：黄壁庄水库出库、石津干渠-总干渠连接段（田庄）、王快水库出库、沙河干渠-总干渠连接段（中管头）、总干渠易县城北（七里庄）、总干渠冀京界（惠南庄）、总干渠大宁调压池、总干渠团城湖	1200	8	10000	50
5	2010 年 5 月 25 日至 2011 年 4 月 28 日	海委《2010 年河北省三库（岗南、黄壁庄、王快）向北京市应急调水水质水量监测实施方案》	8 个：黄壁庄水库出库、石津干渠分流前、总干渠入滹沱河、王快水库出库、沙河干渠入总干渠、安各庄水库出库、易水灌渠入总干渠、总干渠惠南庄	100	8	1000	30
6	2011 年 7 月 21 日至 2012 年 7 月 16 日	海委《2011 年河北省四库向北京市应急调水实施方案》	8 个：黄壁庄水库出库、石津干渠分流前、总干渠入滹沱河、王快水库出库、沙河干渠入总干渠、安各庄水库出库、易水灌渠入总干渠、总干渠惠南庄	120	8	1400	30
7	2012 年 11 月 21 日至 2014 年 3 月 16 日	海委《2012 年度河北省四库向北京市应急调水实施方案》	10 个：黄壁庄水库出库、石津干渠分流前、安格庄水库出库、易水干渠分流前、总干渠惠南庄、王快水库出库、沙河干渠分流前、满城、七里庄、北拒马暗渠	300	9	5000	15
8	2013 年 10 月 8—31 日	海委《2013 年度山西省、河北省向北京市集中输水实施方案》和《2013 年山西省、河北省向北京市集中输水水量水质监测实施细则》	7 个：册田水库出库、石匣里、友谊水库出库、响水堡、八号桥、云州水库出库、下堡	40	8	700	5
9	2014 年 11 月 5—30 日	海委《2014 年山西省、河北省向北京市集中输水工作实施方案》和《2014 年山西省、河北省向北京市集中输水水量水质监测实施细则》	5 个：册田水库出库、石匣里、八号桥、云州水库出库、下堡	20	8	350	6

续表

序号	时间	依 据	监测断面	采样个数/个	监测项目/个	监测数据/个	水质通报/期
10	2015 年 10 月 15—30 日	海委《2015 年度山西省、河北省向北京市集中输水实施方案》和《2015 年山西省、河北省向北京市集中输水水量水质监测实施细则》	7 个：册田水库出库、石匣里、友谊水库出库、响水堡、八号桥、云州水库出库、下堡	28	8	400	4
11	2016 年 10 月 24—28 日	海委《2016 年度山西省、河北省向北京市集中输水实施方案》和《2016 年山西省、河北省向北京市集中输水水量水质监测实施细则》	3 个：册田水库（出库）、响水堡、八号桥	5	25	74	4
12	2017 年 11 月 7 日至 12 月 22 日	海委《2017 年度山西省、河北省向北京市集中输水实施方案》和《2017 年山西省、河北省向北京市集中输水水量水质监测实施细则》	4 个：册田水库、石匣里、响水堡、八号桥	16	8	128	4
13	2018 年 5 月 10 日至 6 月 18 日	海委《2018 年度册田水库向下游永定河集中输水实施方案》	3 个：册田水库（出库）、石匣里、八号桥	15	8	100	6
14	2018 年 11 月 1 日至 2019 年 1 月 11 日	海委《2018 年度永定河生态水量调度实施方案》	5 个：册田水库（出库）、响水堡水库（出库）、友谊水库（出库）、石匣里、八号桥	20	24	400	9

二、突发事件应急监测

（一）2007 年洋河水库蓝藻暴发应急监测

2007 年 7 月 4 日，河北省秦皇岛市洋河水库暴发蓝藻。

2007 年 7 月 4 日晚 22 时至 5 日凌晨 1 时，海委副主任户作亮召集海河水保局有关同志紧急会商，收集洋河水库蓄水资料，沟通河北省水利厅和秦皇岛市水务局，掌握洋河蓝藻情况，研究应对措施。海河水保局按照水利部和海委要求，前往协助开展洋河水库应急水质监测工作。

2007 年 7 月 5 日，海河水保局副局长林超带领海委工作组奔赴现场，与水利部同志汇合后组成水利部工作组进行现场指导，全力配合河北省及相关部委做好应急处置工作。

2007 年 7 月 8 日，副主任户作亮赶赴洋河水库现场，协调指导蓝藻处理工作。在听取秦皇岛市水务局情况汇报后，决定派出监测中心移动水质监测车赶赴现场，协助开展水质监测工作。

2007 年 7 月 9 日，监测中心监测人员和移动监测车到达洋河水库，随即对叶绿素、水温、透明度、pH、电导率、总磷、总氮等参数进行全天连续监测。共布设西河口、西河口上游 500 米、西河口上游 1 千米、库中心、库中心与西河口间、进水塔等 6 个监测断面，每个断面分别对表层、水下 0.5 米、水下 1 米、水下 1.5 米、水下 2 米、水下 3 米、水下 5 米等 7 个深度进行采样。

2007 年 7 月 19 日，应急监测结束，共上报监测数据 5000 多个，绘制了实时污染项目状况变化趋势图。

（二）2007 年潘家口水库死鱼事件应急监测

2007 年 8 月 3 日上午，海委接到引滦局电话报告，潘家口水库库区出现大量网箱养殖白鲢鱼死亡现象。接报后，主任任宪韶和副主任户作亮立即组织会商，研究应对措施，在向水利部进行电话汇报的同时，即刻派出海委工作组赶赴潘家口水库现场，协助引滦局应对死鱼事件。

8 月 3 日晚，海委工作组到达潘家口水库，并于当晚与引滦局共同组织会商，安排应对工作。

8 月 3 日开始，监测中心对潘家口水库水质实施加密监测，每日一次。从死鱼区至大坝共布设了 9 个监测断面，同时对有的水域进行了分层采样监测，并增加了有毒有机物监测项目。

8 月 4 日和 12 日，分别采集浮游生物样本，送南开大学生命科学院进行浮游生物检测。

8 月 4 日和 7 日，分两次采集病鱼样本送天津市鱼病研究中心检验，判定潘家口水库此次网箱养殖白鲢鱼所患疾病为细菌性败血病、细菌性肠炎。

8 月 5 日，主任任宪韶带队直赴水库现场进行调查，对潘家口水库整个库区进行了考察，进一步指导、落实了应对死鱼各项工作。

8 月 6 日和 8 日，海委两次以明传电报形式将死鱼事件及进展情况及时向水利部进行了报告，通报了河北省水利厅。

8 月 12 日，水利部部长陈雷在海委报告上批示：望抓紧查清原因，切实做好水资源保护工作，确保津、冀供水安全。

8 月 13 日，水利部副部长胡四一批示：继续关注水质变化，确保饮用水供水安全。

8 月 13 日，采集死鱼网箱区底质与非死鱼区底质样本进行底质对比监测，结果无异常。

9 月 6 日，死鱼区域化学需氧量、氨氮、总磷基本恢复正常，应急监测结束。

（三）"5·12"汶川地震抗震救灾应急水源水质监测

2008 年 5 月 13 日，海委召开紧急会议，传达水利部对四川汶川抗震救灾工作的五项部署，安排支援四川汶川抗震救灾有关工作。

5 月 19 日，水利部抗震救灾指挥部要求海委派出工作组，紧急赶赴地震灾区开展应急饮用水源水质监测工作。经过选拔，以海河水保局和监测中心为主，由罗阳、张增阁、张世禄、崔文彦、高越鹏、刘志宪、齐玉森、杜建军 8 名技术骨干组成了应急水源水质监测工作组。工作组成立后迅速进行仪器、试剂、物资等方面的筹备工作。

5 月 22 日晚 11 时，海委接到了水利部抗震救灾指挥部紧急出发的命令，要求海委立即派出工作组，紧急赶赴地震灾区开展应急饮用水水源水质监测工作，保障灾区供水安全。

5月23日凌晨5时，海委赴四川地震灾区应急水源水质监测工作组启程奔赴四川灾区。海委主任任宪韶、副主任户作亮、办公室主任邵文砚、海河水保局局长张胜红和机关服务中心主任赵抒儒送行。

5月24日下午4时，工作组到达成都。

5月24日晚，水利部抗震救灾前线供水保障组召开会议，通报了近期工作情况和相关要求，并宣读了水利部党组向抗震救灾一线的水利部门工作人员的慰问信。海委工作组立即主动向水利部供水安全保障组请缨，承担了北川、青川、平武、江油等重灾区水源地的水质监测工作，并立即投入到紧张的工作中。

5月25日下午，工作组遭遇"5·12"汶川地震以来最强的一次余震——青川6.4级余震。

5月28日晚，水利部召开了抗震救灾供水保障联席会议。海委工作组的监测成果得到了胡四一副部长、高而坤司长的充分肯定和高度评价。

6月5日，水利部水资源司副司长孙雪涛赴四川地震灾区看望海委应急水源水质监测工作组。

6月6—7日，海委主任任宪韶与海委纪检组长于耀军、办公室主任邵文砚、人事劳动教育处处长苏艳林、海河水保局局长张胜红、机关服务中心主任赵抒儒等赴四川重灾区慰问工作组。

6月13日，抗震救灾应急水源水质监测工作圆满完成。水利部抗震救灾前方领导小组供水保障组授予海委"支援灾区，保障供水"锦旗，四川省水利厅授予海委"危难之时见真情，抗震救灾铸丰碑"锦旗。自海委应急水源水质监测工作组奔赴四川进行灾区供水安全水质监测以来，20天累计行程12800千米，获得监测数据6400个，完成了重灾区81个集中水源的3轮水质监测任务，确保了209万受灾群众的饮用水水质安全，概况见表2-4。

表2-4　　　　　　　　抗震救灾应急水源水质监测工作情况表

时间	监测范围	惠及受灾人口/万人	行程/千米	监测成果
5月25—28日	广元市青川县、绵阳市平武县27处集中水源	50	4000	监测数据1200个，整理汇总图表等资料30张
5月29日	广元市城区6处水源	20	500	监测数据300个，整理汇总图表等资料10张
5月30日	绵阳城区及江油、平武等地16个水源区	40	600	监测数据500个
6月1日	广元市、青川县等地15个水源区	21	650	监测数据500个
6月2日	唐家山堰塞湖、北川县灾民安置点和绵阳市城区等地14个水源区	75	400	监测数据500个
6月3日	平武县、江油市的城区和乡镇19个水源区	40	1000	监测数据800个

续表

时间	监测范围	惠及受灾人口/万人	行程/千米	监测成果
6月4日	广元市城区和乡镇18个水源区	22	600	监测数据500个
6月5日	绵阳市城区和乡镇13个水源区	72	600	监测数据400个
6月6—8日	绵阳、江油、平武、广元、青川等地50个水源区	107	1500	监测数据1500个，整理汇总图表资料40张

6月16日下午，工作组顺利返回海委。海委党组成员、副主任田友，党组成员、纪检组长于耀军率海委机关全体职工欢迎工作组凯旋。

（四）2013年浊漳河突发污染应急监测

2013年1月4日上午9时，漳河上游局在浊漳河侯壁段发现死鱼，疑为发生人为投毒或突发性水污染事件，立刻进行调查与监测，并迅速上报，同时通报相关市县水行政主管部门。

发现污染情况后，根据《海委应对突发水污染事件应急预案》，海河水保局迅速制订了应急监测方案，组成水质监测组，开展取样、送样、监测、分析等工作，每天6次对岳城水库进行水质监测，每天2次对漳河上游河道水质进行监测，对重点监测断面进行现场加密监测。主要水质监测断面有侯壁、三省桥、合漳、大跃峰、小跃峰、观台、漳村、岳城水库库中、坝前、坝前取水口、香水河，主要监测项目为苯胺、挥发酚。

同时，水质监测组及时与由海委水文局和海河下游局人员组成的水量监测组加强会商，调整监测方案，增设监测断面，加密监测次数，增加监测项目，动态掌握污染团的运动状态。浊漳河应急监测站点布置见图2-1。

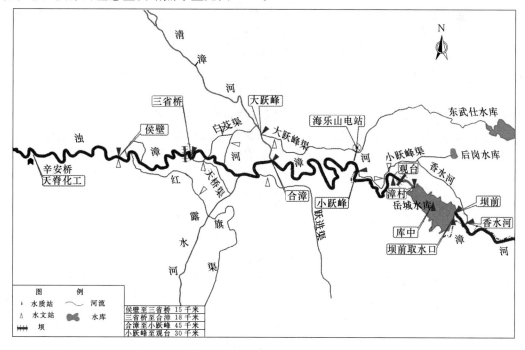

图2-1　浊漳河应急监测站点布置图

　　1月5日监测数据表明，岳城水库以上河道已全线受到污染，并有少量污染水体进入岳城水库。为确保饮水安全，漳卫南局商邯郸、安阳两市人民政府停止岳城水库供水。

　　海河水保局在细致分析污染情势的基础上，提出了重点关注岳城水库水质状况、加大水质监测力度、切断污染水体入库渠道等应对措施，同时督促地方政府加快实施截污导污措施，通过清污分流、污水抽排、活性炭吸附等措施，尽快清除岳城水库上游污染水体，恢复漳河水进入岳城水库。

　　1月16日，应急监测结束。水质水量监测工作共计投入2600多人次，行程9万多千米，采集水样465个，取得水质监测数据10860个，水量监测数据100余个，为保障岳城水库安全供水和应急决策提供了技术支撑。

第四节　水质评价与分析

　　20世纪80—90年代，海河水保局水质评价与分析工作主要以科研项目为主体。1997年起，海河水保局定期完成《海河流域省界水体水环境质量状况通报》的编写和发布。1998年起，海河水保局负责《海河流域水资源公报》水质部分的编写和发布。2003年起，定期完成《海河流域重点水功能区水质状况通报》的编写和发布。水质资料整编工作起步于20世纪80年代，1982—1991年形成年度《海河流域水质资料》，但是1992—2012年不再形成纸质资料，2014年起海河水保局恢复纸质资料整编成果。

一、评价标准及方法

　　从评价标准方面，水环境质量评价标准逐步完善、全面。1983年，国家首次发布《地面水环境标准》（GB 3838—83）。1988年发布的《地面水环境质量标准》（GB 3838—88）为第一次修订。1999年发布的《地表水环境质量标准》（GHZB 1—1999）为第二次修订。2002年发布的《地表水环境质量标准》（GB 3838—2002）为第三次修订，使用至今。该标准中的项目共计109项，其中地表水环境质量标准基本项目24项，集中式生活饮用水地表水源地补充项目5项，集中式生活饮用水地表水源地特定项目80项。与《地表水环境质量标准》（GHZB 1—1999）相比较，该标准在地表水环境质量标准基本项目中增加了总氮1项指标，删除了基本要求和亚硝酸盐、非离子氨及凯氏氮3项指标，将硫酸盐、氯化物、硝酸盐、铁、锰调整为集中式生活饮用水地表水源地补充项目，修订了pH、溶解氧、氨氮、总磷、高锰酸盐指数、铅、粪大肠菌群7个项目的标准值，增加了集中式生活饮用水地表水源地特定项目40项，删除了湖泊水库特定项目标准值。

　　从评价技术方法方面，水环境质量评价方法逐渐规范化、制度化，更加科学。20世纪80—90年代到2000年初，河流湖库及省界水体的评价未形成规范的评价体系，甚至存在区域之间评价指标不统一、评价方法不一致等问题。2007年水利部印发了《地表水资源质量评价技术规程》（SL 395—2007），2009年印发了《水资源公报编制规程》（GB/T 23598—2009），统一了河湖及省界水体水质类别评价、湖库富营养状态评价、集中式生活饮用水地表水源地水质评价方法等。2014年，水利部办公厅印发了《关于印发中国水资源公报水质部分补充要求的通知》（办资源函〔2014〕167 号），进一步统一了评价项目和评价方法等。主要内容包括河流湖库以及省界水体水质评价项目为《地表水环境质量标准》（GB 3838—2002）表 1 中除水温、总氮、粪大肠菌群以外的 21 个基本项目；水功能区水质达标评价包括水功能区全因子达标评价和水功能区限制纳污红线主要控制项目达标评价 2 部分。水功能区全因子达标评价项目为 GB 3838—2002 表 1 中除水温、总氮、粪大肠菌群以外的 21 个基本项目；水功能区限制纳污红线主要控制项目为高锰酸盐指数（化学需氧量）和氨氮；集中式生活饮用水地表水源地水质评价项目应包括 GB 3838—2002 表 1 规定的除水温、总氮、粪大肠菌群除外的 21 个基本项目和表 2 规定的补充项目，有条件的地区宜增加表 3 规定的特定评价项目；水功能区水质达标评价规定为：对于地处人烟稀少的高原、高寒地区及偏远山区等交通不便而年度监测次数低于 6 次的河流源头保护区、自然保护区及保留区，可按照年均值方法进行水功能区水质达标评价，年度评价类别等于或优于水功能区水质目标类别的水功能区为水质达标水功能区；其他类型水功能区水质达标评价均应根据《地表水资源质量评价技术规程》（SL 395—2007）规定，采用频次达标评价方法，达标率大于等于 80% 的水功能区为水质达标水功能区等。

二、信息编发

（一）海河流域省界水体水环境质量状况通报

1997 年起，海河水保局定期发布《海河流域省界水体水环境质量状况通报》，主要内容包括评价标准、参评省界断面数量、参评项目、评价方法、评价结果及水质类别比例图、同比及环比变化情况、主要超标项目、省界断面水质评价表（含断面水质类别、劣于Ⅲ类水质标准的项目和超标倍数）等内容，每月报送水利部、环保总局、流域内各省（自治区、直辖市）有关部门，强化流域省界水体监测监督工作。《海河流域省界水体水环境质量状况通报》发布情况见表 2-5。

表 2-5　　　　　《海河流域省界水体水环境质量状况通报》发布情况

时间	发 布 情 况
1997—2000 年	15 期
2001 年	2—11 月每 2 月发布 1 期，共 5 期
2002—2005 年	2—11 月每 2 月发布 1 期，全年汇总 1 期，每年 6 期
2006—2008 年	每 2 月发布 1 期，全年汇总 1 期，每年 7 期
2009 年	每月发布 1 期，全年汇总 1 期，全年 13 期
2010 年	2—12 月每月发布 1 期，全年汇总 1 期，全年 12 期
2011—2019 年	每月发布 1 期，每年汇总 1 期，每年共 13 期

（二）海河流域水功能区通报

2003 年起，根据水利部 2002 年印发的《中国水功能区划（试行）》，海河水保局组织海河流域各省级行政区水文水资源局开展流域内重点水功能区水质监测和评价工作，定期发布《海河流域重点水功能区水质状况通报》，主要内容包括重点水功能区水质类别评价结果及比例图、主要超标项目、水功能区达标状况、各类型重点水功能区达标情况、重点水功能区水质状况（含各水功能区水质目标、现状水质、主要超标项目）等内容，每月或每季度发送至水利部、环保部、各流域机构、流域内有关单位。

《海河流域重点水功能区水质状况通报》发布情况见表 2-6。

表 2-6　　　　　　　　《海河流域重点水功能区水质状况通报》发布情况

时　　间	发　布　情　况
2003—2007 年	每 2 月发布 1 期，全年汇总 1 期，每年 7 期
2008—2013 年	每月发布 1 期，全年汇总 1 期，每年 13 期
2014—2018 年	每季度发布 1 期，每年 4 期

（三）海河流域水资源公报（水质部分）

1998 年，按照水利部《关于编发〈中国水资源公报〉的通知》（水政资〔1998〕4 号）文件要求，海委开始组织编制《海河流域水资源公报》，海河水保局负责水质部分，每年发布 1 期。海河水保局根据各省（自治区、直辖市）和流域机构的水质监测资料，采用国家《地表水环境质量标准》（GB 3838—2002），按照《地表水资源质量评价技术规程》（SL 395—2007）规定的评价方法，对流域内河流、湖泊、大中型水库、省界、地表水水功能区、城市饮用水地表水源地的水质状况进行评价。主要内容包括评价标准和方法、河流水资源质量状况（含评价河长、不同水质类别河流水体占比及示意图、主要超标项目、各水系河流水资源质量状况、各行政区水资源质量状况、较上一年度变化情况）、主要湖泊水资源质量状况（含评价湖泊水面面积、不同水质类别湖泊占比、主要超标项目、湖泊营养状况、较上一年度变化情况）、主要水库水资源质量状况（含评价水库个数和蓄水量、按个数或蓄水量评价不同水质类别湖泊占比、Ⅳ～劣Ⅴ类的水库、主要超标项目、水库营养状况、较上一年度变化情况）、省界水体水资源质量状况（含评价数量、不同水质类别省界占比、主要超标项目、较上一年度变化情况）、水功能区水资源质量达标状况（含水功能区评价数量、总体达标状况、不同水功能区达标情况、不同水体类型达标情况、主要超标项目、较上一年度变化情况）、城市饮用水地表水水资源质量状况（含评价数量、评价方法、不同水质合格率水源地占比情况、较上一年度变化情况）等。

三、资料整编

海河流域水质资料整编工作起步于 20 世纪 80 年代初，由海河水保局负责组织海河流域各省级行政区水文水资源局开展整编工作。

（一）整编发展历程

1982—1991 年形成年度《海河流域水质资料》，主要成果包括水质测站及断面一览表、海河流域水质站网分布图、测站监测情况说明表及位置图、水质监测成果表、水质特征值年统计表、地表水监测项目和分析方法表等图表。

1992—2013 年，随着计算机的普及等种种原因，水质资料整编不再形成年度《海河流域水质资料》。

2014 年起，海河水保局恢复开展海河流域水质资料整编工作。按照《海委关于开展海河流域水质资料整编工作的通知》（海水保函〔2014〕9 号）文件要求，整编范围包括海河流域内 230 个海河流域全国重要江河湖泊水功能区的水质监测数据和《关于开展

2009 年藻类试点监测工作的通知》（水文质〔2009〕68 号）公布的海河流域片试点区域的浮游植物监测数据，每年形成《海河流域水质资料》成果年鉴。

（二）整编规范的修订

1982—1984 年，海委每年组织编制《海河流域水质资料整编办法》，按照办法开展水质资料整汇编工作。

1985 年起，按照水电部印发的《水质监测规范》（SD 127—84）、《水质监测资料整编补充规定》及 1987 年印发的《海河流域水质资料整编规定》的要求和规定进行整编。

2015 年起，海河水保局组织开展了对《海河流域水质资料整编规定》(1987) 的修订工作。

2018 年 6 月，海委印发了《海河流域水质资料整编技术规定》（海水保函〔2018〕6 号）。该规定主要内容包括原始资料整编、年度资料汇编与审核流程；基础表格填制说明；流域监测项目分析方法与取用位数修约规定；合规合理性审查；整编成果质量要求；整编成果资料保存要求等。该规定的印发标志着海河流域水质资料整编工作具有了规范化的文件，规范和统一了海河流域片水质资料整编的技术细节和标准，使水质资料整编工作更加规范化、标准化和科学化，切实提高了海河流域水质资料整编成果质量。

（三）整编流程

海河流域水质资料整编工作由海河水保局负责组织实施，监测中心具体承担，主要工作流程分为原始水质资料整编、审核、流域水质资料汇编、复核、排版勘印等 5 个阶段。

1. 原始水质资料整编阶段

监测中心组织完成省界水体、海委直管河道、水库等监测原始资料整编工作；海河流域内各省（自治区、直辖市）水环境监测机构负责对辖区内海河流域片监测原始资料按分级管理要求进行整编工作，并按时将整编成果报送至监测中心。

2. 审核阶段

各监测机构分别对辖区内的样品采集、保存、运送、标准溶液配制、标定、分析方法的选用及检测过程、自控结果和各种原始记录（如试剂、基准、标准溶液、试剂配置与标定记录、样品测试记录、校正曲线等），以及整编成果合理性进行检查。原始资料抽审 20%～30%，如问题较多，则增加抽审量直至全部。

3. 流域水质资料汇编阶段

监测中心负责组织海河流域监测资料的汇编工作。对各监测机构的水质站及断面一览表、水质站分布图、监测断面监测情况说明表及位置图、水质监测成果表、藻类监测成果表、水质特征值年统计表、地表水监测项目和分析方法表等各类图表进行整理汇总；图表按照"面向下游，先上后下，先干后支，先右后左，顺时针方向"的顺序、全国行政区编码顺序和监测时间顺序进行编排；形成年度编印说明和索引表。

4. 复核阶段

采用互审、复审和抽审的方式对整编成果合理性、规范性进行复核。互审为监测中心与省（自治区、直辖市）中心进行互相审核；复审为海河流域水质资料整编审核小组（以下简称流域审核小组）对互审后整编成果进行全覆盖审核；抽审为流域审核小组对复审后整编成果随机选取 10%～20%进行审核。

5. 排版勘印阶段

专业排版单位按照监测中心要求对整编成果进行排版，按照封面、书脊、目录、编印说明、索引表、站网图、水质站及断面一览表、水质监测成果表、藻类监测成果表、水质特征值年统计表、地表水监测项目和分析方法表顺序排序，采用 A4 纸勘印，精装。

海河流域水质资料整编工作时间要求：各监测机构于 3 月底前完成辖区内上一年度监测资料整编、审查工作；监测中心于 4 月底前完成海河流域上一年度监测资料整汇编、审查工作；5 月底前完成复核与排版校核工作；6 月底完成资料刊印工作。

第五节　能　力　建　设

为了使水环境监测能力适应水资源保护与管理工作，1983 年建成了海河流域水质监测研究中心（1988 年更名为"海河流域水环境监测中心"）实验室，海河水保局初步具备了水环境监测能力。20 世纪 90 年代，监测中心首次通过"国家计量认证"，具备了向社会提供公证数据的能力。随着检测设备和检测参数的逐年增加，流域分中心实验室相继建设，监测队伍不断扩大。进入 21 世纪，在海河流域水质污染严重、易发生水污染事故的河段、重要饮用水源地及重点省界断面建设了水质自动监测系统，提高了水环境实时监测与预警能力。多年来，海河水保局围绕水利中心工作，不断强化水环境监测能力建设，构建水质、水量、水生态一体化监测模式，健全常规与自动、定点与机动、定期与实时相结合的监测体系，形成一个中心、四个分中心全面监测布局，为流域水资源保护事业的永续发展保驾护航。

一、资质管理

（一）计量认证

1993 年 7 月，监测中心（含网点，即漳卫南运河分中心和引滦工程分中心）正式提出国家级计量认证评审申请。

1994 年起，监测中心（含网点，即漳卫南运河分中心和引滦工程分中心）共 7 次通过国家计量认证评审，每次评审均一次性通过。国家计量认证水利评审组始终认为：中心组织机构合理，功能健全；质量保证体系完善，符合实际，能保证检测工作的质量；仪器设备满足评审通过的监测项目（参数）的测试要求；检测的环境条件符合要求；各项规章制度齐全，人员结构合理，技术素质好，全部监测人员均考核合格，持证上岗；中心可向社会出具具有证明作用的数据和结果。计量认证评审情况见表 2-7。

表 2-7　　　　　　　　　　计量认证评审情况一览表

时间	认证类别	考核项目	考核人员	认证项目	证书编号	有效期
1994 年 6 月 26—29 日	首次认证	4 项	10 人	地表水、地下水（含矿泉水）、生活饮用水（含瓶装饮用纯净水）、湖水（含水库）、底质（含土壤）、工业废水、水生生物（含微生物）、大气降水等 8 大类 77 个参数	(94) 量认（国）字（G1230）号	1994 年 6 月 29 日至 1999 年 6 月 28 日

续表

时间	认证类别	考核项目	考核人员	认 证 项 目	证书编号	有效期
1999 年 7 月 31 日至 8 月 3 日	复查评审	8 项	8 人	地表水、地下水（含矿泉水）、生活饮用水（含瓶装饮用纯净水）、湖水（含水库）、底质（含土壤）、工业废水、水生生物（含微生物）、大气降水等 8 大类 77 个参数	(2000) 量认（国）字（G1230）号	2000 年 2 月 15 日至 2005 年 2 月 15 日
2004 年 12 月 21—23 日	复查评审	15 项	11 人	地表水、地下水、废污水、饮用水、土壤和底质等 9 大类 103 个参数	(2005) 量认（国）字（G1230）号	2005 年 2 月 17 日至 2010 年 2 月 17 日
2006 年 12 月 31 日	准则更新	无	无	地表水、地下水、废污水、饮用水、土壤和底质等 9 大类 103 个参数	2006001230F	2006 年 12 月 31 日至 2009 年 12 月 31 日
2008 年 11 月 30 日至 12 月 1 日	监督评审	无	无	地表水、地下水、废污水、饮用水、土壤和底质等 9 大类 103 个参数	2006001230F	2006 年 12 月 31 日至 2009 年 12 月 31 日
2009 年 12 月 26—29 日	复查评审	15 项	12 人	水（含地表水、地下水、饮用水、大气降水、污水及再生水）、底质与土壤两大类 98 项参数	2009001230F	2009 年 12 月 31 日至 2010 年 2 月 17 日
2010 年 3 月 2 日	准则更新	无	无	水（含地表水、地下水、饮用水、大气降水、污水及再生水）、底质与土壤两大类 98 项参数	2010001230F	2010 年 3 月 2 日至 2013 年 3 月 1 日
2011 年 10 月 20—21 日	监督评审	无	无	水（含地表水、地下水、饮用水、大气降水、污水及再生水）、底质与土壤两大类 98 个参数	2010001230F	2010 年 3 月 2 日至 2013 年 3 月 1 日
2012 年 12 月 11—13 日	复查评审	19 项	15 人	水（含地表水、地下水、生活饮用水、污水、大气降水）、底质与土壤、水生生物三大类 122 个参数	2013001230F	2013 年 3 月 20 日至 2016 年 3 月 19 日
2015 年 12 月 21—24 日	复查评审	23 项	16 人	水（含地表水、地下水、饮用水、污水及再生水、大气降水）、底质与土壤、水生生物三大类 149 个参数	160012081230	2016 年 3 月 2 日至 2022 年 3 月 1 日

（二）水文、水资源调查评价

2003—2018 年，监测中心获得水利部颁发的"水文、水资源调查评价资质证书"，等级为甲级，水文水资源调查评价情况见表 2-8。

表 2-8　　　　　　　　　　水文水资源调查评价情况一览表

时间	业务范围	证书编号	有效期
2003 年 10 月 31 日	水质监测、水质预测预报、水质评价	水文证甲字第 020304 号	2003 年 10 月 31 日至 2008 年 10 月 31 日
2008 年 10 月 1 日	水质监测、水质预测预报、水质评价	水文证甲字第 020804 号	2008 年 10 月 1 日至 2013 年 9 月 30 日
2013 年 10 月 1 日	水质监测、水质预测预报、水质评价	水文证甲字第 021304 号	2013 年 10 月 1 日至 2018 年 9 月 30 日
2018 年 11 月 12 日	水质评价	水文证 12118331	2018 年 11 月 12 日至 2023 年 11 月 11 日

二、站网建设

水资源质量监测站网建设是积累区域水质基本资料、掌握水质动态变化及水资源质量状况的一项基础性工作，流域组织指导流域内水资源质量监测站网建设和管理是海河水保局的一项重要职责。海河流域水资源质量站网建设，包括地表水水资源质量站建设和地下水水资源质量站建设两部分。

（一）地表水水资源质量站

地表水水资源质量站按照水体类型，可分为河流水资源质量站（源头本底值站、干流控制站、支流代表站、入海口站等）和湖泊（水库）水资源质量站［入湖（库）控制站、湖（库）区代表站、出湖（库）控制站等］。海河流域地表水水资源质量站始建于20世纪70年代，最初监测断面83个，主要集中在京津冀地区，最初布设水资源质量站的目的是为水利工程服务，监测指标主要以水化学为主。自20世纪80年代起，随着我国改革开放、社会经济的快速发展，海河流域水资源保护对水质监测工作提出了新的要求，为掌握海河流域江、河、湖、库水域水质状况，满足水质评价需要，流域各省级行政区根据现有条件和需要布设水资源质量监测站，1982年初步建成海河流域水资源质量监测站网，水资源质量站点共计232个，基本覆盖海河流域重要河流及湖库的重点断面。20世纪90年代，随着流域水资源保护工作需要，流域监测站网不断优化调整，海河流域水资源质量站点调整增加至403个（457个断面）。并在之后的时间里，根据监测需要和站点实际情况不断进行优化和调整，截至2017年，海河流域共布设水资源质量站590个，已经形成了一个较为全面、系统、完整的海河流域水资源质量监测网络体系。

（二）地下水水资源质量站

1989年海河流域部分省级行政区水文局（站）开展地下水监测，布设地下水水资源质量监测井179眼，1990年增加至197眼。2013年，水利部《水利部办公厅关于开展流域地下水水质监测工作的通知》（办水文〔2013〕235号），安排部署地下水监测工作。2014年，海委组织开展海河流域地下水水质监测工作，确定海河流域地下水测井565个。

（三）省界水体水资源质量监测站

1997—2000年，海委按照水利部水文司的要求，组织开展了海河流域省界监测站网的规划与布设工作，确定省界河流水质断面52个。2010—2011年，海委按照水利部《关于开展省界缓冲区水质断面复核和监测规范化工作的通知》（办资源〔2010〕83号），组织流域内各省（自治区、直辖市）水利（水务）、环保部门开展了流域省界断面联合查勘、复核工作，经相关各方共同查勘、多次协调，基本达成一致意见。2011年，海委印发《关于报送海河流域省界缓冲区水质监测断面复核成果报告的函》（海水保〔2011〕5号），海河流域省界缓冲区水质监测断面由52个调整增加到65个。

2012年，根据《全国重要江河湖泊水功能区划（2011—2030年）》（国函〔2011〕167号）和《国务院关于实行最严格水资源管理制度的意见》（国发〔2012〕3号）对实施最严格水资源管理制度的全面部署要求，海委报请水利部水资源司同意，增加了九宣闸、大草坪、四道闸、永定河桥、罗古判村等5个省界缓冲区水质监测断面，并得到相关省级水行政主管部门的确认。2014年，海河流域省界断面调整为70个。

2015 年，海河水保局再次组织开展了流域省界水质监测断面的复核工作，对 70 个断面中的罗汉石、东店、古北口、疙瘩村、合漳、袁桥闸等 6 个断面位置进行了微调。省界水体监测项目 24 个，监测频次为每月 1 次。

三、实验室建设

海委水质实验室始建于 1981 年，设在海委电校楼（已拆），实验室面积不足 100 平方米，主要监测设备为分光光度计、原子吸收分光光度计等基本检测仪器。1988 年，实验室搬迁至水质楼，实验室面积 500 平方米，配置了气相色谱仪等大型检测仪器。1998 年以后，通过实施省界水质监测站网建设、水资源监测能力建设、潘家口大黑汀水库水源地水资源实时监测项目、官厅密云水库上游水质水量自动监测系统、国家水资源监控能力建设等项目，配置了水质检测仪器、移动实验室、液相色谱质谱仪等设备，并对实验室进行了改造。海委水质实验室能力建设一览表见表 2-9。

表 2-9　　　　　　　　　　海委水质实验室能力建设一览表

年份	项　目	建　设　内　容	投资/万元
1983	实验室建设	实验台、常用检测设备、分光光度计、原子吸收分光光度计等	
1988	实验室搬迁	增配原子吸收分光光度计、气相色谱仪等	
1998	省界水质监测站网	购买水质监测仪器等常规检测设备	109.48
2000	2000 年水资源监测项目	试验台改建、购置监测车、总磷测定仪等仪器设备 26 台套	280
2001	2001 年水资源监测项目	购置采样车 1 辆，阴离子测定仪 1 台	142
2002—2007	海河流域水资源监测能力建设	监测中心及分中心实验室仪器设备购置和移动实验室建设	1059
2008—2009	水资源监测能力 2008 年度应急建设	监测中心及分中心采样车、采样船、生物显微镜等设备 6 台（套）	101
2009—2010	"十一五"水资源监测能力建设（2009—2010）	改建监测中心实验室，建设移动实验室 1 个，购置采样车、采样船、液相色谱-质谱仪等仪器设备 12 台（套）	994
2010—2011	潘家口大黑汀水库水源地水资源实时监测项目	建设移动实验室 1 个，采样船 1 艘，购置藻类分类测定仪 1 台	269.0
2002	官厅密云水库上游水质水量自动监测系统一期工程	建设移动实验室 1 个	171.7
2002—2008	官厅密云水库上游水质水量自动监测系统二期工程	购置实验室仪器设备	284.9
2005—2008	官厅密云水库上游水质水量自动监测系统三期工程	改造海委水质楼一楼总面积为 414.7 平方米的实验室及办公用房，配备试验仪器设备和 1 辆采样车，配置 1 个移动实验室和相应的车载实验设备	498
2012—2014	国家水资源监控能力建设	监测中心及分中心实验室仪器设备购置	907.85

续表

年份	项　目	建　设　内　容	投资/万元
2015—2017	漳河及岳城水库水源地水资源实时监测工程	漳河上游分中心实验室改建	369.9
2015—2017	海河流域水环境监测中心水资源监测能力建设及5处自动监测站改建	中心及分中心实验室仪器设备购置、饮用水安全应急监测设备等	878.5

经过30余年的努力，海委水质实验室监测环境不断改善，硬件环境和监测能力有了明显提高。目前实验室主要承担流域省界断面常规检测和水源地有毒有机物检测、地下水样品监测，以及浮游植物、浮游动物、底栖动物等水生态样品的鉴定工作。

实验室因建设年代较早，实验室面积仅为《水文基础设施建设及技术装备标准》（SL 276—2002）所规定的流域水环境监测中心面积2500平方米的五分之一。同时实验室检测人员不足等问题，造成仪器使用受限，也在一定程度上影响了实验室检测能力的提升。

四、水质自动监测站建设

21世纪的水资源保护工作对水质监测提出了更高的要求，以往单一的水质监测模式现代化程度低，无法满足新时期水质监测工作的需要，采用水质自动监测技术，是实现水质监测迈向现代化、自动化步伐的重要手段。同时，水质自动监测技术对于实时掌握重点断面水质状况、积极应对突发水污染事件、提高流域水资源实时监控和预警能力具有十分重要的意义。

2002年，海委组织实施官厅密云水库上游水质水量自动监测系统一期工程项目，2003年先后建成潮河古北口（戴营）水量水质自动监测站、洋河响水堡水质自动监测站，投资583.3万元，主要监测水温、pH、电导率、溶解氧、浊度、高锰酸盐指数、氨氮、总磷、总氮9项参数。

2003年以后，海委组织实施京津地区重要水源地水资源实时监控系统一期工程、海河流域水资源监测能力建设项目（2002—2007）、官厅密云水库上游水质水量自动监测系统二期工程、水利部"948"河流水质在线监测系统项目、潘家口大黑汀水库水源地水资源实时监测项目、漳河及岳城水库水源地水资源实时监测工程项目等，先后建成水质自动监测站14个。2013—2017年，通过实施海委水资源监测能力2013年度应急建设工程项目、漳河及岳城水库水源地水资源实时监测工程、监测中心水资源监测能力建设及5处自动监测站改建等项目，对古北口等8个自动监测站进行了更新改建。海委水质自动监测站建设概况见表2-10。

表 2-10　　　　　　　　海委水质自动监测站建设一览表

序号	建设项目	建设内容	建设时间	投资额/万元
1	官厅密云水库上游水质水量自动监测系统一期工程	古北口（戴营）、响水堡	2002年5月18日至2003年11月26日	583.30

序号	建设项目	建设内容	建设时间	投资额/万元
2	官厅密云水库上游水质水量自动监测系统二期工程	册田水库坝上、官厅水库坝上、下堡、密云水库坝上	2005年2月1日至2008年5月15日	1084.50
3	海河流域水资源监测能力建设项目（2002—2007）	大黑汀水库坝上	2002年11月22日至2008年1月3日	184.00
4	海委水资源监测能力2013年度应急建设工程	古北口（戴营）、官厅水库（改建）	2013年4月22日至2014年3月31日	460.40
5	京津地区重要水源地水资源实时监控系统一期工程	潘家口坝上	2003年11月3日至2005年4月22日	189.92
6	潘家口大黑汀水库水源地水资源实时监测项目	乌龙矶（新建）潘家口坝上、大黑汀水库坝上（改建）	2010年10月10日至2011年8月12日	323.56
7	海河流域水环境监测中心水资源监测能力建设及5处自动监测站改建	下堡、册田水库、潘家口水库、大黑汀水库坝上、龙王庙等5个自动监测站（改建）	2015年7月23日至2017年9月	771.50
8	漳河及岳城水库水源地水资源实时监测工程项目	麻田、侯壁、观台（新建）、岳城水库（改建）	2015年7月23日至2017年9月	721.40
9	水利部"948"河流水质在线监测系统项目	岳城水库和龙王庙		211.95

（一）古北口（戴营）、响水堡水质水量自动监测站

古北口（戴营）、响水堡自动监测站是官厅密云水库上游水质水量自动监测系统一期工程的两个单项工程，总投资583.30万元。项目法人为海委信息化工作领导小组办公室，设计单位为天津市龙网科技发展有限公司、监测中心和北京中水科水利水电设计院，监理单位为天津市华朔水利工程咨询监理有限公司，施工单位包括北京中水科工程总公司、龙网公司等，运行管理单位为海河水保局。

古北口（戴营）水质水量自动监测站位于河北省承德市滦平县巴克什营镇南3千米处，与原有的戴营水文站相结合，在一期工程中迁址新建，改名古北口水质水量自动监测站，用于监测潮河由河北省进入北京市的水质水量情况。主要监测水温、pH、电导率、溶解氧、浊度、高锰酸盐指数、氨氮、总磷、总氮9项参数。戴营水质水量自动监测站于2002年5月18日开工，2003年11月26日完工，建成后交监测中心运行管理。2011年，海委通过实施"948"项目，对古北口水质自动监测站进行了扩建，投资额为201.00万元。2013—2014年，海委通过实施水资源监测能力2013年度应急建设工程项目，对古北口水质自动监测站进行了改建，对水质在线检测仪进行了更新。

响水堡水质水量自动监测站位于河北省张家口市宣化区下花园区辛庄子乡响水堡村，与原有的响水堡水文站相结合，用于监测洋河由河北省进入北京市的水质水量情况。主要监测水温、pH、电导率、溶解氧、浊度、高锰酸盐指数、氨氮、总磷、总氮9项参数。响水堡水质水量自动监测站于2002年5月18日开工，2003年8月14日完工，建成后交监测中心运行管理。2017年，响水堡水质自动监测站已到报废年限，撤销响水堡水质自动监测站。

（二）潘家口水库、大黑汀水库自动监测站

潘家口水库水质自动监测站位于潘家口水库坝上，由"京津地区重要水源地水资源实时监控系统一期工程"项目建设。2002年9月24日，水利部于以水规计〔2002〕413号文批复京津地区重要水源地水资源实时监控系统一期工程初步设计。项目法人为海委信息化工作领导小组办公室。潘家口水库水质自动监测站建设主要是为实时掌握潘家口水库坝上水质情况，投资额189.92万元。监测项目为水温、pH、电导率、溶解氧、浊度、氨氮、总磷、硝酸盐氮、总氮等参数。2004年建成后，移交引滦工程分中心运行管理。

大黑汀水库自动监测站位于大黑汀水库坝上，隶属"海河流域水资源监测能力建设项目（2002—2007）"的一个单项工程。大黑汀水库水质自动监测站建设主要目的为实时掌握大黑汀水库坝上水质情况，建设投资额184.00万元，监测项目为水温、pH、电导率、溶解氧、浊度、氨氮、总磷、TOC等8个参数，2007年6月建设完成后交由引滦工程分中心运行管理。

2015—2017年，通过"海河流域水环境监测中心水资源监测能力建设及5处自动监测站改建"项目，改建了潘家口水库、大黑汀水库水质自动监测站，对水质在线检测仪进行了更新。

（三）册田水库、官厅水库、下堡、密云水库水质自动监测站

册田水库、官厅水库、下堡、密云水库等4个水质自动监测站分别位于册田水库坝上、官厅水库坝上、河北省赤城县后城乡骆驼山省界处、密云水库白河主坝上，隶属"官厅密云水库上游水质水量自动监测系统二期工程"。二期工程项目法人为海委信息化项目建设办公室，项目设计单位为龙网公司、海委水资源保护科学研究所等，监理单位为天津市华朔水利工程咨询监理有限公司，主要施工单位包括水利部南京水利水文自动化研究所、南京南瑞集团公司、深圳市摩特威尔环境科技有限公司、北京尚洋东方环境科技有限公司等。

册田水库、官厅水库、下堡、密云水库水质自动监测站的监测项目包括水温、pH、电导率、溶解氧、浊度、氨氮、总磷、硝酸盐氮、总氮等参数，总投资额1084.50万元，建成后移交监测中心运行管理。2013年监测中心将密云水库坝上水质自动监测站移交北京市密云水库管理处运行管理。

2015—2017年，通过"海河流域水环境监测中心水资源监测能力建设及5处自动监测站改建"项目，改建了下堡、册田水库水质自动监测站，对水质在线检测仪进行了更新。

（四）岳城水库、龙王庙水质自动监测站

2006—2008年，海委通过水利部"948"河流水质在线监测系统项目，在岳城水库坝前建设岳城水库坝上水质自动监测站，在河北省大名县龙王庙桥卫河省界断面建设了龙王庙水质自动监测站，监测项目为水温、pH、电导率、溶解氧、浊度、氨氮、总磷、硝酸盐氮、总氮等参数，投资额为211.95万元，建成后移交漳卫南运河分中心运行管理。

2015—2017年，通过"海河流域水环境监测中心水资源监测能力建设及5处自动监测站改建"项目，改建了龙王庙水质自动监测站，对水质在线检测仪进行了更新。

（五）乌龙矶水质自动监测站

乌龙矶水质自动监测站位于河北省承德县下板城街道乌龙矶滦河干流上，建设隶属"潘家口大黑汀水库水源地水资源实时监测项目"的一个单项工程。该项目法人为海河水保局潘家口大黑汀水源地实时监测项目建设办公室，负责该项目的建设，委托天津市华朔水利工程咨询监理有限公司进行工程监理。乌龙矶水质自动监测站监测项目为水温、pH、电导率、溶解氧、浊度、氨氮、总磷、硝酸盐氮、总氮等参数，投资额为 323.56 万元。乌龙矶水质自动监测站 2010 年 10 月 10 日开工建设，2011 年 6 月 20 日建设完成，建成后移交引滦工程分中心运行管理。

（六）麻田、侯壁、观台水质自动监测站

麻田、侯壁、观台水质自动监测站是"漳河及岳城水库水源地水资源实时监测工程"的三个单项工程。2015—2017 年，海委在山西省左权县麻田镇清漳河省界断面建设了麻田水质自动监测站，在山西省平顺县石城镇侯壁电站下游 200 米处的浊漳河建设了侯壁水质自动监测站，在河北省磁县都党乡冶子村漳河建设了观台水质自动监测站。监测项目为水温、pH、电导率、溶解氧、浊度、氨氮、总磷、硝酸盐氮、总氮等参数。3 个水质自动监测站总投资额为 721.40 万元。2017 年 7 月，3 个水质自动监测站建设全部完成。麻田和侯壁水质自动监测站建成后移交漳河上游分中心运行管理，观台站移交漳卫南运河分中心运行管理。

五、分中心建设

1994 年 6 月 20 日，海委以《关于成立"海河流域水环境监测中心漳卫南运河分中心"的批复》（海人字〔1994〕第 47 号）批准成立监测中心漳卫南运河分中心，位于山东省德州市。漳卫南运河分中心承担的水环境监测范围为漳河岳城水库及其以下漳河、卫河淇门以下、共产主义渠刘庄闸以下、卫运河、南运河四女寺至安陵、漳卫新河，河道全长 814 千米。承担省界、水功能区、供水水源地、跨流域调水、水污染敏感区域、污染事件调查、巡查巡测等监测任务。

1994 年，成立监测中心引滦工程分中心，位于河北省唐山迁西县。2005 年 4 月 30 日，海委以《关于保留海河流域水环境监测中心引滦工程分中心的批复》（海人教〔2005〕20 号）继续保留该分中心。引滦工程分中心负责重点水源地潘家口水库、大黑汀水库及主要干支流的水质监测工作，承担入库、入河排污口的监督管理工作，承担水源地周边突发污染事件的应急监测工作，水源地水资源保护规划编制及技术研究工作。

2002 年 2 月 4 日，海委以《关于成立海河流域水环境监测中心北京分中心的批复》（海人〔2002〕5 号）批准成立监测中心北京分中心，位于北京市海淀区。北京分中心主要负责水质自动监测站管理工作，未进行资质认定评审。

2004 年 12 月 31 日，漳河上游局以《关于成立海河流域水环境监测中心漳河上游分中心的通知》（漳上人〔2004〕30 号）批准成立监测中心漳河上游分中心，位于河北省邯郸市。漳河上游分中心承担的水环境监测范围为浊漳河侯壁水电站以下、清漳河匡门口水文站以下至漳河观台水文站以上河段，管辖河段长度为 108 千米，区间流域面积为 1664 平方千米。承担所辖区域的水环境专题调查、监测、评价和科研工作，承担周边突发污染

事件的应急监测工作。该分中心尚未进行资质认定评审。

2005年1月28日，海委以《关于成立海河流域水环境监测中心海河下游水环境监测分中心的批复》（海人教〔2005〕5号）批准成立监测中心海河下游分中心，位于天津市河西区。海河下游分中心主要负责海委所属海河下游五闸的水质监测工作，组织开展所辖区域的水环境专题调查、监测、评价和科研工作，承担周边突发污染事件的应急监测工作。该分中心尚未进行资质认定评审。

第三章

饮 用 水 水 源 地 保 护

海河水保局按照三定职责及水利部相关工作要求，负责指导协调海河流域饮用水水源地保护工作。流域水源地保护主要对流域重点水源地水质状况进行监督监测和检查，对流域内重要水源地达标建设工作进行技术指导、会同省级水行政主管部门检查评估达标建设任务完成情况。海委直管水源地保护主要是针对直管水源地组织开展常规监测、执法检查和达标自评等的指导与检查工作。2006 年前，饮用水水源地保护工作以海委直管水库为重点，主要开展监测和评价工作。2006 年后，随着国家对水源地安全保障工作的日益重视，水利部陆续印发了全国重要饮用水水源地名录。按照国家和水利部的相关要求，海河水保局主要围绕全国重要饮用水水源地，重点开展水源地安全保障相关工作。

第一节 水源地监测与通报

2003 年起，监测中心对流域重点饮用水水源地开展按月监测并公布《海河流域重点水源地水质监测信息》。2015 年起，海河水保局组织监测中心及流域各省级水行政主管部门对重要饮用水水源地进行监测评价，海河水保局按月编制《海河流域重要饮用水水源地水质简报》，发送至水利部水资源司及流域各省级水行政主管部门。

2003 年 3 月至 2005 年 12 月，监测中心对潘大水库、岳城水库进行按月监测，并发布《海河流域重点水源地水质监测信息》，三个水库水质基本保持在地表水Ⅲ类及以上。

2006 年起，监测中心对流域内潘大水库、岳城水库、于桥水库、密云水库和官厅水库按月监测，并发布《海河流域重点水源地水质监测信息》。除官厅水库外，其余水源地水质基本保持在地表水Ⅲ类及以上，官厅水库主要超标项目为氨氮、氟化物、高锰酸盐指数。

2015 年起，海河水保局组织流域各省级水行政主管部门对重要饮用水水源地进行监测评价，按月编制《海河流域重要饮用水水源地水质简报》，发送至水利部水资源司及流域各省级水行政主管部门。

2015 年 3 月 10 日至 2016 年 1 月 29 日，海河水保局先后印发《海河流域重要饮用水水源地水质简报》（第 1～12 期），对 8 个地表水水源地（含 13 座水库）和 8 个地下水水源地 2015 年 1—12 月的监测结果进行评价通报。2016 年 1 月 29 日，海河水保局印发《海河流域重要饮用水水源地水质简报》（第 13 期），汇总分析流域 16 个重要饮用水水源地 2015 年度水质状况。

2016 年 2 月 29 日至 2017 年 1 月 12 日，海河水保局先后印发《海河流域重要饮用水水源地水质简报》（第 14～25 期），对 8 个地表水水源地（含 13 座水库）和 8 个地下水水源地 2016 年 1—12 月的监测结果进行评价通报。2017 年 1 月 12 日，海河水保局印发《海河流域重要饮用水水源地水质简报》（第 26 期），汇总分析流域重要饮用水水源地 2016 年度水质状况。2017 年 2 月 18 日至 2018 年 1 月 15 日，海河水保局印发《海河流域重要饮用水水源地水质简报》（第 27～38 期），对 27 个地表水水源地（含 29 座水库，1 条河道）和 17 个地下水水源地 2017 年 1—12 月的监测结果进行评价通报。

2018 年 2 月 27 日至 2019 年 1 月 2 日，海河水保局印发《海河流域重要饮用水水源地水质简报》（第 39～50 期），对 30 个地表水水源地（含 32 座水库，1 条河道）和 25 个地下水水源地 2018 年 1—12 月的监测结果进行评价通报。

第二节　安全保障达标评估

为贯彻落实《国务院办公厅关于加强饮用水安全保障工作的通知》（国办发〔2005〕45 号），水利部于 2006 年起陆续核准公布了全国重要饮用水水源地名录，于 2011 年起组织开展重要水源地安全保障达标建设工作，力争列入名录的全国重要饮用水水源地达到"水量保证、水质合格、监控完备、制度健全"，初步建成重要饮用水水源地安全保障体系。海河水保局按职能，对海河流域重要饮用水水源地安全保障达标建设工作进行技术指导，并会同省级水行政主管部门检查各重要饮用水水源地的达标建设任务开展情况，评估各省重要水源地达标建设任务完成情况。

一、水源地名录

2006 年、2008 年，水利部先后两次发文，分别核准公布第一批、第二批全国重要饮用水水源地名录。2011 年，水利部印发《关于公布全国重要饮用水水源地名录的通知》（水资源函〔2011〕109 号），对第一批、第二批名录进行复核调整，对第三批名录进行审核后一并公布，涵盖供水人口 50 万以上及部分供水人口 20 万以上的水源地。至此，全国共有 175 个水源地纳入名录（第一批至第三批），海河流域占其中 16 个。

2015 年 5 月 4 日，水利部印发《水利部办公厅关于做好全国重要饮用水水源地保护有关工作的通知》（办资源函〔2015〕631 号），海河水保局按照文件要求和海委有关工作安排，组织开展了海河流域重要饮用水水源地复核工作。同年 11 月 4 日，海河水保局将复核成果以《海委关于报送海河流域重要饮用水水源地名录复核结果的函》（海水保函〔2015〕16 号）文件上报水利部水资源司。

2016 年 9 月 26 日，水利部经各省级人民政府同意，印发《水利部关于印发全国重要饮用水水源地名录（2016 年）的通知》（水资源函〔2016〕383 号），对全国供水人口 20 万以上的地表水饮用水水源地及年供水量 2000 万立方米以上的地下水饮用水水源地进行核准（复核），共将全国 618 个饮用水水源地纳入《全国重要饮用水水源地名录（2016 年）》（以下简称《名录》）进行管理，原《关于公布全国重要饮用水水源地名录的通知》（水资源函〔2011〕109 号）同时废止。海河流域共有 55 个水源地列入《名录》，包括 30 个地表水饮用水水源地和 25 个地下水饮用水水源地。

二、评估与检查

2011 年 6 月 21 日，水利部印发《关于开展全国重要饮用水水源地安全保障达标建设的通知》（水资源〔2011〕329 号），随文印发《全国重要饮用水水源地安全保障达标建设目标要求（试行）》，安排部署全国重要饮用水水源地达标建设工作，提出力争用 5 年时间，达到"水量保证、水质合格、监控完备、制度健全"的建设目标，初步建成重要饮用水水源地安全保障体系。各省级水行政主管部门负责组织完成本辖区重要饮用水水源地达标建设工作，各流域管理机构负责技术指导、检查评估和协调工作。海河水保局逐年对流域列入名录的重要饮用水水源地上一年度安全保障达标建设情况进行检查和评估。

2012 年 7 月 11 日，水利部办公厅印发《关于做好 2012 年度全国重要饮用水水源地达标建设有关工作的通知》（办资源〔2012〕276 号），安排年度达标建设工作，要求上报 2011 年度重要饮用水水源地自评总结及 2013 年度达标建设计划。8 月 6—9 日，海委分两组对北京、天津、河北、山西、河南 5 省（直辖市）内全国重要饮用水水源地进行现场检查，对流域重要饮用水水源地安全保障达标建设情况进行评估；11 月 16 日，海河水保局以海委文件《关于报送海河流域全国重要饮用水水源地安全保障达标建设评估检查报告的函》（海水保〔2012〕6 号）上报水利部。2011 年海河流域 16 个重要饮用水水源地全年合计供水约 45.18 亿立方米，供水水质均达到Ⅲ类以上标准，满足饮用水水源地水质要求。检查中各水源地存在的主要问题见表 3-1。

表 3-1　　　　　　　　　2012 年海河流域重要水源地检查问题清单

序号	水源地名称	所在行政区	存在的主要问题
1	密云-怀柔水库水源地	北京市	水资源依然紧缺；水源地二级保护区内仍有部分旅游活动未整治到位
2	于桥-尔王庄水库水源地	天津市	供水保证率未达 95%；上游地区和库区综合治理均不达标；取水口处未设置水质自动在线监测设施
3	岗南水库水源地	河北省	水库上游来水水量和水质难以控制；水源地一级保护区未设立明显的界标和水功能区保护警示标志；水源地内有旅游、游泳和钓鱼等可能污染水体的活动
4	西大洋水库水源地	河北省	未开展水源地营养状态监测；二级保护区内水土流失问题突出，仍有钓鱼等可能污染水体的活动
5	安阳市洹河地下水水源地	河南省	准保护区边界没有设置标志牌，保护区内仍有固体垃圾堆放点；没有统一的达标建设领导机构
6	长治市辛安泉水源地	山西省	保护区内仍有一部分农户少量使用农药、化肥；水源地尚存在一些养殖、旅游和垂钓等活动

2013 年 4 月 23 日，海委印发《海委关于做好 2013 年度海河流域全国重要饮用水水源地安全保障达标建设有关工作的通知》（海水保〔2013〕2 号），组织开展流域重要水源地年度评估工作；5 月 13—15 日，对北京市北四河平原地下水水源地等 6 个水源地进行现场检查，随后对流域重要水源地安全保障达标建设情况进行评估；11 月，海河水保局

编制完成《水源地安全保障达标建设自查评分表》《海河流域全国重要饮用水水源地安全保障达标建设评估实施方案》，提出水源地安全保障定量评估方法体系；12 月 17 日，海委上报《海委关于报送〈海河流域国家重要饮用水水源地安全保障达标建设 2012 年度检查评估报告〉的函》（海水保〔2013〕9 号），2012 年海河流域 16 个重要饮用水水源地实际供水量约 27.9 亿吨，水质均达到Ⅲ类以上标准，满足供水水质要求。大部分水源地完善了安全监控体系，制订了应对突发性水污染事件、洪水和干旱等特殊条件供水安全保障的应急预案，完善了饮用水水源地管理体系。

2014 年 4 月 15—16 日，海委在天津召开海河流域重要饮用水水源地安全保障达标建设工作交流及培训会议，安排部署年度评估工作，并对评估表格填报进行培训。5 月上旬，海委组织天津市、河北省及河南省水利、环保部门对潘大水库、于桥水库及岳城水库水源地进行了现场检查，并对流域重要饮用水水源地安全保障达标建设情况进行评估；7 月 10 日，海委上报《海委关于报送〈海河流域国家重要饮用水水源地安全保障达标建设 2013 年度检查评估报告〉的函》（海水保（2014）8 号）。评估结果表明，2013 年海河流域 16 个重要饮用水水源地供水量约为 39.9 亿吨，大部分饮用水水源地供水水质达到Ⅲ类标准，满足供水要求，各重要饮用水水源地基本建立起安全监控体系，逐步完善了水源地管理体系。对 14 个重要饮用水水源地进行评分，所有水源地得分均在 60 以上，平均得分为 83.5 分（满分为 100），饮用水水源地达标建设情况总体良好，其中河北省岗南水库、大浪淀水库及羊角铺水源地达标建设情况优秀，得分超过 90 分。

2015 年 4 月 24—25 日，海委组织召开 2015 年海河流域重要饮用水水源地安全保障达标建设工作交流及培训会议。5 月 4 日，水利部印发《水利部办公厅关于做好全国重要饮用水水源地保护有关工作的通知》（办资源函〔2015〕631 号），要求更新完善重要饮用水水源地名录，抓紧推进年度达标评估工作，随文印发《全国重要饮用水水源地安全保障评估指南（试行）》，作为开展评估的技术依据。海委印发《海委关于开展 2015 年海河流域重要饮用水水源地安全保障达标评估的通知》（海水保函〔2015〕8 号），随文印发《2015 年海河流域重要饮用水水源地安全保障达标建设评估方案》，指导部署流域年度评估工作。6 月 29 日至 7 月 1 日，海委对河北省大浪淀水库等 4 个水源地进行现场检查，并对流域重要水源地达标情况进行评估。8 月 27 日，海委上报《海委关于报送 2014 年度海河流域重要饮用水水源地安全保障达标评估报告的函》（海水保函〔2015〕14 号）。评估结果表明，2014 年海河流域 16 个重要饮用水水源地年度实际供水 44.76 亿立方米，供水水质基本达标。对流域 16 个重要水源地进行达标评分，平均得分为 87.53 分，等级为"优"的水源地 9 个，等级为"良"的水源地有 5 个，评分为"中"的水源地 2 个。

2016 年 3 月 3 日，海委印发《海委关于开展海河流域重要饮用水水源地安全保障达标评估相关工作的通知》（海水保〔2016〕4 号），安排部署流域年度达标评估工作。4 月中旬，海委组织对流域 15 个重要饮用水水源地进行现场检查，收集完善各饮用水水源地评估档案材料。4 月下旬，海委在天津组织召开达标评估会议，组成专家组，对各水源地年度安全保障达标情况进行复核评估，形成评估意见。7 月 12 日，海委上报《海委关于报送 2015 年度海河流域重要饮用水水源地安全保障达标评估报告的函》（海水保函〔2016〕14 号），15 个重要水源地（大同市御河地下水水源地因压采取消水源地功能，不列入评估）年度实际供水 16.03 亿立方米，供水水质基本达标。对流域 15 个重要水源地进行达标评分，平均得分为 89.53 分，等级为"优"的水源地 10 个，等级为"良"的水源地有 3 个，等级为"中"及"差"的水源地各 1 个。

2017 年 3 月 2—3 日，海委在天津组织召开海河流域重要饮用水水源地安全保障达标评估工作会议，各重要水源地管理单位及省级水行政主管部门相关同志参加会议。3 月 10 日，印发《海委关于做好海河流域重要饮用水水源地安全保障达标建设及开展 2016 年度评估工作的通知》（海水保函〔2017〕4 号），指导列入名录的 55 个重要水源地达标建设工作并安排部署 2016 年度达标评估工作。4 月 17—21 日，海委分四个检查组，主要选取新列入名录的水源地，对 26 个水源地进行现场检查。4 月 27 日，海委在济南组织召开海河流域重要饮用水水源地安全保障达标状况复核评估会，由水利部及各省（自治区、直辖市）水利（水务）厅（局）相关部门专家对流域重要水源地 2016 年达标状况进行复核评估，形成评估意见。6 月 12 日，海委上报《海委关于报送 2016 年度海河流域全国重要饮用水水源地安全保障达标评估报告的函》（海水保函〔2017〕10 号），2016 年度海河流域 55 个重要饮用水水源地供水总量为 32.9 亿立方米，大部分水源地水质满足要求，北京市自来水集团第二水厂水源地、天津市于桥-尔王庄水库水源地、潘家口-大黑汀水库水源地、阳泉市娘子关泉水源地等 4 个水源地水质未达标。对流域 55 个重要水源地进行达标评分，平均得分为 90.38 分，等级评定为"优"的水源地有 37 个，等级为"良"的水源地有 15 个，等级为"中"的水源地有 3 个。

2018 年 2 月 26 日，水利部印发《水利部办公厅关于进一步明确全国重要饮用水水源地安全保障达标建设年度评估工作有关要求的通知》（办资源函〔2018〕204 号），统一规定水源地达标评估的范围、内容、评估程序和时间安排。按要求，各省级水行政主管部门负责达标建设自评估，流域机构进行现场抽查。海委在对北京市自来水集团第二水厂水源地、怀柔水库水源地等 11 个水源地进行抽查评估的基础上，于 2018 年 3 月 15 日上报抽查评估报告，提出问题清单和整改建议。2018 年 3 月 26 日，海河水保局在天津组织召开了海河流域重要饮用水水源地安全保障达标状况复核评估会，对各水源地 2017 年度安全保障状况进行复核评估。经评定，流域重要水源地 2017 年度平均评估得分为 92.3 分，其中，安全保障达标等级评定为"优"的水源地有 40 个，达标等级评定为"良"的水源地有 13 个，达标等级评定为"中"的水源地有 2 个。各重要水源地评分情况见表 3-2。

表 3-2　　　　　　　　2017 年度海河流域重要水源地安全保障评分情况

序号	水 源 地 名 称	所在行政区	水源地类型	总得分	达标等级
1	密云水库水源地	北京	水库	98	优
2	北京市自来水集团第二水厂水源地	北京	地下水	75	中
3	北京市自来水集团第三水厂水源地	北京	地下水	97	优
4	北京市自来水集团第八水厂水源地	北京	地下水	97	优
5	怀柔水库水源地	北京	水库	92	优
6	北京市拒马河水源地	北京	河道	93	优
7	北京市顺义区第三水源地	北京	地下水	91	优

续表

序号	水源地名称	所在行政区	水源地类型	总得分	达标等级
8	白河堡水库水源地	北京	水库	91	优
9	于桥-尔王庄水库水源地	天津	水库	88	良
10	岗南水库水源地	河北	水库	93	优
11	黄壁庄水库水源地	河北	水库	95	优
12	石家庄市滹沱河地下水水源地	河北	地下水	95	优
13	潘家口-大黑汀水库水源地	河北	水库	64	中
14	陡河水库水源地	河北	水库	97	优
15	唐山市北郊水厂水源地	河北	地下水	96	优
16	桃林口水库水源地（含洋河水库）	河北	水库	97	优
17	石河水库水源地	河北	水库	90	优
18	岳城水库水源地	河北	水库	89	良
19	邯郸市羊角铺水源地	河北	地下水	96	优
20	邢台市桥西董村水厂水源地	河北	地下水	96	优
21	西大洋水库水源地	河北	水库	97	优
22	王快水库水源地	河北	水库	86	良
23	保定市一亩泉水源地	河北	地下水	86	良
24	张家口市旧李宅水源地	河北	地下水	87	良
25	张家口市样台水源地	河北	地下水	87	良
26	张家口市腰站堡水源地	河北	地下水	89	良
27	张家口市北水源水源地	河北	地下水	89	良
28	承德市二水厂水源地	河北	地下水	88	良
29	承德市双滦自来水公司水源地	河北	地下水	92	优
30	大浪淀水库水源地	河北	水库	96	优
31	杨埕水库水源地	河北	水库	84	良
32	廊坊市城区水源地	河北	地下水	90	优
33	衡水自来水公司水源地	河北	地下水	93	优
34	阳泉市娘子关泉水源地	山西	地下水	97	优
35	长治市辛安泉水源地	山西	地下水	97	优
36	朔州市耿庄水源地	山西	地下水	93	优
37	忻州市豆罗水源地	山西	地下水	86	良
38	锡林郭勒盟一棵树-东苗圃水源地	内蒙古	地下水	86	良
39	清源湖水库水源地	山东	水库	99	优
40	相家河水库水源地	山东	水库	98	优
41	庆云水库水源地	山东	水库	95	优
42	丁东水库水源地	山东	水库	97	优

序号	水 源 地 名 称	所在行政区	水源地类型	总得分	达标等级
43	杨安镇水库水源地	山东	水库	99	优
44	聊城市东聊供水水源地	山东	地下水	94	优
45	思源湖水库水源地	山东	水库	98	优
46	三角洼水库水源地	山东	水库	88	良
47	孙武湖水库水源地	山东	水库	95	优
48	仙鹤湖水库水源地	山东	水库	95	优
49	幸福水库水源地	山东	水库	95	优
50	西海水库水源地	山东	水库	99	优
51	滨州市东郊水库水源地	山东	水库	99	优
52	弓上水库水源地	河南	水库	93	优
53	安阳市洹河地下水水源地	河南	地下水	97	优
54	盘石头水库水源地	河南	水库	96	优
55	焦作市城区地下水水源地	河南	地下水	97	优

第三节　直管水源地保护

　　海委直管水源地包括潘大水库水源地和岳城水库水源地。潘家口水库1980年下闸蓄水，总库容为29.3亿立方米；大黑汀水库1979年蓄水，总库容为3.37亿立方米。两库控制流域面积35100平方千米，供水城市为天津市、唐山市。岳城水库1970年竣工，库容近13亿平方米，控制流域面积18100平方千米，供水城市为河北省邯郸市、河南省安阳市。

　　海河水保局指导引滦局、漳卫南局开展直管水源地的水资源保护工作，包括开展水资源保护相关规划方案编制、常规监测、污染源调查研究、执法检查、达标自评等工作。

一、潘大水库水资源保护

　　潘大水库建库后，引滦枢纽工程枢纽以上的潘大水库由海委统一管理、统一调度，养鱼归河北省经营。随着水库上游经济社会发展、库区网箱养鱼和周边采矿、旅游等活动的无序发展，2000年后，潘大水库水质持续恶化（下降），水源地保护工作成为潘大水库管理的重点。

　　2003年，海委编报《潘家口、大黑汀水库水源地保护规划》。

　　2006年，潘家口-大黑汀水库水源地被纳入《全国重要饮用水水源地名录（第一批）》。

　　2008年，海河水保局编制的《海委直管水库城市饮用水水源地安全保障规划》，纳入水利部《全国城市饮用水水源地安全保障规划（2008—2020年）》。

　　2009年，海委编报《潘家口、大黑汀水库饮用水水源地安全保障规划实施方案》。

2012 年，海河水保局组织开展潘大水库污染负荷分析，结果表明，潘大水库主要污染物的污染负荷来源中，上游点面源污染约占 60%，网箱养鱼占 30%，库区周边污染占 10%。

2012 年起，海委对潘大水库水源地安全保障达标建设情况进行自评估，海河水保局将自评估结果纳入流域水源地评估报告中，以海委文件正式上报水利部。2013—2017 年，潘大水库安全保障达标评分依次为 77.5 分、70 分、59 分、62 分、64 分，主要存在水质未达Ⅲ类标准、保护区未划分、水源地有排污口、周边综合整治不到位等问题。

2013 年，海委编制《潘家口、大黑汀水库周边水源地保护综合治理工程项目建议书》。

2014 年，海河水保局组织开展潘大水库周边污染源调查工作，结果表明，潘大水库库区有污染源 38 个，周边有污染源 75 个，库区有养鱼网箱 46690 个。同年，海河水保局再次组织开展潘大水库污染负荷分析，结果表明，上游点面源污染负荷比例减至 40%，网箱养鱼污染负荷比例增加到 50%。

2014 年 5 月，海河水保局组织天津市、河北省水利环保部门，对潘家口水库水源地安全保障达标情况进行了联合检查。通过检查，发现潘家口水库水质有富营养化加重趋势，总磷、总氮不符合要求，严重影响引滦供水安全，其原因为：①上游面源污染；②库面网箱养鱼泛滥，至少有 50%库面是网箱养鱼。检查后，河北省环境治理工作领导小组办公室向唐山市政府印发了《关于对饮用水水源地存在问题进行整改的通知》（冀环治领办〔2014〕15 号），要求唐山市政府及有关部门加强潘家口水库治理，坚决取缔喂食性网箱养鱼，加大监督检查和监测力度，减少点源、面源污染，确保入库水质安全达标。

2015 年，海河水保局为编制《引滦水资源保护总体工作方案》，组织开展潘大水库网箱养鱼承载力研究、潘大水库上游面源污染负荷评估、潘大水库安全保障达标建设方案编制等基础工作，调查分析了潘大水库上游点面源污染时空分布结构，以水功能区为基础划分了控制单元，提出了潘大水库上游滦河流域水功能区达标建设主要措施；全面诊断潘大水库水环境问题，分析了潘大水库污染负荷组成；围绕水源地安全保障建设的总体目标要求，制定了科学可行的水源地保护综合治理措施；为科学管理和保护潘大水库饮用水安全提供了理论依据和技术支撑。

2016 年，潘大水库水源地被纳入《全国重要饮用水水源地名录（2016 年）》。同年，海委编制《潘大水库饮用水水源保护区划分技术报告》，提出潘大水库一级保护区范围为：水域范围为滦河主河道下起大黑汀水库大坝，上至河北省兴隆县小彭杖子，正常水位线（大黑汀水库 133 米高程线、下池水库 146.5 米高程线、潘家口水库 222 米高程线）以下区域，面积为 102.7 平方千米，陆域为正常水位线以上 200 米范围（山脊线以内）。二级保护区水域范围为滦河小彭杖子至上游 3 千米的滦河河道，陆域范围为一级保护区两侧外延 3 千米的范围（山脊线以内）。

2016 年 11 月，河北省政府启动网箱清理工作。

2017 年 5 月，河北省全面完成了潘大水库网箱清理工作，共清理网箱 79575 个、库鱼 1.73 亿斤。网箱清理后，潘大水库水质逐步好转至Ⅲ～Ⅳ类。

2018 年，引滦局完成潘大水库周边污染源排查工作，结果上报地方河长办，潘大水库纳入地方河长制一河（湖）一策方案。

二、岳城水库水资源保护

2003年，邯郸市人民政府印发《邯郸市主城区生活饮用水水源保护区污染防治管理办法》，划定岳城水库饮用水水源保护区。2009年，河北省环境保护厅以《关于岳城水库饮用水水源保护区调整意见的函》（冀环控函〔2009〕642号）批准邯郸市对岳城水库饮用水水源保护区的调整。一级保护区水域范围为兴利水位148.5米高程水面范围，陆域范围为蓄水面以外、环库公路以内，面积69.49平方千米。二级保护区为入库河流部分河段及环库公路以外5千米以内，面积287.95平方千米，保护区总面积357.44平方千米。

自2005年起，岳城水库网箱养鱼增长迅速，对水库水体水质造成了一定程度的影响。通过相关部门的共同努力，2009年，网箱养殖在库区范围被全部取缔，安全隐患基本消除。2006年，岳城水库水源地纳入《全国重要饮用水水源地名录（第一批）》。2007年，岳城水库坝上建立水质自动监测站。

2012年起，海河水保局对岳城水库水源地安全保障达标建设情况进行自评估，将自评估结果纳入流域水源地评估报告中，以海委文件正式上报水利部。2013—2017年，岳城水库安全保障达标评分依次为：75.5分、82分、88分、87分、89分，主要存在未实现保护区封闭管理、保护区内有排污口、有公路、二级保护区内有旅游活动等问题。

2012年，岳城水库管理局结合水库除险加固工程，在水库取水口附近安装了视频监控设备，2014年与河北磁县公安系统的天网工程联网。

2013年起，岳城水库逐步实施水库工程和库区水面封闭管理措施，采取设置隔离墩、安装禁止通行铁门、设置禁行标志等，逐步封闭了上坝公路路口及进入水库路口。

2014年5月，海河水保局组织河北省、河南省水利和环保部门，对岳城水库水源地安全保障达标情况进行了联合检查，检查发现岳城水库在一级保护区内有4个排污口，排放的污水主要是采煤、洗煤矿井水。检查后，河北省环境治理工作领导小组办公室向邯郸市政府印发了《关于对饮用水水源地存在问题进行整改的通知》（冀环治领办〔2014〕15号），要求邯郸市政府及有关部门，按照有关规定，坚决取缔岳城水库一级保护区内排污口。

2015年，岳城水库坝上水质自动监测站更新改造，并在上游观台建立水质自动监测站。

2016年，岳城水库纳入《全国重要饮用水水源地名录（2016年）》。

2017年，海委组织编制《岳城水库饮用水源地安全保障达标建设实施方案》《岳城水库饮用水源地保护管理办法》，提出了面源污染控制、隔离防护工程、污染源综合整治工程、生态修复与保护工程等水源地保护工程措施、水源地保护与管理对策、保护措施，指导岳城水库达标建设工作。

2017年10月，岳城水库成立推进河长制工作领导小组，配合邯郸、安阳两市河长办开展岳城水库水源地管理保护及巡河、"一河一策"编制、技术性资料提供、河长公示牌设立、水源地保护范围划定等基础性工作。

第四章

引滦水资源保护

　　引滦工程是我国第一个大型跨流域调水工程，承担着向天津市、唐山市及滦河下游灌区供水任务，分引滦入津工程和引滦入唐工程。为保障引滦供水安全，1984年经国务院同意成立了引滦水资源保护领导小组，负责对引滦水资源保护中的重大问题进行会商、研究和决策，办公室设在海委。海河水保局承担引滦水资源保护领导小组办公室具体工作，组织潘大水库及引滦沿线的水质监测与通报、引滦沿线及上游地区污染源限期整治，编制潘大水库水源保护规划、起草引滦水资源保护管理条例、推动潘大水库网箱养鱼清理、编制潘大水库饮用水水源保护区划分方案等工作。30多年来，通过不断加强引滦水资源保护，有效保障了引滦工程供水安全，自1983年开始供水截至2018年年底，累计向天津市、唐山市及滦河下游灌区供水约408.9亿立方米，产生了巨大的社会、经济和生态效益。

第一节　1983—2000年

　　1983—2000年，引滦入津和引滦入唐工程先后建成通水，引滦水资源保护领导小组成立，组织召开领导小组会议，研究引滦水质站网建设、制定引滦水资源保护条例，推进引滦沿线及上游污染源限期治理项目实施。海河水保局落实引滦水资源保护领导小组办公室职责，定期开展水质监测和通报，组织天津市、河北省水利、环保部门开展联合检查。

　　1981年9月，党中央、国务院决定兴建引滦入津工程。1982年5月11日，引滦入津工程正式开工。1983年9月5日，潘大水库和引滦枢纽闸依次提闸放水，全长234千米的引滦入津工程正式向天津送水。9月11日，甘甜清澈的滦河水流进天津千家万户，这一天也成为引滦通水纪念日。

　　引滦入唐工程是继潘家口、大黑汀水库及引滦入津工程之后的又一项开发滦河跨流域引水的大型骨干工程。工程1978年开始施工，于1984年12月26日正式通水。工程从大黑汀水库坝下引滦分水闸开始，通过蓟运河支流还乡河，引入邱庄水库，再入陡河水库，最后从陡河水库将水引入唐山市，全长52千米。

　　1983年6月，国务院批准水电部、建设部《关于引滦入津水资源保护问题的报告》。1984年5月，国务院批复建设部、水电部《关于加强引滦水资源保护工作的报告》，确定了引滦保护范围、水质要求、限期治理污染源、制定《引滦水资源保护条例》、开展引滦水质监测等事项。

1984 年，经国务院环委批准，成立了由 10 个部门（单位）组成的"引滦水资源保护领导小组"，包括天津市人民政府，河北省人民政府，水电部水利管理司，建设部环保局，军委总后勤部，海委，天津市环保局、水利局，河北省环保局、水利厅。领导小组组长由城乡建设环保部部长芮杏文担任，办公室设在海委。领导小组成立后，进行过四届领导小组组成人员更换，前三届组长由城乡建设保护部部长担任，第四届组长由新成立的国家环保局局长担任。

1984 年 11 月 19 日，国务院环委第二次会议在北京召开，专题讨论引滦水资源保护工作。海委副主任董光鉴汇报了引滦水质保护的情况。会议确定由国务院环委副主任芮杏文担任引滦水资源保护领导小组组长，要求 1985 年务必使引滦水质取得明显好转，并同意补助污染治理经费 500 万元。

1984 年 12 月，引滦水资源保护领导小组第一次会议在北京召开，芮杏文主持，曲格平、刘晋峰、柯礼丹及省级行政区环保、水利厅局长参加。会议决定国务院环委第二次会议关于引滦水资源保护工作的要求，原则上半年召开一次领导小组会议，确定领导小组办公室设在海委，处理日常工作等。

1985 年 8 月，引滦水资源保护领导小组第二次会议在天津蓟县召开，廉仲主持，曲格平、刘晋峰及省级行政区环保、水利厅局长参加。会议原则通过《引滦水资源保护条例（送审稿）》，确定污染治理限期治理和于桥水库富营养化研究的立项等。

1986 年 3 月，引滦水资源保护领导小组第三次会议在承德市召开，叶如棠主持，孙嘉绵、刘晋峰及省级行政区环保、水利厅局长参加。会议确定部分污染治理延长限期、原则同意《引滦水资源保护条例（送审稿）》的修改意见，建议引滦上游水土保持工作列为国家重点。

1986 年 4 月 26 日，《引滦水质监测网管理办法》出台。引滦水资源保护领导小组办公室以《关于发送〈引滦水质监测网管理办法〉的通知》文件形式向引滦水质监测网各组成单位、协调小组成员单位印发《引滦水质监测网管理办法》，明确引滦水质监测网的任务、组成单位、协调小组成员单位、职责及分工、监测频次及项目等。截至 2018 年年底，共印发引滦水质简报 146 期。

1988 年 3 月，海委副主任董光鉴等参加了国家环保局汪贞慧在天津主持召开的引滦污染源限期治理项目验收工作会议。会议确定了验收组成员、验收标准及验收日程等，会后国务院环委办向天津市政府、河北省政府、国家环保局、水电部及引滦水资源保护领导小组办公室印发《关于引滦沿线及上游污染源限期治理项目验收工作的通知》（〔88〕国环水字第 003 号）。

1988 年 4 月、7 月、9 月和 1989 年 7 月，国家环保局、水利部、天津市环保局、天津市水利局、河北省环保局、海委组成引滦污染源限期治理项目验收组，按照《关于引滦沿线及上游污染源限期治理项目验收工作的通知》（〔88〕国环水字第 003 号）要求，对 55 个限期治理项目分 4 次进行了验收。经验收评定 42 项合格，6 项尚未完成或正在试运行，2 项因技术不过关有待之后进一步解决，5 项已关停并转。

1988 年 11 月，引滦水资源保护领导小组第四次会议在承德市召开，叶如棠、曲格平主持，李振东、宋叔华、盖国英、叶维钧及省级行政区环保、水利厅局长参加。会议确定：同意第一批限期治理项目验收意见、省级行政区第二批限期治理计划，修改《引滦水资源保护条例》，争取滦河上游水土保持列入国家重点区，省级行政区提出乡镇企业污染防治意见等。

1989 年，在天津召开了引滦水资源保护工作会议，会议表彰了限期治理先进单位。引滦沿线污染源限期治理先进单位 13 家，引滦水资源保护管理先进单位 13 家，引滦沿线污染源限期治理验收合格单位 42 家。

1990 年 11 月，引滦水资源保护领导小组办公室在涿州市组织召开引滦水质监测网第四次会议，水利部水文司、河北省、天津市环保、水利等部门及监测网 14 个成员单位，共 40 人参加会议。领导小组办公室作了监测 5 年工作报告，承德市、遵化县、天津市及蓟县环保局（站）进行了工作汇报，部分成员单位及个人交流了监测技术、质量控制、水质分析等 8 篇技术材料。会议研究了引滦水质监测站网规划、调整等事宜，对向引滦水质监测做出突出贡献的单位颁发了荣誉证书。

1991 年 5 月，引滦水资源保护领导小组办公室组织河北省、天津市环保、水利部门、引滦局组成联合检查组，对引滦上游污染源治理工作进行了检查。检查组听取了天津蓟县、河北省遵化县、承德地区及平泉县、兴隆县治理工作汇报，实地检查了 12 个企业污水治理设施及蓟县污水管理工程，并就引滦水质规划、保护条例等工作进行了磋商。检查形成了《引滦污染源治理工作报告》，报送水利部、国家环保局、河北省、天津市政府。

1992 年 12 月，引滦水资源保护领导小组办公室组织河北省、天津市环保、水利部门、引滦局组成联合检查组，对引滦入津、入唐及上游污染治理工作进行了检查。水利部水资源司、国家环保局污管司派人参加并予以指导。检查组听取了沿途各地污染治理工作汇报，查看了污废水处理设施和水土保持工程，研究和讨论了引滦水资源保护和当前存在的问题，形成检查报告，以《关于报送引滦治理工作检查报告的函》报送引滦水资源保护领导小组，抄报水利部、国家环保局、河北省、天津市政府。报告指出了现状污染源治理工作是点源治理初见成效、面源治理工作已经起步，水土流失治理需加快步伐，需重视科研促进污染防治等。

1994 年 11 月，国家环保局印发《关于转发国务院领导同志对调整引滦水资源保护领导小组成员有关情况报告批示的函》（环控水函〔1994〕51 号），转发了国办秘书二局关于调整引滦水资源保护领导小组成员的报告及国务院领导的批示。引滦水资源保护领导小组名单：组长解振华（国家环保局局长），副组长严克强（水利部副部长）、朱连康（天津市副市长）、顾二熊（河北省副省长），成员臧玉祥（国家环保局污控司副司长）、任光照（水利部水政水资源司副司长）、林家宁（建设部城市建设司副司长）、邢振纲（天津市环保局副局长）、赵连铭（天津市水利局副局长）、白进杰（河北省环保局副局长）、韩乃义（河北省水利厅副厅长）、张锁柱（海委副主任）、李树芳（引滦局副局长），办公室主任张锁柱兼、副主任马增田（海河水保局副局长）。

1995 年 1 月，引滦水资源保护领导小组办公室组织河北省、天津市水利、环保厅（局）、引滦局，对引滦入津、滦河上游水资源保护工作进行了联合检查。检查形成《引滦水资源保护工作检查报告》，报国家环保局、水利部。报告指出天津市、河北省各级政府非常重视引滦水资源保护工作，首批限期治理项目运行良好，继续治理取得成效，水土流失治理使面源污染减少，引滦水资源保护工作取得了一定成效。报告还汇报了《引滦水资源保护管理规定》修改情况、引滦水资源保护领导小组及办公室职责拟定情况，引滦水质监测及保护工作经费问题。

1995 年 4 月，引滦水资源保护领导小组办公室组织河北省水利厅、环保局、引滦局，对引滦入唐、滦河下游水资源保护工作进行了联合检查，查看了陡河水库、大黑汀水库、滦河、三里河及陡河电厂、迁西滦阳铁选厂等污染治理工程，形成了《关于引滦入唐及滦河下游水资源保护工作检查报告》（〔95〕引滦办字第 5 号）报国家环保局。报告分析了引滦入唐水质状况、污染源情况及存在的问题，提出了引滦入唐水量分配、陡河电厂污染处置、迁西迁安 111 家小铁选厂尾矿库侵占河道治理等工作建议。

1995 年 4 月，引滦水资源保护领导小组办公室经请示引滦领导小组组长，发文向天津市、河北省人民政府征求《引滦水资源保护管理规定》（1995 年 5 月稿）意见，管理规定包括总则、保护要求、水质监测、奖励和惩罚及附则等 5 章 26 条内容。河北省以《河北省人民政府办公厅关于对〈引滦水资源保护管理规定〉修改意见的函》（冀政办函〔1995〕93 号）、天津市以《关于对〈引滦水资源保护管理规定〉（1995 年 5 月稿）意见的函》（津政办函〔1995〕24 号）分别回复了意见。

1996 年 8 月，引滦水资源保护领导小组办公室组织河北省、天津市水利、环保厅（局）、引滦局，对引滦入津、滦河上游水资源保护工作进行了联合检查。检查结果以《关于呈送引滦水资源保护工作检查汇报的函》（〔96〕引滦办字第 2 号）报国家环保局、水利部，提出尽快颁布《引滦水资源保护管理规定》、加强引滦水质监测、审议引滦水资源保护领导小组及办公室职责等工作建议。

第二节　2001—2010 年

2001—2010 年，随着经济社会快速发展，引滦沿线水环境问题增多，潘大水库水质呈下降趋势。海河水保局继续组织开展水质监测和引滦联合检查等工作，多次参与和配合水利部落实国家领导对引滦水质保护的有关批示要求，积极开展引滦水源地保护相关规划编制并推动实施，研究潘大水库饮用水水源保护区划分技术方案。

2002 年 6 月，海河水保局编制完成《潘家口、大黑汀水库水源地保护规划项目任务书》并由海委上报水利部，水利部于 2002 年年底开始前期工作安排。

2003 年 2 月，海河水保局编制完成《潘家口、大黑汀水库水源地保护规划技术大纲》，由海委组织河北省水利厅、内蒙古自治区水利厅等单位召开规划编制工作会议，全面启动潘大水库水源地保护规划工作，协作单位有引滦局、河北省水利厅、内蒙古自治区水利厅、清华大学水利水电系水文水资源研究所等，2003 年年底编制完成《潘家口、大黑汀水库水源地保护规划（初稿）》。

2005 年 5 月，海委在北京组织召开了《潘家口、大黑汀水库水源地保护规划》专家咨询会，水利部规划计划司、水资源管理司、水利部水利水电规划设计总院、中国水利水电科学研究院、北京师范大学，长江、黄河、淮河流域水资源保护局，北京市水土保持工作总站以及天津市、河北省、内蒙古自治区水利厅（局）等单位的领导、代表和特邀专家参加。海河水保局按照与会专家的咨询意见及会议代表建议，对该报告进行了补充和完善。2005 年 12 月，海委以《关于报批〈潘家口、大黑汀水库水源地保护规划（送审稿）〉》的请示（海规计〔2005〕115 号）报水利部。

2005 年 8 月 16—18 日，海河水保局组织天津市水利局、天津市环保局、河北省水利厅、河北省环保局及引滦局等单位代表，对引滦沿线及滦河上游水资源保护工作进行了联合检查。形成调研报告，总结了引滦水资源保护取得成绩，分析了存在问题，提出了工作建议。

2006 年 9 月 5 日，海河水保局组织天津市水利局、环保局，河北省水利厅、环保局等单位组成联合检查小组，对引滦入津、引滦入唐沿线遵化市及沙河、陡河水库、于桥水库等水污染防治和水资源保护情况进行了联合检查，并对引滦沿线水资源保护管理存在的问题进行了座谈讨论，形成调研报告。

2007 年 8 月 20—22 日，海河水保局组织引滦水资源保护领导小组成员单位：天津市水利局、天津市环保局、河北省水利厅、河北省环保局及引滦局等单位，对引滦沿线及滦河上游水资源保护工作进行了联合检查。总结近期各单位引滦水资源保护工作开展情况，商讨潘大水库饮用水水源地保护区划分和建议恢复引滦水资源保护领导小组等事项。

2007 年 9 月，根据海委《关于开展制定潘大水源地保护区及管理办法条例和相关工作的通知》要求，海河水保局编制了《潘家口、大黑汀水库饮用水水源保护区划分及保护方案任务书》，并以水保〔2007〕23 号文上报海委。同年 10 月，海委以《关于北方地区沿海水工钢闸门防腐应用技术研究等 7 项前期工作项目任务书的批复》（海规计〔2007〕86 号）批复海河水保局开展潘家口、大黑汀水库饮用水水源保护区划分和水源地管理体制、机制与制度建设以及提出水源地保护区监督管理的保护方案工作。2007 年 12 月，海河水保局完成《潘家口、大黑汀水库饮用水水源保护区划分及保护方案（送审稿）》。

2007 年 10 月 20 日，针对天津市反映于桥水库上游污染严重的问题，按照解决引滦水质保护问题的有关要求，水利部组成调查组对于桥水库及上游淋河、黎河、沙河进行了实地调查，海委参加调研并提交调查报告。11 月 21 日，水利部以《水利部关于于桥水库污染情况的报告》（水资源〔2007〕476 号）文件，向国务院报告于桥水库水质污染调查情况和相关工作建议意见。

2007 年 10 月 23 日，国家发展改革委组织建设部、水利部、卫生部、环境保护总局等，根据《国务院办公厅关于加强饮用水安全保障工作的通知》（国办发〔2005〕45 号）精神联合编制了《全国城市饮用水安全保障规划（2006—2020 年）》，并经国务院同意由 5 部委联合印发。《海委直管水库城市饮用水水源地安全保障规划》的规划成果作为重要内容纳入《全国城市饮用水安全保障规划（2006—2020 年）》。

2008 年 1 月，海河水保局会同引滦局向海委副主任户作亮汇报了潘大水库饮用水水源保护区划分及保护方案编制工作。海委总工曹寅白、引滦局副局长李辉、海委副总工李彦东、副总工何杉、海委办公室、规划计划处、水政水资源处和引滦局的相关人员参加审查会议。会议认为《潘家口、大黑汀水库饮用水水源保护区划分及保护方案（送审稿）》近期保护目标合理，对潘大水库饮用水水源地保护有指导作用，对保护区划分方案和近期实施方案提出了修改意见。会后，海河水保局根据大家提出的意见进行了认真修改。

2008 年 3 月，海河水保局局长张胜红向海委主任任宪韶汇报《潘家口、大黑汀水库饮用水水源保护区划分及保护方案》编制工作。海委副主任户作亮、办公室、规划计划处、水政水资源处以及海河水保局各处负责人和相关人员参加了会议。任宪韶充分肯定了海河水保局开展的潘大水库饮用水水源保护区划分及近期保护方案编制工作，并强调饮用水水源地保护工作要从加强立法开始，做到依法治水，探讨研究引滦水资源保护投资体制，建立更有效的引滦水资源保护协作机制，推进落实水源地保护行政首长责任制。海河水保局按照委领导的工作思路对报告再次进行修改完善，2008 年 5 月海委规划计划处组织对报告完成验收。

为推进《全国城市饮用水安全保障规划（2006—2020 年）》内容实施，开展潘大水库水源地保护综合治理工程。2008 年 5 月，海河水保局组织编制了《潘家口、大黑汀水库饮用水水源地安全保障规划实施方案（初稿）》，同年 6 月，组织召开了技术审查会，局长张胜红主持会议，海委总工曹寅白、副总工何杉以及海委规划计划处、水土保持处、防汛抗旱办公室等处室的专家参加了会议。2008 年 10 月，海河水保局编制完成《潘家口、大黑汀水库饮用水水源地安全保障规划实施方案》报海委，方案分析了潘大水库饮用水源地基本情况及存在问题、提出了规划的目标和任务、工程措施、非工程措施、实施计划和投资估算等。

2009 年 4 月 3 日，海委组织天津市水利局、环保局，河北省水利厅、环保厅等单位，在天津召开了引滦入津水资源保护座谈会，海委主任任宪韶出席会议并讲话，副主任户作亮大会致辞，会议由海河水保局局长张胜红主持。参会单位通报了引滦水资源保护工作开展情况，研究讨论了引滦水资源保护突出问题，形成会议纪要。纪要内容：①加快引滦水资源保护刻不容缓；②尽快成立津冀两省（直辖市）政府间引滦水资源保护领导小组；③尽快划定潘大水库饮用水水源保护区；④尽快实施潘大水库饮用水水源安全保障规划；⑤强化水利环保协作，加强联合执法力度。天津市水利、环保部门和河北省水利厅会签纪要，河北省环保厅未会签。

2009 年 7 月 17 日，水利部水资源司对国务院办公厅秘书一局专报信息"天津市反映引滦水资源保护面临的问题"进行调查，并向陈雷部长呈送水利部签报"关于引滦水资源保护有关工作的报告"。提出一是尽快建立引滦水资源保护省部际联席会议制度，二是尽快实施潘大水库水源地保护治理工程。

2009 年 8 月 11—14 日，海河水保局组织天津市水务局、环保局，河北省承德市水务局、环保局对引滦上游及于桥水库开展水资源保护联合检查，对引滦沿线水质监测、违规设置入河排污口等进行了检查，提出整治意见，检查形成了调研报告。

2009 年 11 月 9 日，水利部水资源司和政法司共同组成调研组，赴潘家口水库实地调研引滦入津水资源保护情况，实地察看了潘家口水库网箱养鱼、水库枢纽、沿岸采选矿废渣堆放情况，研究分析了有关潘大水库的监测数据。海河水保局，河北省水利厅、天津市水务局，唐山和承德市水务局等单位参加调研。检查形成"关于引滦入津水资源保护调研情况的报告"，呈报陈雷部长。

2009 年 11 月 23 日，海河水保局以《关于引滦水资源保护工作意见的报告》（海水保〔2009〕2 号），向水利部报告引滦水资源保护工作意见：①建立引滦水资源保护协调机制，可先行建立以水利部和津冀两省（直辖市）人民政府层面的工作机制，领导小组办公室设在海委，主要工作制度包括联席会议制度、联合检查制度、重大水污染事件应急处理制度、闸坝调度通报制度、信息共享与通报制度和技术支持与科技合作制度。②编制引滦水资源保护规划，由海委同天津市、河北省水行政主管部门共同编制，由水利部和津冀两省（直辖市）人民政府共同上报国务院审批。③尽快划定潘大水库饮用水水源保护区，由天津市和河北省人民政府按法律程序组织划定潘大水库饮用水水源保护区。④关于网箱养鱼清除问题，建议河北省应从保护饮用水水源地出发，逐步清理潘大水库网箱养鱼，最终达到全部取缔目标。⑤建立上下游补偿机制，建议天津市、河北省继续加强水资源和生态环境保护合作。潘大水库及于桥水库上游地区要调整产业结构，加强污染源治理和监督管理力度；下游地区要扩大补偿范围，加大扶持力度，建立长效补偿机制。⑥加强污染源治理监督，摸清基本情况，加大监测力度，加大联合执法检查力度，开展入库污染物总量通报。⑦组织实施《全国城市饮用水安全保障规划》。

2009 年 12 月 22—23 日，环保部、水利部组织开展了引滦水资源保护联合调研，现场查看了潘家口、大黑汀、于桥水库水质情况，并同当地政府进行座谈，听取了引滦沿线各市（区、县）环保、水利部门水污染防治情况及水库管理情况汇报，共同研究讨论了引滦水资源保护面临的问题及下一步急需开展的工作。天津市、河北省环保、水行政主管部门领导，海河水保局、引滦局负责同志参加了调研。2009 年 12 月 31 日，水利部水资源司将调研情况以"关于协商环保部共同推进潘大水库水源地保护有关工作的请示"呈报陈雷部长。

2010 年 2 月 3 日，水利部水资源司与环保部污防司共同召开了引滦水质保护工作协调会。会议由环保部污防司副司长凌江主持，海河水保局、华北环境保护督查中心，天津市、河北省水利（务）厅（局）、环保厅（局），承德市、唐山市有关单位参加。会议强调了加强引滦入津水质保护的紧迫性，说明了划分引滦沿线饮用水水源保护区、建立补偿机制的重要性，并提出了工作要求。划定保护区由河北省牵头，建立生态补偿机制由天津市牵头。会后 2010 年 2 月 9 日，水利部水资源司向陈雷部长呈报"关于引滦入津水质保护协调会的报告"。

2010 年 8 月，编制了《潘大水库周边水源地保护综合治理工程项目建议书阶段设计任务书》上报水利部，优先考虑实施潘大水库水源地保护工程（包括隔离防护、综合整治和生态修复工程）。同年 12 月，水利部以《关于海河流域河系工程规划等 3 项前期工作任务书的批复》（水规计〔2010〕398 号），同意开展潘大水库周边水源地保护综合治理工程项目建议书前期工作。

第三节　2011—2018 年

2011—2018 年，随着引滦水资源保护问题日益突出，国家高度重视并明确了引滦水源地保护区划分、潘大水库网箱养鱼清理和引滦上下游生态补偿机制建设等三项工作的部委分工，实施了国土江河综合整治滦河流域试点。海河水保局积极开展水环境问题综合诊断，编制引滦水源地保护达标建设总体方案，推进潘大水库周边水源地保护综合治理项目，推动网箱养鱼全面清理。

2012 年，海河水保局组织开展了潘大水库水源地综合整治和保护区污染防治的相关研究分析，经海委报送了《关于报批潘家口、大黑汀水库周边水源地保护综合治理工程项目建议书的请示》（海规计〔2012〕74 号）其主要建设内容为潘家口水库及下池水源地综合整治工程、潘家口水库至大黑汀水库之间直属滦河河道整治工程、大黑汀水库水源地综合整治工程、准保护区面源污染控制及水土保持措施等，总投资估算 79543 万元。

2013 年 4 月 15—17 日，水利部水利水电规划设计总院在北京召开会议，对《潘家口、大黑汀水库周边水源地保护综合整治工程项目建议书》进行了审查。水利部水资源司，水利部水规总院，海委，引滦局，河北省发展改革委、水利厅，天津市水务局，承德市水务局，中水北方勘测设计研究有限责任公司，深圳市环境科学研究院，深圳市清远宝公司等单位代表参加会议，会议还聘请了特邀专家。会议由水利部水规总院总工朱党生主持，中水北方勘测设计研究有限责任公司汇报了《潘家口、大黑汀水库周边水源地保护综合整治工程项目建议书》有关内容，会议分规划环境组、地质组、水工组、施工组、移民组、水保组和概算组等 7 个小组分别进行了认真讨论。户作亮副主任及海河水保局代表全程参加了规划环境组的讨论。经讨论，审查组一致认为潘大水库周边水源地保护综合整治工程项目建议书主要内容和《全国城市饮用水水源地安全保障规划（2008—2020 年）》中的涉及潘大水库内容基本一致。项目符合国家水利事业发展改革方向，将对今后由国家主要投资建设的水源地保护项目起到示范作用。项目实施将对引滦取水口水质长期满足供水要求起关键作用。基本同意该项目建议书的主要建设内容，建议项目中准保护区面源污染控制与水土保持工程投资不列入本次治理工程投资。2013 年 9 月，水利部水规总院以《关于报送潘家口、大黑汀水库周边水源地保护综合整治工程项目建议书审查意见的报告》（水总环移〔2013〕915 号）报水利部。

2013 年 6 月 3 日，中央电视台播出《引来滦水浊入津》节目，反映引滦入津工程河道被污染、水面漂死畜等现状，引滦水质安全问题引起了社会高度关注。水利部部长陈雷、副部长矫勇和胡四一分别作出重要批示，海委立即派出海河水保局作为工作组赴引滦沿线进行现场调查，组织天津市、河北省相关部门分析原因，研究对策和措施，形成《海委关于引滦水资源保护工作情况的报告》（海水保〔2013〕3 号）报水利部，提出加快实施潘大水源地保护工程、尽早清理网箱养鱼、尽快划定潘大水库饮用水水源保护区、探讨建立生态补偿机制以及加强引滦水资源保护管理等 5 个方面的对策建议。

2013 年 6 月 23 日，水利部在北京组织召开了潘大水库水源地保护工作座谈会，海委主任任宪韶、副主任户作亮参加会议，会议形成《关于进一步推进潘大水库水源地保护有关工作的报告》（水利部签报〔2013〕244 号），指出近期应以潘大水库水源地保护综合治理工程实施、库区网箱养鱼清理和建立跨省（直辖市）水源地生态补偿机制这"两项工作、一个机制"为突破口，加快推进潘大水库水源地保护，海委牵头在津冀两省（直辖市）提出的方案基础上，提出落实"两项工作、一个机制"的总体方案。

2013 年 6 月 24 日，海委副主任户作亮主持召开专题会议，部署总体工作方案编制工作。7 月，海河水保局以海委正式文件《关于落实水利部潘大水库水源地保护工作座谈会会议精神的函》（海传发〔2013〕29 号），请津冀两省（直辖市）配合做好总体方案编制工作；8 月，水资源司副司长陈明率队赴引滦沿线进行调研，指导总体工作方案编制工作；9月，海委编制完成《引滦水资源保护近期工作方案（初稿）》，分别与天津市水务局和河北省水利厅进行工作沟通，并结合两省（直辖市）意见做进一步完善；10月，海河水保局赴水资源司专题汇报总体工作方案，听取水资源司意见，对方案作进一步修改；11月，海委主任任宪韶主持召开委主任办公会，研究通过《引滦水资源保护近期工作方案》；12月5日，海委以《海委关于引滦水资源保护近期工作方案的报告》（海水保〔2013〕3号）报水利部。

2014年4月开始，为准确掌握潘大水库网箱养鱼现状，海委开展了网箱养鱼卫星遥感影像解译工作，获得了网箱数量和面积（潘大水库网箱养鱼遥感影像见图4-1）。潘大水库共有网箱53201箱，总面积366万平方米，占两库水面面积的4.94%。其中，潘家口水库37347箱，面积236万平方米，占其水面面积的4.45%；大黑汀水库15854箱，面积130万平方米，占其水面面积的6.18%。人工逐个清点了投饵网箱。潘大水库共有投饵网箱10315箱，占网箱总数的19.4%，面积204.6万平方米，占网箱养鱼总面积55.9%。其中，潘家口水库5252箱，面积131.8万平方米；大黑汀水库5063箱，面积72.8万平方米。潘大水库网箱养鱼和投饵网箱基本情况见表4-1和表4-2。

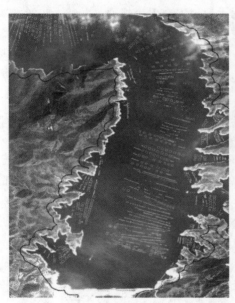

图4-1 潘大水库网箱养鱼遥感影像图

表4-1 潘大水库网箱养鱼基本情况

项 目	潘家口水库				大黑汀水库	总计
	宽城县	兴隆县	迁西县	合计	迁西县	
水域面积/万 m²	3502	547	1255	5304	2103	7407
网箱总数/箱	21526	6951	8870	37347	15854	53201
网箱面积/万 m²	139	21	76	236	130	366
网箱占比/%	3.97	3.84	6.06	4.45	6.18	4.94
单位面积数量/(箱/km²)	616	1271	707	704	754	718

表 4 - 2 潘大水库投饵网箱基本情况

项目	潘家口水库							大黑汀水库		合计		总计	占比
	兴隆县	宽城县				迁西县		迁西县		潘家口水库	大黑汀水库		
	蘑菇峪乡	梓罗台镇	独石沟乡	孟子岭乡	塌山乡	汉儿庄乡	滦阳镇	旧城乡	洒河桥镇				
数量/箱	0	1853	1088	30	79	1436	766	2389	2674	5252	5063	10315	19.4%
面积/万 m²	0	42.53	16.21	0.38	0.39	50.58	21.74	38.23	34.58	131.8	72.8	204.6	55.9%

2014 年 8 月，为掌握潘大水库移民及养殖户情况，海委对河北省兴隆、宽城、迁西 3 县 12 个乡镇的 48 个邻水村庄人口情况进行了典型调查，据调查结果，临水村庄人口约 2.4 万人，其中返迁移民 744 人，主要生产方式有种养、养殖、打工，而从事网箱养鱼的人数尚未掌握准确。河北省 2015 年提供数据，从事网箱养鱼的共 10405 人。《海委直管水库移民志》记载，潘大水库建库时涉及移民 49197 人，第一次搬迁截至 1986 年，外迁安置 22869 人，后靠安置 26328 人。第二次搬迁截至 1999 年，外迁安置 9543 人（含返迁移民约 2000 人），剩余后靠移民约 2 万人。按河北省水利厅 2014 年提供数据，潘大水库网箱养鱼涉及 52391 人，其中库区后靠移民 49677 人，占 95%，非移民 2714 人，占 5%。

2014 年 5 月，财政部会同环境保护部、水利部选取滦河流域作为江河流域整治的试点，试点范围包括滦河、冀东沿海诸河及引滦入津于桥水库上游州河流域。11 月，海河水保局作为主要承担单位编制了《国土江河综合整治滦河流域试点（中央部分）2015—2017 年实施方案》，经海委报国土江河综合整治滦河流域试点总体方案编制组。

2015 年 3 月，海河水保局启动《引滦水源地保护达标建设总体方案》编制工作。确定了达标建设范围是河北省潘大水库、天津市于桥水库，潘大水库上游滦河流域及于桥水库上游州河流域。调查分析了潘大水库上游点面源污染时空分布结构，以水功能区为基础划分了控制单元，提出了潘大水库上游滦河流域水功能区达标建设主要措施；全面诊断潘大水库水环境问题，分析了潘大水库污染负荷组成，围绕水源地安全保障建设的总体目标要求，制定了科学可行的水源地保护综合治理措施；结合州河流域水生态保护和修复规划及天津市引滦水源保护工作方案，提出了州河流域水功能区达标建设主要措施和于桥水库达标建设综合治理措施，从管理上提出了建立引滦水资源保护长效管理机制。

2015 年 10 月 20 日，水利部水资源司在天津组织召开了潘大水库网箱养鱼清理工作座谈会，水资源司副司长石秋池主持会议，海委副主任户作亮、海河水保局局长郭书英、引滦局局长徐士忠、天津市水务局副巡视员刘广洲、河北省水利厅副巡视员张宝全，以及水利部规划计划司、建设与管理司、水库移民开发局、海委，天津市水务局，河北省水利厅等单位的相关部门负责人参加会议。会议听取了海委、天津市水务局、河北省水利厅对加快推进潘大水库网箱养鱼清理工作的意见，对下一步工作进行了讨论，形成会议纪要如下：①会议一致认为，潘大水库作为大型跨流域调水工程的重要水源，为保证调水水质，潘大水库网箱养鱼清理是保障引滦供水安全的重要措施，应加快推进。②为推动潘大水库网箱养鱼清理工作，海委、河北省水利厅、天津市水务局开展了大量的工作，进行了必要调查研究，分析了清理网箱面临的主要问题，初步摸清了网箱养鱼底数及养殖户情况，提出了潘大水库网箱养鱼清理意见和工作方案，取得了阶段成果。③会议认为潘大水库网箱养鱼清理应按照国家总体要求，由地方人民政府主导实施，建议由河北省水利厅在原工作方案的基础上，考虑会议意见，尽快完善《河北省潘大水库网箱养鱼清理方案》，于2015年11月底前报水利部。海委、天津市水务局给河北省予以支持。④天津市水务局支持河北省网箱养鱼清理工作，加快推进跨省生态补偿机制，争取天津市政府在项目扶持、资金方面加大对河北省支持。⑤海委研究制定网箱养鱼清理后潘大水库水资源保护监督管理体制机制。

2015年12月17日，河北省水利厅按照"潘大水库网箱养鱼清理工作座谈会"要求，在充分征求海委、河北省省直有关单位和承德市、唐山市人民政府意见基础上，编制了《关于报送〈潘家口、大黑汀水库网箱养鱼清理方案〉的报告》（冀水资〔2015〕123号）报水利部。方案统计需要清理网箱96452箱、涉及养殖户10405人，清理总费用33.5亿元，计划从2016年5月启动潘大水库网箱养鱼清理工作，利用3年时间全面清理完毕。

2016年5月，海委主任任宪韶主持召开委主任专题办公会，研究了潘大水库水源地保护近期工作，海委副主任户作亮、海河水保局局长郭书英出席会议，办公室、规计处、水政水资源处、建管处、财务处、引滦局负责人参加会议。海河水保局汇报了关于潘大水库水源地保护近期工作安排，与会人员进行了讨论，会议印发《潘大水库水源地保护工作会议纪要》（海专办纪〔2016〕2号），对近期重点工作进行了部署：①引滦沿线水质数据分析与评价；②潘大水库底泥影响分析及对策研究；③制订潘大水库库区管理方案；④制定潘大水库渔业增殖放流实施方案；⑤完善潘大水库饮用水水源保护区划分方案；⑥建立引滦水资源保护协调工作机制；⑦推动潘大水库周边整治及底泥处置工程实施。

2016年10月，天津市政府领导带队赴河北省政府调研引滦水资源保护工作，海委副主任户作亮、海河水保局监督管理处参加调研。河北省表示将按照水源地要求加强对潘大水库的管理和保护。天津市表示要继续加大对上游地区帮扶和支持力度。两省市一致建议由海委牵头研究建立引滦水资源保护协作机制一事。

2016年10月，海河水保局经调研及沟通协商后，编制了《引滦水资源保护协作机制（征求意见稿）》，书面征求了相关单位的意见，各单位反馈表示同意签署，加强协作。2017年6月，对原机制建设方案进行了修改，提出了《引滦水资源保护协作机制建设方案》上报海委。组成单位包括天津市人民政府，河北省人民政府，水利部海委，津冀两省（直辖市）水利、环保、发展改革、财政部门，以及河北省承德市、唐山市、天津市蓟州区人民政府。协作机制的组织机构沿用原引滦水资源保护领导小组，由天津市人民政府和河北省人民政府按年度轮流担任组长单位，水利部海委作为常务副组长单位，其余各单位为成员单位。引滦水资源保护领导小组下设办公室，设在海河水保局。

2016年11月，河北省7部门联合印发《潘大水库网箱养鱼清理工作方案》，正式启动网箱清理工作，安排承德、唐山两地政府实施网箱清理，清理经费由国家、河北省及承德、唐山两市地方政府共同解决。2017年5月底，清理工作已全面完成，共清理网箱79575个、库鱼1.73亿斤（1斤＝0.5千克）。

2017年6月19日，海委副主任户作亮率调研组赴潘大水库、天津市于桥水库，调研近期引滦水资源保护及水库供水安全保障等工作情况。天津市水务局副巡视员杨建图，引滦局和海河水保局主要负责同志陪同调研。海委规划计划处、海河水保局、引滦局，天津市水务局水资源处、防办、引滦工程管理处、于桥水库管理处等单位和部门负责同志参加调研。调研认为做好当前引滦水资源保护工作，要全面加强潘大水库水质监测与分析，密切关注水库水质变化和改善情况，研究加快水质改善方法。要强化水库管理，制定加强潘大水库管理的指导意见，落实河长制管理要求，共同维护潘大水库水质安全。要谋划网箱清理后的引滦保护重点，继续推动保护区划分，依法实施水源地管理，建立健全跨省（直辖市）协作机制，高位推动引滦保护。

2018 年 4 月，海河水保局认真分析了网箱养鱼清理后潘大水库水资源质量状况、水质变化情况，完善了潘大水库保护区划分技术方案，向水利部报送《海委关于潘家口、大黑汀水库水源地保护及网箱清理情况的报告》（海水保函〔2018〕3 号），正式提交了《潘大水库饮用水水源地保护区划分技术报告》。

第五章

水 功 能 区 监 督 管 理

水功能监督管理是 2002 年新水法颁布实施的一项新的水资源管理制度，海河水保局依据《中华人民共和国水法》《水功能区管理办法》《全国重要江河湖泊水功能区划（2011—2030 年）》等法律法规和部门规章的工作要求，实施水功能区监督管理工作。海河水保局开展水功能区划工作，海河流域共划分 520 个水功能区，有 230 个重要水功能区纳入《全国重要江河湖泊水功能区划（2011—2030 年）》。建立重要水功能区基础信息库，完成确界立碑；印发《海河流域重要水功能区达标评价技术细则》，建立了流域水功能区达标评价体系；开展多种形式的水功能区监督检查，发现问题及时通报地方政府或者相关管理部门；开展水功能区监测，编发达标评估通报；核定水功能区水质达标率指标和污染物减排量，实施纳污红线考核。通过不断加强水功能区管理，海河流域重要水功能区达标率从 2013 年的 39.0％提高至 2018 年的 60.6％。

第 一 节   水 功 能 区 划

水功能区划是新时期治水思路的重要实践，实现水资源合理开发、有效保护、综合治理和科学管理的基础性工作。海河水保局按照水利部统一部署安排，开展了海河流域水功能区划与复核工作，形成了涵盖一级区划和二级区划的区划体系、海河流域的 520 个重要水功能区和 230 个重要江河湖泊水功能区成果。在此基础上，海河水保局组织完成 230 个重要水功能区基础信息库的建设、190 块标志碑的埋设与维护，研究提出海河流域纳污能力及限制排污总量意见、海河流域重要江河湖泊水功能区纳污能力核定和分阶段限制排污总量控制方案，为做好水功能区管理工作打下坚实基础。

一、水功能区划编制工作回顾

（一）海河流域水功能区划出台

1999 年 12 月，水利部依据国务院"三定"规定，组织各流域管理机构和全国各省（自治区、直辖市）开展了水功能区划工作；2000 年 2 月，水利部印发了《关于在全国开展水资源保护规划编制工作的通知》（水资源〔2000〕58 号），要求针对全国所有水域划分水功能区，在全国开展水资源保护规划编制工作，作为规划的基础和水资源保护管理的重要依据。2000 年 3 月，海委按照水利部有关文件要求，组织流域内各省（自治区、直辖市）水利厅（局）开展海河流域水功能区划工作，2001 年年底，编制完成了《海河流域水功能区划》，2002 年 3 月海河流域区划成果纳入《中国水功能区划》，并在全国范围内试行。2002 年 5 月《海河流域水功能区划》报告作为《海河流域水资源保护规划》专题报告之一纳入规划成果。

此后，流域各省（自治区、直辖市）陆续完成了本辖区的水功能区划编制工作。至 2007 年，流域各省（自治区、直辖市）人民政府陆续批复了各自的水功能区划。海委选定 520 个水功能区形成海河流域水功能区划，以《海委关于印发〈海河流域水功能区划〉的通知》（海水保〔2013〕4 号）印发流域各省（自治区、直辖市）水利（水务）厅（局）。

（二）水功能区划复核

第一次复核：2008 年 8 月，为进一步推动水功能区划工作，水利部召开全国重要江河湖泊水功能区划复核工作会议。根据会议精神，水利部组织开展了全国重要江河湖泊水功能区划工作，要求对"流域成果"与"省级成果"进行复核。该次复核工作以"流域成果"为基础，与"省级成果"进行对照复核，对有矛盾和不一致的水功能区，尽量按"省级成果"进行调整，不能调整的给予说明。海委按照水利部有关要求完成海河流域水功区划复核。

第二次复核：2010 年 12 月，水利部、国家发展改革委和环保部联合征求了 12 个国家部委（局）、31 个省（自治区、直辖市）人民政府对《全国重要江河湖泊水功能区划（征求意见稿）》的意见。水利部组织流域机构对省级行政区批复的水功能区进行了全面复核，提出了意见采纳原则和意见处理的建议。按照水资源司《关于进一步复核〈全国重要江河湖泊水功能区划〉的函》（资源保便〔2011〕101 号）要求，海委对海河流域纳入《全国重要江河湖泊水功能划（征求意见稿）》的水功能区进行了复核。总体采纳情况：河北、河南、内蒙古 3 省（自治区）人民政府没有意见，北京、天津、山西、山东 4 省（直辖市）共提出意见 14 条，经研究采纳 9 条，部分采纳 1 条，未采纳 4 条。

（三）全国重要江河湖泊水功能区划颁布

2011 年 12 月 28 日，国务院正式批复了《全国重要江河湖泊水功能区划（2011—2030 年）》（国函〔2011〕167 号），标志着我国水功能区管理制度的全面确立，为落实最严格水资源管理制度，做好水资源开发利用与保护、水污染防治和水环境综合治理工作提供了重要依据。2012 年 3 月 27 日，水利部会同国家发展改革委、环境保护部联合印发《全国重要江河湖泊水功能区划（2011—2030 年）》（水资源〔2012〕131 号），全国一、二级水功能区合并总计 4493 个，海河流域有 230 个重要水功能区纳入。

二、水功能区划原则和体系

（一）区划原则

（1）坚持可持续发展的原则。区划以促进经济社会与水资源、水生态系统的协调发展为目的，与水资源综合规划、流域综合规划、国家主体功能区规划、经济社会发展规划相结合，坚持可持续发展原则，根据水资源和水环境承载能力及水生态系统保护要求，确定水域主体功能；对未来经济社会发展有所前瞻和预见，为未来发展留有余地，保障当代和后代赖以生存的水资源。

（2）坚持统筹兼顾和突出重点相结合的原则。区划以流域为单元，统筹兼顾上下游、左右岸、近远期水资源及水生态保护目标与经济社会发展需求，区划体系和区划指标既考虑普遍性，又兼顾不同水资源区特点。对城镇集中饮用水源和具有特殊保护要求的水域，划为保护区或饮用水源区并提出重点保护要求，保障饮用水安全。

（3）坚持水质、水量、水生态并重的原则。区划充分考虑各水资源分区的水资源开发利用和社会经济发展状况、水污染及水环境、水生态等现状，以及经济社会发展对水资源的水质、水量、水生态保护的需求。部分仅对水量有需求的功能，例如航运、水力发电等不单独划水功能区。

（4）坚持尊重水域自然属性的原则。区划尊重水域自然属性，充分考虑水域原有的基本特点、所在区域自然环境、水资源及水生态的基本特点。对于特定水域如东北、西北地区，在执行区划水质目标时还要考虑河湖水域天然背景值偏高的影响。

（二）区划体系

根据《水功能区划分标准》（GB/T 50594），水功能区划为两级体系，即一级区划和二级区划。

一级水功能区分四类，即保护区、保留区、开发利用区、缓冲区。二级水功能区将一级水功能区中的开发利用区具体划分为饮用水源区、工业用水区、农业用水区、渔业用水区、景观娱乐用水区、过渡区、排污控制区七类。

一级区划在宏观上调整水资源开发利用与保护的关系，协调地区间关系，同时考虑持续发展的需求；二级区划主要确定水域功能类型及功能排序，协调不同用水行业间的关系。

三、水功能区划成果

海河流域包括海河、滦河和徒骇马颊河三大水系。其中海河水系是主要水系，由北系的蓟运河、潮白河、北运河、永定河和南系的大清河、子牙河、漳卫南运河组成。滦河水系包括滦河及冀东沿海诸河，位于流域的东北部，主要支流有伊逊河、青龙河、武烈河等。徒骇马颊河水系位于流域的最南部，由徒骇河、马颊河、德惠新河组成，为单独入海的平原排涝河流。

海河流域水系复杂，为水功能区划分带来了很大困难。根据海河流域的特点及水功能区划大纲规定的划分原则，水功能区划范围包括了流域内的全部主要河流，有各水系干流及一级支流，部分二级及以下支流。在进行一级区划时，突出了优先保护饮用水源地的原则，将流域内最重要的地表水水源地、跨流域调水河道、重要河流源头划为保护区。跨省界河流、省界河段、部分开发利用区和保护区之间衔接河段划为缓冲区。保护区上游适当划分保留区，其余大部分省内河段、水域，均划为开发利用区。

（一）《中国水功能区划（试行）》海河区成果

海河区纳入全国区划的河流103条，湖库19个，划分水功能一级区合计226个，区划河长14743.56千米。其中保护区1844.86千米，占河长的12.51%；缓冲区2134.00千米，占河长的14.48%；开发利用区9573.30千米，占河长的64.93%；保留区

1191.40 千米，占河长的 8.08%。区划湖库面积 1374.2 平方千米，其中保护区 958.6 平方千米（占 69.76%），缓冲区 7.7 平方千米（占 0.56%），开发利用区 407.9 平方千米（占 29.68%）。海河区共划分二级区 217 个，总计河长 9573 千米，湖库面积 407.9 平方千米。

海河区共划分保护区 36 个，包括源头水保护区 17 个、自然保护区 2 个、调水水源保护区 11 个、集中式饮用水水源地 6 个。漳卫河区的保护区河长最长，占海河水资源区该类总河长的 30%。

针对海河区水资源匮乏、水污染严重、水资源开发利用程度极高的实际情况，该区以保护城镇居民生活用水为首要任务，对具有供水功能的大型水库划为集中式饮用水水源地保护，总计 6 个，面积 452.9 平方千米；源头水保护区大多位于大型水库上游，总计 17 个，河长 1009.4 千米；划分自然保护区 2 个；划分大型调水水源保护区 11 个，分布在潘大水库及引滦入津工程及规划中的南水北调东线工程输水河道及调蓄湖泊。

海河区共划分缓冲区 54 个，总计河长 2134 千米。海河区省（直辖市）界（际）河道较多，共划分界（际）河缓冲区 47 个，总计河 1860 千米；另有开发利用区与保护区之间功能衔接的缓冲区 7 个，总计河长 274 千米。漳卫河区的缓冲区河长最长，占海河水资源区该类总河长的 26.30%。

海河区共划分保留区 17 个，总计河长 1194.4 千米。主要集中在滦河、北三河、大清河三个区，占海河水资源区该类总河长的 82.76%。这类河段开发利用程度相对较低，其污染主要来自上游。

海河区的水功能以开发利用为主导，开发利用区的河长与人口密度、人均工业总产值呈正比。符合海河区水资源严重不足、水资源利用率高、经济社会发达、水污染严重等水资源及经济社会的特点。海河区共划分开发利用区 119 个，总计河长 9573.3 千米。子牙河区的开发利用区河长最长，占海河水资源区该类总河长的 19.27%，占该区划总河长的 75.15%，主要分布在城市河段或有一定取水规模的灌溉用水区。

（二）海河流域水功能区划成果

全国水功能区划于 2002 年经水利部发文试行，流域内各省（自治区、直辖市）人民政府相继颁布辖区内流域水功能区划，各省（自治区、直辖市）水功能区划长度约为 22000 千米。以此为基础，根据《全国重要江河湖泊水功能区划（2011—2030 年）》以及《海河流域综合规划》的相关成果，海委对海河流域水功能区划进一步调整完善，于 2013 年印发。

海河流域共划分 520 个水功能区，区划长度占各省（自治区、直辖市）区划长度的 90%。其中，一级水功能区 376 个（含开发利用区 258 个），区划河长 20201 千米，区划湖库面积 1681 平方千米。其中，258 个开发利用区按照水体功能进一步细分成 402 个二级水功能区，区划河长 15014 千米，区划湖库面积 546.2 平方千米，包括饮用水源区 94 个、农业用水区 179 个、工业用水区 39 个、渔业用水区 2 个、景观娱乐用水区 39 个、过渡区 18 个、排污控制区 31 个。

海河流域一级水功能区共 376 个，其中保护区 41 个，占总数的 10.9%；保留区 19 个，占总数的 5.1%；缓冲区 58 个，占总数的 15.4%；开发利用区 258 个，占总数的

68.6%。在 20201 千米区划河长中，保护区共 1887 千米，占区划总河长的 9.3%；保留区 1231 千米，占 6.1%；缓冲区 2069 千米，占 10.3%；开发利用区 15014 千米，占 74.3%。在 1681 平方千米区划湖库面积中，涉及一级水功能区 33 个，其中保护区总面积 1127 平方千米，占区划总面积的 67.0%；缓冲区 8 平方千米，占 0.5%；开发利用区 546 平方千米，占 32.5%。

海河流域二级水功能区共 402 个，其中农业用水区、饮用水源区和工业用水区的累计河长比例较大，分别占二级水功能区划总河长的 53%、21% 和 14%。

（三）海河流域重要水功能区划成果

重要江河湖泊水功能区是在各省（自治区、直辖市）人民政府批复的辖区水功能区划的基础上，从实施最严格水资源管理制度、加强国家对水资源的保护和管理出发，按照下列原则选定：

（1）流域重要江河干流及其主要支流的水功能区。

（2）重要的涉水国家级及省级自然保护区、重要湿地和重要的国家级水产种质资源保护区、跨流域调水水源地及重要饮用水水源地的水功能区。

（3）流域重点湖库水域的水功能区，主要包括对区域生态保护和水资源开发利用具有重要意义的湖泊和水库水域的水功能区。

（4）主要省际边界水域、重要河口水域等协调省际间用水关系以及内陆与海洋水域功能关系的水功能区。

海河流域纳入《全国重要江河湖泊水功能区划（2011—2030 年）》的水功能区共计 230 个，其中包括一级区 168 个（含开发利用区 85 个），区划河长 9542 千米，区划湖库面积 1415 平方千米；其中 85 个开发利用区按照水体功能进一步细分为 147 个二级水功能区，区划河长 5917 千米，区划湖库面积 292 平方千米。按照水体使用功能的要求，共有 117 个水功能区水质目标确定为Ⅲ类或优于Ⅲ类。

海河流域重要江河湖泊一级水功能区共 168 个，其中保护区 27 个，占总数的 16.0%；保留区 9 个，占总数的 5.4%；缓冲区 47 个，占总数的 28.0%；开发利用区 85 个，占总数的 50.6%。在 9542 千米区划河长中，保护区共 1145 千米，占区划总河长的 12.0%；保留区 600 千米，占 6.3%；缓冲区 1880 千米，占 19.7%；开发利用区 5917 千米，占 62.0%。在 1415.0 平方千米区划湖库面积中，涉及一级水功能区 19 个，其中保护区总面积 1114.9 平方千米，占区划总面积的 78.8%；缓冲区 7.7 平方千米，占 0.5%；开发利用区 292.4 平方千米，占 20.7%。

海河流域重要江河湖泊二级水功能区共 147 个，其中，农业用水区、饮用水源区和工业用水区比例较大，累计河长分别占二级水功能区划总河长的 54.8%、20.6% 和 16.9%。

四、水功能区划配套工作

为做好水功能区监督管理工作支撑，海河水保局开展重要水功能区基础信息库建设、水功能区确界立碑、纳污能力核定等基础工作。

（一）基础信息库建设

2012 年，海河水保局开展海河流域重要江河湖泊水功能区现状基础信息调查，共调查重要水功能区 105 个。调查工作内容包括：水功能区基本情况、断面信息、监测情况、位置示意图、断面影像资料等五部分。具体完成了滦河水系、漳卫河河系、徒骇马颊河水系中的重要水功能区以及北三河、永定河、大清河、子牙河、黑龙港运东五个河系中的重要水功能区现状基础信息调查，其中滦河水系 21 个、漳卫河河系 32 个、徒骇马颊河水系20 个，北三河河系 15 个、永定河河系 7 个、大清河河系 4 个、子牙河河系 3 个、黑龙港运东河系 3 个。2013 年，海河水保局开展剩余 125 个重要水功能区现状基础信息调查，编制完成《海河流域重要江河湖泊水功能区现状基础信息调查资料整编》。在此基础上，海河水保局完成了 230 个重要水功能区基础信息库建设。

（二）确界立碑

早期，海河水保局结合 1998 省省界水质监测站网建设，依据海河流域河道特点和水环境状况进行省界断面设置，确立了省界断面 52 个，完成了界碑埋设。

2010—2011 年，海河水保局制定《海委直管水功能区确界立碑实施方案》，组织完成26 个海委直管水功能区的确界立碑工作，共立碑 56 块。海委直管水功能区标志碑见图 5 - 1。

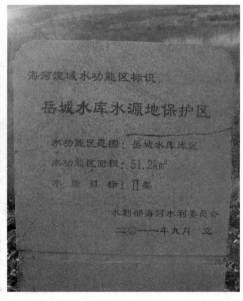

图 5 - 1　海委直管水功能区标志碑图

2013 年，海河水保局制定《2013 年海河流域重要江河湖泊水功能区确界立碑工作大纲》，组织完成滦河、永定河、徒骇马颊河水系 11 个重要省界缓冲区确界立碑，共立碑 11 块。

2014 年，海河水保局制定《2014 年海河流域省界缓冲区和省界监测断面确界立碑工作大纲》，组织完成 15 个重要省界缓冲区、30 个省界断面确界立碑，共立碑 65 块。海河流域省界缓冲区和省界监测断面标志碑见图 5 - 2。

2015 年，海河水保局制定《2015 年海河流域省界水资源监测断面及重要水功能区确界立碑工作大纲》，组织完成 10 个重要省界缓冲区、35 个省界断面确界立碑，共立碑 62块，编制完成《海河流域省界断面及重要水功能区确界立碑基础信息图册》，详细整理 42

图5-2　海河流域省界缓冲区和省界监测断面标志碑图

个省界缓冲区标志碑和65个省界断面标志碑的基础信息。海河流域省界断面及重要水功
能区标志碑见图5-3。

图5-3　海河流域省界断面及重要水功能区标志碑图

　　2017年，海河水保局对省界缓冲区、省界监测断面、直管水功能区标志碑进行维护，主要对标志碑准确定位、清洗、文字描红，对遮挡标识碑的高草、垃圾进行清理，共完成标志碑维护99块。

2018年，海河水保局对省界缓冲区、省界监测断面、直管水功能区标识碑进行维护（图5-4），主要工作是对缺损标志碑进行统计，对歪斜标志碑予以扶正埋实，对标志碑说明文字进行描红，对遮挡标志碑的高草、垃圾进行割除、清理。完成了海河流域内95块省界缓冲区标志碑、28块直管水功能区标志碑和67块省界断面标志碑，共计190块标志碑的维护，其中碑体维护178块、更新损毁10块、新增设立2块。

图5-4 标志碑维护图

（三）纳污能力核定

1. 海河流域纳污能力及限制排污总量意见

2003年7月至2004年1月，海委提出《海河流域纳污能力及限制排污总量意见》初步成果，2005年5月对初步成果进行了进一步的审核、修改与完善。

2005年7月，海委以明传电报（海传发〔2005〕7号）征求流域内7省（自治区、直辖市）水行政主管部门意见，根据各省（自治区、直辖市）书面反馈意见，海委进行了进一步修改，对水功能区的纳污能力及限制排污总量意见与各省（自治区、直辖市）基本达成一致。9月，编制完成了《海河流域纳污能力及限制排污总量意见》，并以海水保〔2005〕2号文上报水利部。

2006年，水利部将通过审查的《海河流域纳污能力及限制排污总量意见》（水资源函〔2006〕41号）函送国家环保总局，作为海河流域水污染防治工作的基础依据。

海河流域的纳污能力及限制排污总量以水功能区为单元进行核算，在此基础上汇总至河流水系和省级行政区。海河流域473个水功能区的197条河流，化学需氧量和氨氮的纳污能力分别为29.27万吨每年和1.39万吨每年，化学需氧量限制排污总量为28.42万吨每年，氨氮限制排污总量为1.35万吨每年。

2. 海河流域重要江河湖泊水功能区纳污能力核定和分阶段限制排污总量控制方案

《中共中央 国务院关于加快水利改革发展的决定》（中发〔2011〕1号）和《国务院关于实行最严格水资源管理制度的意见》（国发〔2012〕3号）明确提出建立水功能区限制纳污制度，即确立水功能区限制纳污红线，从严核定水域纳污容量，严格控制入河湖排污总量。

2012年3月2日，海委组织召开海河流域重要江河湖泊水功能区纳污能力核定和分阶段限制排污总量控制方案工作会议，部署海河流域重要江河湖泊水功能区纳污能力核定和分阶段限制排污总量控制实施方案工作任务，研究确定海河流域重要江河湖泊水功能区纳污能力核定和分阶段限制排污总量控制工作方案和技术细则。3月23日，海委印发《关于印发〈海河流域重要江河湖泊水功能区纳污能力核定和分阶段限制排污总量控制方案〉技术细则的通知》（海水保函〔2012〕3号），将《〈海河流域重要江河湖泊水功能区纳污能力核定和分阶段限制排污总量控制方案〉技术细则》（以下简称《技术细则》）的具体内容和要求通知流域各省（自治区、直辖市），组织开展控制方案的编制工作。

2013年1月25日，海委印发《海委关于汇总海河流域重要江河湖泊水功能区纳污能力核定和分阶段限制排污总量控制方案成果的通知》（海水保函〔2013〕1号），要求流域各省（自治区、直辖市）按期提交辖区负责审核的正式成果。3月4日，海委以《海委关于海河流域重要江河湖泊水功能区纳污能力核定和分阶段限制排污总量控制方案成果的报告》（海水保〔2013〕1号）上报水利部，将初步形成的《海河流域重要江河湖泊水功能区纳污能力核定和分阶段限制排污总量控制方案》（以下简称《控制方案》）和工作情况的总结予以汇报。5月31日，海委印发《海委关于征求〈海河流域重要江河湖泊水功能区纳污能力核定和分阶段限制排污总量控制方案〉意见的函》（海水保函〔2013〕6号），就水利部水规总院审查修改后的《控制方案》向流域各省（自治区、直辖市）征求意见。9月2日，海委以《海委关于报送〈海河流域重要江河湖泊水功能区纳污能力核定和分阶段限制排污总量控制方案〉的报告》（海水保〔2013〕5号）将最终完成的《控制方案》上报水利部。

《控制方案》核定海河流域230个重要江河湖泊水功能区2011年、2020年和2030年的化学需氧量纳污能力分别为11.24万吨每年、11.13万吨每年和11.14万吨每年，氨氮纳污能力分别均为0.58万吨每年、0.56万吨每年和0.56万吨每年。按照《控制方案》确定的流域重要水功能区2015年、2020年和2030年达标率分别为50%、76%、98%，2015年、2020年和2030年化学需氧量和氨氮限制排污总量分别为13.70万吨每年和1.30万吨每年、11.21万吨每年和0.84万吨每年、9.82万吨每年和0.52万吨每年。

第二节　监　督　检　查

在水利部的统一部署下，海河水保局以重要水源地、省界缓冲区、直管水功能区为检查重点，依法开展多种形式的水功能区监督检查，监督检查逐渐从随机化检查转变为常态化检查。将监督检查发现的问题及时通报地方政府或者相关管理部门，推动地方水资源保护与水污染防治工作。

一、起步阶段

为落实《中华人民共和国水法》等法律法规有关要求，2003年5月，水利部以水资源〔2003〕233号文颁布了《水功能区管理办法》，明确了水功能区各项管理要求。为进一步加强省界缓冲区的监督管理，2006年8月，水利部印发《关于加强省界缓冲区水资源保护和管理工作的通知》（办资源〔2006〕131号）。以省界缓冲区为重点，水功能区监督检查工作进入起步阶段。

此阶段，海河水保局主要开展基础工作，包括省界监测断面设置、入河排污口调查、纳污能力核定等工作。省界缓冲区检查多以随机检查为主，没有形成制度化。

二、常态化阶段

2011年中央1号文件和中央水利工作会议明确要求实行最严格水资源管理制度。2012年1月，国务院发布《关于实行最严格水资源管理制度的意见》，对实行该制度作出全面部署和具体安排，水功能区监督检查工作进入常态化阶段。

此阶段，海河水保局将水功能区随机检查转变为常态化检查，发现问题及时通报相关省（自治区、直辖市）。检查对象扩展至重要水源地、省界缓冲区、直管水功能区等。采用座谈、现场检查、比对检查、专家评估等多种形式，对水源地达标建设、水功能区达标建设、省界监测断面设置、直管水域水污染隐患、入河排污口设置、取水退水情况等多项内容进行监督检查。检查形式和检查内容逐渐丰富。

（一）2013年

2013年10—11月，海河水保局开展入河排污口监督检查，检查滦河水系、永定河水系上游重要入河排污口监督性监测开展情况，复核入河排污口所在功能区、位置、排放规律等基础信息。入河排污口监督检查情况见图5-5。

图5-5　入河排污口监督检查图

（二）2014年

2014年7—8月，海河水保局对潘大及岳城水库水源地保护区，永定河、漳卫新河、浊漳河、清漳河等河流上的省界缓冲区开展监督检查，重点检查入河排污口设置情况、水污染隐患排查情况、省界监测断面和水功能区标志碑埋设情况。省界缓冲区监督检查情况见图5-6。

（三）2015年

2015年开始，海河水保局于年初制定并印发年度水功能区监督检查实施方案，全年的监督检查按照实施方案开展。

2015年4月7日和4月15日，海河水保局组织海河流域水环境监测中心会同山西、内蒙古水环境监测中心，分别对滹沱河山西阳泉饮用水源区和二道河内蒙古兴和县源头水保护区水质开展了比对监测。各单位监测技术人员通过GPS准确定位了滹沱河鳌头和二

图 5-6　省界缓冲区监督检查图

道河鄂卜坪水库入库口两个采样断面，在断面相同地点采集水样，通过水质多参数测定仪获取了水温、溶解氧、pH 等现场测定数据，并进行分样，做好了样品保存和记录填写。比对监测结果，为进一步提高监测数据的准确性和可比性、提高监测质量提供技术支撑。水功能区监督检查情况见图 5-7。

图 5-7　水功能区监督检查图

　　4 月 28 日，海河水保局会同河北省水利厅、山西省水利厅及相关部门组成检查组，对清漳河晋冀缓冲区、清漳河河北邯郸饮用水源区和清漳河岳城水库豫冀缓冲区等水功能区管理情况开展监督检查。检查组现场察看了清漳河晋冀缓冲区水质水量、晋冀省界麻田水质监测断面标志碑埋设和水质水文站建设情况，了解了清漳河河北邯郸饮用水源区河道治理和入河污染水处理情况，核实了清漳河岳城水库豫冀缓冲区石英砂尾矿淤积河道情况。检查后，各单位就河北省、山西省入河排污口管理、水质监测、突发水污染预防、水功能区达标建设、水资源保护与水污染防治协作以及其他水功能区管理方面的做法和经验进行了座谈，就进一步加强河北省、山西省水功能区限制纳污红线管理提出了建议。本次监督检查进一步促进了水功能区限制纳污红线的落实。

　　9 月，海河水保局会同漳卫南运河管理局，检查南运河河底管道泄漏排污、南运河桥口涵闸排污情况，漳卫新河南皮段河道内非法倾倒废弃物情况。10 月，会同漳河上游管理局，检查浊漳北源双峰水库以上水资源保护和水生态情况。水资源保护监督检查情况见图 5-8。

图 5-8　水资源保护监督检查图

（四）2016 年

2016 年 3 月 2 日，海河水保局会同北京市水务局、环保局，赴北运河和沟河京冀省界，对缓冲区进行了检查，了解了上游来水及入河排污情况，复核了杨洼闸和东店两个省界监测断面设置情况，察看了省界监测断面标志碑埋设情况，就东店断面优化调整提出了处理意见。由海河流域监测中心和北京市水文总站及环境监测中心对杨洼闸和东店省界断面进行了联合采样，分样检测，结果作为最严格水资源管理制度考核和重点流域水污染防治规划考核数据复核的依据。

6 月 23—24 日，海河水保局会同天津市水务局、环保局，河北省水利厅、环保厅，对引滦入津沿线沙河沙河桥冀津断面、淋河淋河桥冀津断面、黎河黎河桥冀津断面、拒马河大沙地冀京断面进行复核和比对监测，检查影响省界水质的入河排污口和其他污染源、水污染隐患，座谈水功能区水质达标评价和达标建设工作开展情况。

9 月 1 日和 6 日，海河水保局会同河北省水利厅、环保厅，山东省水利厅、环保厅，内蒙古自治区水利厅、环保厅，分别对滦河大河口（外沟门）蒙冀断面、卫运河油坊桥冀鲁断面、南运河第三店鲁冀断面进行复核及比对监测，检查影响省界水质的入河排污口和其他污染源、水污染隐患，座谈水功能区水质达标评价和达标建设工作开展情况。

省界监测断面复核及比对监测情况见图 5-9。

图 5-9　省界监测断面复核及比对监测工作图

（五）2017 年

2017 年 3 月 27—28 日，海河水保局会同河北省水利厅、廊坊市水务局等单位，对北运河京冀津缓冲区、潮白河京冀省界缓冲区河北省境内进行了监督检查。检查发现，廊坊市香河县成辛庄村附近、三河市沿潮白河设有入河排污口，存在排放污水感官较差和化学需氧量、氨氮未达到城镇污水处理厂污染物排放一级 A 标准的情况。4 月 17 日，以《海委关于北运河冀京缓冲区、潮白河京冀省界缓冲区监督检查情况的函》（海水保函〔2017〕7 号）向廊坊市人民政府通报监督检查情况，将排污单位超标入河排污、入河排污口设置不规范等情况告知，同时要求有关部门采取措施确保废污水达标排放，严格控制入河湖排污总量。

6 月 1 日，海河水保局会同山西省水利厅、水文局，大同市水务局、水文局，对桑干河晋冀缓冲区、南洋河晋冀缓冲区的山西省境内进行了监督检查，检查未发现水功能区内设有入河排污口。

9 月 18 日，海河水保局会同北京市水务局、水文总站，平谷区水务局，对洵河京冀缓冲区、北京港沟河（北京排污河）京津缓冲区的北京市境内进行了监督检查，检查未发现水功能区内设有入河排污口。

11 月 23—24 日，海河水保局会同天津市水务局，对子牙河冀津缓冲区、子牙新河冀津缓冲区的天津市境内进行了监督检查，检查未发现该水功能区内设有入河排污口。

省界缓冲区监督检查情况见图 5-10。

图 5-10　省界缓冲区监督检查图

（六）2018 年

2018 年 4 月 8 日，海河水保局以水保〔2018〕24 号文印发《2018 年度海河流域水功能区及入河排污口监督检查实施方案》，安排部署 2018 年水功能区监督检查工作。全年结合实际工作情况，按照实施方案开展水功能区监督检查工作。主要对中亭河冀津缓冲区、鲍丘河冀津缓冲区、淋河冀津缓冲区、滦河蒙冀缓冲区、卫河豫冀缓冲区、徒骇河豫鲁缓冲区、马颊河豫冀缓冲区、蓟运河冀津缓冲区、潮白河京冀缓冲区等 9 个省界缓冲区开展监督检查，重点检查了省界监测断面设置情况，了解了水功能区近期水质变化情况。

检查发现霸州杨芬港扬水站存在向中亭河排污的情况，中亭河冀津缓冲区和杨芬港扬水站及鲍丘河冀津缓冲区的上游有大量污水汇入，水质均为劣Ⅴ类超出水功能区水质目标，海委以《海委关于中亭河冀津缓冲区和鲍丘河冀津缓冲区监督检查情况的函》（海水保函〔2018〕4号）向廊坊市政府通报了监督检查情况，提出了加强水污染防治工作、查清污染来源、消除污染隐患、采取措施改善水质、减轻对下游天津市河道的污染等要求。廊坊市政府组织相关单位积极开展了整改，据当时了解，河北省燕郊污水处理厂实施提标扩容工程，计划于2018年年底投入使用，燕郊生态园和京榆旧线白庙桥入潮白河排污口污水计划于2019年并入污水管网。水功能区监督检查情况见图5-11。

图5-11 水功能区监督检查情况图

第三节 监 测 与 通 报

2013年起，海河水保局组织开展流域230个重要水功能区的水质监测，通报流域重要水功能区的水资源质量状况和年度达标评估情况。截至2018年，海河水保局每年组织开展流域重要水功能区监测，按季度发布《海河流域重要水功能区达标评估通报》通报年度达标评估情况，为流域各省（自治区、直辖市）落实最严格水资源管理制度提供了技术支撑。

一、重要水功能区监测与通报

2011年12月，国务院以国函〔2011〕167号文批复了《全国重要江河湖泊水功能区划（2011—2030年）》后，海河水保局积极谋划实现流域重要水功能区监测全覆盖。

2013年，水利部征求海委和流域各省（自治区、直辖市）意见，确定流域纳入"十二五"考核名录的水功能区为155个。海河水保局对47个省界缓冲区及海委直管水功能区进行了监测，流域各省（自治区、直辖市）水文部门对其他108个水功能区进行了监测。海河水保局还对未纳入"十二五"考核名录的75个水功能区进行了监督性监测，从而形成了流域230个重要水功能区监测评价结果，以《海委关于2013年海河流域省界水体水资源质量状况的通报》（海水保〔2013〕11号）通报流域各省（自治区、直辖市）水行政主管部门，并抄送水利部。

2014年，海河水保局在征求各相关部门单位意见基础上，以海水保〔2014〕10号文印发《海河流域重要水功能区水质达标评价技术细则（试行）》（以下简称《技术细则》），提出了总体要求、评价内容和评价范围等要求，明确了监测要求、评价方法、数据报送、成果核查等具体内容，形成了流域水功能区达标评价体系。

截至 2018 年，海河水保局每年按照《技术细则》组织流域各省（自治区、直辖市）制定监测方案并实施，按月收集监测数据后，每年将监测评价结果以正式文件通报流域各省（自治区、直辖市）水行政主管部门，并抄送水利部。

2013—2018 年度通报均采用全年实测资料的平均值，依据《地表水环境质量标准》（GB 3838—2002）进行全指标水质评价（水温、总氮、总磷不参评），根据重要水功能区水质目标判定水质是否达标，没有水质目标和断流的水功能区不参加达标评价。评价结果显示，Ⅰ类和Ⅱ类的重要水功能区占比逐年升高，劣Ⅴ类的重要水功能区呈下降趋势，重要水功能区的达标率逐年上升，海河流域水资源质量整体好转。海河流域重要水功能区水质状况和达标率分别见表 5-1 和表 5-2。

表 5-1　　　　　　　　　海河流域重要水功能区水质状况　　　　　　　　%

年份	实际评价水功能区个数	Ⅰ类	Ⅱ类	Ⅲ类	Ⅳ类	Ⅴ类	劣Ⅴ类
2013	220	0.0	21.3	11.3	8.3	5.2	49.6
2014	207	0.0	18.4	12.6	8.7	7.7	52.7
2015	211	0.0	18.0	14.2	8.5	5.2	54.0
2016	212	0.9	20.3	11.8	9.9	8.0	49.1
2017	209	1.4	24.4	12.9	11.0	13.9	36.4
2018	216	1.4	25.9	14.4	17.6	8.8	31.9

表 5-2　　　　　　　　　海河流域重要水功能区达标率　　　　　　　　%

省级行政区	2013 年	2014 年	2015 年	2016 年	2017 年	2018 年
北京	33.3	30.0	44.4	42.1	57.9	73.7
天津	3.0	12.1	9.7	9.4	24.2	39.4
河北	47.3	39.1	40.0	41.6	49.4	55.6
山西	43.5	36.4	36.4	59.1	71.4	60.9
河南	0.0	0.0	0.0	6.7	13.3	26.7
山东	40.9	45.5	36.4	38.1	59.1	72.7
内蒙古	61.5	33.3	36.4	41.7	54.5	45.5
流域合计	36.4	31.9	32.5	36.2	47.8	54.8

二、重要水功能区监督性监测

2013 年，海河水保局主要对流域内各省（自治区、直辖市）未监测的重要水功能区开展监督性监测，掌握全流域重要水功能区水质现状。2014 年起，流域内各省（自治区、直辖市）实现了重要水功能区监测全覆盖，监督性监测主要是会同省（自治区、直辖市），在各省（自治区、直辖市）考核名录内（不包括由海委负责监测的水功能区）选取一定比例（原则上不低于 6%）的重点水功能区开展监测（监测双方共同采样、分样分析、分别报出监测结果），监测频次基本要求为每年汛期、非汛期各一次，监测结果互相通报。对监测结果有异议的，双方协商解决，原则上以流域机构监测结果为准；有重大分歧的，引入第三方监测。

第四节　纳污红线考核

2012 年，《国务院关于实行最严格水资源管理制度的意见》（国发〔2012〕3 号）确立了水功能区限制纳污红线，海委多次向流域各省（自治区、直辖市）的人民政府办公厅发文，征求其对流域水资源管理控制指标的意见，并进行沟通协调。2013 年，《国务院办公厅关于印发实行最严格水资源管理制度考核办法的通知》（国办发〔2013〕2 号）确定标准考核正式开始，海委参加国家实行最严格水资源管理制度考核工作组，对流域内各省（自治区、直辖市）实行最严格水资源管理制度情况进行考核。

一、纳污红线控制目标制定

2011 年，海委开展海河流域水资源管理控制指标协调，流域内的河南省、山东省人民政府或水行政主管部门基本同意海委分解的水资源管理控制指标。

2012 年 2 月 25 日，国务院印发《国务院关于实行最严格水资源管理制度的意见》（国发〔2012〕3 号），确立水功能区限制纳污红线，到 2030 年主要污染物入河湖总量控制在水功能区纳污能力范围之内，水功能区水质达标率提高到 95% 以上。为实现上述目标，到 2015 年，重要江河湖泊水功能区水质达标率提高到 60% 以上；到 2020 年，重要江河湖泊水功能区水质达标率提高到 80% 以上，城镇供水水源地水质全面达标。

2012 年 3 月 12 日，海委再次向第一次协调反馈意见较大的北京、天津、河北、山西、内蒙古 5 省（自治区、直辖市）人民政府办公厅发文，征求其对流域水资源管理控制指标的意见。同时，要求其按照水利部印发的《海河流域水资源综合规划》，认真分析并确定当地水资源可利用量和未来的合理需水。3 月 12—16 日，由海委分管负责人带队，海委有关部门、单位负责人及技术支撑单位有关人员参加，先后赴天津、河北、山西 3 省（直辖市）水利（水务）厅（局），就水资源管理控制指标相关问题进行沟通、协调。3 月 19 日和 20 日，北京市水务局局长程静、副局长刘斌，山西省水利厅副巡视员李文银分别率队到海委再次会商水资源管理控制指标，海委主要负责人、分管负责人以及有关部门、单位、技术支撑单位有关人员参加会议。经过上述协调与沟通，海委与相关省（直辖市）对水资源管理控制指标中的用水效率控制指标和水功能区达标率指标基本达成一致。

2013 年 1 月 2 日，国务院印发《国务院办公厅关于印发实行最严格水资源管理制度考核办法的通知》（国办发〔2013〕2 号），标准考核正式开始。通知规定了海河流域 7 省（自治区、直辖市）的 2015 年、2020 年和 2030 年的海河流域重要水功能区水质达标率控制目标，详见表 5-3。

表 5-3   海河流域重要水功能区水质达标率控制目标   %

省级行政区	2015 年	2020 年	2030 年
北京	50	77	95
天津	27	61	95
河北	55	75	95
山西	53	73	95
河南	56	75	95
山东	59	78	95
内蒙古	52	71	95
全国	60	80	95

2014 年 2 月 18 日，海委以《海委关于报送 2015 年海河区重要江河湖泊水功能区考核目录的函》（海水保〔2014〕2 号）向水利部报送 2015 年水功能区考核目录，共 155 个水功能区。

为了加强流域水资源管理，海委对"十三五"各省（自治区、直辖市）水功能区达标率控制目标以行政区为单元进行了分解，各年度目标以线性差值进行分解，详见表 5-4。

表 5-4   海河流域重要水功能区水质达标率控制目标分解   %

省级行政区	2015 年	2016 年	2017 年	2018 年	2019 年	2020 年
北京	50	55.4	60.8	66.2	71.6	77
天津	27	33.8	40.6	47.4	54.2	61
河北	52	56.6	61.2	65.8	70.4	75
山西	60	63.8	67.6	71.4	75.2	79
河南	27	33.2	39.4	45.6	51.8	58
山东	27	33.4	39.8	46.2	52.6	59
内蒙古	63	66.4	69.8	73.2	76.6	80
流域合计	45	50.2	55.4	60.6	65.8	71

二、纳污红线考核工作

（一）最严格水资源管理制度考核

1. 考核准备

2012 年 1 月 12 日，《国务院关于实行最严格水资源管理制度的意见》（国发〔2012〕3 号）对实行最严格水资源管理制度进行了总体部署，提出了"三条红线"的目标要求并进行了具体安排。2013 年 1 月 2 日，国务院办公厅以国办发〔2013〕2 号文印发《实行最严格水资源管理制度考核办法》，明确了实行最严格水资源管理制度的责任主体与考核对象，确定了各省（自治区、直辖市）水资源管理控制目标、考核内容、考核方式、考核程序、奖惩措施等。2014 年 1 月 27 日，水利部等 10 部委联合印发《实施最严格水资源管理制度考核工作实施方案》（水资源〔2014〕61号），划定适用范围，明确考核组织形式、内容和程序等。

2014年1月15日，水利部办公厅印发《水利部办公厅关于抓紧做好水功能区限制纳污红线达标考核准备工作的通知》（办资源函〔2014〕47号），要求流域机构和各省（自治区、直辖市）水行政主管部门确定2015年重要江河湖泊水功能区名录，完成水功能区基础信息调查，制定流域水功能区限制纳污红线考核技术细则。2月18日，海委向水利部报送《2015年海河区重要江河湖泊水功能区考核目录》，并就部分水功能区调整情况进行了说明。2月27日，海委印发《海委关于做好海河流域重要江河湖泊水功能区基础信息填报工作的通知》（海水保函〔2014〕3号），要求各省级水行政主管部门完成全国重要江河湖泊水功能区划基础信息调查，明确监测断面和监测主体等信息，及时汇总上报。3月4日，海河水保局组织海河流域各省（自治区、直辖市）水资源处、水文局召开海河流域重要水功能区基础信息汇总及核定会议，逐一核实了海河流域重要水功能区基础信息，征求了流域各省（自治区、直辖市）水行政主管部门意见，确定了重要水功能区的监测断面和监测主体等相关内容。核实和协调的结果成为国家实施最严格水资源管理制度考核工作的重要技术支撑，为考核的顺利实施创造条件。3月6日，以海水保函〔2014〕4号文就汇总和核定的《海河流域全国重要江河湖泊水功能区基本信息登记表》向流域各省（自治区、直辖市）水利（务）厅（局）征求意见。4月15日，海委以《海委关于报送海河流域全国重要江河湖泊水功能区基本信息登记表的函》（海水保〔2014〕4号）将编制完成的《海河流域全国重要江河湖泊水功能区基本信息登记表》和主要意见处理情况上报水利部。

2. 考核实施

（1）2013年度考核。2014年3月19日，海河水保局按照考核相关工作要求，组织开展了省界监测断面及直管水功能区水质监测数据整编，完成数据汇总和核准工作。5月，参加水利部组织召开的水功能区基础信息复核会议，并提交了2013年度海河流域水功能区水质达标率的核定意见，为考核提供技术支撑。6月，受水利部委托，参加了国家考核工作组对流域相关省（自治区、直辖市）2013年度实行最严格水资源管理制度考核工作现场检查。

（2）2014年度考核。2015年4月23日，水利部印发《关于开展2014年度水功能区限制纳污红线考核复核工作的通知》（资源保便〔2015〕24号），要求各流域水资源保护局组织开展2014年度水功能区数据复核工作，对省（自治区、直辖市）上报的水功能区达标评价成果进行技术核查，编制复核工作报告。5月，海河水保局对流域各省（自治区、直辖市）上报的2014年度水功能区达标评价成果进行技术核查，编制完成《海河流域2014年度水功能区限制纳污红线考核复核工作报告》并上报水利部，为考核提供技术支撑。6月，受水利部委托，参加了国家考核工作组对流域相关省（自治区、直辖市）2014年度实行最严格水资源管理制度考核工作现场检查。

（3）2015年度考核。2015年年底，海委按照水利部统一部署，由副总工何杉带队，对北京、天津、河北、山西4省（直辖市）取用水管理情况进行了现场检查，海河水保局具体负责取水许可退水检查，检查结果纳入2015年度实行最严格水资源管理制度考核。

2016 年 4 月 14 日，水利部印发《关于做好 2015 年度水功能区限制纳污红线核查有关工作的通知》（资源保便〔2016〕28 号），要求各流域水资源保护局对省（自治区、直辖市）上报的 2015 年度水功能区达标评价成果开展技术核查，编制复核工作报告。4 月 25 日，海河水保局以《海委关于报送海河流域 2015 年度水功能区限制纳污红线核查工作情况的函》（海水保函〔2016〕10 号）将核查情况上报水利部。按照资源保便〔2016〕28 号文件要求，整理收集海河流域 2015 年度水功能区月度监测数据，组织完成了纳入考核水功能区的监测数据审核、比对监测分析、水质再评价、年度达标评价等复核工作，对流域各省（自治区、直辖市）上报的水功能区达标评价成果进行技术核查，对发现的问题及时沟通了解情况，将核查工作相关情况形成报告并上报水利部。6 月，受水利部委托，参加了国家考核工作组对流域相关省（自治区、直辖市）2015 年度实行最严格水资源管理制度考核工作现场检查。

（4）2016 年度考核。根据《水利部办公厅关于开展 2016 年度水资源管理专项监督检查工作的通知》（办资源函〔2016〕1497 号）要求和水利部水资源管理专项监督检查工作启动会精神，海委成立检查组，召开工作布置会，启动了北京、天津、河北、山西四省（直辖市）2016 年度水资源管理专项监督检查工作。在随机抽查工作的基础上，2016 年 12 月 23 日至 2017 年 1 月 7 日，检查组组长、海委党组副书记、副主任王文生带队先后赴北京、天津、河北、山西四省（直辖市）开展了现场检查工作。海委检查组审阅了随机抽查的北京、天津、河北、山西四省（直辖市）共 80 个取水口、80 个入河排污口和山西省太原市、大同市地下水超采治理的资料，对其中的 20 个取水户、20 个入河排污口和山西省太原市、大同市地下水超采治理情况进行了现场检查。海河水保局具体负责取水许可退水和入河排污口检查。检查结果纳入 2016 年度实行最严格水资源管理制度考核。

2017 年 2 月 6 日，水利部印发了《水利部关于开展 2016 年度实行最严格水资源管理制度考核工作的通知》（水资源函〔2017〕24 号），明确了 2016 年度的考核要点和工作要求。

2017 年 3 月 31 日，水利部印发《关于做好 2016 年度水功能区限制纳污红线核查有关工作的通知》（资源保便〔2017〕32 号），要求各流域水资源保护局开展自查报告和技术资料复核工作，报送负责监测的 2016 年水功能区水质达标评价信息和减排考核水功能区中入河排污口的监测信息。4 月，海河水保局对流域各省（自治区、直辖市）上报的 2016 年度水功能区达标评价成果进行技术复核，将复核成果上报水利部，为考核提供技术支撑。5 月，受水利部委托，参加了国家考核工作组对北京、天津、河北、山西四省（直辖市）2016 年度实行最严格水资源管理制度考核工作现场检查。考核工作组对各省（自治区、直辖市）取用水、入河排污口、地下水超采治理等管理情况进行了现场抽查，查验了大量技术资料和数据，与有关人员进行了座谈。通过现场检查和听取各省（自治区、直辖市）关于 2016 年度实行最严格水资源管理制度情况的汇报，向各省（自治区、直辖市）反馈了考核中存在的相关问题，并提出了下一步工作建议。

（5）2017 年度考核。根据《水利部办公厅关于开展 2017 年度水资源管理专项监督检查工作的通知》（办资源函〔2017〕1175 号）要求，2017 年 11 月 22 日至 12 月 1 日，海委组织开展了北京、天津、河北、山西 4 省（直辖市）2017 年度水资源管理专项监督检查工作。海委以副主任田友为组长，副巡视员梁凤刚为副组长，水政水资源处、水保局、水文局、直属管理局有关人员和水利部调水局有关人员参加的检查组，分为4个检查小组，第一小组由海委副主任田友任组长，负责北京市的监督检查工作；第二小组由海委副巡视员梁凤刚任组长，负责河北省的监督检查工作；第三小组由海河水保局局长郭书英任组长，负责山西省的监督检查工作；第四小组由海委水文局局长齐晶任组长，负责天津市的监督检查工作。4个检查小组按照分工，先后赴天津、北京、河北、山西四省（直辖市），采取听取汇报、现场查验、查阅资料、质询等方式，对取水许可和建设项目水资源论证、水资源费征收、计划用水和用水定额管理、入河排污口设置、饮用水水源地管理与保护以及地下水超采治理（山西省）等水资源管理情况进行了实地检查，检查结束后，4个检查小组就检查发现的问题和下一步做好水资源管理相关工作分别与四省（直辖市）水利（水务）厅（局）交换了意见。检查结果纳入2017年度实行最严格水资源管理制度考核。

2018年1月，水利部印发2017年度实行最严格水资源管理制度考核的通知，部署开展年度考核工作。

根据水利部2018年5月4日实行最严格水资源管理制度考核工作组第七次会议和《流域机构开展2017年度实行最严格水资源管理制度考核"明察暗访"工作总体方案》精神，海委组织开展了对北京市、天津市、河北省和山西省的"明察暗访"工作。海委成立了两个"明察暗访"工作组，分别由副主任田友、副巡视员兼总工梁凤刚带队。此次"明察暗访"工作由海委水政水资源处牵头，海河水保局和水文局配合，水利部水资源管理中心派员指导。5月3—6日，海河水保局派员赴4省（直辖市）部分入河排污口现场取样、监测、化验，此项工作未告知当地水行政主管部门和排污单位，对现场取样过程进行拍照、录像；5月6—10日，田友副主任带队赴河北省唐山市、衡水市和天津市开展"明察"工作；5月7—10日，梁凤刚副巡视员带队赴北京市、山西省太原市和长治市开展"明察"工作，检查内容主要依据海委制定的京津冀晋4省（直辖市）"明察暗访"工作方案，并提前1天告知当地水行政主管部门检查对象，在当地水行政主管部门的配合下，顺利完成"明察"工作任务。检查结果纳入2017年度实行最严格水资源管理制度考核。

2018年5—6月，海委受水利部委托，参加了国家考核工作组对北京、天津、河北、山西4省（直辖市）2017年度实行最严格水资源管理制度考核工作现场检查。北京市由水利部总工程师刘伟平带队检查，天津市、河北省由水利部副部长魏山忠带队检查，山西省由水利部总规划师汪安南带队检查，国家有关部委领导，海委副主任田友、水政水资源处、海河水保局相关人员参加检查。考核工作组对各省（直辖市）取用水、水功能区、入河排污口、饮用水水源地、地下水超采治理等管理情况进行了现场抽查，查验了大量技术资料和数据，与有关人员进行了座谈。通过现场检查和听取各省（直辖市）关于2017年度实行最严格水资源管理制度情况的汇报，向各省（直辖市）反馈了考核中存在的相关问题，并提出了下一步工作建议。

2013—2018年海河流域各省（自治区、直辖市）考核重要水功能区达标情况见表5-5。

表 5－5 2013—2018 年海河流域各省（自治区、直辖市）考核重要水功能区达标情况　　　　%

省级行政区	2013 年	2014 年	2015 年	2016 年	2017 年	2018 年	2020 年目标
北京	28.6	38.5	57.1	57.1	56.3	75.0	77
天津	27.8	33.3	15.4	8.0	19.2	30.8	61
河北	47.9	53.8	56.7	59.7	61.8	62.0	75
山西	33.3	46.7	46.7	54.5	76.2	73.9	79
河南	12.5	0.0	0.0	0.0	0.0	10.0	58
山东	42.9	41.7	57.1	71.4	66.7	80.0	59
内蒙古	20.0	50.0	50.0	45.5	63.6	77.8	80
流域合计	39.0	45.9	48.9	49.1	54.7	60.6	71

（二）水污染防治行动计划实施情况考核

从 2011 年起，海委为"十二五"重点流域水污染防治规划实施情况考核提供海河流域省界监测断面水质数据，为考核提供技术支撑，同时受水利部委托参加相关省（自治区、直辖市）考核现场检查。

2017 年 3 月，海委按照水利部要求配合环保部开展 2016 年度《水污染防治行动计划》实施情况和环保约束性指标考核工作，并现场抽查了河北省工作完成情况。

第五节　水资源保护支队建设

水资源保护支队于 2003 年成立，主要负责水资源保护和水污染防治的业务工作，结合流域水资源保护的业务工作，水资源保护支队组织开展了水法规宣传、水行政执法检查、队伍规范化建设、水污染纠纷调处等水政监察工作，通过制度建设、业务培训等措施，提高队伍素质、增强工作能力。

一、队伍建设

（一）支队设立与制度

2003 年 7 月 4 日，海河水保局上报《关于组建海委水政监察总队水资源保护监察支队的请示》（水保〔2003〕4 号），将水资源保护支队的编制和人员组成、职责、规范化建设目标等进行上报。

2003 年 10 月 31 日，海委下发《关于成立海委水政监察总队水资源保护支队的批复》（海人教〔2003〕66 号），对水资源保护支队的主要职责、机构设置及人员编制、水政监察专用服装配置等进行确定。

2003 年 11 月 7 日，海河水保局印发《关于成立海委水政监察总队水资源保护支队的通知》（水保〔2003〕7 号），对水资源保护支队的主要职责、机构设置、人员编制及组成等进行通知。

2016 年 12 月 26 日，海河水保局印发《海委水政监察总队水资源保护支队工作制度（试行）》（水保〔2016〕73 号），进一步明确了水资源保护支队的主要职责、人员管理制度、水政监察制度、队伍管理制度。

（二）支队职责

（1）宣传贯彻《中华人民共和国水法》《中华人民共和国水污染防治法》等有关法律法规，按照有关法律法规及部授权对海委管辖范围内有关水资源保护和水污染防治的法律、法规和规章的执行情况进行监督检查。

（2）依法保护水资源保护和水污染防治等相关设施。

（3）监督检查海河流域水资源保护和水污染防治工作；对省界水体、重要水域和直管河道（水库）及跨流域调水的水质状况进行监督检查。

（4）负责流域水功能区、饮用水水源保护区、入河（湖、水库）排污口和水体纳污总量的监督管理，承办取水许可退水水质的监督检查。

（5）对污染水资源的行为、重大水污染事故和省际水污染纠纷进行调查，提出处理意见。

（6）按照海委做出的行政处罚或行政措施决定，具体实施行政处罚或采取行政措施。

（7）协助公安和司法部门查处水污染治安和刑事案件；对涉及水资源保护违法行为进行调查，并协助开展执法工作。

（8）依照法律、法规、规章规定应当履行的其他职责，承办海委水政监察总队交办的其他事宜。

（9）对海委直接管理的河道（水库），以及省界断面、水事纠纷敏感区域等范围的水资源保护执法巡查工作的监督检查。

（三）人员编制

水资源保护支队设在海河水保局，业务上受海委水政监察总队领导。支队人员由海河水保局机关抽调参公人员组成，不单列，编制10名，设队长1名、队员9名，组成人员随工作需要及时调整。

2003年，根据水保〔2003〕7号文件规定，水资源保护支队人员组成：队长为及金星，队员为范兰池、熊洋、张增阁、戴乙、金喜来、罗阳、李漱宜、张世禄、崔文彦。

2016年，根据水保〔2016〕73号文件规定，水资源保护支队人员组成：队长为范兰池，队员为戴乙、于卉、孙锋、郭斌、朱龙基、王佰梅、张睿昊、韩东辉、王振国。

二、水政监察

2003—2014年，水资源保护支队结合海河水保局日常工作开展水政监察工作，包括"世界水日""中国水周"和普法宣传，流域水功能区、省界水体、入河排污口、饮用水水源地监督检查，水污染的隐患排查、纠纷调处和应急演练，取水许可水资源论证的退水审查等。自2015年起，水资源保护支队在结合海河水保局日常工作的基础上独立开展了水资源保护宣传、执法检查等水政监察工作，海河水保局按年度印发《海委水政监察总队水资源保护支队工作方案》，明确年度的工作目标、组织形式、任务安排，部署各项监察工作的时间、内容和频次等，指导水资源保护支队全年工作。

（一）水资源保护宣传

2015年，第二十三届"世界水日"、第二十八届"中国水周"期间，海河水保局局长郭书英在水信息网发表了题为《加强水源保护　保障流域供水安全》和《基于智库理念的流域水资源保护工作思考》的署名文章；组织全局职工积极参加"节约水资源，保障水安全"网络知识答题，观看海委纪念"中国水周"主题宣传展板和普法宣传片；与漳河上游局基层职工进行水资源保护巡查工作座谈交流。4月，组织职工学习陈雷部长《"水十条"凸显"全链条"治水的特点》的署名文章，举办"水十条"学习培训班进行普法宣传。

2016年，第二十四届"世界水日"、第二十九届"中国水周"期间，邀请天津市新华中学部分高中一年级学生到局开展座谈和参观活动；组织各部门单位学习关于水利部印发的世界水日、中国水周"落实五大发展理念，推进最严格水资源管理"专刊宣传材料，并张贴宣传展板。3月、7月和12月，分别组织全局职工参加海委系统的"世界水日""中国水周"网络答题、水利部普法办组织的《农田水利条例》知识问答、"海委系统大力弘扬法治精神　协调推进'四个全面'战略布局"知识答题等普法答题活动。

2017年，第二十五届"世界水日"、第三十届"中国水周"期间，水资源保护支队队员参加海委水政总队水法规宣传进校园活动，前往互助道小学宣传保护水资源的意义、发放护水读本，并带领互助道小学四年级师生们参观监测中心生物分析室，讲解水生态专业知识；组织全局职工参与海委系统网络知识答题、水资源保护专题片观看等活动；组织开展"《水功能区监督管理办法》宣贯培训班"，向海河水保局全体职工讲解新《水功能区监督管理办法》具体内容，更新了理论知识。

2018年，第二十六届"世界水日"、第三十一届"中国水周"期间，水资源保护支队与引滦工程管理局水资源保护支队联合开展"借自然之力，护绿水青山"水源地保护宣传活动（图5-12），支队队员向潘家口水库周围居民宣传《中华人民共和国水法》《中华人民共和国水污染防治法》中对饮用水水源地保护和管理的法律法规要求，发起"护潘大水库，我愿意"倡议签字活动。

图5-12　水资源保护支队开展宣传活动图

（二）执法检查

2016年8—10月，水资源保护支队联合山西省水利厅、河南省水利厅、山东省水利厅及相关地市水行政主管部门开展2016年度海河流域重要用水单位退水监督检查工作，对山西昱光发电有限公司、国电聊城发电有限公司、华润电力焦作有限公司的退水、水资源保护等情况进行检查。

2017年8月，水资源保护支队联合内蒙古自治区水利厅水政监察总队、内蒙古自治区水文总局、锡林郭勒盟水利局水政监察支队、正蓝旗水利局水政监察大队开展 2017 年海河流域重要取用水户退水监督检查工作，对内蒙古上都发电有限责任公司、内蒙古上都第二发电有限责任公司的退水、水资源保护等退水实施情况进行检查。4 月和 6 月，水资源保护支队分别同漳卫南局水资源管理与保护支队、引滦局水资源保护支队开展了联动执法检查，主要对海委直管重要饮用水水源地的水资源保护工作进行水资源保护专项执法检查，针对发现的问题提出整改建议。

2018 年 8 月，水资源保护支队联合河北省水利厅、唐山市水务局、承德市水务局开展 2018 年海河流域重要取用水户退水监督检查工作，对唐山华润西郊热电厂和承德博昊六道河水电站的退水、水资源保护等退水实施情况开展了检查。5 月和 10 月，水资源保护支队分别同漳卫南运河管理局水资源管理与保护支队、引滦工程管理局水资源保护支队开展了联动执法检查，主要对海委直管重要饮用水水源地的水资源保护工作进行水资源保护专项执法检查，针对发现的问题提出整改建议。

水资源保护支队开展执法检查情况见图 5-13。

图 5-13　水资源保护支队开展执法检查图

第六章

入河排污口监督管理

入河排污口监督管理是保证江河湖库等水域不受污染的最后一关，2002年8月29日修订通过的《中华人民共和国水法》第三十四条中明确提出，与水功能区监督管理、饮用水水源地保护制度共同作为水资源保护监督管理工作的重要组成部分。海河水保局依据《中华人民共和国水法》《入河排污口监督管理办法》《海河流域入河排污口监督管理权限》等法律法规和部门规章开展海河流域入河排污口的监督管理工作，严格入河排污口设置审查，控制新增入河排污量，组织流域各省（自治区、直辖市）开展年度流域入河排污口调查与监测，建立并更新流域入河排污口管理电子台账，开展直管水域入河排污口的登记、日常巡查、年度调查与监测等工作，实施流域及重点河系入河污染物排放总量通报，为流域水资源保护和水污染防治提供管理依据。

第一节 设 置 许 可

为明晰海河流域入河排污口监督管理职责及范围，海河水保局编制上报《海河流域入河排污口监督管理权限》，并于2008年获得水利部的批复，从入河排污口设置审批、登记、整治、档案、监测等方面，规定海河流域各省（自治区、直辖市）水行政主管部门和海委入河排污口监督管理权限。截至2018年年底，海河水保局共完成内蒙古吉林郭勒二号露天煤矿有限公司等4个企业单位的入河排污口的设置审批。

一、许可权限

2007年12月12日，海河水保局以《关于报批海河流域入河排污口监督管理权限的请示》（海水保〔2007〕7号）上报水利部，将海委负责审查同意的入河排污口设置情形，以及海委和地方人民政府水行政主管部门在入河排污口登记、整治、档案统计和监测等方面的职责分工情况进行上报。

2008年6月19日，水利部下发《关于海河流域入河排污口监督管理权限的批复》（水资源〔2008〕217号），规定在省界缓冲区、海委直管河道和由海委负责河道管理范围内建设项目审查手续或取水许可手续的项目及环境影响报告书（表）需要报国务院环境保护行政主管部门审批的建设项目的入河排污口设置，由海委负责审查同意。其他入河排污口设置，由所在地的县级以上地方各级人民政府水行政主管部门依照分级管理权限负责审查同意。海委和县级以上地方人民政府水行政主管部门应当对管辖范围内的入河排污口开展登记、整治方案编报、建档及统计、监测等工作。

批复要求，海河水保局负责审查同意"在海河流域跨省河流、湖泊省界缓冲区内设置的排污口；在海河流域界缓冲区以外的河流、湖泊设置的入河排污口依法需要办理河道管理范围内建设项目审查手续，或同时需办理取水许可手续的"等情况的入河排污口设置。

二、设置批复

（一）内蒙古吉林郭勒二号露天煤矿有限公司疏干水入河排污口

2010 年 11 月 9 日，海河水保局以海许可〔2010〕40 号文批复了内蒙古吉林郭勒二号露天煤矿有限公司疏干水入河排污口设置事项。批复要求该项目入河排污口设置在西乌珠穆沁旗伊和吉林郭勒河中下游，地理坐标为东经 117°14′33″、北纬 44°17′51″。废污水经处理后应达到《地表水环境质量标准》（GB 3838—2002）Ⅲ 类水标准，日排放量不得超过 13845 立方米，年最大排放量不得超过 506 万立方米。入河排污口设置单位要严格落实污废水处理措施，做到稳定达标排放，符合总量控制要求，要加强对污废水的实时监测，落实保障下游饮水安全的有关应急措施。设置单位应加强入河排污口的管理，协调好与第三者利益关系，不影响人畜饮水和灌溉用水。设置单位应在排污口设置处设立标志碑，安装水量、水质检测设备，定期检测，并将排污口统计信息报告当地水行政主管部门和海委。

（二）中核华电河北核电有限公司河北海兴核电厂入河排污口

2016 年 12 月 19 日，海河水保局以海许可决〔2016〕27 号文批复了中核华电河北核电有限公司关于河北海兴核电厂入河排污口设置的事项。批复要求该项目在宣惠河防潮闸下游 2 千米处设置入河排污口，地理坐标为东经 117°43′45″、北纬 38°12′23″，该入河排污口性质为工业排污口，排放方式为连续，明渠排放，废水经漳卫新河河口排入渤海。该项目入河排污口仅排放非放射性的循环冷却系统排水和海水淡化系统排水，项目施工期废污水、运行期生活污水须经处理后回用不外排，非放射性生产废水须回用于循环冷却系统，低放射性生产废水须经相关部门同意后直排渤海湾。该项目一期两台机组运行工况下，入河排污口年最大排放量为 5515 万立方米，排放水质须达到《地表水环境质量标准》（GB 3838—2002）Ⅳ 类水质标准，夏季入河排污口混合水体温升不超过 3.34 摄氏度，漳卫新河河口处温升不超过 0.08 摄氏度。设置单位应设置入河排污计量监测装置，监测废水排放量及污染物指标，禁止超标排放。应在入河排污口位置处设立标志牌，加强入河排污口的运行管理，配合海委及当地水行政主管部门的监督管理，定期报送入河排污口统计的有关信息。设置单位应在入河排污口试运行三个月后，向海委申请验收，验收合格后方可投入使用。入河排污口位置、排污规模发生较大变动或自批准之日起三年内未实施的，应重新进行入河排污口设置申请。

（三）贺斯格乌拉南露天煤矿项目入河排污口

2017 年 1 月 23 日，海河水保局以海许可决〔2017〕7 号文批复了内蒙古锡林河煤化工有限责任公司关于贺斯格乌拉南露天煤矿项目设置入河排污口的事项。批复要求该项目设置临时入河排污口，地理坐标为东经 119°12′00.11″、北纬 45°56′13.63″，该入河排污口性质为工业排污口，排放方式为连续，入河（湖）方式为管道排放，废水排湖后不得外泄。临时入河排污口仅用于排放剩余矿坑排水，项目的生活污水、生产废水须经处理后回用，不外排。该入河排污口在 2021 年前允许年最大排放量为 613.5 万立方米；2022 年，在项目业主拟建的年产 46 万吨合成氨 80 万吨尿素项目和国电内蒙古电力有限公司乌拉盖电厂等项目利用该项目剩余矿坑排水后，允许年最大排放量为 53.38 万立方米，排放水质均须达到《地表水环境质量标准》（GB 3838—2002）Ⅲ类水标准。设置单位应设置入河排污计量监测装置，监测废水排放量及污染物指标，禁止超标排放。应在入河排污口位置处设立标志牌，加强入河排污口的运行管理，配合海委及当地水行政主管部门的监督考核管理，定期报送入河排污口统计信息。设置单位应在入河排污口试运行三个月后，向海委申请验收，验收合格后方可投入使用。入河排污口位置、排污规模发生较大变动或自批准之日起三年内未实施的，应重新进行入河排污口设置申请。

（四）首钢股份公司迁安钢铁公司入河排污口

2018 年 7 月 5 日，海河水保局以海许可决〔2018〕54 号文批复了首钢股份公司迁安钢铁公司办理入河排污口设置的事项。批复要求该项目入河排污口设置在厂区污水处理厂东侧墙外，坐标为东经 118°40′30″、北纬 40°3′0″，入河排污口性质为工业排污口。项目产生的废污水排入沙河，排放方式为明管入河连续排放。入河排污口允许年最大排放量为 120 万立方米，外排废水主要污染物化学需氧量不得超过 30 毫克每升，氨氮不得超过 1.5 毫克每升，必须达到《地表水环境质量标准》（GB 3838—2002）Ⅳ类标准，允许最大排水流量为 0.08 立方米每秒，不得对河道防洪及农业灌溉产生不利影响。建设单位应按照有关规定设置合格的入河排污的监测计量设施，按照有关监测规范监测废污水排放流量、排放总量及污染物浓度等要素，禁止超标排放。同时，在入河排污口位置处按照有关标准设立标志牌。建设单位应加强入河排污口的运行管理，将每季度的监测信息和年度统计资料报送海委及河北省省级水行政主管部门和省级环境保护部门，并服从主管部门的日常监督管理。入河排污口试运行三个月后，建设单位应向海委提出正式验收申请，验收合格后方可投入使用。如入河排污口位置、排污规模、污染物种类和浓度等要素发生变化，建设单位应重新进行入河排污口设置申请。

第二节 调 查 监 测

早在 1991 年海河水保局承担水利部水资源管理司开展的全国主要江河入河排污口调查的试点工作，组织完成海河流域入河排污口的调查与评价工作。2002 年《中华人民共和国水法》实施以后，海河水保局先后多次组织流域各省（自治区、直辖市）开展全流域和重点河系的入河排污口常规监测、监督性监测工作，统计口门数量、计算污废水和污染物量、分析排污超标情况，并将流域河系入河污染物总量通报地方有关部门。

一、1991 年海河流域入河排污口调查评价

1991 年 2 月 25 日，水利部水资源司印发《关于在海河流域开展入河排污口调查试点工作的通知》（资保〔1991〕3 号），部署在海河流域开展河（湖、库）排污口调查试点工作，要求弄清流域内直接排入河道、湖泊、水库等天然水体的主要排污口的数量、位置及

排污情况。按照文件的精神要求，海河水保局组织流域内各省（自治区、直辖市）水利厅（局）开展了海河流域第一次全流域入河排污口调查工作。

1月，海河水保局组织各省（自治区、直辖市）水利厅（局）召开"海河流域入河排污口调查评价工作会议"，落实工作任务。9月，海河水保局召开海河流域入河排污口调查座谈会，进行全流域第一阶段调查总结交流，协调解决有关工作和技术问题，参加会议的有水利部水资源司、水利水电科学研究院水资源所、水质监测研究中心。会议对《排污口调查工作技术大纲（初稿）》进行了讨论，一致认为排污口调查是水资源保护的基础工作，应认真组织好调查。完成第二阶段调查任务后，布置落实流域补充调查、资料分析、整理、汇总任务。1992年7月，海河水保局组织全流域入河排污口调查与评价汇总。

1991年完成了滦河（滦河和冀东沿海诸河）、北三河（蓟运河、潮白河、北运河）、永定河、大清河、子牙河、黑龙港运东、漳卫南运河、海河干流及徒骇马颊河等九个水系的主要河流、水库、湖泊和洼淀的入河排污口调查任务。

全流域共调查河流476条，其中重点河流65条。调查城镇266个，其中主要城镇48个，重点城市30个。全流域进入河道水体的废污水量为40.32亿立方米，主要入河污染物化学需氧量为104.59万吨，挥发酚1303.44吨，氨氮为10.33万吨。全流域共有测流口门2042个，其中水质监测口门1541个，其中化学需氧量未超过Ⅴ类的有322个，氨氮未超过Ⅴ类的有487个，挥发酚未超过Ⅴ类的有1263个。

二、2003年海河流域入河排污口调查与监测

2003年，水利部先后多次下发文件，要求各省（自治区、直辖市）水行政主管部门和流域管理机构结合水资源综合规划编制工作，组织开展入河排污口调查，做好水功能区监督管理工作。3月19日，水利部布置2003年水资源工作要点，要求强化对水资源的保护，结合全国水资源综合规划第一阶段水资源调查评价工作，做好对排污口的调查，加强对入河排污口的监督管理。4月4日，水利部印发《关于贯彻落实〈中华人民共和国水法〉进一步加强水资源管理工作的通知》（水资源〔2003〕133号），要求"建立水资源保护制度，全面加强水资源保护监督管理"，并提到"各流域管理机构要会同有关省区尽快明确入河排污口分级管理权限，组织开展全面普查和监督管理工作。通过对现有入河排污口普查，掌握入河排污口分布及排污现状，提出入河排污口的设置和限排管理的意见"。5月30日，水利部印发《关于印发〈水功能区管理办法〉的通知》（水资源〔2003〕233号），要求流域机构和各省（自治区、直辖市）的水行政主管部门对水功能区内已经设置的入河排污口情况进行调查，并按照有关规定对进行取水、河道管理范围内建设及新建、改建或者扩大入河排污口的单位进行现场检查。

2003年7月下旬，海河水保局组织流域内各省（自治区、直辖市）水利（水务）厅（局）在天津召开了海河流域水功能区管理工作会议，会议讨论并通过《海河流域水功能区入河排污口调查工作大纲》，决定海委和流域内各省（自治区、直辖市）水利（水务）厅（局）共同组织开展流域水功能区入河排污口调查工作。在流域入河排污口调查工作中，各水利（水务）厅（局）和海委直属各管理局分别负责各管辖范围内入河排污口的调查及监测，并分别提交调查报告，海河水保局负责流域入河排污口调查工作中的协调和资

料汇总工作，编制流域调查报告。各单位于 2003 年 9—11 月完成了外业调查监测工作，2003 年 12 月至 2004 年 2 月进行各辖区资料整编工作。2004 年 3 月在山东省济南市召开了流域入河排污口资料汇总工作会议。海河水保局在汇总各单位成果资料和报告基础上，经多次修改完善，编制完成《海河流域入河排污口调查报告》。

2003 年全流域共调查入河排污口 4190 个，监测入河排污口 1949 个，入河污废水总量为 41.5 亿立方米，化学需氧量入河总量为 149.1 万吨，氨氮入河总量 13.2 万吨，挥发酚入河总量 0.12 万吨。按照污水综合排放一级标准评价，超标排放口为 1100 个，超标率 56.4％；入河超标污水量为 29.14 亿立方米，超标率 70.2％。其中主要污染物化学需氧量、氨氮、挥发酚超标入河量分别为 142.09 亿吨、11.61 万吨、1125.1 吨，超标率分别为 91.8％、86.9％、92.0％。

三、2005 年海河流域直管水域入河排污口登记

2005 年，海河水保局组织开展直管水域入河排污口登记，共登记排污口 214 个，未登记排污口 16 个，登记内容包括排污口的名称、地理位置、坐标、排污口的影像、排放方式、相对位置图、流量、污染物的种类、浓度等情况。

滦河水系登记排污口 170 个，包括潘家口水库上游 92 个，潘家口水库 14 个，大黑汀水库 19 个，大黑汀水库入库支流洒河 45 个；未登记排污口 11 个。继续排放污水的入河排污口 18 个，包括潘家口水库上游 13 个，潘家口水库 3 个，大黑汀水库 2 个。

漳卫南运河水系登记排污口 44 个，包括卫河 15 个，卫运河 3 个，南运河 8 个，漳卫新河 4 个，岳城水库 4 个，漳河上游 10 个；未登记排污口 5 个。继续排放污水的入河排污口 44 个，包括卫河 15 个，卫运河 4 个，南运河 9 个，漳卫新河 7 个，岳城水库 4 个，漳河上游 5 个。

四、2007 年海河流域水功能区入河排污口调查与监测

2007 年海河水保局组织流域内各省（自治区、直辖市）水利（水务）厅（局）共同开展海河流域水功能区入河排污口调查。8 月 29 日，海河水保局在北京召开了海河流域综合规划修编工作会议，会上研究审定了《海河流域水功能区入河排污口调查技术要求》。会后，海河水保局按照《关于抓紧开展海河流域综合规划修编工作的通知》（海规计〔2007〕70 号）要求，根据流域综合规划修编任务分工，进一步细化和落实工作任务，依据《海河流域综合规划修编任务书》《海河流域综合规划修编工作大纲》和《海河流域综合规划修编技术要求》，安排海河流域水功能区入河排污口调查工作开展。9 月 11 日，海河水保局下发《关于开展海河流域水资源保护暨入河排污口调查工作会议的通知》（海水保函〔2007〕1 号）。9 月 19 日，在天津市组织召开工作会议，海河水保局局长张胜红主持会议，海委副主任户作亮出席并讲话，水利部水资源管理司保护处处长石秋池到会指导。会议研究讨论《海河流域水功能区入河排污口调查技术要求》，并部署入河排污口调查工作。9 月 24 日，海河水保局下发《关于开展 2007 年海河流域水功能区入河排污口调查工作的通知》（海水保〔2007〕3 号），各省（自治区、直辖市）及海委直属有关单位按通知要求安排部署辖区内的入河排污口调查工作。11 月 28 日，海河水保局下发《关于召

开 2007 年海河流域水功能区入河排污口调查资料整编会议的通知》（海水保〔2007〕5号），对入河排污口调查资料整编工作注意事项进行规定。2008 年 1 月 16 日，海河水保局在天津组织召开"2007 年海河流域水功能区入河排污口调查资料整编会"，流域内各有关单位代表出席会议。会议对 2007 年海河流域水功能区入河排污口调查工作进行总结，各有关单位按照会议确定的资料整编要求，完成对各辖区和全流域入河排污口调查资料整编工作，标志着 2007 年水功能区入河排污口调查工作圆满完成，为流域综合规划、水资源保护规划提供重要支撑。6 月，海河水保局编制完成《2007 年海河流域入河排污口调查报告》，同月编报《2007 年漳卫南运河入河污染物排放总量通报》报送海委。

2007 年，全流域实测入河排污口共 1239 个，其中排入水功能区的有 1177 个。全流域实测入河污废水总量为 46.83 亿立方米，化学需氧量入河量为 110.81 万吨，氨氮入河量为 12.22 万吨。水功能区的 1177 个口门入河污废水量为 45.14 亿立方米，化学需氧量和氨氮的入河量分别为 105.15 万吨和 11.44 万吨。常年排放的 857 个口门，按照《污水综合排放标准》（GB 8978—96）及水功能区水质目标，超标的口门有 675 个，超标率为 54.48%。

五、2009 年海河流域重点水系入河排污口监督性监测

2009 年，海河水保局组织开展漳卫南运河水系、滦河水系、大清河水系和海河干流水系范围内的入河排污口监督性监测工作，主要由河北省、山西省、河南省和天津市水文局及漳卫南局负责监测。以滦河、大清河和漳卫南运河三个水系作为试点，开展海河流域重点水功能区（河北省）限制排污总量意见细化分解研究项目。7 月，海河水保局组织开展海河流域 2009 年入河排污口监督性监测资料整编工作，并汇总整理出漳卫南运河入河污染物排放总量相关数据，在此基础上进行了漳卫南运河入河污染物排放总量通报。12 月 16 日，海河水保局以《关于漳卫南运河入河污染物排放总量的报告》（海水保函〔2009〕7 号）向河北、山西、山东、河南等省人民政府报告了漳卫南运河的入河污染物排放总量、沿河各省入河污染物总量达标情况、入河排污口达标情况、省界水体水环境质量状况以及近年来漳卫南运河水环境质量变化趋势，以引起地方人民政府高度重视，促进相关省级行政区水资源保护与水污染防治工作。

2009 年全流域开展监督性监测的入河排污口 434 个，在此基础上，进行了漳卫南运河入河污染物排放总量通报，涉及 97 个水功能区的 211 个入河排污口，污废水入河总量为 8.67 亿立方米，化学需氧量和氨氮入河总量分别为 7.25 万吨和 0.93 万吨。97 个水功能区中，入河污染物总量超过水功能区限制排污总量的有 40 个，超标率为 41.2%；其中化学需氧量超标口门 30 个，超标率为 30.9%；氨氮超标口门 40 个，超标率为 41.2%。211 个入河排污口中，主要污染物超标排放的有 78 个，超标率为 37.0%。其中化学需氧量超标的有 56 个，超标率为 26.5%；氨氮超标的有 57 个，超标率为 27.0%。

六、2010 年海河流域入河排污口调查与监测（监督性监测）

2010 年，根据预算工作安排，布置了 2010 年海河流域入河排污口调查与监测任务。4 月 23 日，海河水保局印发《关于召开海河流域入河排污口监督监测工作会议的通

知》（海传发〔2010〕21号）。4月29日，海河水保局组织流域各省（自治区、直辖市）水资源主管部门、水文部门及水环境监测中心召开会议，在总结交流近年来海河流域入河排污口监督管理工作的基础上，研究部署2010年海河流域入河排污口监督性监测工作。5月17日，海河水保局印发《关于加强海河流域入河排污口监督管理和监测工作的通知》（海水保〔2010〕3号），组织流域各省（自治区、直辖市）水文部门开展入河排污口调查与监测。以水利部《关于海河流域限制排污总量的意见》（水资源函〔2006〕41号）中所涉及的水功能区为依据，凡在水功能区内的排污口均列入监测范围。在漳卫南运河水系入河排污口调查监测和水功能区监测评价成果基础上，2011年3月30日，海河水保局印发《关于漳卫南运河入河污染物排放总量的报告》（海水保函〔2011〕3号），向河北、山西、河南、山东等省人民政府报告了漳卫南运河的入河污染物排放总量、沿河各省级行政区入河污染物总量达标情况、入河排污口达标情况、省界水体水环境质量状况以及水环境质量变化趋势。

2010年入河排污口调查入河排污口1503个，监测入河排污口995个，其中排入水功能区的有928个。全流域入河污废水总量为41.9亿立方米，化学需氧量入河量为63.7万吨，氨氮入河量为8.5万吨，挥发酚入河总量为242.7吨。监测的525个水功能区中，入河污染物排放量超过水功能区限制排污量的有187个，超标率为35.6%；其中化学需氧量超标的有160个，超标率为30.5%；氨氮超标的有179个，超标率为34.1%。监测的928个入河排污口中，主要污染物超标排放的有429个，超标率为46.2%。其中化学需氧量超标的有331个，超标率为35.7%；氨氮超标的有297个，超标率为32.0%。

七、2011年海河流域入河排污口调查与监测（监督性监测）

2011年，海委全面启动海河流域入河排污口调查与监测工作。海河水保局编制海河流域入河排污口调查与监测工作大纲，与各省（自治区、直辖市）协作单位签订了工作合同，并现场检查和指导承担单位开展调查和监测工作。3—4月，海河流域各省（自治区、直辖市）水文部门完成了所有入河排污口的调查工作，获取了入河排污口的名称、位置、污废水排放量规模等基本信息。5—10月，海河流域各省（自治区、直辖市）水文部门完成了规模以上入河排污口（入河污废水量300立方米每天及以上或10万立方米每年及以上）的监测工作，获取了入河排污口污废水量、化学需氧量排放量、氨氮排放量等动态数据。11月，海河水保局召开了2011年海河流域入河排污口调查与监测资料整编会，完成了资料整编工作，汇总分析编制完成《2011年海河流域入河排污口调查与监测报告》。根据2011年漳卫南运河入河排污口监督性监测结果，2012年2月1日，海河水保局印发《关于漳卫南运河入河污染物排放总量的报告》（海水保函〔2012〕1号），将漳卫南运河的入河污染物排放总量、沿河各省入河污染物总量达标情况、省界水体水环境质量状况及水环境质量变化趋势通报河北、山西、河南、山东省人民政府。

2011年全流域调查入河排污口2079个，对其中1006个规模以上入河排污口进行了监测，入河污废水总量为45.84亿立方米，化学需氧量入河量为51.76万吨，氨氮入河量为6.11万吨。1006个入河排污口中，主要污染物超标排放的有397个，超标率为39.46%；其中化学需氧量超标的有301个，超标率为29.92%；氨氮超标的有254个，超标率为 25.25%。在规模以上入河排污口中，有 956 个位于已经进行区划的水功能区，其入河污废水总量为 44.54 亿立方米，化学需氧量入河量为 49.7 万吨，氨氮入河量为 5.99 万吨。流域 525 个水功能区中，入河污染物排放量达标的有 349 个，达标率为 66.5%；化学需氧量达标的有 373 个，达标率为 71.0%；氨氮达标的有 379 个，达标率为 72.2%。

八、2012 年海河流域重点水系入河排污口监督性监测

2012 年，海委组织开展流域重点水系入河排污口监督性监测和入河污染物排放总量通报工作。海河水保局组织河北省、山西省、河南省、山东省和内蒙古自治区各省（自治区）水文水环境监测部门对漳卫南运河水系和滦河潘大水库以上所有入河排污口进行监测。2013 年 2 月 5 日，根据 2012 年漳卫南运河入河排污口监督性监测和水功能区达标评估成果，海河水保局编制完成《海委关于漳卫南运河入河污染物排放总量的报告》（海水保函〔2013〕3 号），并报告沿河四省人民政府，强化纳污红线管理工作。

2012 年，漳卫南运河水系共监测 99 个水功能区的 185 个入河排污口，污水入河排放总量为 7.48 亿立方米，主要污染物化学需氧量入河排放总量为 6.54 万吨，氨氮入河排放总量为 0.86 万吨。99 个水功能区中，化学需氧量和氨氮入河排放总量都达标的有 57 个，达标率为 57.6%；化学需氧量达标的有 66 个，达标率为 66.7%；氨氮达标的有 57 个，达标率为 57.6%。

2012 年，滦河潘大水库以上共监测 34 个水功能区的 46 个入河排污口，污水入河排放总量为 1.18 亿立方米，主要污染物化学需氧量入河排放总量为 6762.8 吨，氨氮入河排放总量为 1785.2 吨。34 个水功能区中，入河污染物总量达标的有 24 个，化学需氧量达标的有 26 个，氨氮达标的有 24 个。

九、2013 年海河流域重点水系入河排污口监督性监测

2013 年，海委组织完成 2013 年滦河、永定河上游、漳卫南运河水系规模以上（污水入河排放量大于等于 10 万立方米每年）入河排污口监督性监测工作。3 月，海河水保局编制完成了《2013 年海河流域入河排污口监督性监测工作大纲》，以指导 2013 年入河排污口监督性监测外协项目工作开展。同月，海河水保局同项目承担单位签订合同，组织召开了 2013 年海河流域重要入河排污口监督性监测启动会。项目承担单位分别于 4—6 月、8—10 月完成了上、下半年入河排污口监督性监测工作，海河水保局对项目承担单位监测工作开展情况进行检查。11—12 月，项目承担单位编制完成入河排污口监督性监测成果报告，海河水保局组织完成了入河排污口监督性监测成果报告专家评审。2014 年 1 月 8 日，海河水保局印发《海委关于 2013 年海河流域省界水体水资源质量状况的通报》（海水保〔2013〕11 号），向流域各省（自治区、直辖市）有关部门通报滦河、漳卫南运河等重点水系的入河污染物排放总量情况，并分析排污的变化趋势提出了治理建议。

2013 年海河流域监督性监测入河排污口共 316 个，其中滦河水系入河排污口 45 个，污废水入河排放总量为 2.3 亿立方米，主要污染物化学需氧量入河排放总量为 1.7 万吨，氨氮入河排放总量为 0.28 万吨；永定河上游入河排污口 115 个，污废水入河排放总量为

3.0 亿立方米，主要污染物化学需氧量入河排放总量为 3.0 万吨，氨氮入河排放总量为 0.50 万吨；漳卫南运河水系入河排污口 156 个，污废水入河排放总量为 7.9 亿立方米，主要污染物化学需氧量入河排放总量为 7.5 万吨，氨氮入河排放总量为 0.75 万吨。83 个重要水功能区的 139 个入河排污口，污水入河排放总量为 6.2 万立方米，主要污染物化学需氧量入河排放总量为 5.19 万吨，氨氮入河排放总量为 0.65 万吨。83 个重要水功能区中，入河污染物总量达标的有 57 个，达标率为 68.7%；化学需氧量达标的有 61 个，达标率为 73.5%；氨氮达标的有 59 个，达标率为 71.1%。

十、2015 年海河流域入河排污口调查与监测

2015 年，海委组织开展滦河水系潘大上游重要入河排污口监测和漳卫南局管辖范围入河排污口监督性监测工作。3 月，海河水保局与河北省承德水文水资源勘测局签订委托合同，编制《2015 年滦河水系潘大上游重要入河排污口监测工作大纲》。承担单位于 3 月完成滦河水系潘大水库上游入河排污口的调查工作，5 月和 9 月，分别开展了两次入河排污口监测，11 月编制完成《2015 年滦河水系潘大上游重要入河排污口监测成果报告》，海河水保局组织专家对监测成果进行评审验收。4—9 月，漳卫南局制定《漳卫南运河水系入河排污口监督性监测实施方案》，并组织开展漳卫南局管入河排污口监督性监测工作，按照监测技术要求对漳卫南运河水系内的河南、河北和山东三省的入河排污口进行了调查和监测。

2015 年滦河水系（承德境内）共监测入河排污口 33 个，入河污水总量 1.21 亿立方米，化学需氧量入河量为 3958.9 吨，氨氮入河量为 338.8 吨。33 个入河排污口中有 10 个超标，超标率为 30.3%；其中化学需氧量单项超标的有 9 个，氨氮有 10 个。超标污水 1508.0 万吨，超标率为 12.5%。

2015 年漳卫南运河共调查入河排污口 21 个，实测入河排污口 19 个。入河废污水总量 2.36 亿立方米，化学需氧量入河总量 1.33 万吨，氨氮入河总量 0.10 万吨。主要污染物达标排放口门 15 个，达标率 78.9%；达标入河废污水 2.28 亿立方米，达标率 96.6%；化学需氧量达标废污水 9501.66 吨，达标率 71.6%；氨氮达标废污水 798.99 吨，达标率 78.7%。

十一、2016 年海河流域入河排污口调查和监测

2016 年，海河水保局会同流域各省（自治区、直辖市）水行政主管部门组织开展海河流域重要入河排污口调查与监测工作，委托流域各省（自治区、直辖市）水文部门具体实施调查监测工作。3 月 28 日，海河水保局印发《海委关于加强流域入河排污口监管和监测工作的通知》（海水保〔2016〕6 号），安排部署流域入河排污口监督管理工作，下发《2016 年海河流域入河排污口调查与监测工作大纲》对调查与监测工作提出具体要求。3 月 18 日，海河水保局组织流域内各省（自治区、直辖市）水利（水务）厅（局）召开座谈会，总结交流"十二五"期间海河流域入河排污口监督管理工作，研究提出"十三五"期间流域入河排污口监督管理工作思路和任务目标，部署安排 2016 年入河排污口调查与监测工作。11 月 15 日，海河水保局召开会议组织整编流域入河排污口监测资料，汇总形

成海河流域入河排污口调查与监测成果。2017 年 2 月 24 日，海河水保局印发《海委关于2016 年度海河流域重要水功能区水质状况和入河污染物排放量的通报》（海水保〔2017〕3 号）通报重要水功能区入河污染物排放情况。

2016 年海河流域共调查入河排污口 1269 个，并对其中 393 个入河排污口进行了监测，入河污废水总量为 42.69 亿立方米；化学需氧量入河量为 23.09 万吨、氨氮入河量为2.69 万吨、总氮入河量为 8.19 万吨、总磷入河量为 0.50 万吨。监测涉及 194 个水功能区的 371 个入河排污口，污废水入河总量为 41.29 亿立方米，主要污染物化学需氧量和氨氮入河排放总量分别为 22.54 万吨和 2.61 万吨。

393 个入河排污口中，主要污染物化学需氧量和氨氮浓度达标排放的有 231 个，达标率为 58.88%；超标排放的有 92 个，超标率为 23.4%；其中化学需氧量超标的有 115 个，超标率为 29.2%；氨氮超标的有 114 个，超标率为 29.0%。

十二、2017 年海河流域入河排污口监测

2017 年，海河水保局按照《水利部关于进一步加强入河排污口监督管理工作的通知》（水资源〔2017〕138 号）文件要求，进一步明确权责、健全制度，登记建档、强化监控，协同联动，严格监管。海河水保局会同流域各省（自治区、直辖市）水行政主管部门组织开展 2017 年度海河流域重要入河排污口监测工作，委托流域各省（自治区、直辖市）水文部门具体实施监测工作。3 月 20 日，海河水保局印发《海委关于开展流域 2017年度入河排污口监测工作的通知》（海水保函〔2017〕5 号），下发《2017 年海河流域入河排污口监测工作大纲》，部署安排入河排污口台账统计报送、入河排污口监测、监测资料整编等工作。11 月 24 日在天津召开会议对监测资料进行整编，汇总形成海河流域入河排污口监测成果。2018 年 2 月 5 日，海河水保局印发《海委关于 2017 年度海河流域重要水功能区水质状况和入河污染物排放量的通报》（海水保〔2018〕2 号）通报流域入河污染物排放量和重要水功能区排污情况。

2017 年全流域共监测入河排污口 449 个（废污水入河排放量不小于 100 万立方米每年），相应入河污废水总量为 47.94 亿立方米，化学需氧量入河量 20.05 万吨，氨氮入河量 1.80 万吨，总氮入河量 8.01 万吨，总磷入河量 0.46 万吨。排入水功能区的入河排污口 429 个，相应入河污废水总量为 46.84 亿立方米，化学需氧量入河量为 19.63 万吨，氨氮入河量为 1.77 万吨。排入全国重要江河湖泊水功能区的入河排污口 180 个，相应入河污废水总量为 16.70 亿立方米，化学需氧量入河量为 8.01 万吨，氨氮入河量为 0.73万吨。

449 个入河排污口中，主要污染物化学需氧量和氨氮浓度达标排放的有 286 个，达标率为 63.7%；超标排放的有 163 个，超标率为 36.3%。其中化学需氧量超标的有 126 个，超标率 28.1%；氨氮超标的有 90 个，超标率为 20.0%。

十三、2018 年海河流域入河排污口调查与监测

2018 年 3 月，按照《水利部关于开展入河排污口调查摸底和规范整治专项行动的通知》（水资源函〔2017〕218 号）和《关于征求入河排污口调查摸底和规范整治专项行动

工作方案（征求意见稿）意见的函》（资源便函〔2018〕3号）中对开展入河排污口调查摸底和规范整治专项行动的工作要求，海河水保局向流域各省（自治区、直辖市）水行政主管部门印发《海委关于开展2018年海河流域入河排污口监督管理工作的通知》（海水保函〔2018〕5号），指导并组织流域入河排污口调查、整治和监测工作，对流域400个重点入河排污口进行了监督性监测。6月，海河水保局组织召开入河排污口调查摸底成果中期汇总会，全面汇总收集了流域入河排污口基本信息，与流域各省（自治区、直辖市）水利部门共同研讨了流域入河排污口监督管理现状、存在的问题，交流了工作经验和建议。10月，海河水保局组织流域各省（自治区、直辖市）水利、水文部门对流域入河排污口布局规划成果进行审查。11月，海河水保局收集了流域内各省（自治区、直辖市）入河排污口监测资料，对流域入河排污量进行了汇总。

2018年，海河流域入河排污口调查摸底与规范整治专项行动共调查入河排污口3066个，其中有规模以上（污水排放量不小于10万立方米每年或300立方米每天）的排污口有1089个。海河流域各省（自治区、直辖市）对辖区内入河排污口进行了监测，共监测入河排污口809个，其中正常排放的有700个，规模以上入河排污口有662个。2019年1月25日，海河水保局以《海委关于2018年度海河流域重要水功能区水质状况和入河污染物排放量的通报》（海水保〔2019〕1号），将监测结果通报流域各省（自治区、直辖市），监测的662个规模以上口门废污水入河排放量为58.10亿立方米，主要污染物化学需氧量和氨氮入河排放量分别为20.48万吨和1.51万吨。

2018年，海河水保局组织对流域内400个排污量较大的重点入河排污口进行了监督性监测和评价，监测了排污量及主要污染物化学需氧量、氨氮、总磷、总氮共5个指标，并对化学需氧量和氨氮浓度进行了达标评价。评价中，出台了地方排放标准的按地方排放标准进行评价，未出台地方标准的统一按《城镇污水处理厂污染物排放标准》（GB 18918—2002）进行评价。结果表明，400个入河排污口中，有38个口门因封堵、停排、浸没无法采样等原因未参评，参评的362个入河排污口中，达标的有233个，不达标的有129个，达标率为64.4%。海河水保局以海委文件形式将监督性监测结果通报流域各省（自治区、直辖市）有关部门，详见表6-1。

表6-1　　　　　　　　2018年海河流域入河排污口监督性监测通报情况　　　　　　　单位：个

序号	日期	文号	名称	省级行政区	监测情况			
					监测口门	实测口门	达标排放	超标排放
1	2018年6月14日	海水保〔2018〕4号	《海委关于2018年第一季度海河流域重要水功能区达标及重点入河排污口监督性监测情况的通报》	河北省	21	14	8	6
2	2018年8月24日	海水保〔2018〕5号	《海委关于2018年第二季度海河流域重要水功能区达标及重点入河排污口监督性监测情况的通报》	河北省、河南省、山东省	94	85	57	28

序号	日期	文号	名　　称	省级行政区	监测情况			
					监测口门	实测口门	达标排放	超标排放
3	2018 年 12 月 4 日	海水保〔2018〕7 号	《海委关于 2018 年第三季度海河流域重要水功能区达标及重点入河排污口监督性监测情况的通报》	天津市、河北省、河南省、山东省	126	99	80	19
4	2019 年 1 月 25 日	海水保〔2019〕2 号	《海委关于 2018 年第四季度海河流域重要水功能区达标及重点入河排污口监督性监测情况的通报》	北京市、天津市、河北省、河南省、山东省、内蒙古自治区	155	133	60	73

第三节　监　督　检　查

入河排污口监督检查是做好入河排污口监督管理的必要环节和有效措施，海河水保局按照中央、水利部和有关部门的统一部署，依据法律法规和规章文件的有关工作要求，通过现场查看、监督检测等方式对流域内入河排污口开展监督检查，检查入河排污口设置情况、掌握入河排污状况、了解水污染隐患情况，针对发现的问题，及时通报当地政府，督促整改，促进流域水污染治理。

一、入河排污口检查

2010 年 11 月 10 日，海河水保局工作人员前往内蒙古西乌珠穆沁旗，对内蒙古吉林郭勒二号露天煤矿疏干水入河排污口设置进行现场查勘，听取了内蒙古吉林郭勒二号露天煤矿有限公司负责人对预设置入河排污口的相关情况介绍，现场查勘了入河排污口所在位置情况，并指出入河排污口设置要符合《中华人民共和国水法》、水利部《入河排污口监督管理办法》和《海河流域入河排污口监督管理权限》等有关规定，要落实污废水处理措施，做到稳定达标排放和符合总量控制要求，不影响人畜饮水和灌溉用水安全。锡林郭勒盟水利局和西乌珠穆沁旗水利局等地方水行政主管部门相关领导参加查勘。

2013 年 10 月 22 日，海河水保局印发《关于开展入河排污口监督检查的通知》（水保函〔2013〕4 号），对滦河水系、永定河水系上游重要入河排污口的监督性监测情况进行监察，复核入河排污口所在功能区、位置、排放规律等基础信息。2015 年，海河水保局联合漳卫南局，会同山东、河北两省水利、环保部门，德州、沧州水利、环保部门，对漳卫南运河污染隐患排查结果跟踪检查。检查南运河河底管道泄漏排污、南运河桥口涵闸排污情况，漳卫新河南皮段河道内非法倾倒废弃物情况。海河水保局联合漳河上游局，会同山西省水利、环保部门对漳河上游入河排污情况检查。检查浊漳南源漳泽水库至合河口，重点检查煤化工分布最密集区域的入河排污、水污染隐患情况。

2016 年 4 月 14 日，海河水保局印发《水保局关于印发 2016 年度水功能区及入河排污口监督检查实施方案的通知》（水保〔2016〕18 号），安排部署 2016 年入河排污口监督检查工作，提出总体要求、检查范围和组织形式，部署工作安排和时间安排，明确检查要点、检查形式和检查报告等工作要求。全年按季度对省界缓冲区内入河排污口和其他污染源、水污染隐患情况开展监督检查。

2017 年 3 月 5 日，海河水保局印发《2017 年度海河流域水功能区及入河排污口监督检查实施方案》（水保〔2017〕12 号），安排部署 2017 年入河排污口监督检查工作，提出总体要求、检查范围和组织形式，部署工作安排和时间安排，明确检查要点、检查形式和检查报告等工作要求。2017 年海河水保局组织流域水环境监测中心按季度开展入河排污口的监督检查和比对监测工作。3 月 27—28 日，对龙河凯发新泉水务有限公司（市污水处理厂）入河排污口、香河平安污水处理厂入河排污口、燕郊污水处理厂入河排污口、燕郊生态园入河排污口、京榆旧线白庙桥入河排污口进行了现场检查和监督监测，其中香河平安污水处理厂、燕郊生态园和京榆旧线白庙桥的入河排污口排放的化学需氧量、氨氮未达到城镇污水处理厂污染物排放一级 A 标准。4 月 17 日，以《海委关于北运河京冀津缓冲区、潮白河京冀缓冲区监督检查情况的函》（海水保函〔2017〕7 号）将排污单位超标入河排污、入河排污口设置不规范等情况向廊坊市人民政府通报，同时要求有关部门采取措施确保废污水达标排放，严格控制入河湖排污总量。5 月 2—4 日，对下污水出 - 1 排污口、怀来县污水处理厂排污口和洋一排排污口进行了现场检查和监督监测，检查发现洋一排排污口排放的氨氮未达到城镇污水处理厂污染物排放一级 A 标准。9 月 19 日，对温榆河管头 2 号排水口、温榆河五排干排污口和旱河超磁处理站退水口进行了现场检查和监督监测，检查发现各入河排污口排放的化学需氧量、氨氮均未达到城镇污水处理厂污染物排放一级 A 标准。11 月 23 日，对大沽排水河大沽化工厂排水口、海河干流新港路市政泵站闸和海河干流市政花园泵站排水涵进行了监督检查和监督监测，检查发现大沽化工厂排水口排放的化学需氧量、氨氮未达到城镇污水处理厂污染物排放一级 A 标准，其余两个长时间未排放。

2018 年 4 月 8 日，海河水保局印发《2018 年度海河流域水功能区及入河排污口监督检查实施方案》（水保〔2018〕24 号），安排部署 2018 年入河排污口监督检查工作。全年结合实际工作情况，按照实施方案开展入河排污口监督检查工作。主要对首钢股份公司迁安钢铁公司、清丰县污水处理厂、南乐县污水处理厂、燕郊污水处理厂、京榆旧线、河北省燕郊生态园、运河苑度假村、杨芬港扬水站等入河排污口进行了监督检查并开展了监督性监测。检查发现北京市运河苑度假村入河排污口已经封堵，霸州杨芬港扬水站排污口、河北省燕郊生态园入潮白河排污口、京榆旧线白庙桥入潮白河排污口检查当日化学需氧量、氨氮排放浓度超出了《城镇污水处理厂污染物排放标准》（GB 18918—2002）一级 B 标准，其他入河排污口基本达标排放。针对检查中发现的问题，海河水保局向廊坊市政府通报了有关情况，廊坊市政府组织相关单位积极整改，河北省燕郊污水处理厂正在实施提标扩容工程，拟于 2018 年年底投入使用，燕郊生态园和京榆旧线白庙桥入潮白河排污口污水拟于 2019 年并入污水管网。同年，结合入河排污口调查摸底及综合整治专项行动开展了入河排污口明察暗访及监督检查（图 6-1），对北京市的老河湾、五排干入河排污口，天津市的大沽化工厂、北塘污水处理厂、华静污水处理厂、西城污水处理厂排污口，河北省的洒河综合排污口、剑锋矿业排污口，山西省的长子污水处理厂、襄垣县潞安矿业集团有限公司排污口等进行了暗访并现场取样监测，并对部分排污口进行了明察检查。通过明察暗访发现，北京市老河湾入河排污口、天津市的北塘污水处理厂排污口和西城污水处理厂排污口达标排放外，其余排污口均超标排放。

图 6-1 入河排污口现场检查图

二、退水水质检查

2016 年，海河水保局印发《海委关于开展 2016 年海河流域重要用水单位退水监督检查工作的通知》（海水保函〔2016〕15 号），开展退水监督检查共 3 次。8 月 16 日，海河水保局会同水政水资源处、山西省水行政主管部门对山西昱光发电有限责任公司进行检查。9 月 7 日，海河水保局会同水政水资源处、河南省及山东省的地方水行政主管部门分别对华润电力焦作有限公司、国电聊城发电有限公司进行检查。重点检查重要用水单位的水资源论证退水部分和取水许可退水实施情况，现场查阅了批复文件、取水许可证、设备运行记录等资料，并现场检查了污水处理设施、水资源保护设施的运行情况。检查结果表明，除大唐内蒙古多伦煤化工有限责任公司因环保问题停产整顿外，其他各用水单位的实际退水、废污水处理和水资源保护等情况与水资源论证报告内容一致，均持有有效取水许可证，实际退水量和退水方式与取水许可证的许可内容一致。

2017 年，海河水保局印发《海委关于开展 2017 年海河流域重要取用水户退水监督检查工作的通知》（海水保函〔2017〕14 号），开展退水监督检查共 2 次，重点对内蒙古上都发电有限责任公司、内蒙古上都第二发电有限责任公司等两个重要取用水单位的取水许可退水实施情况进行了监督检查。2017 年 8 月 29 日，海河水保局会同内蒙古水利厅水政监察总队、内蒙古水文总局、锡林郭勒盟水利局、正蓝旗水利局组成联合检查组，对内蒙古上都发电有限责任公司、内蒙古上都第二发电有限责任公司等流域重要取用水户的取退水情况开展了监督检查。该次检查选取了上都电厂一期、二期、三期工程项目，检查组听取了取用水户汇报、现场检查了取水许可证与水资源论证报告、废污水处理系统运行、废污水处理及回用、应急处置措施及监控设备运行等相关情况。

2018年,海河水保局印发《海委关于开展2018年海河流域重要取用水户退水监督检查工作的通知》(海水保函〔2018〕9号),开展退水监督检查共2次。2018年8月21—22日,海河水保局会同河北省水利厅、唐山市水务局、承德市水务局组成联合检查组,对华润电力唐山丰润有限公司、河北博昊水电开发有限公司等流域重要取用水户的取退水情况开展了监督检查。该次检查选取了华润电力唐山丰润有限公司西郊热电厂三期扩建工程、河北博昊水电开发有限公司六道河水电站项目,检查组听取了取用水户汇报、查阅了取水许可证与水资源论证报告、环评报告、废污水处理系统运行记录等资料,现场检查了废污水处理及回用设施、应急处置措施及监控等设备运行等相关情况,并对各项目退水水质进行采样监测(图6-2)。

图6-2 退水水质现场检查图

第四节　布　局　规　划

入河排污口布设是改善水环境、保护水资源的重要措施之一，在推进水生态文明建设方面具有重要作用。按照水利部统一部署，海河水保局于 2012 年、2018 年先后两次组织开展海河流域入河排污口布设规划和布局规划。该规划以水功能区划成果为依据，科学划分限制排污区域，提出布设方案和整治措施，为入河排污口监督管理和水功能区纳污红线管理提供技术支持。

一、海河流域入河排污口布设规划

2012 年，海河水保局按照《中共中央　国务院关于加快水利改革发展的决定》（国发〔2011〕1 号）、《国务院关于实行最严格水资源管理制度的意见》（国发〔2012〕3 号）、《水功能区限制纳污红线实施方案（2010—2015 年）》等文件对建立水功能区限制纳污制度、严格限制排污总量、提高重要水功能区水质达标率的要求，组织开展海河流域入河排污口布设规划工作。3 月，海河水保局部署启动入河排污口布设规划工作。11 月，海河水保局编制完成《海河流域重要水功能区入河排污口布设规划》。

该规划现状水平年为 2011 年，规划水平年为 2015 年。该次规划以《全国重要江河湖泊水功能区划（2011—2030 年）》《海河流域综合规划》《海河流域水资源综合规划》为指导，根据相关法律法规水功能区水质现状、规划目标、污染物排放量及纳污能力，分析了海河流域水功能区水质状况和纳污情况，研究制定了入河排污口布设方案和整治方案，提出了入河排污口的设置审批及日常管理两方面的整治措施。该规划为海河流域重要水功能区限制纳污红线管理、入河排污口的设置审批规范管理提供重要依据和支撑。

二、海河流域重要水功能区入河排污口布局规划

2018 年，海河水保局按照《水利部关于进一步加强入河排污口监督管理工作的通知》（水资源〔2017〕138 号）文件中"流域机构应组织省区编制流域入河排污口设置布局规划或指导意见，划定禁设排污区、严格限设排污区和一般限设排污区，加强宏观指导"的要求，组织开展海河流域重要水功能区入河排污口布局规划编制工作。4 月，海河水保局编制完成"海河流域重要水功能区入河排污口布局规划"工作大纲，根据工作大纲开展工作。6 月，海河水保局召开中期成果协调会，组织有关专家讨论协调排污口布局分区意见。11 月，海河水保局召开成果汇总会，总结入河排污口整治方案，在此工作基础上，修改完善形成《海河流域重要水功能区入河排污口布局规划》。

该规划现状水平年为 2017 年，规划水平年为 2030 年。该次规划以《全国重要江河湖泊水功能区划（2011—2030 年）》《水利改革发展"十三五"规划》《重点流域"十三五"水污染防治规划（2016—2020 年）》《京津冀协同发展水利专项规划》《海河流域综合规划》《海河流域水资源综合规划》《海河流域水资源保护规划》为指导，依据相关法律法规、根据水功能区划及其水质保护要求，进行了现状调查与评价，评价了流域

重要水功能区的水质达标现状，同时摸清了入河排污口的数量及分布，统计了主要污染物入河量，分析了入河排污口存在的主要问题，分省提出了包括取缔封堵、纳网改排、深度处理、规范化建设等措施的入河排污口整治方案，并提出了管理要求和保障措施。该规划为流域排污总量控制、纳污红线管理、水资源保护和水污染防治提供技术支持和理论依据。

第七章

突发水污染事件处置

做好突发水污染事件的应急处置工作和确保饮用水安全，一直受到党中央、国务院的高度重视，快速有效地应对各类突发水污染事件，最大限度地减轻突发水污染事件造成的危害和不利影响，是新形势下水资源保护部门面临的一项重要任务。

海河水保局作为海委突发水污染事件防范和处置工作的责任部门，积极贯彻落实最严格水资源管理制度，强化水功能区管理。多年来，按照水利部的工作要求，海河水保局严格执行水污染事件报告制度，加强水污染隐患的排查和污染纠纷的处置，妥善处置多起突发水污染事件，制定完善水污染事件应急预案，定期开展突发水污染事件应急演练，为做好海河流域水资源保护和水污染事件防范工作提供有力保障。

第一节 应 急 管 理

海河流域工业发达，入河排污口众多，水污染严重，是突发水污染事件高发区域之一，突发水污染事件应急处置任务艰巨。海河流域发生的多起突发水污染事件和省界水污染纠纷均得到妥善处置，特别是2013年的浊漳河突发水污染事件，水利部领导高度重视，海委积极开展工作协调妥善应对。事件处置完成后，海河水保局进一步完善工作机制，修订完成《海河水利委员会应对重大突发水污染事件应急预案》。

一、应急防范与处置

2000年7月3日，水利部印发《关于发布〈重大水污染事件报告暂行办法〉的通知》（水资源〔2000〕251号），要求重大水污染事件实行领导责任制和报告值班制，明确重大水污染事件的范围，规定流域机构、各级人民政府及其水行政主管部门的分工和职责，提出重大水污染事件发生后的工作要求。2006年，规定按月上报突发性水污染事件。2008年，进一步明确报告办法适用范围和报告信息责任部门，要求遵循"谁获悉、谁报告"原则。2012年，将突发性水污染事件报告时间调整为季度报告。

水利部先后印发文件，要求高度重视突发水污染事件应急处置工作，严格执行重大水污染事件报告制度，加强重点水域污染隐患的排查与治理，切实做好有关突发水污染事件的监测、调查和报告，认真做好水质监测工作，强化信息报送和共享等要求，建立健全突发水污染事件应急预案，确保饮用水和防洪等安全。

按照水利部的工作要求，海河水保局积极组织开展海河流域水污染事件应急防范和处置工作，切实履行海河流域水资源保护与水污染防治的职责。2013—2018 年，每年年初印发关于做好本年度突发水污染事件防范和处置工作的通知文件，要求加强重大节假日和"两会"期间水污染事件防范，严格执行零报告制度，建立水污染隐患巡查制度，加强直管水域巡查及监测，排查处置水污染隐患，完善突发水污染应急预案，强化应急能力建设，建立健全突发水污染防范机制，切实保障信息通畅。

二、应急预案与演练

（一）应急预案

2006 年 9 月 13 日，海河水保局印发《海河流域水资源保护局应对流域突发性水污染事件管理办法》（水保〔2006〕14 号），要求监测中心为海河水保局处置流域突发性水污染事件的主管部门，其他部门根据各自职责协助做好相关工作，分别对直管水域、省界水体、重要水源地及其他水域等范围内发生突发性水污染事件的应对处置工作进行了详细规定，为建立健全应急机制、增强应对能力、规范应急行为提供了依据。

2007 年 9 月 3 日，海委印发《海河水利委员会应对突发性水污染事件应急预案》（海水保〔2007〕2 号），此预案主要包括组织体系与职责、应急响应、应急保障、应急演练等 8 部分内容。该预案进一步规范应急处置的程序，构建"定位准确、职责分明、反应迅速、协调有序"的突发性水污染事件应急体系。

2009 年 10 月 9 日，水利部印发《关于印发水利部应对重大突发水污染事件应急预案的通知》（水汛〔2009〕488 号），明确各单位和部门在重大突发水污染事件应急处置过程中的职责分工，规范应急处置程序。

2013 年 12 月 2 日，海委印发《海委关于印发〈海河水利委员会应对重大突发水污染事件应急预案〉的通知》（海水保〔2013〕7 号），修订了《海河水利委员会应对重大突发水污染事件应急预案》，进一步细化工作分工、明确工作程序、理顺工作机制，健全海委应对重大突发水污染事件处置机制，构建"定位准确、职责分明、反应迅速、协调有序"的重大突发水污染事件应急体系。

2014 年 9 月 25 日，海河水保局印发《水保局关于印发海委重大突发水污染事件应急监测预案（试行）的通知》（水保〔2014〕61 号），规范重大突发水污染事件应急监测程序，为海委应对重大突发水污染事件处置提供支撑。

（二）应急演练

2007 年 6 月 1 日，海委组织开展了岳城水库水源地突发水污染事件应对演练，海委副主任户作亮指挥演练。此次演练是海委第一次开展突发性水污染事件应急演练，演练以提高海委应对突发性水污染事件的应急能力和监测水平，确保供水安全为目的。通过演练锻炼了队伍，完善了预案，开展了有机污染物监测，提高了突发性水污染事件应对能力。

2008 年 7 月 21 日，海委组织开展了潘大水库上游突发水污染事件应对演练，海委副主任户作亮指挥演练。此次演练以提高海委应对突发性水污染事件能力，确保供水安全为目的。通过演练锻炼了队伍，完善了预案，开展了综合生物毒性快速监测，提高了突发性水污染事件应对能力。

自 2014 年起，海委每年召开突发水污染事件应急处置座谈会，总结上一年度海河流域在突发水污染事件防范和处置方面的工作经验，并开展本年度突发水污染事件应急演练，演练应急处置各工作环节，检验应急监测能力。2014—2018 年海河流域突发水污染应急演练情况见表 7-1。

表 7-1 　　　　　　　　　　　2014—2018 年海河流域突发水污染应急演练情况

演练日期	演练地点	演练内容	主办单位	承办单位
2014 年 11 月 6 日	河南林州	模拟一辆载有液态苯胺的罐车翻入浊漳河王家庄段河道发生泄漏，重点演练应急处置各个流程，检验应急预案可操作性	海河水保局	漳河上游局
2015 年 11 月 5 日	河北承德	模拟承德县污水处理厂设备发生故障导致未处理生活污水直接排入滦河干流，乌龙矶水质自动监测站报警显示氨氮超标，重点演练应急监测现场操作和污染物迁移模拟等科目	海河水保局	引滦局
2016 年 6 月 28 日	河北磁县	模拟岳城水库上游观台处一辆载有危险化学品硫酸的运输车侧翻至河道附近，岳城水库自动监测站发出预警显示硫酸盐超标，重点演练应急处置工作流程和岳城水库应急监测方案	海河水保局	漳卫南局
2017 年 5 月 25 日	天津西青	模拟西河闸上游水体异常，影响下游河道水质安全为背景，重点演练《海委应对重大突发水污染事件应急预案》和《海河下游局应对重大突发水污染事件应急预案》的应急处置程序，以及进洪河、西河闸应急联合调度方案和西河闸突发水污染事件应急监测方案的应急监测工作	海河水保局	海河下游局
2018 年 5 月 20 日	河北邯郸	模拟漳河上游刘家庄断面水体进行了多参数应急监测，重点演练直管水域应急监测方案和多参数监测仪器操作	海河水保局	漳河上游局

第二节　污染风险防控

为保护水资源、水源地，减少突发性水污染事件的发生，降低突发性水污染事件带来的损失，2016—2018 年，海河水保局开展了针对滦河上游、永定河、大清河的突发性水污染风险等级图绘制以及风险防控方案编制工作。

一、滦河上游污染风险防控

滦河干流的潘家口水库和大黑汀水库承担着向天津、唐山供水的重任。《京津冀协同发展规划纲要》提出推进包括滦河在内的六河五湖生态治理。2016 年，海河水保局结合引滦水资源保护和潘大水库水源地保护，开展了滦河上游突发性水污染风险等级图绘制以及风险防控技术方案编制工作。

2016 年 5 月，海委水保局与相关单位签订了技术委托合同；7 月，项目划定了滦河上游水功能区陆域控制单元，并形成初步成果；12 月，在风险性和脆弱性计算的基础上完成了滦河上游突发性水污染风险等级图的绘制及风险防控技术方案的编制，并完成了项目验收。

（一）技术路线

通过实地调研和文献查阅，获得滦河上游水污染风险评价所需的原始数据，确定滦河上游的环境本底值，筛选风险源及特征污染物；结合研究区域的实际情况及获得的数据，进行指标体系的构建；以水功能区划分为基础，划分水功能区陆域控制单元；进行指标权重专家调查，采用改进的层次分析法（AHP）计算并最终确定各指标权重；结合研究区域的实际情况，参考国家标准、规范，确定指标赋分标准；结合指标数据、赋分标准和权重，采用模糊综合评价法计算风险源的危险性及水功能区陆域控制单元的脆弱性等级；考虑上游风险源对下游水功能区陆域控制单元的影响，建立水功能区陆域控制单元危险性等级评价方法，确定其危险性等级；综合考虑水功能区陆域控制单元的危险性等级和脆弱性等级，从偏于安全的角度出发，通过风险矩阵判断水功能区陆域控制单元的风险等级和分区；在此基础上，根据水功能区陆域控制单元风险等级的构成因素和实际情况，提出滦河流域突发性水污染事件的防控技术方案。

（二）主要成果

根据行政区划与子流域融合原则和便于管理原则，共生成 107 个水功能区陆域控制单元。通过运用工作单元危险性等级和脆弱性等级结果，结合风险矩阵得出工作单元的风险分区。结果表明，滦河上游有高风险区 4 个，较高危险区 1 个，较低危险区 29 个，低危险区 53 个。说明滦河上游整体风险性偏低。

二、永定河污染风险防控

永定河是京津冀区域重要水源涵养区、生态屏障和生态廊道。《永定河综合治理与生态修复总体方案》提出"先行打造永定河绿色生态河流廊道，是京津冀协同发展在生态领域率先实现突破的着力点"。2017 年，海河水保局开展了永定河突发性水污染风险等级图绘制以及风险防控方案编制工作。

2017 年 3 月，海河水保局与相关单位签订了技术委托合同；8 月，项目划定了永定河水功能区陆域控制单元，并形成初步成果；12 月，完成了永定河突发性水污染风险等级图的绘制及风险防控技术方案的编制，并完成了项目验收。

（一）技术路线

通过资料收集、文献查阅和实地调研，获得永定河流域水污染风险图绘制所需的原始数据；结合区域的实际情况及获得的数据，进行突发水污染风险评价指标体系的构建；以永定河流域水功能区划和水文单元为基础，结合行政区划划分水功能区陆域控制单元；通过指标权重专家调查，采用改进的层次分析法（AHP）计算并最终确定各指标权重；采用模糊综合评价法，并考虑上游风险源对下游水功能区陆域控制单元的影响，分别计算区域危险性或后果严重性、危险控制能力和脆弱性或敏感性结果；通过风险矩阵计算获得水功能区陆域控制单元的风险等级，在此基础上，绘制永定河流域突发水污染事件风险等级图。

（二）主要成果

根据行政区划与水功能区融合原则和便于管理原则，将永定河流域划分为 109 个水功能区陆域控制单元。综合危险性或后果严重性评价结果、危险控制能力和脆弱性等级评价结果及风险矩阵等级图，得出在永定河流域多为较低风险区（49 个水功能区陆域控制单元），其次为较高风险区（30 个水功能区陆域控制单元）、高风险区（9 个水功能区陆域控制单元）和低风险区（21 个水功能区陆域控制单元）较少，说明永定河流域整体具有一定的风险性。

三、大清河污染风险防控

大清河流域是北京非首都功能疏解集中承载地——雄安新区所在地，流域内的白洋淀是华北地区重要湿地。《河北雄安新区规划纲要》对该区域水资源保护工作提出了明确要求。2018 年，海河水保局开展了大清河突发性水污染风险等级图绘制以及风险防控方案编制工作。

（一）技术路线

通过实地调研和文献查阅，获得大清河流域污染源分布、水文水资源及自然地理、社会经济等相关基础数据；构建大清河流域水功能区陆域控制单元指标体系，划分水功能区陆域控制单元；构建大清河流域突发水污染危险性、风险控制能力和生态环境脆弱性指标体系；采用改进的层次分析法计算并最终确定各指标权重；采用模糊综合评价法计算大清河流域突发水污染危险性、风险控制能力和生态环境脆弱性等级；通过风险矩阵判断获得大清河流域突发水污染风险等级图，并编制了大清河突发性水污染风险防控技术方案。

（二）主要成果

根据行政区划与水功能区融合原则和便于管理原则，将大清河流域划分为 91 个水功能区陆域控制单元。各指标层和准则层评价结果显示，较低风险区和较高风险区占据了很大比例，分别为 31 个和 28 个水功能区陆域控制单元，高风险区和低风险区均为 16 个水功能区陆域控制单元，说明大清河流域在突发水污染方面存在一定的风险。

第三节 水污染事件处置与纠纷调处

海河水保局承担着海委水资源保护的职责，"负责流域水资源保护，按规定参与协调省际水污染纠纷，参与重大水污染事件的调查，并通报有关情况"。按照上级主管部门要求，海河水保局参与多起省际水污染事件及水纠纷的调查、协调和处置工作，及时消除了漳卫新河河滩地化工废料违法倾倒、浊漳河上游煤焦油运输车侧翻等水污染隐患；妥善处置了洋河水库蓝藻暴发、潘家口水库死鱼等水污染事件，2013 年浊漳河发生重大突发水污染事件，海河水保局积极参与协调，加强水质监测，为科学研判水污染情势和及时制订处置方案提供了数据支持；有效调处了海河干流污染、漳卫南运河污染、沧浪渠北排河污染、蓟运河污染等水污染纠纷。

一、水污染隐患消除

（一）浊漳河沿河工业企业排污隐患协调处置

1985年12月30日，《农民日报》刊登《漳河水污染严重，几万人生命受到威胁》一文，文章指出山西省长治郊区和潞城县漳河流域河流受多个工厂污染，大量有毒废水、废渣全部倾倒在漳河里，导致河床加高、水质恶化、水生动植物死亡，因浇灌污水而造成农田大幅减产，人民的身体健康受到严重威胁。附近村民提出强烈抗议，要求有关部门对此作出处理。

1986年年初，水电部向海委和山西省环保局发文要求调查此事。4月8—15日，按照上级领导批示和有关文件要求，海河水资源保护办公室会同山西省环保局、水资源管理委员会及长治市环保护局、水利局组成联合调查组，对污染严重的企业及被污染河段和水库进行了调查，采用座谈和走访方式，并通过对监测资料分析，漳河污染主要为浊漳河的污染，情况属实，防治污染、保护水源迫在眉睫。5月30日，山西省环境保护局以《关于浊漳河污染情况的调查汇报》将污染调查情况上报国家环保局。6月20日，海河水资源保护办公室以〔86〕海保字第7号文《关于〈浊漳河水污染严重，几万人生命受到威胁〉一文调查报告》向水电部汇报浊漳河污染调查的详细情况。调查发现，长治市境内浊漳河流域主要污染源为300多个排污工矿企业，涉及化学工业和造纸工业。大量废污水排入浊漳河，经漳泽水库的自净作用水质改善并达到《地面水环境质量标准》（GB 3838—83）Ⅱ类标准，但出库后浊漳河沿途的长治钢铁厂、长治发电厂、长治合成化学厂、长钢焦化厂等企业排放的废污水致使河流水质再度恶化，失去自净能力，无法饮用。长治市为解决浊漳河污染投入大量资金，增设多项治理工程，并制定污染防治规划改善浊漳河水质。

7月18日，国家环保局以《关于浊漳河水污染处理意见的函》（〔86〕环水字第228号）向山西省人民政府通报浊漳河水污染事件的有关情况，针对浊漳河污染严重治理缓慢等问题，提出了建议：①当地政府要严于执法，严格执行长治市颁布的《关于土法炼焦环境管理办法》和《漳泽水库、辛安泉域水源保护管理办法》；②对重点污染企业要责令限期整治，对污染严重又没有条件治、治理或限期治理无效的，要坚决实行关停并转；③组织制订浊漳河水质保护规划，并逐步实施，所需投资由污水排放单位承担，地方政府给以资助。

（二）潘家口水库上游炼金厂污染隐患协调处置

2003年4月25日，河北省宽城县梓罗台乡百草林村村民向引滦局举报，称一个体户在距离潘家口水库3~4千米处的一条小河沟旁，利用剧毒药品与金矿石一起堆浸。随后，引滦局两次派人员对现场情况进行调查。调查发现，金矿石堆积在宽城县梓罗台乡百草林村后石渣沟门处，利用剧毒药品氰化钠溶液冲洗提炼黄金，为国家命令取缔的工艺。矿石底部和四周均采取了防渗漏措施，剧毒液体没有明显外流，未对潘家口水库水质造成影响，但由于露天进行，如有处理不当，一旦流入水库将产生严重污染，危及下游人民饮水安全。5月3日，引滦局以《关于一个体经营者在潘家口水库上游用氰化钠溶液堆浸矿石的报告》（滦政资〔2003〕7号）将有关情况上报海委，并恳请海委责成有关部门予以处理。

　　按照海委要求，海河水保局组织流域监测中心和引滦工程分中心增加潘大水库水质监测频次，密切监视氰化物含量变化。5月3—12日，潘家口、潘家口坝上、大黑汀三个断面的氯化物加密监测的结果未见异常。5月13日，海委以《关于尽快协调解决潘家口水库上游个体户用氰化钠溶液堆浸矿石问题的函》（海传发〔2003〕5号）明传电报给河北省水利厅（抄送河北省环保局），要求协调此事，尽快排除水污染隐患。

　　5月15日，收到河北省水利厅转发海委文件后，承德市人民政府高度重视，当日成立调查组进行实地调查勘验、查阅有关资料。5月20日，承德市人民政府向河北省水利厅报送《承德市人民政府关于潘家口水库上游宽城县恒东矿业公司利用氰化钠溶液堆浸矿石问题处理意见的函》（承市政函〔2003〕13号），报告对该次事件做出立即取缔后石渣沟黄金堆浸点、对废水废料进行无害化处理等处理决定。5月16日，环保局监督下达停产通知书，堆浸点停止喷浸，堆浸人对废水、废料进行无害化处理，并于5月25日前加盖覆土完成护坝加固。

　　2004年8月17日，再次有村民向引滦局举报白草林村后山沟内用剧毒液体提炼黄金。接到举报后，引滦局立即启动《重大水污染事件应急调查处理预案》，对炼金厂进行调查和检查。9月18日，引滦局上报海委《关于宽城县尖宝山金矿炼金污染情况的报告》（滦局〔2004〕23号），报告河北省宽城县尖宝山金矿氰化碳浆厂炼金污染调查情况，建议取缔炼金厂，恳请海委督促承德环保部门采取措施。9月30日，海委明传电报至河北省环保局《关于尽快协调解决宽城县尖宝山金矿炼金污染隐患的函》（海传发〔2004〕57号），函告尖宝山金矿氰化碳浆厂对潘家口水库存在严重污染隐患，并建议尽快核实处理。10月9日，承德市环保局现场调查，对排污口取水监测，结果符合《污水综合排放标准》（GB 8978—1996）。10月15日，河北省环保局局上报海委《关于对宽城县尖宝山金矿炼金污染隐患的调查报告》（冀环办函〔2004〕212号），将该公司自立项至投产均按程序操作，试生产中曾污水超标排放已进行处罚并整改等情况汇报，并表示进一步督促加大对该企业的监管力度和检查频次，确保废水稳定达标排放，彻底消除污染隐患。

（三）漳卫新河河滩地化工废料违法倾倒污染隐患协调处置

　　2014年8月22日，海委接到《漳卫南局关于协调处置漳卫新河河滩地化工废料的请示》（漳水保〔2014〕3号），上报漳卫新河南皮县寨子河河滩地发生倾倒化工废料情况。漳卫新河南皮段寨子老桥滩地内存在化工废料，倾倒处为滩内坑塘，距河道主槽约200米，距堤脚50米，污染面积约为1100平方米，倾倒物为半固体态黑色黏稠样，气味刺鼻。8月26日，按照海委要求，海河水保局会同漳卫南局赶赴现场进行查勘，并进行取样检测。同时，漳卫南局与沧州市环保局积极沟通协调处理。经多次沟通协调，9月16日，漳卫南局报送《漳卫南局关于漳卫新河河滩地发生非法倾倒化工废弃物事件进展情况的报告》（漳水保〔2014〕2号），将加强事发地监控监测和巡查警示、配合开展现场勘查、协调地方政府和有关部门进行处理等工作情况上报海委。

　　2014年12月10日，海委以《海委关于处置漳卫新河河滩地违法倾倒化工废料事件的意见》（海水保〔2014〕12号），提出处置意见，要求漳卫南局及时向当地公安机关报案，委托有资质的单位对违法倾倒的化工废料的危害性进行检查，进一步加强对事发地的监控和防护，在职责范围内积极配合当地政府及其有关部门做好违法倾倒化工废料的处置工作。同时，提出加大该河段水质监测力度，强化河道管理和执法工作，提高风险防范意识。在海委和地方政府的共同努力下，清除了污染隐患，防止了水污染的发生。

二、水污染事件处置

（一）洋河水库蓝藻暴发事件

2007 年 7 月，河北省秦皇岛市洋河水库暴发蓝藻，秦皇岛市水厂蓝藻处理难以达到饮用水标准，秦皇岛和北戴河安全供水受到威胁。

7 月 4 日，海河水保局接到消息立即向海委主任任宪韶和副主任户作亮汇报，副主任户作亮紧急召集海河水保局和防汛办同志连夜会商，启动应急预案，快速采取应对措施。7 月 8 日，副主任户作亮率领海委工作组赶赴洋河水库现场，协调指导蓝藻处理工作，并安排派出海河水保局监测中心"移动水质监测车"赶赴现场，协助开展水质监测工作，随时向水利部报告水质发展趋势，为地方政府和相关部门的快速响应和有效行动提供了科学依据和决策支持。7 月 19 日，水质监测的叶绿素、水温、透明度、pH、电导率、总磷、总氮等参数值恢复正常，应急响应工作结束。水利部部长陈雷在对水情报告的批示上高度称赞洋河水库蓝藻暴发事件应急处置工作：这项工作抓得紧、抓得实，需要提倡这种作风！8 月 24 日，海委印发《关于表彰 2007 年军地（永定河）联合防汛演习和应对突发性水污染事件先进单位的通报》（海人教〔2007〕60 号），通报表彰水保局在此次突发性水污染事件的应对和处置工作中的突出表现。

（二）潘家口水库网箱死鱼事件

1. 2007 年网箱死鱼事件

2007 年 8 月，潘家口水库库区出现大量网箱养殖白鲢鱼死亡现象。8 月 3 日，海委接到引滦局电话报告后，主任任宪韶和副主任户作亮立即组织海河水保局等相关单位会商，研究应对措施，及时电话报告水利部，并立即派出工作组赶赴潘家口水库现场，协助引滦局应对死鱼事件。引滦局及时启动应急预案，局领导班子分头行动，主要领导亲自率队进行现场调查，迅速向当地政府进行了情况通报。8 月 5 日，主任任宪韶带队直赴水库现场进行调查，考察整个库区，指导应对工作。

8 月 6 日和 8 日，海委两次以明传电报形式将死鱼事件及进展情况及时向水利部进行了报告，并通报了河北省水利厅。水利部部长陈雷在海委报告上批示：望抓紧查清原因，切实做好水资源保护工作，确保津、冀供水安全。水利部副部长胡四一批示：继续关注水质变化，确保饮用水供水安全。海委主任任宪韶要求：我们必须弄清楚死鱼的原因，是水库水质总体下降造成死鱼还是有毒物质局部流入引起死鱼，我们不仅要查清死鱼原因，更要密切监视死鱼对水库水质的影响，坚决保证汛后安全供水。

引滦局迅速组织制定了应急供水预案，并与海河水保局密切配合，组织监测中心和引滦监测分中心实施了超常规大规模水库水质监测工作，加大水质监测范围和监测频率，动态掌握水库水质变化趋势，抓住死鱼对水库水质影响的峰值，弄清网箱养鱼投料对水库水质的影响，相关地方政府协助开展死鱼清理的有关工作。海委工作组对病鱼进行了现场解剖，同时送检浮游植物和死鱼样本至相关科研单位。初步判断该次死鱼原因为传染性疾病肠炎和败血症。9 月 6 日，死鱼区域化学需氧量、氨氮、总磷等参数值恢复正常，应急工作结束。水利部副部长胡四一在批示中指出对海委积极应对潘家口水库网箱死鱼事件突发水污染事件工作的充分肯定。

2. 2015年网箱死鱼事件

2015年9月，潘家口水库发生大面积网箱养鱼死鱼现象。9月7日，引滦局将相关情况上报，按照海委领导批示要求，海河水保局立即采取措施并成立现场调查组赶赴现场开展了情况调查和水质监测。

9月8日上午11时，调查组会同引滦局相关人员乘船从潘家口水库坝前出发赴事发地，至宽城县椴木峪和迁西县回民村水域发现网箱内有大量死鱼漂浮，处于半腐烂状态。经调查和走访，死鱼主要集中于潘家口水库中段水位较浅的沟岔处，以白鲢和草鱼为主。实验室检测表明，9月8日，事发水域除总磷、总氮超过国家地表水环境质量Ⅲ类标准外，未发现其他项目超标，与日常监测结果无较大变化，经初步分析，潘家口水库大面积网箱死鱼主要由水体缺氧造成。

海河水保局提出建议：引滦局保持与地方政府沟通，互通信息，督促地方政府尽快清理死鱼，防止对水库水质影响，并采取措施避免再次死鱼；引滦局水文水质中心持续跟踪监测，如有异常情况出现，及时反馈；引滦局加强巡查，充分发挥当地信息联络员作用，密切关注事态发展情况，及时报告。

（三）浊漳河突发水污染事件

2012年12月31日，山西长治潞安天脊煤化工集团有限公司发生苯胺泄漏事故，苯胺经雨水排放系统排入河道致使浊漳河严重污染，直接威胁岳城水库水质和邯郸、安阳两市供水安全。

2013年1月4日上午9时，漳河上游局例行河道巡查时，在浊漳河侯壁段发现死鱼，立刻进行调查与监测，并迅速上报海委，同时通报相关市县水行政主管部门。海委立即派出调查组赶赴现场进行调查和采样监测，确认水污染事故原因和污染情况。

1月5日，海委召开应急处置会商会，主任任宪韶、副主任户作亮听取汇报并部署工作，随即启动《海委应对突发性水污染事件应急预案》，成立应对浊漳河突发性水污染事件工作领导小组，海委主任任宪韶任组长，副主任户作亮、于琪洋任副组长，统筹调配全委技术力量和资源，海河水保局、水文局、漳卫南局、引滦局、海河下游局、漳河上游局等单位人员全力投入应急工作。同日，海委以海传发〔2013〕1号文《海委关于浊漳河辛安桥至王家庄段突发水污染事件的报告》将有关情况上报水利部，水利部副部长矫勇在报告上批示，要求确保岳城水库水体不受污染，保障水质安全前提下恢复供水，并加强指导和监督。

1月6日，海委主任任宪韶召开紧急会议布置浊漳河水污染事件应急监测工作，并赴岳城水库指导协调工作，研究提出"清污分流"方案。海委以海传发〔2013〕2号～海传发〔2013〕6号文向水利部汇报浊漳河突发水污染事件进展情况，水利部副部长矫勇批示：密切关注情势、采取有效措施、及早恢复供水。

1月7日，海委工作组与邯郸市水利局会商细化"清污分流"方案并主持调度实施，采取截污导流、清污分流和水量统一调度等措施。环保部副部长张力军在邯郸主持召开专题会议听取汇报，海委介绍了浊漳河水量调度情况及有关建议。同日，海委以《海委关于浊漳河辛安桥至王家庄段突发水污染事件的报告（七）》（海传发〔2013〕8号）向水利部报告最新进展情况，水利部副部长胡四一批示：水资源司派出工作组、摸清情况和原因、协助做好相关工作并密切跟踪水质变化和超标情况。1月8日，水资源司副司长陈明前往邯郸部署应急处置工作，并赶赴漳河上游水污染河段进行查勘。海河水保局作为领导小组成员，在后方做好技术支撑，落实水利部的指示，分析水质监测数据、水量调度数据的时间、空间趋势，将事件情况以十二期明传电报的形式上报水利部。海河水保局监测中心会同漳卫南局、漳河上游局分中心迅速制定了应急监测方案，组成取样、送样、监测、分析等多个工作组，同步开展监测工作。每天6次对岳城水库进行水质监测，每天2次对漳河上游河道水质进行监测，同时，对重点监测断面进行了现场加密监测。随着水污染事件的发展，及时调整监测方案，增设监测断面，加密监测次数，增加监测项目，动态掌握污染团的运动规律。该次应急处置工作，水质水量监测工作共计投入2600人次，行程9万余千米，采集水样465个，取得监测数据10860个，并第一时间向水利部、漳卫南局、漳河上游局以及地方政府有关部门报告和通报，为水污染事件应急处置工作提供技术支撑。

经全力协调处置，1月8日，岳城水库正式恢复供水。1月15日，岳城水库上游河道水质全面恢复正常，海委终止应急响应。1月16日，海委上报《海委关于应对浊漳河突发水污染事件工作的报告》（海办〔2013〕2号），将水污染事件过程、水污染状况、主要工作情况和下一步工作措施等向水利部汇报，水利部领导在批示中对海委在该次水污染事件应对中及时发现、快速响应、强化监测、协同配合等方面的工作予以肯定。

在国家及相关地方政府部门多方介入、通力协作下，通过吸附、截留、倒污等多项措施，妥善有效处置了浊漳河突发水污染事件，保障了岳城水库水质和邯郸、安阳两市供水安全。

三、水污染纠纷调处

（一）海河干流蓄水水质污染纠纷

1982年8月20日至9月22日，海委组织调查海河干流蓄水水质发生污染情况。经调查，8月6—7日，北京市房山一带降雨量较大，上游存蓄的污水及雨污水通过北运河下泄，进入海河干流造成水污染。到8月18日，海河干流市区段水质急剧恶化，水闸处出现死鱼、水有苦味等现象。9月22日，水电部以〔82〕水电水管字第879号文通知天津市水利局，指出这次污染是由于天津市水利部门调度失误造成的，要查明情况报告天津市人民政府。

（二）蓟运河农作物受污染危害调查

2000年4—5月，河北省玉田县潮洛窝乡农民发现所种的豆角、辣椒等作物大面积不出苗或生长迟缓，经唐山市农业局土肥站和玉田县环保局对土壤和灌溉河水进行化验，含盐量均大大超过农作物正常生长标准。群众情绪波动很大，向乡、县政府及有关部门反映，要求经济补偿。

根据水利部领导的指示精神和水资源司要求，水资源司、海委、天津市水利局、河北省水利厅组成调查组，于5月27—28日对污染事件进行了现场调查，并开展了相关水质检测工作。水利部水资源司助理调研员石秋池、海委副主任郭权、天津市水利局副局长戴岐东、河北省水利厅水资源中心李文体等参与调查。海委于 5 月 31 日向水利部报送了《关于河北省玉田县潮洛窝乡农作物受污染危害的调查报告》（海水保〔2000〕7 号）。调查结论：①蓟运河防潮闸存在较为严重渗漏问题；②连续几年干旱，蓟运河上游来水较少，加之长时间蒸发，农田退水和浅层地下咸水渗入，是蓟运河水变咸的原因，并提出科学用水、闸门维修、适当补偿等方面建议措施。

（三）沧浪渠、北排河污染纠纷

2000 年 5 月，海委收到天津市防汛抗旱办公室《关于拆除沧浪渠拦河坝的紧急报告》（津汛办报〔2000〕33 号），反映河北省黄骅市虾农打坝导致河水上涨，两岸农田受到严重溃托，影响农业生产，村民反映强烈。10 月，海委收到河北省水利厅《关于解决天津市大港区窦庄子村在沧浪渠打坝问题的请示》（冀水资〔2000〕10 号），反映窦庄子村在沧浪渠打坝，导致河水水位上涨，威胁当地群众生命安全，要求海委协调解决。海委经现场调查发现，沧浪渠污染纠纷已存在多年，污水主要来自上游河北省沿河地区，污水严重影响沿河群众。上下游打坝纠纷主要是由于下游河口地区虾农养虾需要引蓄清洁海水，在沧浪渠拦河打坝阻止污水下泄，导致河道水位上涨。受水位上涨影响的窦庄子村民又到所处河段上游天津河北交界处打坝，阻止污水下泄，造成沧浪渠沿河多处矛盾纠纷。经海委协调天津市水利部门，拦河坝得到暂时拆除。

2001 年 5 月 17 日，海委接到水利部水资源司来电，国家环保总局接到天津市大港区窦家庄反映沧浪渠、北排河污染严重问题的信函。信中说，16 年来村民多次反映污染问题，均得不到解决，准备聚集村民进京告状。经国家环保局初步调查后认为，污水主要来源于上游河北省沧州和衡水一带，并与入海口闸门长期关闭有关。为此，国家环保局请水利部调查此事并报处理意见，海河水保局按照水利部和海委要求，组织开展调查，在汇总历次处理意见的的基础上提出了情况报告，上报水利部。

2002 年 4 月 12 日，天津市向国家环保总局上报《关于建议对沧浪渠和北排河严重污染加强治理的函》（津政办函〔2002〕21 号）。针对沧浪渠和北排河的河道淤积污水无法下泄和上游来水污染严重等问题，天津市提出了加快两河上游地区污水处理厂建设、列入跨省（直辖市）界河管理由海委协调解决、水利部组织河流调空和河道疏浚并改造入海闸门。国家环保局会同河北和天津两省（直辖市）环保部门进行研讨和协调，形成了《解决沧浪渠跨界水污染纠纷的几点意见》，并以环办函〔2002〕220 号文征求水利部意见。7 月 10 日，水利部转发国家环保总局《解决沧浪渠跨界水污染纠纷的几点意见（征求意见稿）》，就调整产业结构、建设生活污水处理厂、海委组织协调解决有关问题、开展上下游水污染联防和信息通报、做好跨界地表水水质监测等工作建议征求海委意见。7 月 12 日，海河水保局以海委名义向水利部反馈意见：①沧浪渠的清淤工作应由河北省组织完成，下游渔民养殖用水问题应由两省协商解决；②流域水资源保护机构应监测所在流域省界水体的水环境质量状况并将监测结果及时上报有关部门。

（四）漳卫南运河水系上下游污染纠纷

1988 年，卫运河下游的河北省沧州市吴桥县，反映受上游德州市污染影响其地下饮用水源问题，国务院下发《关于解决山东省德州市和河北吴桥县水污染纠纷问题的通知》（国函〔1992〕47 号），由山东省拨款 300 万元给吴桥县用于打井，解决因地下水污染而造成的吃水困难，水污染纠纷得到缓解。1997—1998 年，《海河流域水污染防治规划》编制工作过程中，对漳卫南运河污染问题作出进一步要求，"各地工业污染源确保在2000 年做到达标排放。德州市作为有直接影响的主要污染源，应立即采取切实措施，停止对下游的污染。污水处理达标后，应排放省内水系。对德州上游的卫运河来水，引黄期间全部消化在黑龙港运东地区，用于灌溉"。

2000—2001 年，漳卫南运河水系降水较正常年份偏多，特别是 2000 年 10 月以后漳卫南运河水系河道流量始终较大，同时农业用水偏少，沿河闸坝无法安全拦蓄而下泄入海。由于河水污染严重，大量下泄造成漳卫新河河口海域严重污染，导致河口附近海水养殖业污染事件，山东滨州、河北沧州等地海水养殖业严重受损。

2002 年 3 月 6 日，《燕赵都市报》刊登了全国政协委员、河北师范大学副校长李有成文章《渤海臭在了地方保护》，文中提到：2000 年渤海沧州海域污染的直接原因是引黄济津调水占用南运河，原经南运河从天津入海的上游污水改排漳卫新河而造成。河南是主要来源，其次是山东临清和德州，属跨省污染问题，并提出相关建议。

与此同时，按照水利部要求，海河水保局对相关情况进行调查了解。经调查提出，卫河、卫运河沿河接纳大量污水，漳卫南运河污染严重。污染主要原因：①地方保护主义作祟，《海河流域水污染防治规划》沿河规划项目许多尚未实施完成，上游污染源治理缓慢，是漳卫新河河口污染事故最主要原因；②2000 年漳卫南运河水系雨量较常年偏多，沿河两岸雨多墒情好引水量小，卫运河流量偏大下泄导致河口海域污染。同时指出，由于之前污水从南运河下泄污染沧州地区地下水，数十年来德州与沧州的水污染纠纷不断，引黄入冀以后，卫运河污水改走漳卫新河又污染入海口，因此治污是根本，闸门调度仅是辅助手段，并提出相关建议。

2003 年 10 月 20 日，水利部转发国家信访局《关于转送山东省滨州市信连海等 3 人到国家环保总局上访信息的函》（信办字〔2003〕27 号）。海委接到文件后立即召开委主任专题办公会议，研究处理此事，将雨情、水质以及洪水调度等情况上报，并建议地方政府及有关单位、部门加大工作力度，尽快实施漳卫南运河水污染治理项目以改善漳卫南运河水质。

10 月 24 日，海河水保局要求监测中心和漳卫南运河分中心，按照监测方案加强漳卫南运河沿线水质监测，随时上报水质监测信息，通报有关部门。12 月 29 日，山东省环保局会同水利厅、海洋与渔业厅向国家环保总局、水利部、农业部、国家海洋局发文《关于尽快解决漳卫南运河山东段污染问题的请示》（鲁环发〔2003〕281 号），进一步反映 2003年 6 月以来漳卫南运河上游污水下泄，给沿河聊城、德州及滨州市近岸海域造成严重污染，请求协调解决污染问题。

海河水保局对事件调查了解后，2004 年 1 月 9 日，将水情调度和问题分析情况汇报水利部，并提出制止上游省份超标排放、合理布设产业基地、污水资源化利用和制定流域管理办法等意见。

（五）天津市青龙湾减河水污染纠纷

2003 年 5 月 12 日，河北廊坊市香河县北运河支流青龙湾河的土门楼闸提闸放水，大量污水经青龙湾河流入天津。5 月 23 日，天津市环保局将此情况报告国家环保总局报告，接到报告后，国家环保总局与北京市、天津市环保局和河北省廊坊市政府进行沟通协调，并于 24 日形成《关于天津市青龙湾河受上游来水污染情况报告》（环保总局值班信息第26 期），水利部将此报告转发至海委。海河水保局按照海委要求，会同海委水政水资源处组织开展了天津市水利局、天津市环保局、河北省廊坊市水利局、北京市水利局等单位参加的情况调查和协调工作，并对三省（直辖市）相关闸坝的调度进行了现场调研，编制了调查报告。5 月 30 日，向水利部上报《关于报送天津市青龙湾减河水污染情况调查结果的函》（海传发〔2003〕8 号），提出了处理建议：①地方各级政府加大治污力度，减少入河排污量，实现水功能区划目标；②沿河各省（直辖市）建立污染联防机制，尽可能减少污染；③天津市加强对北运河上游来水的监测，确保用水安全；④三省（直辖市）共同协商研究调度方案，科学合理决北运河排水出路问题。

（六）大黑汀水库库区建设铁选厂水污染纠纷

2004 年 7 月，河北省迁西县南团汀村民来信反映大黑汀水库库区建设铁选厂问题，信件中提到铁选厂厂主吴少奎在南团汀村承包的荒山上建起了一座铁选厂，因排放尾矿砂冲淹了吴胜奇承包的部分土地和树木而引发赔偿争议。

接到来信后，海河水保局会同引滦局就此次信访有关情况进行调查核实，通过现场调查和找当事人核实情况，引滦局于 8 月 19 日提交了调查报告，报告指出信件中反映的大黑汀水库周边建设铁选厂一事均属真实情况，但尾矿库位于距大黑汀水库 2 千米左右的一个山沟内，高程已超出了 135 米以上，不在引滦局的管理范围内，且尾矿砂的排放情况出入较大。经调查了解，潘大水库库区周边建设选矿企业，使水库库区存在严重的淤积隐患，如遇暴雨，势必造成大量尾矿砂入库，减少水库有效库容，影响两库的正常使用功能。

针对发现的问题，海河水保局以《关于迁西县南团汀村民信访有关问题的处理建议报告》向海委进行反馈，提出了建议：①以适当的形式建议地方政府有关部门应该合理控制选矿企业的发展，对选矿企业的选址、规模及尾矿的处理等进行有效指导。对直接对水库产生危害的企业要坚决取缔，同时引导水库周边的选矿企业合理利用尾矿，提出严格的技术要求，减少其对水库的危害。②尽快确定地方政府和引滦局对水库及周边的管理权限，划定水源地保护区范围，制定水源地保护区管理办法，使潘大水库水源地的保护走向法律渠道。③由引滦局对潘大水库库区周边选矿厂进行全面调查，区别不同情况，研究分析对策，与地方政府有关部门协作配合，加大水行政执法力度，联合查处水库库区管理范围内的水事违法事件，尽可能减轻尾矿对两库的影响。④有关部门应切实解决好水库移民的安置工作，合理安排移民的生产和生活，减少因移民返迁库区的不当生产活动对水库造成危害。

（七）子牙新河上游下泄污水纠纷

2004 年，因降水偏大，农田墒情较好，灌溉引水较少，造成大量污水汇流入海。6 月9 日，子牙新河上游河北省段下泄污水造成天津大港区河道两岸 3600 多亩养殖水面受到污染。6 月 23 日，水利部水资源司转发国家环保总局签报《关于子牙新河上游下泄污水造成天津大港区滩涂养殖受损事件的调查报告》（环监局发文 163 号签报），要求海委进行协调。按照海委要求，海河水保局会同有关部门组成调查组于 7 月上旬至中旬走访了河北省及天津市相关地区和部门，对子牙新河沿途污水来源、各控制性闸坝枢纽调度情况以及天津市滩涂养殖受损情况进行了初步调查。调查发现，子牙新河来水主要来自上游石家庄、衡水地区，大量污水排入河道是造成此次污染纠纷的主要原因。当污水被用于农田灌溉时，入海污水较少，对河口滩涂养殖影响较小，但是当农田不引污水或少引污水，大量污水顺河而下入海，对河口滩涂养殖造成严重影响，也就产生了较大的纠纷。

8月11日，海委向水利部上报了《关于报送子牙新河水污染情况调查报告的函》（海水保函〔2004〕5号）。报告了调查情况并提出了建议：①有关各方要认真落实海河流域水污染防治规划，确保入河污染物得到削减，确保主要控制断面水质达到规划要求；②有关部门要加强闸坝调度管理工作，尽量做好污水调度，并及时将有关信息通报相关单位和部门，减少污染损失；③河北省、天津市两地政府应积极主动采取补救措施，本着互谅互让的原则，尽快协调处理好此次污染纠纷，避免造成矛盾升级或更大的经济损失。

（八）南运河排放污水纠纷

2012年12月26日，河北省水利厅来函《关于恳请迅速清除南运河德州境内排污口的函》（冀水资函〔2012〕96号），反映在南运河德州境内存在入河排污情况。函件中称经河北省南运河河务管理处现场核查，在山东省德州境内南运河右堤K17+000～K18+000段有4处水下排污口，间断性排放，排出的污水呈乳白色，入河道后呈墨绿色，气味难闻，排放时流量在1立方米每秒左右。

海委以《海委关于做好南运河德州境内入河排污情况调查和处置工作的函》（海传发〔2012〕59号），要求山东省水利厅及时核实反映的情况，并做好处置工作，同时安排漳卫南局去现场进行巡查和采样。

12月26日，漳卫南局按海委电话通知要求，前往现场巡查并取样监测，发现在南运河桩号16和桩号17地段附近有两处地下污水改排管道存在漏水现象，桩号19地段附近有污水改排处理厂正在向河道排水。当天下午，就此事与德州市环保局进行沟通，德州市环保局表示南运河地下污水改排管道确存在漏水现象，但已进行封堵处理。在对该区域进行连续数日跟踪巡查和取样监测中，没有发现新的情况，水质变化不大。12月29日，按照山东省水利厅的要求，德州市水利局对南运河德州境内右堤桩号17～18地段进行了实地调查，附近没有发现工矿企业向河道排污的情况。12月31日，山东省水利厅将相关情况报告海委。海委以《海委关于南运河德州境内入河排污情况调查的通报》将相关情况向河北省水利厅予以通报。

（九）浑河周边水污染纠纷

2013年7月5日，海河水保局接收到河北承德市宽城县群众"关于浑河的一些问题"邮件后，立即就群众反映情况与引滦局进行沟通，并责成引滦局水文水质监测中心与当事人取得联系，进行现场调查。7月9日上午，引滦局水文水质监测中心与当事人取得了联系，并由该群众带领赴现场了解情况。现场情况与反映情况基本一致，板城镇浑河两岸确有垃圾堆放，一些饭店和娱乐场污水直接排入河道，这些污水最终可汇入25千米外的瀑河后进入潘家口水库。根据现场情况看，这些污水形成的汇流较小，在流至瀑河之前已基本干涸，对下游影响不大。7月15日，海河水保局以书面报告形式向海委进行反馈。

(十) 中亭河排放污水纠纷

2013 年 3 月 15 日晚，天津市水务局来函《关于请协调停止向我市中亭河排放污水的紧急函》，反映因上游河北省霸州市境内中亭河下泄污水导致天津境内子牙河河道水质出现异常，请海委尽快协调处理。海河水保局按海委领导要求紧急布置，连夜发函《关于请尽快做好中亭河向天津市排污情况调查和处置工作的函》，要求河北省水利厅做好调查和处置工作，并安排海河下游局对西河闸以上天津境内河道加强监测和巡查，发现问题及时报海委。

3 月 16 日上午，海河水保局组织天津市水务局、环保局，河北省水利厅、廊坊市水务局等相关单位赴现场对中亭河冀津省界河段进行联合检查并取样化验。检查中发现中亭河霸州市境内蔡家堡河段水面呈淡红色，经化验受污河段蔡家堡坝坝前氨氮和化学需氧量超标、铁和电导率处于正常水平。为此，海河水保局立即在霸州市组织召开协调会议，要求河北省霸州市立即采取措施，严防污水下泄，及时对受污水体进行治理，防止造成下游地区水体污染。

河北省方面高度重视此事，3 月 15 日连夜调查发现，污水来自霸州市杨芬港镇与辛章办事处交界处的小庙干渠雨水及生活污水排水点，初步认定为企业污水偷排所致。3 月 16 日，霸州市紧急组织召开市长专题会议，召集涉事乡镇公安、环保、水务等部门一把手和有关专家研究部署处置方案，并责成主管副市长亲自赴现场参加处置工作。目前，霸州市已经停止向下游排水，对天津市西河闸以上受污染河道治理工作正在进行，并表态月底之前治理工作完毕，受污河道水体恢复正常，截至 3 月 18 日早间已完成近一千米河道治理工作。霸州方面表示要进一步加强管理，严防不达标排放，对监管不力、造成不良影响负责人严格追责，严厉查处企业偷排偷倒行为，杜绝此类事件再次发生。

(十一) 沙河死鱼污染纠纷

2015 年 7 月 31 日上午，海委接到天津市水务局关于引滦沙河桥下游藏山庄段水质突发情况通报，反映天津蓟县西龙虎峪镇与遵化市平安城镇交界处沙河河道内养鱼网箱出现大量死鱼。接到通知后，海委高度重视，迅速响应，委领导作出指示，海河水保局根据指示立即成立现场调查组，于两小时后携带现场监测设备到达现场开展情况调查和水质监测，同时协调河北省唐山市和遵化市水务局共同参加调查。

经海河水保局水质监测和现场调查，沙河冀津缓冲区水体已受到污染，沙河遵化王家街村段网箱养鱼、散养鱼和养殖白鹅出现大量死亡，对下游于桥水库水质安全造成一定程度的威胁。海河水保局以书面形式上报《关于引滦沙河桥下游藏山庄段水质突发情况的调查报告》，提出建议：①河北省水利厅立即查明原因，并将相关结果尽快报送环保部门，请环保部门及时采取措施，控制沙河污染，加大清运力度，避免死鱼和死鹅腐烂加剧水体污染，并避免类似情况再次发生；②天津市水务局增加于桥水库临时性防护措施，在沙河入库口设置拦污网，拦截死鱼等污染物；③增加沙河和于桥水库入库口监测频次，密切关注水质变化。

(十二) 廊坊地区下泄污水纠纷

2016 年 8 月 17 日，接到天津市水务局来函，反映龙河、龙北新河上游廊坊境内污水下泄污染武清区北京排污河、龙凤河故道等约 80 千米河道，函请海河水保局参加现场联合调查。按照调查行程安排，海河水保局于 8 月 18 日下午 2 时赴武清区水务局集合，会同天津市水务局、环保局，武清区水务局、环保局等部门组成调查组，共同赴现场调查，并通知廊坊市水务局等部门一并参加调查。

调查组从武清、廊坊交界处下游约 30 千米龙凤河大三庄闸一直沿河察看至龙北新河武清、廊坊交界处，重点调查了龙凤河大三庄闸、北京排污河 2 号桥、北运河筐儿港闸、龙北新河西马房闸、龙北新河八干渠汇入处等 5 处。监测中心分别在北京排污河 2 号桥和龙北新河西马房闸采集水样。

经过座谈，了解到 2013 年以来，廊坊市屡次将未经处理的工业废水、生活污水直接排入下游河道，环保部华北督查中心曾就此事现场督查过。2016 年 "7·20" 降雨后，廊坊市向武清区排放污水频次明显增加，龙河污染以红、黄色为主，龙北新河和凤河西支呈黑色，化学需氧量、氨氮、磷等主要污染物严重超标。廊坊市污水处理能力不足造成了污水下泄，市政府已着手制定水系连通规划，加大污水处理设施建设，但项目批复、建设需要一定周期，近期解决不了问题。因此，提出意见：①天津市水务局向市政府汇报情况，从政府层面推动问题解决，武清区政府继续同廊坊市反馈问题并沟通协调；②结合水质监测情况，武清区提出境内污水处置方案，避免污水进一步扩散影响下游；③各参加调查单位提出推动问题解决的建议，反馈至天津市水务局。

第八章

水 资 源 保 护 规 划

20 世纪 80 年代中期，水利部首次组织编制了七大流域水资源保护规划，此次规划是水利系统和环保系统合作的规划，标志着水资源保护规划在我国的全面启动。1999 年水利部依据国务院"三定"规定，组织各流域管理机构和全国各省（自治区、直辖市）开展了水功能区划工作。2001 年年底，海河水保局编制完成了海河流域水功能区划，2002 年3 月海河流域区划成果纳入《中国水功能区划》，并在全国范围内试行。2005 年，参加了全国城市饮用水水源地安全保障规划，提出海委直管水源地的水源保护工程措施和管理制度。同时海河水保局还参与编制了《海河流域水污染防治规划》《21 世纪初期首都水资源可持续利用规划》《环渤海环境保护总体规划》和《南水北调东线工程治污规划》等。上述规划的编制和实施，为流域机构行使水资源保护职能、推进流域一体化管理奠定了基础。

第一节　海河流域水资源保护规划

在水资源保护机构成立之后，全国范围内共开展过三次流域性水资源保护规划：①20世纪 80 年代中期的水资源保护规划；②21 世纪之初的水资源保护规划；③2012 年启动的覆盖全国的水资源保护规划。

一、1986 年海河流域水资源保护规划

（一）规划开展情况

1986 年，根据水电部、国家环保局《关于组织制订海河流域水资源保护规划的通知》（〔86〕环水字第 294 号）要求，水利部海委于 1987 年 1 月起，组织流域 8 省（自治区、直辖市）的环保、水利厅（局）开展海河流域水资源保护规划的编制工作。水利部、国家环保局以及各省（自治区、直辖市）有关部门负责同志组成了海河流域水资源保护规划领导小组，领导小组办公室设在海委水资源保护办公室，负责规划的组织和技术协调。各地也相应成立了一位厅（局）长负责的规划领导小组和工作班子，统一领导和组织规划工作。在环保、水利部门和地方的通力合作下，经过查勘、调研、咨询、协商等工作，两年时间完成了九个水系报告编制和全流域规划成果汇总。在此基础上，编制了《海河流域水资源保护规划综合报告》和《海河流域水资源保护规划纲要》（以下简称《纲要》）。

《纲要》于 1989 年 10 月通过了专家评审、领导小组审查及由水利部和国家环保局共同主持的审查。规划成果对海河流域的水资源保护、水污染防治工作具有重要的指导作用。规划成果纳入了《海河流域综合规划》，1993 年 11 月国务院以国函〔1993〕156 号文批复《海河流域综合规划》。

（二）规划成果

规划目标：2000 年城市水源地水质达到国家《地面水环境质量标准》（GB 3838—83）Ⅱ级，主要控制指标为化学需氧量，其他水域不低于 1985 年水平，力争使重点河段的水质有所改变。规划重点是大、中城市水源地和流经城市的河段。

现状评价：流域 1985 年排放废污水总量 36.59 亿吨，其中工业废水占 75％。主要污染物排放量为 226.62 万吨，其中化学需氧量 83.76 万吨、挥发酚 679.1 吨、五日生化需氧量 18.5 万吨。海河流域污径比为 1∶7.2，为全国七大江河流域之首。对流域 150 个规划河段（评价总河长 4743 千米）进行了水质评价，Ⅰ级、Ⅱ级水质占评价总河长的 14％，Ⅲ级水质占评价总河长 12％，劣于Ⅲ级的水质占 74％，流域水质污染严重。

水质预测和规划污染物消减量：预测了 2000 年水平的污染物排放量和河流水质，确定水体功能分区和相应的水质目标；计算各规划水平年主要污染物的排放量、环境容量和污染物消减量。

水污染综合防治规划方案：以总量控制为前提，提出了综合治理规划方案和点源治理、污水处理厂、氧化塘等 336 个工程项目，规划投资总费用 94.54 亿元，并提出控制水污染和加强水资源保护的综合治理意见。

二、2000 年海河流域水资源保护规划

（一）规划开展情况

根据水利部下发《关于在全国开展水资源保护规划编制工作的通知》（水资源〔2000〕58 号）精神，海委于 2000 年 3 月在天津召开了由北京、天津、河北、山西、河南、山东、内蒙古 7 省（自治区、直辖市）水利厅（局）领导参加的海河流域水资源保护规划工作会议，讨论通过了《海河流域水资源保护规划技术细则》，明确了任务分工与工作进度。海委以及各省（自治区、直辖市）有关部门负责同志组成了海河流域水资源保护规划领导小组，领导小组办公室设在海河水保局，流域内各省（自治区、直辖市）同时成立了专门的规划班子，及时开展水资源保护规划编制工作。2000 年 10 月，完成海河流域水功能区划，并通过了领导和专家的审查。2001 年 11 月，水利部海委、水利部水利水电规划设计总院在天津市共同主持召开了《海河流域水资源保护规划报告（送审稿）》审查会。2002 年 4 月，编制完成了《海河流域水资源保护规划报告（报批稿）》。

（二）规划成果

规划目标：到 2020 年所有城镇地表水供水水源地、重要引水工程水质达到国家地面水Ⅱ类标准；水污染得到基本控制，有水体功能要求的河流全面达到规划的功能要求；超采区实现采补平衡，地下水水位下降等环境地质问题得到基本治理，重点地区地下水水质达到功能要求；保证重要城市的河湖环境用水，重要湿地水生态环境得到明显改观。

现状评价：流域 1998 年入河废污水总量 43.34 亿吨，主要污染物入河总量为 146.12

万吨，其中主要为化学需氧量 134.06 万吨，占污染物入河总量的 90%，其次为氨氮 11.58 万吨。对流域 154 条河（评价总河长 11221.9 千米）进行了水质评价，Ⅰ类和Ⅱ类水质占评价总河长的 15.6%，Ⅲ类水质占 11.1%，Ⅳ类水质占 5.1%，Ⅴ类水质占 6.3%，劣于Ⅴ类水质占 61.9%。29 座大型水库中，Ⅰ类和Ⅱ类 11 座，占 38%；Ⅲ类 12 座，占 41%；Ⅳ类 4 座占 14%；劣于Ⅴ类 2 座，占 7%。

水功能区划：首次开展了全流域水功能区划，该次规划共对 192 条河流进行了功能区划分，区划总河长 19767.4 千米，其中一级水功能区 309 个（含开发利用区 200 个），其中 200 个开发利用区按照水体功能进一步细分成 328 个二级水功能区。

纳污能力分析：该次规划计算结果表明，海河流域水功能区化学需氧量纳污能力为 99.25 万吨每年，氨氮的纳污能力为 62.96 吨每年。

污染物总量控制方案：海河流域水功能区化学需氧量和氨氮入河纳污量目标分别为 21.33 万吨每年和 2.3 万吨每年；2010 年化学需氧量和氨氮入河控制总量分别为 23.46 万吨每年和 2.64 万吨每年；2020 年化学需氧量和氨氮入河控制总量分别为 9.57 万吨每年和 0.63 万吨每年。

主要饮用水水源地保护：针对密云水库、潘大水库等流域重要饮用水水源地保护，提出了结合点源治理以控制面源污染为主的方案及相应的水质保护及污染控制措施。

地下水水质保护：规划对流域地下水水质水量现状进行了评价，提出了地下水控采方案和水质保护措施。

流域生态环境水量：规划对流域生态环境水量（由河流、湿地、地下水回补、入海水量、城市河湖、水土保持等部分组成）进行了分析和预测，2012 年、2020 年流域生态环境总需水量为 79 亿立方米和 123 亿立方米。

措施和对策：规划提出了水源地保护、水环境治理等工程措施，规划总投资 10.23 亿元，并提出控制水污染和加强水资源保护的综合治理意见。

三、2012 年海河流域水资源保护规划

（一）规划开展情况

2012 年 5 月，水利部下发《关于开展全国水资源保护规划编制工作的通知》（水规计〔2012〕195 号），决定在全国开展水资源保护规划编制工作。海委按照水利部要求和工作大纲内容，成立了海河流域水资源保护规划编制工作领导小组，下设办公室和综合技术组，并成立了专家咨询组，明确由海河水保局为责任单位，会同流域内各省（自治区、直辖市）水利（水务）厅（局）有关部门和相关规划设计单位，开展了大量调查研究、监测评估、方案拟订、规划协调等工作。

在规划编制过程中，海河水保局一方面协调、督促各省（自治区、直辖市）在保证质量的同时抓紧进度，多次协调沟通，并对技术问题进行指导；另一方面，把握流域规划工作主要节点进度，按时提交流域成果满足全国汇总要求。参加全国大纲编写、问题研讨、成果汇总、报告编写，组织流域协调、汇总、报告编制等规划编制工作会议共 12 次。2014 年 10 月编制提出《海河流域水资源保护规划（初稿）》，并经流域协调会议讨论、专家会议咨询、征求各省（自治区、直辖市）意见，于 2017 年 2 月完成送审稿，上报水利

部。2017年12月，通过了水利部水利水电规划设计总院的技术审查，会后根据审查意见修改形成规划成果，流域成果最终纳入水利部印发的《全国水资源保护规划（2016—2030年）》（水资源〔2017〕191号）。

（二）规划成果

指导思想：以水生态文明建设理念为引领，按照"节水优先、空间均衡、系统治理、两手发力"的治水思路，加强顶层设计，以修复流域水生态环境为目标，以水资源保护和河湖健康为核心，以水生态环境承载能力为基础，以饮水安全为重点，将水生态文明建设融入水资源开发、利用、节约、保护各方面和全过程，全面提升流域水生态环境质量，保障流域经济社会可持续发展。

规划目标：通过建立完善的水资源保护和河湖健康保障体系，正确处理经济社会发展、水资源开发利用和生态环境保护的关系，着力解决流域突出的水生态环境问题，全面提升流域水生态环境质量，支撑流域经济社会的可持续发展。为实现流域规划目标，进一步提出水功能区、饮用水水源地、地下水和河湖生态等4类7项控制性指标，作为流域水资源保护和水生态修复的红线和刚性约束。

现状评价：2015年全年总评价河长14508.2千米，其中Ⅰ～Ⅲ类水河长4961.7千米，占评价河长的34.2%；Ⅳ～Ⅴ类水河长2900.5千米，占评价河长的20.0%；劣Ⅴ类水河长6646.0千米，占评价河长的45.8%。流域内参评的458个水功能区中有109个达到水质目标，达标率为23.8%。监测入河排污口973个，废污水入河量42.87亿吨，化学需氧量、氨氮入河量分别为47.68万吨、5.20万吨，化学需氧量、氨氮入河污染物平均浓度分别为113毫克每升、12毫克每升。调查统计流域所有建制市和县级城镇（含县城和其他县镇）集中式饮用水水源地共349个，总供水量47.9亿立方米，供水人口6834万人。水质合格的有310个，占水源地总数的89%。水生态现状评价：涉及28条骨干河流，32个河段，及白洋淀等10个重要湿地。评价结果表明，水量不足型和复合失衡型是海河流域河湖水生态问题的主要类型，分别占评价单元总数的26.2%和52.4%。该次调查的378眼地下水监测井中，监测水质为Ⅰ～Ⅱ类的有53眼，占总监测样本的14.0%；Ⅲ类的有127眼，占总监测样本的33.6%；Ⅳ类的有55眼，占14.6%；Ⅴ类的有143眼，占37.8%。超Ⅲ类的水质超标项目主要有氨氮、矿化度、总硬度、硝酸盐氮等。

总体布局：以全国主体功能区规划和生态功能定位为基础，统筹考虑经济社会发展对水资源可持续利用的要求，在提出的规划近远期目标和控制指标基础上，结合生态重点保护区及经济社会发展战略进行流域总体布局。按照山区以江河源头保护、水源涵养和饮用水水源地保护为主体，平原以河流湿地和地下水修复为核心，滨海以维护河口生态为重点的思路，构建上下统筹、河湖贯穿、水岸一体的"两廊、四区、六带"流域生态修复总体格局。"两廊"包括海河流域东部、中部两条纵向生态输水廊道。"四区"包括燕山-太行山水源地保护区、中部平原湿地保护区、滨海湿地保护区、平原地下水漏斗恢复区等四个生态保护区。"六带"包括滦河、北四河、大清河、子牙河、漳卫河、徒骇马颊河等六个河系的骨干河流。

规划措施：针对近、远期保护目标，提出了包括水功能区达标建设、饮用水水源地保护、水生态系统保护与修复、地下水资源保护、水资源保护监测以及综合管理等六个方面的工程及非工程措施；工程共 6 大类措施，共 352 个项目。根据规划目标和各河湖水系特点、区域经济社会发展水平、水生态环境需求等情况，按照轻重缓急，统筹安排分期实施项目。

重点流域：将滦河流域及引滦沿线作为重点流域进行综合治理，治理范围包括滦河水系、冀东沿海诸河以及于桥水库以上的引滦入津工程沿线区域。按照规划总体布局，结合滦河流域上游生态涵养区、中游水源保护区、下游生态修复区的不同特点，分别提出有针对性的治理措施。重点综合治理措施包括入河排污口布局与整治、饮用水水源地保护、水生态系统保护与修复、地下水资源保护、水资源保护监测等 5 类重点工程共计 50 项。除了以上工程措施，还提出了滦河流域实施生态需水量保障的目标和要求。

第二节　海河流域纳污能力与限排方案

一、规划开展情况

为了贯彻落实中共中央 2011 年 1 号文件关于实行最严格的水资源管理制度，强化水资源保护的监督管理，建立以限制总量为控制核心的水功能区限制纳污制度，根据水利部《关于开展全国重要江河湖泊水功能区纳污能力核定和分阶段限制排污总量控制方案制订工作的通知》（水资源〔2011〕544 号）的要求，海委组织流域各省（自治区、直辖市）开展了《海河流域重要江河湖泊水功能区纳污能力核定和分阶段限制排污总量控制方案》（简称《限排方案》）的编制工作。海委高度重视《限排方案》编制工作。2011 年 11 月，成立了《限排方案》领导小组，技术工作组设在海河水保局。海河水保局作为责任单位，组织流域内北京、天津、河北、山西、河南、山东、内蒙古 7 省（自治区、直辖市）水利（水务）部门，开展《限排方案》工作。2012 年 3 月，召开了海河流域重要江河湖泊水功能区纳污能力核定和分阶段限制排污总量控制方案制定工作会，编制下发了《海河流域重要江河湖泊水功能区纳污能力核定和分阶段限制排污总量控制方案技术细则》。2012 年 6—11 月，两次召开了流域成果汇总会，三次参加了水规总院组织的全国汇总。经过两年多流域相关省（自治区、直辖市）水利（水务）部门的共同努力，海河水保局汇总编制完成了《限排方案》成果，于 2012 年 5 月通过水利部水规总院审查，并纳入全国"限排方案"中。《限排方案》成果为海河流域水功能区管理和最严格水资源管理制度考核提供了基础依据。

二、规划成果

《限排方案》主要任务包括：调查统计水功能区污染物入河量，开展水功能区现状水质评价，分 2015 年、2020 年、2030 年三个阶段确定水功能区水质达标控制目标，核定水功能区纳污能力，提出水功能区限制排污总量分解技术方案，共计五方面工作。

现状评价：海河流域重要水功能区近年来水质基本保持稳定，局部略有改善。2011 年，按频次法和年均值法相结合评价，全指标有 59 个水功能区达标，达标率为 25.7%；双指标有 76 个水功能区达标，达标率为 33.0%。

纳污能力计算：2011 年、2020 年、2030 年海河流域重要水功能区化学需氧量纳污能力分别为 12.56 万吨每年、12.58 万吨每年、12.60 万吨每年，氨氮的纳污能力均为 0.61 万吨每年。

重要水功能区达标率：该方案确定流域重要水功能区 2015 年、2020 年、2030 年达标率分别为 49％、73％、98％，达到水利部规定的 45％、71％、95％的目标要求。

限制排污总量与消减量：2015 年、2020 年、2030 年化学需氧量和氨氮限制排污总量分别为 11.84 万吨每年和 1.10 万吨每年、9.80 万吨每年和 0.66 万吨每年、8.52 万吨每年和 0.40 万吨每年。

第三节　海委直管水库水源地安全保障达标建设规划

一、规划开展情况

保障城市饮用水安全，是贯彻落实科学发展观，构建社会主义和谐社会和全面建设小康社会的重要内容，是维护最广大人民群众根本利益的基本要求。针对我国城市饮用水安全面临严峻形势，根据中央领导重要批示和《国务院办公厅关于加强饮用水安全保障工作的通知》（国办发〔2005〕45 号）精神，水利部编制《全国城市饮用水水源地安全保障规划（2006—2020 年）》。规划由水利部规划计划司、水资源管理司和水土保持司负责，由水利水电规划设计总院牵头，会同各流域机构和各省（自治区、直辖市）水利部门等单位。2005 年 9 月，按照《关于印发全国城市饮用水水源地安全保障规划技术大纲的通知》（办资源〔2005〕157 号）要求，海委以及流域内各省（自治区、直辖市）分别开展了各自管辖范围内城市饮用水水源地安全保障规划编制工作。

海河水保局作为责任单位负责直管的集中式地表饮用水水源地——潘家口、大黑汀和岳城水库三个水源地的规划。在各流域机构、各省级行政区水利（水务）部门共同努力下，经各省级行政区和全国多次汇总、协调和平衡，形成全国城市饮用水水源地安全保障规划成果，经审查后上报水利部。在此基础上，国家发展和改革委组织建设、水利、环保、卫生等部门编制完成了《全国城市饮用水安全保障规划（2006—2020 年）》，经国务院同意，由国家发展和改革委等五部委以发改地区〔2007〕2798 号文联合印发。《全国城市饮用水水源地安全保障规划》的主要内容已纳入《全国城市饮用水安全保障规划（2006—2020 年）》。

二、规划成果

规划目标：规划现状水平年为 2004 年，近期（2010 年）基本解决饮用水水源安全保障问题，水质达到饮用水水源功能标准；远期（2020 年）全面解决饮用水水源地安全保障问题，城市饮用水安全得到全面保障，满足 2020 年全面实现小康社会目标对饮用水安全的要求。

水源地饮水安全的现状：评价结果表明，潘大水库，岳城水库水源地安全评价结果是水量基本安全，水质基本安全。水库库区及上游沿岸工业，网箱养鱼，库区周边尾矿库，库区居民生活、生产活动，以及上游水土流失是造成各水源地水质下降的主要原因。

饮用水水源地保护和安全建设方案：①采取物理、生物隔离防护，工业、生活点源治理、关闭入库排污口，对库区农村环境进行综合整治、改善库区环境，对库边及入库支流进行生态保护和修复，通过水土保持工程对入库泥沙及面源污染实施控制，从而大量削减入库污染物总量，保障水库城市供水安全；②实施水质自动监测站建设、移动实验室建设、完善现有水源地监控体系，储备必要的应急物资，提高水源地水质预警预报能力和水源地应急事件应急处置能力；③充分发挥水库周边及上游地区政府作用，加强水源地保护舆论宣传和规划项目管理，强化水库库区及上游地区水污染防治工作，严格控制入河污染总量，确保各控制断面水质达到规划要求。

饮用水水源地保护项目和措施：总投资 7.56 亿元，主要用于隔离防护网建设、污染源综合整治、生态修复与保护、水土流失治理、监测能力建设等工程。

第四节　21 世纪初期首都水资源可持续利用规划 ——官厅、密云水库上游部分

一、规划开展情况

为保障首都北京的供水安全，缓解北京水资源供需紧张局面，水利部和北京市政府于 1998 年开始联合编制《21 世纪初期首都水资源可持续利用规划》。根据水利部的统一安排，1999 年 5 月海委负责《21 世纪初期首都水资源可持续利用规划——官厅、密云水库上游部分》（以下简称《规划》）的编制，海河水保局作为责任单位，具体承担规划编制工作，经过一年的工作，《规划》于 2000 年 4 月编制完成并上报水利部。《规划》主要成果纳入了国务院以国函〔2001〕53 号文批复的《21 世纪初期首都水资源可持续利用规划》。

二、规划成果

规划总体目标：稳定密云、改善官厅、量质并重、联合调度、保障供水、共同发展。建立官厅和密云水库水资源重点保护区，注重人口、资源、环境相协调，资源开发与节约保护并重。控制水污染、水体流失和荒漠化，发展经济。增加大地植被，提高总生物产量；全面节水，保障供水，促进两库上游地区和首都经济和社会的可持续发展。

主要指标：2010 年污水处理重点工程项目按计划全部完成，官厅水库水质力争达到 Ⅱ类标准，密云水库水质保持Ⅱ类标准；新增水土流失治理面积 6416 平方千米，累计治理度在 70%；全面节水见成效，正常年份（$P=50\%$），向官厅和密云水库提供出境水量 2.5 亿立方米和 5.9 亿立方米。

工程措施规划：①防止水污染防治，两库上游规划点源治理项目 128 项，包括点源治理和污水集中处理两类项目，预计年削减化学需氧量 5.29 万吨；②全面节水，两库上游规划发展节水灌溉面积 128.4 万亩，农业节水量 3.09 亿立方米；③建立京承生态建设区，规划项目包括新能源工程、禁牧圈养设施建设、河流生态恢复工程以及食用菌技术推广

等；④水土流失治理，规划治理面积 10050 平方千米；⑤建立水资源保护区水质自动监测体系，规划在重要节点建设 12 处水质自动监测站。

工程投资：72.58 亿元，其中：水污染治理 25.9 亿元，全面节水 5.02 亿元，建立京承生态农业示范区 6.3 亿元，水土流失治理 31.75 亿元，水资源保护区水质自动监测体系 0.46 亿元。

实施保障措施：①实行水资源统一管理，建议成立"21 世纪首都水资源可持续利用规划领导小组"；②加强首都及其周边地区的法制建设，制定《首都水资源管理办法》；③建立首都及其上游地区水资源保护区，国家对重点保护区实行特殊政策；④建立水量、水质环境监测网，监控水量和水质情况，定期发布水量、水质公报；⑤建立多渠道、多层次、多元化的投入保障机制。

第五节　海河流域水资源综合规划中的水资源保护规划部分

一、规划开展情况

2002 年 3 月，水利部、国家计委下达了《关于开展全国水资源综合规划编制工作的通知》（水规计〔2002〕83 号），决定在全国范围内开展水资源综合规划编制工作，并随文印发了项目任务书。海委会同流域各省（自治区、直辖市）有关部门共同开展了海河流域水资源综合规划工作，其中水资源保护规划作为海河流域水资源综合规划中专项工作同步开展。海河水保局为水资源保护规划的承担单位，负责各省（自治区、直辖市）规划水资源质量、水污染调查、水生态状况等现状评价和水资源保护与水生态修复等部分的表格收集、分析和整理汇总，在此基础上编制了《海河流域水资源保护规划专项报告》，专项报告的主要成果纳入了《海河流域水资源综合规划》。2008 年 9 月 10 日，《海河流域水资源综合规划（送审稿）》通过水利部审查。2010 年 10 月 26 日，国务院以国函〔2010〕118 号文批复《全国水资源综合规划（2010—2030 年）》，《海河流域水资源综合规划》作为其附件一并获得批复。

二、水资源保护规划相关成果

规划目标：规划基准年为 2000 年，水平年为 2020 年和 2030 年。规划目标为保护区、保留区和缓冲区。各水平年一般应维持其水质状况不劣于现状水质，并控制污染物入河量不超过现状；水系干流及主要支流功能区在 2020 年达到水质目标，其他污染比较严重的水功能区在 2030 年达到功能区水质目标。

流域现状水质和污染物入河量评价：水功能区达标率为 25.6%；流域Ⅰ～Ⅲ类河长占 40.6%，劣Ⅴ类河长占 51.7%，水库水质总体较好，多数水库水质为Ⅱ类或Ⅲ类；废污水排放总量为 60.31 亿吨，入河污水量为 42.89 亿吨。

规划水平年纳污能力：预测 2020 年、2030 年生活与工业废水排放总量分别为 76.61 亿吨和 86.72 亿吨，入河总量分别为 54.90 亿吨、61.44 亿吨；2020 年、2030 年化学需氧量纳污能力分别为 32.28 万吨、34.30 万吨，氨氮的纳污能力分别为 1.55 万吨、1.64

万吨。

控制量和削减量总体方案：2020 年化学需氧量入河控制总量为 53.11 万吨，削减量 58.44 万吨，削减率为 52％；氨氮入河控制总量为 5.03 万吨，消减量 4.81 万吨，削减率 为 49％。2030 年化学需氧量入河控制总量为 30.71 万吨，削减量 101.21 万吨，削减率为 77％；氨氮入河控制总量为 1.54 万吨，削减量 10.05 万吨，削减率为 87％。

水源地保护规划：到 2020 年全面解决建制市和县级的集中式饮用水水源地安全保障 问题；提出了水资源保护监测方案，完善监测体系，发展水生态、生物监测和遥测，实现 重点水域和水源地的水质自动监测。

水生态修复规划：河流水生态修复的目标是通过实施水资源配置方案，保障流域河道 内平水年生态用水和入海水量；重点湿地基本生态功能得到修复；山区河流保证一定的最 小生态基流量。针对海河流域河流水生态功能退化状况以及水生态功能修复可能手段，提 出五种主要河流生态修复模式：生态补水型修复、水质改善型修复、生境修复型修复、以 绿代水型修复、维持保护型。各个省（自治区、直辖市）按照城市发展特点提出了针对性 的治理重点和措施，并提出了相对应的 46 项水生态修复和生态治理工程以及 11 项重要河 流生态水量调配（引水减污）工程。

水资源保护主要措施：①建立水功能区入河排污口管理制度，在水功能区划的基础 上，核定水功能区水域纳污总量，制定分阶段控制目标，依法提出污染物入河总量控制意 见；②建立健全排污总量控制制度；③建立水资源保护协作机制和污染物总量通报制度； ④完善水功能区监控体系；⑤建立应对突发水污染事件的应急机制。

水资源保护和生态修复部分项目投资：提出了饮用水水源地保护、水污染治理等方面 的措施，以及河湖生态修复、生态水量调配、水功能区监督管理、排污口综合整治等方面 的建设工程项目，总投资为 275.5 亿元。

第六节　海河流域综合规划（2012—2030 年）中水资源保护和水生态修复规划部分

一、规划开展情况

国务院办公厅 2007 年 6 月转发水利部《关于开展流域综合规划修编工作的意见》（国 办发〔2007〕44 号），要求全国各流域开展综合规划修编工作。水利部 2007 年 8 月批复 了《海河流域综合规划修编任务书》（水规计〔2007〕328 号）。2007 年 8 月，海委全面启 动了规划修编工作，成立了海河流域综合规划修编工作领导小组。海河水保局作为领导小 组成员单位，负责水资源保护规划和河流水生态修复规划两个专题的编写工作。2009 年 11 月，编制完成《海河流域综合规划（送审稿）》。2010 年 6 月，通过了水利部专家审查 会，之后修改完成了《海河流域综合规划（征求意见稿）》。2011 年，通过征求国家发展 改革委等 10 个部委和流域内 8 个省（自治区、直辖市）人民政府意见，以及专家评估和 论证会，海委对规划进行了全面修改，完成了《海河流域综合规划（送审稿）》（以下简称 《规划》）。2012 年 5 月，水利部主持召开流域综合规划修编部际联席会，对《规划》进行了审议。2012 年 8 月，水利部召开部长办公会，审议通过了《规划》。会后，海委根据审议意见，进一步修改完善，完成了《海河流域综合规划》。2013 年 3 月，国务院以国函〔2013〕36 号文批复该规划。

二、主要成果

（一）水资源保护规划

水功能区划：该次规划共纳入 520 个水功能区，包括一级水功能区 376 个，其中保护区 41 个、保留区 19 个、缓冲区 58 个、开发利用区 258 个，全长 20201 千米。上述 258 个开发利用区进一步细分成 402 个二级水功能区。

水质评价：流域水功能区规划 Ⅱ～Ⅲ 类水质河长占 47%，Ⅳ 水质河长占 42%，Ⅴ 类及一级 B 水质占 11%。

地表饮用水水源地水质：整体较好，综合评价为 1～3 级的水源地 49 个，占饮用水源地总个数的 94%；水质较差的 4 级和 5 级水源地仅分别为 2 个和 1 个。

地下水水质评价：平原及山间盆地浅层地下水环境质量因受自然和人为因素影响，总体状况较差，其中，Ⅱ 类和 Ⅲ 类水分布面积为 3.69 万平方千米，仅占评价总面积的 25%；Ⅳ 类水分布面积为 2.83 万平方千米，占 19%；Ⅴ 类水分布面积为 8.43 万平方千米，占 56%。

废污水及主要污染物入河量：2007 年海河流域废污水入河量 45.14 亿吨，化学需氧量入河量 105.15 万吨，氨氮 11.44 万吨。

水功能区纳污能力：现状水平年、2020 年、2030 年水功能区化学需氧量的纳污能力分别为 29.27 万吨、32.28 万吨、34.30 万吨，氨氮的纳污能力分别为 1.39 万吨、1.55 万吨、1.64 万吨。

入河限制排污总量：通过对不同水平年污染物入河量预测，确定海河流域 2020 年化学需氧量入河限制排污总量为 53.11 万吨，氨氮入河限制排污总量为 5.03 万吨；2030 年化学需氧量入河限制排污总量为 30.71 万吨，氨氮入河限制排污总量为 1.54 万吨。

水资源保护措施：①加强点源、面源污染治理及水资源保护监测体系建设，保障水功能区水质达标；②划分水源地保护区，对已经受到较重污染的水源地采取水源地隔离防护、点源治理、面源治理等综合治理措施；③实施地下水压采工程、地下水回灌补源工程、泉域保护工程；④做好地下水饮用水水源地特别是城市地下水饮用水水源地的保护工作，保障饮水安全；⑤完善水资源保护监测体系。

（二）河流水生态修复规划

河流生态健康评价：海河流域内基本健康的河段长度共 1766 千米，约占评价河段总长 27%，主要分布在山区；亚健康的河段长 2319 千米，约占评价河段总长 36%；病态及濒于崩溃河段分别为 1343 千米和 1065 千米，约占评价河段总长 21% 和 16%，主要分布在平原。对平原湿地的评价表明，亚健康占 65.3%，病态占 20.7%，濒于崩溃占 14.0%。

修复原则：统筹考虑水量、水质、生境和人文综合要素，修复和维系流域良好生态。坚持流域整体性，改善河系连通性，维持地表水循环；以陆域污染源控制为主，以水域湿地环境营造为辅，综合提高水体自净能力；以修复自然功能为核心，自然功能与社会服务功能相协调，因地制宜地修复核心功能；遵循自然规律，充分发挥生态自我修复功能，实现生物多样性；坚持生态修复方案的先进性、适用性和可行性，注重管理创新。

总体目标：通过实施南水北调和水资源优化配置，改善河流水质，修复河流水体连通功能、水质净化功能、生境维持功能、景观环境功能，提高生物多样性，实现水清、岸绿，人水和谐，河流健康。

总体布局：按照"以流域为整体，河系为单元，山区重点保护，平原重点修复"的方针，构建流域生态保护与修复体系，重点修复河流生态功能。

山区河流以河道生态基流保护和水源地保护为主线，维持河流水体连通、水质净化和生境维持功能。加强重点污染源和面污染源治理，实施水库水源地水源涵养，提高河流自然净化功能，加强城市段景观环境建设，维护河流天然特性和生物多样性。

平原河流和湿地以生态补水、水质改善和生境恢复为主线，修复河流水体连通，净化水质，改善生境，维持河口最小入海水量，实施生态水量调度，改善河道基流，保障湿地生态水量；提高城市段河流水质，改善河流生境，建设绿色亲水景观；对郊野河段，按照有水则清、无水则绿原则，封河育草，绿化压尘，打造田园生态环境。

河流水生态修复规划：规划将 15 条山区河流、24 条平原河流进行生态功能区划，包括生境维持区 16 个，总长度 2647 千米，占规划河长的 40.7％；水质净化区 11 个，总长度 2200 千米，占规划河长的 33.9％；水体连通区 5 个，总长度 824 千米，占规划河长的 12.7％；景观环境区 7 个，总长度 822 千米，占规划河长的 12.7％。

生态需水与配置：全流域河道内生态水量由河流、湿地、河口三部分组成。经计算，河流生态水量为 30.34 亿立方米，湿地生态水量为 8.77 亿立方米，河流与湿地重复部分为 3.64 亿立方米，入海水量为 18.19 亿立方米，总规划生态水量为 35.47 亿立方米。根据流域水资源配置结果，2030 水平年多年平均河道内蒸发渗漏损失量 61 亿立方米，配置后入海水量 68 亿立方米，合计 129 亿立方米，特枯年入海水量为 20 亿立方米，宏观上满足规划生态水量 35.47 亿立方米要求。

生态修复措施：①强化水库生态调度，保障生态水量；②实施生态补水，提高水体连通功能；③修复生境，提高自我维持能力；④加强限制排污总量，提高水质自净能力；⑤实施以绿代水，改善景观环境。

生态修复工程：按照生态修复分类措施，该次规划安排白洋淀生态综合整治工程、北运河生境修复工程、永定河绿色生态走廊建设工程等 8 项重点生态修复工程。

第七节　渤海环境保护总体规划（2008—2020 年）中的入海河流生态水量和水资源保护部分

一、规划开展情况

渤海是上承海河、黄河、辽河三大流域，下接黄海、东海生态体系的半封闭内海。环渤海的天津市、辽宁省、河北省和山东省是我国经济社会高速发展的地区。由于陆域水资源、水环境质量状况下降等因素，引发渤海部分生态和经济服务功能丧失，陆海统筹一体的环境保护工作面临着严峻的形势。2006年6月，国务院相关领导同志相继做出重要批示，要求有关部门和地方总结、评估"十五"期间渤海环境保护工作，并研究制定渤海环境保护计划。

2006年8月，国家发展改革委会同科技部、财政部、建设部、交通部、水利部、农业部、环保总局、林业局、海洋局、全军环办、中石油、中海油、中石化和神华集团等单位，以及辽宁省、河北省、山东省和天津市环渤海三省一市在北京召开环境保护总体规划编制工作会议，并成立了《渤海环境保护总体规划（2008—2020年）》（以下简称《规划》）编制组。同时，国家发展改革委委托中咨公司对"十五"期间渤海环境治理规划执行情况进行评估。同年12月，有关部门和地方完成了12个专题报告，海委与水利部水规总院共同承担了《环渤海环境保护总体规划》的《改善入渤海主要河流生态环境用水的对策措施》和《入渤海主要河流限制排污总量对策研究》两个水利专题研究工作。2007年1月，国家发展改革委主持召开《规划》专家审查会，会后，编制组根据专家提出的意见，对规划进行了修改和完善，并完成了《规划》的征求意见稿。2007年2月，发展改革委征求各有关部门和有关省（自治区、直辖市）意见。2007年6月，国家发展改革委召开规划协调会，对部门提出的意见采纳情况作了说明，之后又多次易稿，2007年8月《规划》由国家发改委等五部委联合印发。

二、规划成果

规划目标：以2005年为现状水平年，2012年为近期目标年，2020年为远期目标年。总体目标为：基本形成从山顶到海洋环境保护与污染治理的一体化决策和管理体系，使海洋污染防治与生态修复、陆域污染源控制和综合治理、流域水资源和水环境综合管理与整治、环境保护科技支持、海洋监测五大系统全面发挥作用，初步实现海洋生态系统良性循环，人与海洋和谐相处。

(一)《改善入渤海主要河流生态环境用水的对策措施》专题成果

主要河流入海水量现状：45条入渤海主要河流流域面积为144.1万平方千米，多年平均降水深483.7毫米，多年平均水资源总量1498.9亿立方米，多年平均入海水量625.9亿立方米。入渤海主要河流流域水资源开发利用程度总体较高，水资源总量开发利用程度71.6%。入渤海河流多年平均最小生态需水量100亿立方米；多年平均生态环境需下泄水量为400亿立方米左右。

主要河流水资源配置及未来入海水量：预计到2030年，环渤海流域供水量合计1342亿立方米，同时考虑南水北调等多项跨流域调水工程，外调水量达到246.7亿立方米，主要河流多年平均入渤海的水量将达到448亿立方米，基本能满足多年平均入海水量400亿立方米的目标要求。

改善主要河流生态环境用水的对策：①建立与水资源条件相适应的节水型社会；②加强污水管理，控制退水水质和水量；③实施跨流域调水工程，增加可供水量；④优化配置水资源，退还部分挤占的生态环境用水；⑤实行有利于生态环境保护和经济社会发展的调度方式；⑥水土保持与水源涵养。

改善主要河流生态环境用水的保障措施：主要工程措施包括节约用水工程、跨流域水资源配置工程、水土保持与水源涵养工程、河湖生态修复与治理工程以及能力建设工程等。

（二）《入渤海主要河流限制排污总量对策研究》专题成果

入海主要河流水质现状：环渤海流域内现状废污水排放量 132 亿立方米每年，化学需氧量和氨氮排放量分别为 474 万吨每年和 43 万吨每年。环渤海流域现状废污水入河量为 97.59 亿立方米每年，化学需氧量和氨氮入河量分别为 278 万吨每年和 25 万吨每年。入渤海主要河流水功能达标比例 36%。

入海主要河流纳污能力：入渤海主要河流化学需氧量和氨氮现状纳污能力分别为 192.2 万吨每年和 9.0 万吨每年，规划纳污能力分别为 203.8 万吨每年和 9.6 万吨每年。

入海主要河流入河限制排污总量：2010 年化学需氧量入河限制排污总量为 119.7 万吨、氨氮 10.7 万吨；2020 年化学需氧量入河限制排污总量为 101.2 万吨、氨氮 7.6 万吨；2030 年化学需氧量入河限制排污总量为 81.1 万吨、氨氮 4.8 万吨。

水资源保护重点工程：包括河湖及河口水生态修复与环境治理、水质水量监测和应急系统建设、入河排污口综合整治、饮用水水源地保护、水土保持与水源涵养、重要河流水量调配等六大类工程，总投资 672 亿元。

水资源保护对策：①保护渤海水资源，要加强城乡饮用水水源地保护，保障城乡饮水安全；②切实转变经济增长方式，提高用水效率；③加强城市污水处理厂建设，实施废水资源化；④加强水生态修复和水污染综合治理；⑤加强入河排污口综合整治；⑥加强水环境监测站网建设；⑦加强水环境污染应急系统建设等。

第八节　南水北调东线工程治污规划

一、规划背景

南水北调东线工程是解决海河流域缺水现状的一项重要战略措施，同时对于推动流域的水资源保护与水污染防治工作、改善生态环境起着重要作用。根据国务院领导关于南水北调工程要"先节水、后调水，先治污、后通水，先环保、后用水"的指示精神，由国家计委会同水利部、国家环保总局、建设部等部门及江苏、山东、河北、天津等省（直辖市）制定南水北调东线工程治污规划，并将其纳入工程总体规划。

二、规划开展情况

海委作为编制组成员单位，负责黄河以北输水线路的水质保护方面工作，重点为输水干线及入干线支流水质监测与评价、水质预测、入河排污口普查与截污导流方案编制，截污导流工程线路比选与规划。

2001 年 2 月底，编制完成《南水北调东线（黄河以北）治污规划纲要（初稿）》。

2001 年 3 月，完成《南水北调东线（黄河以北）治污规划（初稿）》，经与有关省（直辖市）部门协调，并通过水利部南水北调管理局组织的专家初步验收。

2001年4月，修改完成《南水北调东线（黄河以北）治污规划（送审稿）》。2001年4月28日，水利部南水北调管理局主持，国家环保总局、建设部等专家参加，对南水北调东线治污规划子规划进行了验收。

2001年7月，南水北调东线工程治污规划通过了由国家计委主持的领导小组审查。

2001年12月14日，水利部南水北调规划设计管理局在北京主持召开《南水北调东线工程治污规划》专家审查会，会后根据专家意见，修改完成规划。

三、规划成果

南水北调东线工程治污规划以实现输水水质达Ⅲ类标准为目标，以全面落实节水措施为前提，重在建立"治、截、导、用、整"五位一体的污水治理体系。

治污规划按南水北调输水线路、用水区域和相关水域的保护要求，划分为输水干线规划区、山东天津用水规划区（含江苏泰州）和河南安徽规划区。三大规划区下划分8个控制区53个控制单元，以控制单元作为规划污染治理方案、进行水质输入响应分析的基础单元。规划了清水廊道工程、用水保障工程及水质改善工程三大工程。

清水廊道工程以输水主干渠沿线污水零排入为目标，投资161.3亿元，建设城市污水处理厂102座，辅以必要的截污导流工程及流域综合整治工程，形成清水廊道，确保主干渠输水水质达Ⅲ类标准。工程建成后可保证黄河以南35个控制单元中的10个控制单元实现污水零排入，黄河以北12个控制单元全部实现污水零排入。输水干线区化学需氧量削减率达64.9%、氨氮削减率达53.2%，并使未实现污水零排入的控制单元排污量小于水环境容量。

用水保障工程以保障天津市区、山东西水东调水质为目标，投资34.7亿元，建设5座城市污水处理厂、3项截污导流工程，化学需氧量削减率为18.5%，氨氮削减率为34.1%，处理后污水实现对引水线路的零排入，达到该规划区内用水水质Ⅲ类的目标。

水质改善工程以改善卫运河、漳卫新河、淮河干流及洪泽湖水质为主要目标，投资36.4亿元，建设城市污水处理工厂26座，关闭35条年治浆能力在2万吨以下的草浆造纸生产线，化学需氧量削减率为25.9%，氨氮削减率为57.4%，可保证淮河干流水质达Ⅲ类，入洪泽湖支流水质达Ⅳ类，河南卫运河断面化学需氧量浓度低于70毫克每升，避免对山东滨海地区的污染。

实施总投资323.6亿元，共370个项目的南水北调东线治污工程规划，对推动淮河、海河流域城市环境基础设施建设、促进工业结构调整、提高各城市节水水平、发展现代农业都有积极作用。

其中，城市污水处理工程133项，总污水处理规模646万吨每日，使全区城市污水处理率达到70%以上。

实施工业治理项目188个，关闭年治浆能力在2万吨以下的草浆造纸生产线61条。

工业污水回用项目42个，城市污水处理厂尾水回用项目49个，回用规模110万吨每日，使全区污水回用率达到20%以上。

在京杭运河、南运河等输水干渠两侧，骆马湖、南四湖、东平湖等水库周围50～100米建设绿色生态屏障，于各入湖河口建设湿地处理系统，河湖周边地区建立有机食品基地，形成水陆结合的农业面源污染控制体系。

东线工程治污规划的有效实施、保障条件是建立筹资、建设、运行、管理的市场化机制。地方行政首长需运用行政、法律、经济手段，确保输水干线水质目标的实现。

第九节 其 他 相 关 规 划

一、海河流域水污染防治规划

《中华人民共和国水污染防治法》规定"防治水污染应当按流域或者按区域进行统一规划"。国家确定的重要江河、湖泊的流域水污染防治规划，由国务院环境保护主管部门会同国务院经济综合宏观调控、水行政等部门和有关省（自治区、直辖市）人民政府编制，报国务院批准。1997年以来海河水保局作为流域规划编制副组长单位，配合环保部门制定"九五""十二五"及"十三五"的海河流域水污染防治规划编制工作，在水功能目标、水域纳污能力、排污总量分配等方面协助环保制定流域污染消减目标，并提出了流域综合治理、引水工程、河道整治清淤等工程治理项目。同时海河水保局也按照水利部要求，对流域"十五"及"十一五"海河流域水污染防治规划的征求意见稿提出了修改意见。

二、京津冀都市圈区域规划水资源专题研究

《京津冀都市圈区域规划》是国家"十一五"规划中的一个重要的区域规划。国家发改委于2004年11月正式启动京津冀都市圈区域规划编制工作。2005年4月，召开了工作布置会议，海委负责水资源专题，海河水保局作为责任单位，具体负责编制工作；同年9月、11月提出阶段报告，征求有关部门和专家意见，12月初完成专题研究的送审稿，12月下旬完成《京津冀都市圈区域规划水资源专题研究报告》。在专题研究过程中，与同期进行的海河流域水资源综合规划、生态环境恢复水资源保障规划、海河流域水利改革与发展"十一五"规划等工作紧密结合，以京津冀都市圈10个行政区为单元，分析了水资源开发利用及管理现状、揭示了存在的主要问题；以2010年、2020年为预测水平年，提出规划原则和目标，进行了城乡"三生"需水预测、各行政区水资源和水环境承载能力分析，做出管理规划和工程规划等内容。该研究成果是京津冀都市圈区域水资源规划的参考依据。

第九章

水 生 态 系 统 保 护

随着流域人口的快速增长和经济社会的高速发展，生态系统尤其是水生态系统承受越来越大的压力，出现了水源枯竭、水体污染、河道断流、湿地萎缩、地下水超采等生态问题。2002年7月海委开始组织编制《海河流域生态环境恢复水资源保障规划》。2005年开始，海河水保局组织开展了流域重要河湖健康评估以及重点湿地现状调查工作，及时掌握流域水生态系统状况。2013年以来，海河水保局积极推进流域水生态文明城市建设试点工作，为流域水生态文明建设实践提供了有益的经验。2015—2017年，按照《京津冀协同发展规划纲要》要求，先后编制了《京津冀协同发展六河五湖综合治理与生态修复总体方案》《永定河综合治理与生态修复总体方案》等。

第一节　海河流域生态环境恢复水资源保障规划

一、规划背景

海河流域最核心的问题是生态问题，生态恢复是海河流域治理的工作目标。海委于2002年6月编制完成《海河流域生态环境恢复规划任务书》上报水利部。规划任务书于2002年7月5日通过水利部水规总院审查，水利部以水规计〔2005〕10号文正式批复。水利部于2002年7月29日召开部长办公会，专题研究海河流域生态与环境水资源保障规划。会议纪要指出，海河流域水资源严重短缺，水生态与环境恶化问题十分突出，海委对此进行深入研究并着手编制规划，是一项具有开创性的工作，很有意义，十分必要。会议正式确定规划名称为"海河流域生态环境恢复水资源保障规划"。通过规划名称的确定，表明了该规划的任务是通过水资源配置和水利工程的运用，为生态修复和环境改善提供水资源的保障。规划的实质是在以往以生活生产为目标的传统水资源规划基础上的扩展，将生态列为水资源配置的目标。规划着重解决生态修复中水这一关键因素，而生态物种等方面修复到何种程度不是该规划的目标。海河水保局作为规划承担单位，负责规划的主要编制工作。

二、规划开展情况

2002年8月，海河水保局组织有关单位开展了流域生态与环境实地调查；9月，海河水保局组织召开了流域内各省（自治区、直辖市）水利厅（局）参加的第一次规划编制工作会议，统一认识，明确分工和进度。2003 年 6 月，初步完成了基础资料收集、背景分析、生态与环境演变、生态与环境现状调查评价和生态恢复目标等内容。2004 年 2 月，基本完成了生态与环境需水量、生态供水配置规划、工程规划、非工程规划和保障措施等内容；清华大学水文水资源研究所、清华大学公共管理学院、中国科学院地理科学与资源研究所、北京师范大学环境科学研究所和天津大学水利系，分别承担规划的专题研究工作，也相继提出了专题研究初步报告。于 2004 年 7 月完成了规划报告征求意见稿。海委于 2004 年 8 月 13 日在北京召开了咨询会，2004 年 9 月 3 日又在天津召开了成果研讨会，征求流域内各省（自治区、直辖市）水利（水务）厅（局）的意见。根据咨询意见，海委再次对规划报告进行了全面修改和完善，于 2004 年 11 月完成规划报告送审稿。水利部水规总院于 2005 年 7 月 17—19 日在北京对规划送审稿进行了审查，根据审查意见，再次对规划报告进行了修改，规划正式报告于 2005 年 11 月上报水利部。

三、规划成果

生态与环境演变和现状评价：对 21 条全长 3664 千米平原河道调查表明干涸比例达 60%；白洋淀等 12 个主要平原湿地水面面积 2000 年降至 538 平方千米，较 20 世纪 50 年代减少了 80%；河口生态恶化。2000 年入海水量只有 8 亿立方米；地下水超采量达 77 亿立方米，形成了 6 万平方千米的浅层和 5.6 万平方千米的深层水超采区，主要泉的出流量比 50 年代减少 53%；水土流失依然严重，水土流失面积为 10.4 万平方千米；全流域受污染河流 2000 年达到 72%。平原浅层地下水质劣于 Ⅲ 类的面积达 76%，其中有 6.2 万平方千米为人为污染。

规划指导思想：按照国家新时期治水方针，坚持科学发展观，以人为本，实现人与自然的和谐相处。从可持续发展的战略高度出发，把生态与环境安全放在事关社会稳定、国家安全的重要位置，统筹考虑解决水资源短缺、水环境恶化和洪涝灾害三大问题，通过加强保护、节约用水、合理配置、科学管理，为维系和恢复良好的生态与环境提供水资源保障，改善人居环境和发展环境，促进流域经济社会的可持续发展。

生态与环境恢复总目标：通过实施节水治污、南水北调、水资源优化配置、水土保持等措施，在 2010 年实现遏制生态与环境进一步恶化、局部生态有所改善的目标。到 2030 年（地下水到 2050 年），使流域生态与环境总体恢复到 20 世纪 70 年代水平。

具体指标：到 2030 年，海河平原 21 条主要河道全年干涸长度由现状的 2189 千米降至 1431 千米以下（相当于 20 世纪 70 年代水平），白洋淀等 12 个主要湿地水面面积由现状的 538 平方千米增加到 769 平方千米，平水年入海水量达到 30 亿立方米以上，平原较 2000 年减少地下水开采量 40 亿立方米，26 个大中城市河湖人均水面达到 3 平方米，治理 9.9 万平方千米山区水土流失面积。到 2050 年达到浅层地下水采补平衡，深层地下水基本禁采。

生态与环境需水量：生态与环境需水包括河道、湿地、河口、地下水、城市河湖、水土保持 6 个生态要素所需水量。海河流域生态与环境总需水量 2010 年为 137 亿立方米，2030 年为 150 亿立方米。其中河道内生态需水量（河道、湿地、河口生态需水）为 43 亿立方米；河道外生态与环境需水（地下水恢复、城市河湖和水土保持）107 亿立方米。

生态供水配置规划：在南水北调工程实施条件下，通过"三生"用水合理配置，2010 年、2030 年规划目标可以实现。到 2050 年，在增加外调水 39 亿立方米的条件下，地下水实现采补平衡。

管理规划措施：①调整水利工程调度方式，保障河流、湿地生态用水；②做好水源替代，保障地下水位恢复；③理顺水价关系，保障生态供水；④做好水功能区管理，保障水资源安全利用。

规划投资：项目包括河道、湿地、地下水、生态监测 4 大类共 36 项，总投资 50 亿元。其中，河道恢复 6 项，投资 10 亿元；湿地恢复 15 项，投资 21 亿元；地下水恢复 8 项，投资 15 亿元；生态监测建设项目 7 项，投资 4 亿元。

建议：①加大水污染防治力度；②加快建设节水型社会；③调整农业生产结构，保护山区生态；④加快南水北调西线建设；⑤加强法律法规体系建设；⑥加强宣传教育和人才培养；⑦加强多部门协作。

第二节　河湖健康评估及湿地调查

海河水保局自 2005 年起开展了海河流域湿地调查工作，2011—2017 年连续 7 年开展了流域重要湿地现状调查，2012—2017 年连续 6 年开展了流域河湖健康评估，取得了丰富的成果，为流域河湖生态评估、保护和修复提供科学依据。

一、流域湿地普查

（一）工作开展情况

海河水保局为贯彻落实海委党组提出的打造"湿润海河，清洁海河"的目标，自 2005 年 11 月对流域内湿地展开全面系统地实地调查与收集资料；2006 年 10 月，初步完成流域内各省（自治区、直辖市）湿地自然环境状况、主要生物资源、社会经济状况、保护利用状况、受威胁状况、水利工程建设状况、历史演变等基础资料的收集，并完成了各省（自治区、直辖市）湿地调查初步分报告；2006 年 10 月底，在天津召开了"海河流域湿地调查汇总会议"，来自北京、天津、河北、山西、河南、山东、内蒙古 7 省（自治区、直辖市）及漳卫南局的水文、水资源部门的代表参加了会议，会议主要针对报告的技术方法、标准和格式等细节进行了交流并做出规范；2006 年 11 月底，完成了海河流域湿地调查报告初稿；2006 年 12 月上旬，海河水保局召开了两次咨询会，征求专家和有关部门的意见，对报告进行了修改与完善；2007 年印发《海河流域湿地调查报告》。

（二）主要成果

1. 类型和分布情况

海河流域湿地资源丰富，类型多样，滨海、河流、湖泊、沼泽、库塘五个类型的湿地遍布于流域内各处。经调查，全流域湿地面积 87.97 万公顷（至少三年过水一次），占流域总面积的 2.77%。全流域共有滨海湿地 10 个，河流湿地 143 个，湖泊湿地 15 个，沼泽湿地 55 个，库塘湿地 145 个。海河流域湿地包括了 5 类 16 型，主要以滨海湿地、河流湿地和库塘湿地为主。海河流域湿地中包括密云水库、七里海、官厅水库、衡水湖、岳城水库等国家级湿地 11 个；南大港、白洋淀、黑风河沼泽、徒骇河、马颊河等省级湿地 14 个。

2. 主要生物情况

海河流域湿地内有着丰富的生物资源。水鸟种类达 170 余种，珍稀鸟类 100 多种，其中国家一级保护鸟类 20 多种，国家二级保护鸟类 60 多种，中、日候鸟保护协定中的候鸟 150 多种，中澳候鸟保护协定 30 余种；湿地内植物资源十分丰富，达 1500 余种，国家二级重点保护植物 20 余种，还发现有刺菜、罗布麻等多种珍稀植物，因此海河流域湿地具有国际性湿地资源优势。

3. 水文水质

海河流域湿地多年平均降水量为 300～750 毫米，有明显的地带性差异，南部多于北部，山区迎风坡多于背风坡；年内分配很不均匀，年际变化很大。平均年水面蒸发量为 1100 毫米，平均年陆面蒸发量为 470 毫米，蓄水量在 80 亿立方米以上。多年平均水资源总量为 370.30 亿立方米，2005 年水资源总量为 267.47 亿立方米，地表水资源量为 121.86 亿立方米。

水质状况按行政区统计，北京市、天津市、河北省湿地水质较好，河南省、山西省湿地水质较差，山东省湿地水质最差；按水系统计，北三河、滦河水系湿地水质较好，永定河、漳卫南运河、子牙河水系湿地水质较差，大清河、徒骇马颊河水系湿地水质最差。

4. 湿地评价结果

就海河流域湿地生态系统服务功能占全国生态系统服务价值的比重而言，调节水分、养分循环所占的比例较高（92.51‰、26.47‰），这与流域湿地生态系统的自身性质有关；娱乐所占比例居第 3 位（11.08‰），这是由于流域内许多湿地的主要产业以旅游为主。海河流域生态安全综合指数为 5.1968，属于预警状态。

二、重点湿地调查（2011—2017 年）

（一）工作开展情况

从 2011 年起，以湿地水生态保护与修复为目标，海河水保局通过对流域内重要湿地的基本情况、水源、水质、生物和保护措施等方面的现状调查分析，摸清现状条件下湿地存在的问题，提出有针对性的建议和对策，为流域水生态的保护和修复提供重要依据和技术支撑。2011 年主要调查南大港、大浪淀、白洋淀、衡水湖湿地，2012 年调查娘子关泉，2013 年主要调查北大港、七里海和大黄堡洼，2015 年主要调查北大港、七里海、大黄堡、黄庄洼、青甸洼、团泊洼、白洋淀、衡水湖、南大港和永年洼等 10 个湿地，2016 年和 2017 年主要调查《京津冀协同发展六河五湖综合治理与生态修复总体方案》中的"五湖"，即七里海、北大港、南大港、白洋淀和衡水湖。

（二）主要成果

2011 年：对南大港、大浪淀水库、白洋淀、衡水湖进行了重点调查，基本摸清了湿地的历史和现状情况，湿地存在水源补充不足、污染加剧、生物多样性下降、淤积日益严重、管理水平不高、法律体系不完善、缺乏湿地管理协调机制、监测体系不完善、资金严重缺乏、工程标准低老化失修严重、湿地保护宣传教育滞后等问题。建议：建立水库联调机制、加强入湿地河道沿途排污监测和治理、注重湿地自身的污染治理、加大生物多样性保护、加强水利工程建设、建立完善的监测网点、出台湿地保护的法律法规等。

2012 年：对娘子关泉域进行了调查，调查结果显示，自 20 世纪 60 年代以来，娘子关泉水流量总体上一直处于趋势性下降状态；由于娘子关泉域特定的地质结构，城市及各种工矿企业集中分布于泉域补给区上游，娘子关泉域水污染问题非常严重；城镇扩张，旅游业发展，湿地面积减少；生物多样性下降，大型藻类种类数量从 1985 年到 2006 年逐年减少；泉群湿地目前还没有明确哪一家单位和部门专门进行管理。建议：明确保护责任部门，加大对入湿地河流流域的污染治理，注重湿地自身的污染治理，加强生物多样性保护，建立水文、生态、环境等各项指标的长期监测制度，建立起完善的监测网点，开展湿地保护宣传教育工作。

2013 年：调查了北大港、七里海和大黄堡等湿地自然环境状况、主要生物资源、湿地保护和利用情况、湿地水资源情况。结果表明湿地保护存在的问题主要有三大方面，即湿地保护与经济发展不协调、湿地保护与社会发展不协调、湿地保护与管理机制不协调。提出的对策有：①扩大湿地保护面积，实行抢救性保护；②尽快完善法制体系，出台湿地的保护与管理政策，厘清职责；③坚持保护与利用兼顾、保护为先的原则，加快湿地生态旅游业、水产养殖业、高效避洪农业、农副产品保鲜加工业的发展；④建立健全管理机制，划清责、权、利，打开行业壁垒，建立有效的湿地保护协调机制，形成湿地保护合力；⑤规划研究要先行，以科学技术保障湿地生态健康；⑥推行现代绿色经济生产模式，实现可持续发展；⑦筹集资金，专款专用，完善湿地保护基础设施；⑧划定湿地红线，将保护区的核心区、缓冲区都划入红线保护范围，禁止一切和保护无关的生产建设活动。

2015 年：在全面收集海河流域 10 个重要湿地相关资料的基础上，调查分析了湿地土地利用、水质、水量、水生态状况和湿地保护情况，采用生态补水法计算了 10 个湿地的生态水量为 4.1 亿立方米，其中白洋淀最大，为 1.0 亿立方米。水质评价结果显示，10 个重要湿地中衡水湖水质为Ⅳ类，白洋淀和永年洼部分监测断面为Ⅴ类，其他 8 个湿地水质均为劣Ⅴ类，主要污染物为化学需氧量、高锰酸盐指数、氨氮、总氮和总磷。汛期污染物浓度略低于非汛期。

2016 年：调查对象为《京津冀协同发展六河五湖综合治理与生态修复总体方案》中的"五湖"，即七里海、北大港、南大港、白洋淀和衡水湖。对湿地的基本情况、土地利用、水质、水生态和管理保护情况进行调查。土地利用分析，七里海坑塘水面和水库水面面积增加，芦苇面积有所减少。北大港内陆滩涂面积大幅增加，芦苇面积大幅减少。南大港内陆滩涂面积大幅增加，芦苇面积和水库水面面积减少。白洋淀水面面积大幅减少，内陆滩涂和芦苇面积增加。衡水湖各土地利用类型面积基本不变。水质评价，全年衡水湖水质相对较好，为Ⅳ～Ⅴ类，其他 4 个湿地水质均为劣Ⅴ类，南大港湿地水质较差，主要污染物为高锰酸盐指数、化学需氧量和总氮。生态调查，湿地生物多样性指数为 0.43～2.50，白洋淀生态多样性最差，北大港湿地生态多样性最好。

2017 年：调查对象与 2016 年相同。土地利用，湿地枯水期生态水面面积占湿地总面积的 51%，丰水期为 59%，主要原因是部分用地在枯水期为内陆滩涂，丰水期转变为芦苇或水面。与上一年相比，生态水面面积增加 2%。水质评价，全年衡水湖和白洋淀水质相对较好，分别为Ⅳ类和Ⅴ类，其他 3 个湿地水质均为劣Ⅴ类，主要污染物为高锰酸盐指数、化学需氧量、总磷和总氮。无论是汛期还是非汛期，总氮浓度均低于 2016 年，表明水体的有机污染得到一定的控制，富营养化趋势减轻。生态调查，湿地生物多样性指数为 1.93～3.37，白洋淀生态状况最好，南大港生态状况最差，"五湖"生态状况整体变好。

三、河湖健康评估（2012—2017 年）

（一）工作开展情况

根据水利部《关于做好全国重要河湖健康评估有关准备工作的通知》（资源保函〔2010〕7 号）和《关于做好全国重要河湖健康评估（试点）工作的函》（资源保函〔2011〕1 号）的要求，开展河湖健康评估试点工作。监测中心负责此项工作，并通过招投标等方式寻求技术支持，2011 年对白洋淀进行了健康评估，2012 年对滦河、白洋淀进行了健康评估，2013 年对于桥水库、岳城水库、漳河进行了健康评估，2014 年对于桥水库、岳城水库和漳河进行了健康评估，2015 年对白洋淀、滦河、岳城水库、漳河进行了健康评估，2016 年对洋河、桑干河、永定河进行了健康评估，2017 年对永定河进行了健康评估。

（二）主要成果

（1）滦河健康评估。2012 年评估计算得到滦河健康赋分为 43.5 分，健康状况结果处于"亚健康"等级；2015 年评估计算得到滦河健康赋分为 53.7 分，健康状况结果处于"亚健康"等级。

（2）于桥水库健康评估。2013 年评估计算得到于桥水库健康赋分为 65.6 分，健康状况处于"健康"；2014 年评估计算得到于桥水库健康赋分为 55.1 分，健康状况处于"亚健康"。

（3）白洋淀健康评估。2011 年评估计算得到白洋淀健康赋分为 37.5 分，健康状况结果接近"亚健康"，但仍处于"不健康"等级。2012 年评估计算得到白洋淀健康赋分为 36.4 分，健康状况结果仍处于"不健康"等级。2015 年评估计算得到白洋淀健康赋分为 44.9 分，健康状况结果为"亚健康"，接近"不健康"等级。同 2012 年健康状况相比，2015 年白洋淀健康状况略有改善，主要原因有通过给白洋淀补水，使白洋淀生态水位得到充分保障；保定市加大了对白洋淀淀区的治理力度。

（4）漳河健康评估。2013 年评估计算得到漳河健康赋分为 53.2 分，健康状况结果处于"亚健康"等级。2014 年评估计算得到漳河健康赋分为 49.9 分，健康状况结果处于"亚健康"等级。2015 年评估计算得到漳河健康赋分为 58.8 分，健康状况结果处于"亚健康"等级。

（5）岳城水库健康评估。2013 年评估计算得到岳城水库健康赋分为 68.59 分，健康状况结果为"健康"等级。2014 年评估计算得到岳城水库健康赋分为 65.9 分，健康状况结果为"健康"。2015 年评估计算得到岳城水库健康赋分为 69.2 分，健康状况结果为"健康"。

（6）桑干河健康评估。2016 年评估计算得到桑干河健康赋分为 39.2 分，健康状况结果处于"不健康"等级。

（7）洋河健康评估。2016 年评估计算得到洋河健康赋分为 53.5 分，健康状况结果处于"亚健康"等级。

（8）永定河健康评估。2016 年评估计算得到永定河健康赋分为 39.78 分，健康状况结果处于"不健康"等级。2017 年评估计算得到永定河健康赋分为 39.6 分，健康状况结果处于"不健康"等级。

第三节　水生态文明试点城市建设

为加快推进水生态文明建设，探索符合我国水资源、水生态条件的水生态文明建设模式，2013 年以来水利部共确定了二批 105 个基础条件较好、代表性和典型性较强的城市，其中涉及海河流域共有 9 个试点城市。

一、试点建设主要工作

水生态文明城市试点建设主要包括 4 方面工作：①以实行最严格水资源管理制度为核心内容，划定红线，加强制度建设与行为约束；②以江河湖库水系连通为重要举措，优化水资源空间布局，促进生态自然修复；③以拓展城市水利工作为重要方向，推动节约集约利用水资源，增强城市可持续发展能力；④以理念和认识的提高为长效机制，增强全民节水意识、环保意识、生态意识。

二、实施方案审查组织情况

2013 年年底，第一批各城市试点实施方案基本编制完成。根据《水利部办公厅关于做好水生态文明城市试点建设实施方案审查工作的通知》（办资源函〔2013〕1156 号）要求，于 2014 年 1 月 23—24 日、4 月 9—11 日，海委分别会同北京市、天津市和河北省水利（水务）厅（局）召开了密云县、武清区和邯郸、邢台两市的实施方案审查会。按照《水利部办公厅关于做好第二批水生态文明城市试点建设实施方案审查工作的通知》（办资源〔2014〕138 号）的要求，海委受水利部委托，负责流域第二批 5 个水生态文明城市试点（北京市的门头沟区和延庆县、天津市蓟县、河北省承德市、河南省焦作市）实施方案的审查工作。海委按照水利部要求，精心组织、有序推进，成立了由部领导小组办公室、海委及省（直辖市）相关单位和专家组成的审查委员会，较好地完成了两批 9 个试点城市的水生态文明城市试点建设实施方案审查工作。

（1）审查前制定审查工作方案。海委高度重视实施方案的审查工作，对做好审查工作提出具体要求，并成立海委工作组，组长为分管副主任，工作组包括了水资源保护、规划计划、水资源、水土保持等有关处室，工作组多次组织学习水利部关于水生态文明和试点建设的相关文件和材料，审查会前对审查重点进行了集中讨论，加深了理解，统一了思路。同时按照水利部的要求制定了审查工作方案，审查工作方案对审查的组织形式、资料准备、审查委员会组成、审查方式及时间安排等进行了详细部署，确保了审查工作的顺利进行。

（2）审查时成立审查委员会。审查委员会由部领导小组办公室、海委及省（直辖市）相关单位和专家组成。审查委员会主任由分管委领导担任，副主任为试点所在地省级水行政主管部门分管领导担任。为保证审查质量，审查委员会成员由水利部、流域、地方多层次和规划计划、水生态、水资源、水土保持多部门人员组成。

（3）审查过程中采取现场考察与会议相结合的形式。经试点现场实地查勘、调研和座谈，充分了解了试点工作开展的实际情况；审查会议上听取了实施方案汇报，通过审议资料、质询和讨论，最终审查委员会同意九个试点通过审查。为严格评审保证方案质量，在形成审查意见的基础上，提出了具体的修改意见，供实施方案编制单位对照修改。

（4）审查通过后，海委及时整理了会议意见，按要求向水利部水资源司上报审查意见和工作总结，并且继续与试点城市保持沟通，积极推进试点实施方案完善和上报工作。

试点城市实施方案审查的圆满完成为海河流域水生态文明建设的顺利推进奠定了坚实的基础。

三、实施方案编制情况

海河流域 9 个试点城市充分考虑当地水资源、水环境、水生态条件，立足自身特色，编制的试点建设实施方案总体上定位准确、内容全面、重点突出，特色鲜明，符合《水利部关于加快开展全国水生态文明城市建设试点工作的通知》和地方水生态文明建设的有关要求，具有典型的流域示范意义。北京市密云县以保障北京市生态安全和水源安全为重点，突出密云水库水源涵养和水源地保护，积极推进"山青、水净、岸绿、湖美"的水生态文明城市建设，开创性提出循环水务村建设，体现了地方特色。天津市武清区以建设京津水生态廊道为重点，突出城乡水生态一体化，积极推进水管理、水生态、水供用、水安全和水文化五大体系建设，促进经济社会健康协调可持续发展。邯郸市以城市生态大水网连通为重点，积极推进水资源优化配置和水生态保护与修复恢复，以实现"西部山青泉涌""中部河通水清""东部采补平衡"为目标。邢台市以泉域水生态修复为重点，推进环城水系连通整治和地下水压采，以实现"山、泉、湖、河、城"相融合的美丽泉城为目标。

流域试点城市的实施方案不但在水生态文明建设措施上特色鲜明，而且在挖掘和弘扬水文化上也注重了区域特殊性，彰显了地方特色。如：密云县依托古代寺庙水文化遗产，建设成了水生态文明宣传教育基地；武清区挖掘大运河文化遗存，在保护的基础上，开展北运河生态文化旅游建设；邯郸市充分挖掘悠久历史和深厚文化，构建了赵都古城的水韵特色水文化体系；邢台市发掘泉水历史文化，开展水文化推进示范项目，并将文化元素融于水景观建设工程中，丰富了水文化内涵。

四、试点验收

在试点建设期间，海河水保局通过调研、试点评估、审查等方式加强对试点建设的检查督导，并做好技术指导，保障流域试点建设工作顺利开展。按照《水利部办公厅关于做好第一批全国水生态文明城市建设试点验收工作的通知》（办资源函〔2017〕201 号）的要求，验收程序主要包括：验收申请、技术评估和行政验收等三方面工作，海河水保局派专家参加了技术评估专家组和行政验收组。海河流域第一批 4 个试点城市，按要求已于 2017 年年底前全部完成了验收，第二批 5 个试点城市，除承德市以外，于 2018 年年底前全部完成了验收。

第四节　京津冀协同发展六河五湖综合治理
与生态修复总体方案

一、工作开展情况

京津冀地区战略地位十分重要，是我国经济最具活力、开放程度最高、创新能力最强、吸纳人口最多的地区之一，也是拉动国家经济发展的重要引擎。实施京津冀协同发展是党中央国务院在新的历史条件下作出的重大决策部署。2015 年中共中央、国务院印发的《京津冀协同发展规划纲要》要求，推进永定河、滦河、北运河、大清河、南运河、潮白河"六河"绿色生态河流廊道治理，实施白洋淀、衡水湖、七里海、南大港、北大港等"五湖"生态保护与修复，开展六河五湖的综合治理与生态修复对改善京津冀生态环境具有重要作用。

2015 年 7 月，水利部以水规计〔2015〕300 号文批复《京津冀协同发展六河五湖综合治理与生态修复总体方案项目任务书》。8 月，海委以海规计〔2015〕31 号文印发《京津冀协同发展六河五湖综合治理与生态修复总体方案工作大纲和工作方案》，海河水保局承担总体方案编制工作，会同北京、天津、河北、山西 4 省（直辖市）水利（水务）厅（局）相关部门和单位，经实地调查、专题讨论、技术协调以及成果衔接等，于 10 月完成了《京津冀协同发展六河五湖综合治理与生态修复总体方案（初稿）》。经专家咨询、征求相关省（直辖市）意见以及多次修改完善后，于 12 月形成《京津冀协同发展六河五湖综合治理与生态修复总体方案（送审稿）》，并于 2016 年 2 月通过水利部水利水电规划设计总院组织的审查。按照审查专家意见，海河水保局组织编制单位对总体方案作了进一步修改完善，形成《京津冀协同发展六河五湖综合治理与生态修复总体方案》。2018 年 11 月，水利部以办规计〔2018〕258 号文印发。

二、主要成果

指导思想：深入贯彻党的十八大和十八届三中、四中、五中全会精神，牢固树立"创新、协调、绿色、开放、共享"的发展理念，全面落实"节水优先、空间均衡、系统治理、两手发力"的新时期治水思路，以水资源水环境承载力为刚性约束，强化节水，优化用水结构，合理确定河湖生态用水规模，科学配置生态用水，着力扩大环境容量生态空间；以推动六河五湖水生态修复为主线，统筹河湖综合治理，保护饮用水水源地安全，改善河湖水环境质量，打造贯穿京津冀区域的绿色生态河流廊道；以改革创新流域河湖管理为抓手，加强河湖空间和用途功能的管控能力，健全联防联控与生态补偿机制，建立运转高效的跨区域协同管理体制机制。促进人与自然和谐发展，推动京津冀地区率先建立生态文明制度体系。

范围与水平年：主要为六河五湖涉及的京津冀相关区域（考虑到上下游关系，永定河治理范围外延至山西省桑干河）。六河重点治理河段为干流和重要支流，重点治理河段长2439千米；五湖治理重点为湖区及周边主要河流，重点治理面积1244平方千米。现状水平年为2013年，规划水平年为2020年。

治理目标：通过综合治理与生态修复，六河五湖防洪薄弱环节得到全面治理，形成完善的河湖连通体系，城镇黑臭河段得到有效治理，水功能区水质基本达标，河道内外用水结构更加合理，河湖生态水量得到基本保障，水生态环境得到明显改善，河湖生态空间实现有效管控。到2020年，六河五湖骨干河道及主要支流堤防达到规划防洪标准，河湖生态水量得到基本保障，水功能区水质达标率达到75％，饮用水水源地水质全面达标，跨区域、跨部门协同管理体制机制初步形成。

生态需水量复核：该方案在《海河流域综合规划（2012—2030年）》的基础上，对重点治理河段（湖）生态需水量进行了复核计算。以河段为单元，分山区河流、平原河流、湿地分别确定生态需水量。经复核计算，六河五湖生态需水量为19.31亿立方米，其中六河生态需水量13.27亿立方米，五湖生态需水量6.04亿立方米。

生态水量配置方案：六河95％来水频率下配置生态水量为13.27亿立方米，其中：当地地表径流为7.29亿立方米、农业节水0.55亿立方米、雨洪水及再生水利用3.95亿立方米、生态调度0.68亿立方米、外流域调水0.80亿立方米。五湖配置生态水量为6.04亿立方米，其中：地表径流为0.20亿立方米、雨洪水及再生水利用1.22亿立方米、外流域调水4.62亿立方米。

综合治理方案：根据各河湖流域上下游特点，结合各地经济社会发展实际，分别提出有针对性的治理措施，同时注重京津冀不同区域间的协同发展。山区河段重点通过水源涵养林建设、清洁小流域建设等，解决水源涵养不足、面源污染严重等问题；平原河段重点通过入河排污口整治、生态湿地建设、河道水面恢复、河岸带生态修复等，构建绿色生态河流廊道；五湖重点通过周边河流综合整治、湖淀污染源治理、栖息地恢复以及生态补水等措施，扩大湿地水面面积，逐步改善湖泊湿地水生态环境，保护和维持生物多样性。

综合管理与能力建设：①完善河湖管控体制，完善河湖综合管理体制机制、建立河湖水资源管控制度和加强河湖岸线空间管控；②建立水生态补偿机制，制定补偿标准，明确补偿主客体和生态补偿方式；③建立水生态监控预警系统，完善监测站网、建立大数据处理中心、建立水生态监控预警系统；④建立水生态监督管理机制，强化水行政执法、完善监督考核和责任追究机制、建立信息公开发布机制。

项目与投资安排：该方案重点安排了水行政主管部门牵头负责的水源涵养、水源地保护、河流生态保护与修复、湖泊湿地生态保护与修复、防洪薄弱环节治理、生态补水、综合管理与能力建设等7大类69个项目，投资720.6亿元。

保障措施：①加强组织领导，落实责任分工，北京、天津、河北3省（直辖市）各级人民政府要加强组织领导；②完善政策措施，建立长效机制；③科学管水治水，加强能力建设；④鼓励公众参与，加强社会监督。

第五节　永定河综合治理与生态修复总体方案

一、工作开展情况

《京津冀协同发展规划纲要》明确提出，要推进六河五湖生态治理与修复。永定河是六河五湖中的重要河流之一，是京津冀区域重要水源涵养区、生态屏障和生态廊道，存在水资源过度开发等突出问题，严重制约了京津冀地区经济社会的健康发展。先行开展永定河综合治理与生态修复，打造绿色生态河流廊道，是京津冀协同发展在生态领域率先实现突破的着力点，对改善区域生态环境具有重要的引领示范作用。

按照京津冀协同发展 2016 年工作要点的有关部署要求，2016 年 2 月，国家发展改革委会同水利部、国家林业局以及北京、天津、河北、山西 4 省（直辖市）启动了《永定河综合治理与生态修复总体方案》编制工作。4 月，国家发展改革委、水利部、国家林业局办公厅联合印发《〈永定河综合治理与生态修复总体方案〉编制工作安排意见》（发改办农经〔2016〕886 号），进一步明确了此项工作的总体要求、主要任务、工作分工和进度安排。海河水保局作为项目责任单位会同国家林业局调查规划设计院以及北京、天津、河北、山西 4 省（直辖市）水利（水务）厅（局）、林业厅（局）相关部门和单位共同开展此项工作。在不到一年的时间里，经实地调研、专题论证、成果协调，工作组于 2016 年 10 月编制完成了该方案（送审稿），12 月通过了中咨公司组织的评估，同年年底国家发展改革委、水利部、国家林业局联合印发了《永定河综合治理与生态修复总体方案》（发改农经〔2016〕2842 号）。

二、主要成果

指导思想：深入贯彻党的十八大和十八届三中、四中、五中全会精神，坚持"创新、协调、绿色、开放、共享"的发展理念，按照"节水优先、空间均衡、系统治理、两手发力"的新时期治水思路，落实京津冀协同发展战略要求，以保障河湖生态环境用水为目标，落实最严格水资源管理制度，强化节水，优化用水结构，科学确定河流生态水量，合理配置水资源；以打造绿色生态河流廊道为主线，加强资源生态红线管控，突出水生态保护，统筹山水林田湖系统治理，着力扩大生态容量空间；以改革创新河湖管理为重点，加强河湖空间和用途管控，提升流域综合管理能力，注重上下游协同推进，将永定河逐步恢复为"流动的河、绿色的河、清洁的河、安全的河"，为北京冬奥会等重大活动的举办提供生态保障，带动流域经济社会发展和产业结构转型升级，促进区域生态文明建设。

治理目标：现状水平年为 2014 年，近期水平年为 2020 年，远期水平年为 2025 年。到 2020 年，永定河综合治理与生态修复体系基本建成，初步形成绿色生态河流廊道；到 2025 年，全面建成绿色生态河流廊道，上游山区水源涵养能力明显提升，河流生态水量得到保障，生态环境质量得到进一步提高，北京冬奥会生态环境空间得到有效保障，结合自然修复，将永定河恢复为"流动的河、绿色的河、清洁的河、安全的河"，再现河道清水长流、湖泊荡漾涟漪、沿岸绿树连绵、城乡山川相融的自然山水风貌。

　　治理布局：按照"以流域为整体，以区域为单元，山区保护，平原修复"的原则，将永定河划分为水源涵养区（三家店以上）、平原城市段（三家店—梁各庄）、平原郊野段（梁各庄—屈家店）、滨海段（屈家店—防潮闸）等4个区段，分区施策，"治理、恢复、提升"多措并举，突出"山水林田湖"各生态要素生命共同体，最终把永定河建设成为贯穿京津冀晋的绿色生态大通道和引领带动区域生态文明建设的典范。

　　生态环境需水量：该方案按照"流动的河"的目标和"山区节点保障基流、平原河段维持水面、保障一定入海水量"的思路，重新复核生态环境需水量为2.60亿立方米，占多年平均天然径流量的18.0％；目标生态环境需水量为5.74亿立方米，占多年平均天然径流量的39.8％。

　　生态补水保障方案：2020年，永定河山区在优先采取退灌还水等一系列节水降耗措施，较大幅度降低当地水资源开发利用基础上，桑干河及永定河干流河道内生态用水仍有一定的缺口。拟通过万家寨引黄及北京市再生水向永定河补水措施，其中，再生水补水0.7亿立方米，引黄水补水1.08亿立方米，满足95％保证率河道内基本生态用水需求。

　　治理与修复任务。《永定河综合治理与生态修复总体方案》提出了5项重点治理措施：①水资源节约与生态用水配置。实施官厅水库上游地区大中型灌区节水和种植结构调整，退还被农业挤占的河道生态用水；实施生态补水工程，提高生态用水保障；完善再生水配套管网，利用再生水补充河道生态用水；治理地下水超采，压减地下水开采量。②河道综合整治与修复。消除干支流防洪隐患，保障区域防洪排涝安全；加快河道生态治理修复，改善河流生态景观，净化河流水质；实施河道防护林建设，美化环境、保持水土和防风固沙；推进河道湿地公园建设，实现文化传承，扩大城市游憩空间。③水源涵养与生态建设。通过水源涵养林建设，提高上游地区水源涵养、水土保持生态功能；加强幼龄林抚育管理，推进低质低效林改造，提升森林质量；完善自然保护区和森林公园基础设施与管理能力建设，促进生物多样性保护。④水环境治理与保护。进一步加大城镇污水治理力度，提高城镇污水处理标准，减少入河污染物总量；开展清洁小流域建设，控制农业农村污染物排放，削减面源污染物入河量；实施入河排污口整治，进一步改善河湖水质；开展水源地周边综合治理，提升水源地环境质量。⑤水资源监控体系建设。建立永定河流域统一的水资源实时监控与调度系统，落实永定河分水方案，保障永定河生态需水量。

　　创新实施机制：①建立协同发展机制，促进流域统一管理；②实施生态水量调度，强化生态红线管控；③加强政策机制引导，推动生态补偿机制；④创新资金筹措机制，保障方案顺利实施；⑤改革创新投融资模式，组建永定河生态建设投资公司，采用市场化模式承担省（直辖市）政府之间和政府与企业之间的商业合作项目；⑥培育河流生态环境保护与修复市场主体。

　　治理项目与投资估算：梳理治理项目清单，包括农业节水与种植结构调整、水量配置与用水保障、河道综合整治、水源地保护及地下水压采、水源涵养、河道湿地公园建设以及能力建设等7类共118个项目，进一步筛选确定了80个项目作为优先实施项目，优先实施项目总投资369.4亿元。

三、实施阶段开展的有关工作

（1）配合海委编制了《永定河综合治理与生态修复总体方案》三年滚动任务清单和项目清单（2017—2019 年）。

（2）按海委要求复核省（直辖市）永定河综合治理与生态修复实施方案。6 月，海委会同国家林业规划院复核北京、天津、河北、山西 4 省（直辖市）提出永定河综合治理与生态修复实施方案，进行复核审查并印发复核意见。

（3）配合编制永定河生态水量调度管理方案。主要包括永定河生态水量调度方案和2018—2025 年各年度永定河生态水量调度实施方案，重点内容为生态水量目标分解、生态水量满足度评价、生态水量可达性分析、不同水平年的生态水量调度方案等。目前方案任务书已通过水规总院审查，2009 年年底完成方案成果。

（4）组织编制《永定河水资源实时监控与调度系统建设可行性研究报告》。组织开展总体方案论证、站网布设、信息采集传输系统设计、业务应用系统展示、数字永定河管理平台设计以及工程用地、水土保持、环境影响评价等其他专项设计。2018 年 10 月完成送审稿，11 月通过了水规总院审查，12 月水利部以水规计〔2018〕304 号文将可行性研究报告和审查意见上报国家发展改革委。

（5）作为技术支撑单位，参加了海委组织协调的北京、河北、天津 3 省（直辖市）保障永定河生态用水协议签订的相关工作。

第十章

科 学 技 术 研 究

　　海河水保局科研起步初期开展流域水资源调查评价、流域污染源调查研究、地下水水质调查研究、水域富营养化防治对策研究等方面工作，为流域水资源保护管理工作提供了技术支撑。步入 21 世纪，针对海河流域河道断流、干涸、湿地萎缩、水污染严重等生态环境恶化问题，积极开展国际、国内水生态保护修复技术交流协作。开展了三个阶段中法合作，完成了"州河流域水资源与水生态修复规划""饮用水源保护生态修复成套关键技术合作研究"等；积极开展水资源保护科学研究，圆满完成了全球环境基金（GEF）海河流域水资源与水环境综合管理项目战略专题六和战略行动计划的编制；完成了亚行大清河流域综合管理项目；完成和参与了多项水体污染控制与治理科技重大专项项目、水利部公益性科研项目、"948"项目、科技创新推广项目；此外，还完成了其他一些重要科研任务。努力探索具有海河特色的流域水资源保护与水生态修复途径和方式，有力支撑了流域水资源保护、水污染防治、水生态修复等方面工作。

第 一 节　早 期 科 研 项 目

一、白洋淀环境水利调查研究

（一）项目开展情况

　　1981 年 1 月，针对白洋淀水质严重污染问题，为进一步研究白洋淀的环境水利，水利部下达了《关于组织白洋淀治污工程及环境水利的调查的通知》（〔81〕水环字第 1 号），安排海委负责该项工作，组织水利部长江水源保护局、水利部天津勘测设计院等协作单位共同组成调查组，于 1981 年 4 月在天津市集中，进行准备，拟定工作计划。自 5 月上旬至 6 月上旬完成外业调查工作，7 月分别完成了各项专题的报告。水保办为该项目主要参加部门。

（二）主要成果

　　（1）项目分析了水利工程建设对生态环境的影响。总结了中华人民共和国成立后 30 年的水利建设情况，肯定了水利建设的积极作用，通过分析入淀水量和白洋淀淤积状况，提出了水利工程建设对白洋淀生态环境、小气候和航运的影响。

　　（2）项目对白洋淀水体污染及其危害进行了分析评价。在工业污染源分析的基础上，评价了入淀河流水质状况、白洋淀区水质状况和地下水污染状况，明确水质污染对白洋淀鱼类及水生生物的影响。

（3）项目分析了白洋淀治污工程及其影响。介绍了白洋淀治污工程概况，主要包括厂内污水处理设施、市内污水管网、引污干渠、唐河蓄污水库、拦污闸等，分析了上述治污工程对白洋淀水体、入淀河流、地下水、水利工程、土壤及农作物、大气和人体健康的影响。

（4）项目提出了若干建议。对水利工程建设和治污工程进行了总结评价，提出了治污方向，对水利规划工作和环境水利科研也提出了建议。

二、华北地区地表水水质评价和水源保护措施研究

1983—1986 年，海委水保办参加了国家科委和水电部共同下达的国家"六五"期间重点科技攻关第 38 项"华北地区水资源评价和开发利用研究"课题的子课题（编号：38—1—3）"华北地区地表水水质评价和水源保护措施研究"。

按照课题设计的要求，课题根据华北地区 1983—1986 年对 14 大水系 215 条河流 614 个断面的水质监测资料，采用统一的监测项目和方法，对华北地区的地表水作出了水质现状评价，并进行了水污染发展趋势分析。1985 年和 1986 年在进行水质监测的同时，还对各水系的主要点污染源和面污染源进行了详细的调查，同时对主要河流的水量和主要排污口进行了实测。根据年内汛期、非汛期和全年不同时期的水量与水质关系分别进行了水质现状评价，并进行了河流污径比、水环境容量、实际纳污量和污染物削减量的计算。最后根据河流的供水要求，水质现状以及污染源情况等各方面的分析，提出对主要河流水系的水资源保护措施与建议。

三、海河流域地下水水质调查评价及与地表水污染关系分析研究

（一）项目开展情况

1991 年，针对海河流域大中城市及周围地下水资源污染扩展加重的问题，为查清海河流域地下水的水质现状，研究分析地表水污染对地下水的影响，水利部下达了《关于开展海河流域地下水水质调查评价及与地表水污染关系分析工作的通知》（水文质〔1991〕28 号），组织海河流域各省（自治区、直辖市）水利水务厅（局）、水文总站等有关单位开展了该项工作，海河水保局为该项目主要参加部门。项目时间为 1991—1994 年。

项目制定了流域统一的工作大纲和技术提纲，并召开了两次技术提纲研讨会进行论证，统一了项目的工作进度和技术要求，进行了广泛的动员和技术培训，流域范围内的地下水水质和水位野外观测工作统一于 1991—1992 年进行，1993 年召开了流域地下水水质评价成果汇总工作会，在各省（自治区、直辖市）工作基础上进行了流域汇总。

（二）主要成果

项目分析了海河流域地下水资源量及开发利用现状，开展了地下水水质监测和地下水水质评价，计算了各类质量的地下水资源量，分析了地下水主要污染源及其污染途径，以及污染河流和污水灌溉对地下水水质的影响，针对城市、高氟水、漏斗区等重点区域，进行了地下水水质状况详细分析，提出了合理开发和保护地下水资源的对策与建议。

项目投入人力约 1600 人，投入资金 170 万元，实测水质监测井数 2015 眼，水质参数 26 项，共获得水质监测数据 14 万个，编制图件 11 套。项目首次采用了国家标准进行地下水水质的综合评价，尝试进行了水量和水质的统一定量评价，选择唐河污水库进行了地表水污染对周边地下水质的影响专题研究。

第二节 中 外 合 作

一、中美合作项目——区域地下水水质评价与系统分析研究

（一）项目开展情况

根据水利部水文局和美国内政部地质调查局于 1981 年 10 月 17 日签订的中美地表水水文科技协定的精神，水利部与美国地质调查局提出了一项地下水水质方面的合作研究项目。1995 年 5 月，水利部海委与美国地质调查局签订了双方共同进行海河流域与美国类似流域之间地下水水质对照合作研究项目的实施计划书，明确将研究单元定位在海河流域的唐山地区与美国东海岸的德尔马拉半岛、加利福尼亚州的圣华金及萨克拉门托流域，研究时间为 1995—1999 年。海河水保局是合作项目中方负责单位。期间，在双方签订的实施计划基础上，增加了"点污染源对唐山地下水水质的影响""唐山市区域水流水质模型""唐山地区灌溉施肥条件下氮素在土壤中迁移转化及其对地下水影响的研究"等专栏研究。该项目采用一种"系统分析方法"来进行研究，并借鉴"全美水质评价项目"中所采用的一些先进技术，该项目区域集成的完整性、系统性体现在：从研究单元的全区域范围上进行基本资料的收集、地下水联合站网的设计；采样及实验室分析进行的严格质量控制，数据分析及作图采用 GIS 技术，地下水水质现状综合评价采用灰色系统分析方法，采用稳定同位素测定技术分析地下水水流补给状况，测定地下水年龄；建立区域地下水水流水质模型对硝酸盐氮进行趋势预测；应用主成分分析等统计方法解释各研究区地下水主要化学成分差异的原因。在此基础上，在唐山研究区，还选择了滦南县、丰南县、唐山市区分别对农业灌溉施肥、工业废污水排放及固体生活垃圾几种类型的重点污染源对地下水水质的影响进行了野外观测及专栏重点研究，体现了点面结合的特点。

（二）主要成果

研究得出的基本结论有：①唐山市浅层地下水已经受到污染，平原区潜水污染严重，大部分不宜饮用。②地下水污染显著体现出以三氮化合物为主要污染因子的特征，其次为总硬度。③各种类型的点污染源包括工业废水排放、工业废渣及城市垃圾堆放等，均对地下水质造成局部污染，渗坑直接排放和有毒固体废弃物的不当堆放是污染地下水最直接的方式。④农田大量施用化肥且逐年增加是区域地下水硝酸盐氮污染的主要来源，并且在唐山市平原区具体条件下，地下水中硝酸盐具有逐年积累的特征，应用平面二维及剖面二维模型计算未来 35 年地下水中硝酸盐氮发展趋势。预测结果显示地下水中硝酸盐氮含量达 20 毫克每升的高值区将会扩大，部分地区 20 毫克每升等值线深度将至 15 米，10 毫克每升等值线将至 40 米深度。⑤应用 LEACHN 模型计算在唐山农业地区灌溉施肥条件下，不同水平年氮素在土壤根区以下淋溶损失量，各区县一般为 6.9～11.8 千克每亩，约占施

入量的 39％，且淋溶量受降雨量及灌溉水量的影响十分显著。⑥通过唐山地区与美国德尔马拉、圣华金、萨克拉门托等三个流域对比区域地下水质及受农业活动影响的特征研究结果，按灰色系统评价指数高低排列，次序为唐山＞圣华金＞德尔马拉＞萨克拉门托，其中又以唐山地区平原浅井评价指数最高，达 3.68。其次是美国圣华金流域西部，为 3.65，最低是圣华金流域南部，为 1.68。受农业活动影响的地下水中硝酸盐含量排序由高到低依次为唐山＞德尔马拉＞圣华金＞萨克拉门托，均以唐山研究区排列在首位，说明唐山研究区地下水质状况最差。⑦社会经济的快速发展及地下水资源的过度开发利用已经使唐山地区的地下水系统难以承受，水质污染问题已由局部逐渐向区域化、立体化方向扩展，而形成整个水环境生态系统问题。从唐山研究区的大气降水水质、地表河流污染状况及地下水质状况，特别是硝酸盐污染问题的严重，充分证明目前的经济发展已经部分牺牲了环境利益，如不采取有效措施，生态环境恶化将继续加剧，水资源将无法做到可持续利用。

提出几点建议：①根据研究区域环境容量、水资源条件和经济发展需要，调整区域水资源开发布局，进行相应的生态建设工程；②搞好工农业节水和生活节水，构筑节水型结构，提高水资源利用的集约度，充分发挥水资源的效益，缓解水资源供需矛盾；③搞好多种水资源的开发利用，水污染型工业集中布局，实现集约化、规模化，逐步实现雨污分流，清浊分流，集中处理与分散处理相结合；④狠抓点污染源治理，减少污染物排放量；⑤充分重视城镇生活污水任意排放及养殖业对地下水的污染，对于唐山研究区地下水中以硝酸盐氮高值为代表的氮类有机物污染，采取实质性的有效防止措施，应列入政府部门的议事日程之中；⑥大力推广农村化肥合理使用，科学种田，以减少化肥淋溶对地下水的污染；⑦为使北方半干旱缺水地区合理使用化学肥料，农业部门应制定有关政策以避免对地下水资源造成污染。

二、中美合作项目——海河流域重点水源地富营养化防治对策研究

(一) 项目开展情况

2001—2004 年，根据《中美水文技术合作协议》附件 7 的精神，海河水保局与美国地质调查局（USGS）合作进行海河流域重点水源地富营养化防治对策研究。项目研究范围为天津、唐山二市的供水水源地，包括潘家口、大黑汀两座大型水库及其上游周边地区。项目研究内容是通过点、面污染源的调查，入库排放物研究，水土流失快速调查和成因分析，水库集水区非点源负荷进行估算，入库营养对水生生物的影响，氮同位素研究，土地利用方式，富营养化成因和改善，生态环境恢复，地理信息系统，水文气象，计算机信息管理及计算分析模型等各种手段，查清海河流域重点水源地富营养化现状，掌握水库发生富营养化的确切原因及发展规律，预测水库水生态发展趋势，提出水质污染与富营养化之间的相关关系及富营养化防治对策等，为流域水资源的可持续利用和保护提供科学依据。

项目共分三个阶段。第一阶段是前期准备及基本资料收集阶段（2001 年上半年）；第二阶段是调查、采样监测、资料分析和模型计算阶段（2001 年下半年至 2002 年）；第三阶段为报告编写和成果提交阶段（2003—2004 年）。中美双方共同进行了野外样品采集、水质检测、有机样品检测、生物样品检测以及相应技术交流。

（二）主要成果

（1）在富营养化研究中，与美国地质调查局（USGS）合作，采用氮的同位素测量方法进行富营养化分析。

（2）在全国范围内的水源地富营养化研究中，建立出水库的富营养化模型，掌握了总氮、总磷、叶绿素、透明度、溶解氧、藻类等大量数据，通过相关分析得出了叶绿素与磷、透明度与磷、溶解氧与磷、鱼产量与磷、磷与水深、溶解氧与水深等关系曲线和模型，把各参数之间的关系上升到了一个理论的高度。

（3）分别选择三个不同的规划水平年（2000 年、2010 年和 2020 年）在四种不同降雨条件下（即丰水年、平水年、枯水年和特枯水年），对进入潘家口水库的水量、泥沙量、四种污染物（分别为总氮、总磷、氨氮和有机污染物 BOD）应用 SWAT 模型进行了模拟计算，并利用 4 个水文站水量实测数据、3 个水文站泥沙实测数据和 3 个水文站的水质实测数据对模型进行了参数率定和验证。

（4）对潘家口水库浮游植物、浮游动物、底栖动物等水生生物进行了全面调查，共计两次，分别为 2001 年 9 月（丰水期）和 2002 年 5 月（枯水期）。

通过研究，基本查清了潘大水库富营养化现状、发生的原因及发展规律，进行了水库集水区非点源负荷估算，通过氮同位素确定营养元素来源，建立了富营养化计算分析 SWAT 模型，初步提出了富营养化防治对策。该项成果在海河流域内相关省份得到应用，取得了较好的社会、经济效益，对水资源的开发、利用和保护具有积极的指导作用。2006 年 10 月 10 日，项目通过了水利部水文局组织的验收。2006 年 12 月 8 日，项目成果通过水利部国科司组织的鉴定。2007 年 6 月，获海委科技进步三等奖。

三、亚行大清河流域综合管理项目

（一）项目开展情况

面对海河流域日趋严重的问题，须尽快探讨解决的对策和措施。海委在水利部和国家科委的直接指导下，在国外专家的帮助下，提出了进行"海河流域环境管理与规划研究"的立项报告，并将其列入了国家"八五"科技攻关课题，由海委组织力量进行研究。该项目经中国人民银行、国家科委的努力，又取得了亚洲开发银行的技术援助，该项目的中标公司：加拿大斯坦利公司和其联合的英国骑士公司、德国农业水利工程公司的十余名专家与中方的专家和技术人员共同完成该项规划研究工作。

项目的研究范围为大清河流域，为促进大清河流域持续发展，参照亚行《区域经济与环境发展规划指南》，以自然资源合理开发利用、社会、经济、环境持续、协调发展为原则进行了规划。按照要求，就 5 个领域进行了重点研究：社会经济发展、水资源管理、水土流失问题、污水管理问题、组织机构及其管理问题。该项目的基本框架包括：社会经济发展规划、自然资源管理规划、环境资源管理规划。研究分为 8 部分：社会经济发展、经济和财政分析、水资源（地表水和地下水）、水质和污水管理、水土保持、体制的加强、供水工程和污水处理工程、白洋淀开发。海河水保局承担水资源保护相关内容的研究。

1993 年 5 月，海委正式启动亚洲开发银行的技术援助计划（TAN O. 1835 – PRC）资助项目"海河流域环境管理与规划研究"。研究工作自 1993 年 7 月开始，分为三个阶段。

第一阶段是开始阶段，国际咨询专家与中方专家共同确定研究大纲和技术路线。第二阶段是研究阶段，国际咨询专家和中方专家分别并多次到大清河流域各县市进行实地考察、访问座谈、收集资料，在此基础上进行分析、预测和评估。第三阶段是研究成果汇总阶段，中方专家分专题提供了研究成果，包括现状分析、预测、评估和对策分析。全部工作于1996年2月结束。

（二）主要成果

（1）项目是按亚洲开发银行的《区域经济与环境发展规划指南》进行的，总的指导思想是以可持续发展为目标，完成社会经济发展、自然资源开发和环境生态保护相结合的一体化规划，使区域发展与自然资源，特别是水资源相适宜，与环境保护相协调，实现良性循环。

（2）项目内容涉及社会、经济、资源、环境等方方面面，由于体制和职权范围的约束，各部分内容的工作深度有所不同，社会经济发展部分以地方"九五"计划和"长远规划"为基础，对未来经济发展规模，结果进行了预测，提出了宏观规划的意见和应采取的战略对策。研究时将地方规划放在资源、环境大系统中进行分析，从更高的层次进行研究，以邓小平南方谈话前后的地方规划作为该次研究高方案和低方案的参考条件。对大清河流域社会经济发展现状及特征进行了分析，对大清河流域经济发展目标进行预测，提出实施平衡发展模式应采取的战略措施。

（3）项目从水资源开发和管理、水质控制与管理、水土保持、体制与管理等方面进行分析，同时提出相应对策。以白洋淀为重点区域，对白洋淀的水环境问题及其湖泊类型进行分析，对其功能进行了规划，提出水源和水质目标，白洋淀的问题是涉及白洋淀以上整个流域的问题，白洋淀生态环境的改善，有赖于上游整个流域系统状态的改善，基于此提出相应的工程和非工程治理措施。

四、GEF 海河流域水资源与水环境综合管理项目

GEF 海河流域水资源与水环境综合管理项目是由全球环境基金（GEF）提供赠款，世界银行进行管理的项目。该项目于 2004 年 9 月正式启动，2013 年通过验收，世界银行检查团对项目实施结果评价为"非常满意"。项目主要目标是推进海河流域水资源与水环境综合管理，实现水资源合理配置，提高水资源利用效率和效益，修复生态系统，有效缓解水资源短缺，减轻流域陆源对渤海污染，真正改善海河流域及渤海水环境质量。

GEF 海河项目成果包括 8 项水资源与水环境综合管理战略研究、2 项海河流域和漳卫南子流域水资源与水环境综合管理战略行动计划、17 项水资源与水环境综合管理规划、10 余个知识管理系统平台和 6 项节水、减污示范工程。其中，海河水保局承担了 8 项战略研究中的研究六"海河流域废污水再生利用战略研究"，以及"海河流域水资源与水环境综合管理战略行动计划"。

2004 年 4 月 15 日，GEF 理事会批准了中国海河流域水资源与水环境综合管理项目。6 月 30 日，世界银行和财政部共同签署了 GEF 海河项目赠款协议、项目协议和谈判纪要。9 月 22 日，项目正式生效。项目计划总投资 3332 万美元，其中利用 GEF 赠款 1700 万美元，国内配套资金 1632 万美元。

（一）海河流域水资源与水环境综合管理项目——海河流域废污水再生利用战略研究

1. 项目开展情况

"海河流域废污水再生利用战略研究"是 GEF 海河流域水资源与水环境综合管理项目中 8 项国家和流域级战略研究之六，旨在以城市污水再生利用为核心，推广和应用 ET 控制理念，推进海河流域水资源与水环境的综合管理，促进流域水资源合理配置和水环境改善，提高水资源可持续利用效率和效益，为缓解流域水资源短缺、削减水污染负荷和改善渤海生态环境在城市污水处理与利用方面奠定基础。由全球环境基金（GEF）赠款和中国政府配套资金支持。2004 年，海河水保局牵头承担了该项目研究工作（图 10-1）。2007 年 4 月，完成《海河流域废污水再生利用战略研究（初稿）》；2008 年 12 月，完成《海河流域废污水再生利用战略研究（修改稿）》；2010 年 12 月，完成《海河流域废污水再生利用战略研究（送审稿）》；2011 年 3 月，研究成果通过水利部、环保部 GEF 项目办组织的技术审查（验收）；2011 年 10 月 19 日，海委 GEF 项目办在天津组织召开了"海河流域废污水再生利用战略研究"项目合同验收会，并通过验收。

图 10-1 项目合同

该研究通过调查海河流域及北京等 8 座典型城市废污水及主要污染物的排放规律、现有污水处理和利用情况以及存在的主要问题，分析确定未来典型城市废污水再生利用的需求与潜力，研究城市 ET 及 ET 控制下城市合理的出入境水量，进行水平衡分析，制定典型城市废污水再生利用方案。在此基础上，以 ET 控制理念为指导，提出流域废污水再生利用目标，进行战略分区，制定废污水再生利用战略，进行环境、经济和社会效益分析，并提出废污水再生利用的指导性意见和保障措施。

2. 主要成果

（1）2005 年海河流域废污水排放总量为 44.85 亿吨，北京、天津等 8 座典型城市年废污水排放量 19.58 亿吨，占全流域废污水排放总量的 43.66%。

（2）2005 年海河流域已建成城市污水处理厂 75 座，总处理能力为 818.5 万吨每天，年处理污水能力为 29.7 亿吨，全流域年实际污水处理量为 20.8 亿吨，污水集中处理率达到 37.3%。北京、天津等 8 座典型城市中心城区共建成污水处理厂 21 座，污水处理厂总处理规模 414 万吨每天。

（3）2005 年海河流域城市废污水再生利用量 3.83 亿吨，主要用于工业冷却和循环用水、市政杂用、河湖补水、城市绿化等。北京、天津等 8 座典型城市废污水再生利用量为 2.22 亿吨，占全流域再生利用量的 58%。

（4）海河流域城市废污水再生利用存在着缺乏流域统一规划、城市系统规划、必要的市场环境、相应的扶持政策和配套管网建设严重滞后等问题。

（5）北京、天津等8座典型城市2010年再生水的需求量为8.83亿立方米，工业需求量最大为5.31亿立方米；2020年再生水的需求量为12.50亿立方米，比2010年增加3.67亿立方米。规划2010年再生水厂33座，生产规模为242.6万吨每天，投资27.1亿元；2020年再生水厂38座，生产规模为338万吨每天，投资41.7亿元。

（6）基于ET控制理念的城市废污水再生利用是在提高城市水资源保障的同时，从流域的视角出发，控制水资源供、用、排过程中水资源消耗总量（城市ET），保证下游地区水质水量。通过废污水再生利用，调整水资源配置中不合理的部分，实现分质供水，优水优用，减少新鲜淡水的取用量，实现真实意义的节水。

（7）在目标ET控制约束下，废污水再生利用起到了代替地下水或地表水取用水量的作用，城市减少了新鲜淡水的取用量，各市总用水量和水资源消耗量，满足流域水资源合理配置的要求，有利于流域水生态环境的改善。

（8）除北京和天津市外，海河流域其他城市废污水再生利用率在30％的是经济最优的。具有较好经济条件和较大再生水需求的城市，可结合自己的实际情况做相应的调整。

（二）海河流域级水资源与水环境综合管理战略行动计划

1. 项目开展情况

"海河流域水资源与水环境综合管理战略行动计划"（简称"海河流域级SAP"）是GEF海河项目中流域级战略研究的重要组成部分，是GEF海河项目的纲领性文件。在充分体现世界银行对海河流域水资源与水环境综合管理的基本理念基础上，综合海河GEF项目的各项成果，提出水资源与水环境综合管理的行动计划，指导未来海河流域的水资源与水环境综合管理，促进海河流域的可持续发展。

海河水保局、北京中水科工程总公司、环境保护部环境规划院联合承担该项目研究。2011年6月11日，水利部、环境保护部GEF海河项目办在北京组织召开了GEF海河项目"海河流域级水资源与水环境综合管理战略行动计划"报告成果技术审查会，并通过技术审查。

海河流域级SAP作为IWEM中的水资源与水环境综合管理规划的一个重要组成部分，其目的是：制定一个侧重水污染控制并包括漳卫南子流域政府长期投资计划的漳卫南子流域战略行动计划（SAP）。每个战略行动计划应当明确具体的计划，以降低水的消耗与水污染，改善不同部门间的协作关系，并建立改善地方级的水管理机制。行动计划主要有7个方面：加强能力建设、实现综合管理；实施地表水分区控制、实现区域水平衡；实施ET控制、实现真实节水；加强治理污染、实现水功能区达标；修复水生态、改善水生态环境；实施地下水控采，实现采补平衡；实施废污水再生利用，增加水源，减少污染。

2. 主要成果

海河水资源和水环境综合管理战略行动计划的总体思路是：围绕一个核心，贯穿一个理念，建立四大体系，落实七项任务。其中七项任务如下。

（1）ET管理。通过遥感等先进手段，监测流域不同尺度上的全流域陆地蒸散发量，通过水平衡计算，确定流域和区域的水资源消耗量，通过ET监测和管理，实现水资源总量控制手段的新跨越。

（2）地表水分配。按照 ET 总量控制指标，考虑南水北调等水利工程的空间调配和各地区各单元的水资源供需态势，合理确定分区地表水的利用量和消耗量，明确地表水的断面水量目标和最终的入海水量指标，确保渤海入海水量，同时保障河道基本生态流量。

（3）地下水压采。利用南水北调工程及其配套工程建设的历史机遇，加强地下水超采治理，通过 ET 总量控制，考虑现实可行性的基础上，明确分区的地下水开采控制目标和压采目标。通过外调水、本地地表水置换、再生水利用等替代水源建设，压缩地下水的开采，逐步实现地下水的采补平衡。同时，通过监测、计量、水价、补贴等技术、经济和财政政策，保障地下水超采治理目标的实现。

（4）污染治理和水功能区达标。大幅度削减点源污染，控制面源污染，在保障基本环境流量的前提下，逐步实现海河流域的水功能区水质达标，实现水环境的良性循环。

（5）生态修复。主要内容是进行陆地水生态系统的修复，通过水量科学调度和生态需水保障、水生态系统保护和修复工程、污染控制等，对海河平原主要河流和湖泊湿地实施保护和修复，逐步改善平原区水生态持续恶化的状况。

（6）管理能力建设。通过法制建设、监管能力的科技支撑建设、体制建设和公众参与等机制，全面提升海河流域层面的水资源和水环境的综合管理能力。

（7）饮水安全保障。通过实施水源地保护规划和南水北调工程总体规划，对流域重要水源地和南水北调东线、中线沿线污染物进行控制，保护供水水质达到规划要求，确保饮用水水源地水功能区达标率达到 100％。

五、中法合作项目

2009 年 12 月，国务院总理温家宝会见法国总理菲永，由水利部部长陈雷与法国生态、能源、可持续发展和海洋部国务秘书比斯罗在人民大会堂签署了《中华人民共和国水利部与法兰西共和国生态、能源、可持续发展和海洋部关于水资源领域的合作协议》。2011 年 7 月，水利部副部长矫勇和法国驻华大使白林出席了中法海河流域水资源综合管理项目合作协议签字仪式，标志着中法海河项目第一阶段正式启动（2011 年 7 月至 2012 年 3 月），主要工作任务是深入了解各自流域机构的运行及管理机制和措施，为拟定合作项目具体内容、签署下阶段合作协议奠定基础。2012 年 3 月，中法两国签署水资源综合管理项目第二阶段合作协议（2012 年 3 月至 2015 年），从流域管理、技术开发、能力建设 3 方面开展务实合作，海河水保局承担了《饮用水源保护生态修复成套关键技术合作研究》和《州河流域水资源与水生态修复规划》两个项目。2015 年 12 月，第三阶段合作框架协议签署；2016 年 3 月，中法海河项目第三阶段协议成功签署（2016—2019 年），项目区扩展到滦河流域，开展《引滦水资源保护行动计划编制》、规划技术与方法指南编制、体制机制研究等各项工作。海河水保局承担编制《流域水资源管理规划编制指南》和《引滦水资源保护行动计划》。

（一）饮用水源保护生态修复成套关键技术合作研究

1. 项目开展情况

饮用水源保护生态修复成套关键技术合作研究项目是基于 2009 年中法关于水资源领域的协议，落实中法双方关于水资源领域的合作海河流域项目第一阶段、第二阶段合作协议的重要内容之一。

图 10 - 2　项目立项文件

2013 年度由海河水保局承担的饮用水源保护生态修复成套关键技术合作研究项目，项目编号 2013DFA71340 作为 2013 年度国家国际科技合作专项项目予以立项（图 10 - 2）。

2013 年 4 月签订任务合同书，起止年限为 2013—2016 年，中方其他参与单位包括天津大学、天津市水利科学研究院、河北省水利科学研究院及天津农学院。合作外方包括法国水资源国际办公室、塞纳河环境研究跨学科项目组及艾斯卡内特公司。项目由国际合作专项拨款，总经费为 340 万元。基于中法双方签订的关于水资源领域的合作协议，中法合作研究外源污染氮磷营养盐控制技术、水源地生态系统修复构建技术、生物监测预警技术、蓝藻暴发应急处置技术，以此整合形成治理-修复-预警-应急处置四位一体的饮用水源保护成套关键技术，为海河流域饮用水源保护及生态系统修复提供技术支撑。2016 年 7 月，项目通过验收，期间共发表期刊论文和会议论文 44 篇，获得发明专利 6 项，出版专著 1 部。

2. 主要成果

项目取得的创新成果如下。

（1）蓝藻暴发预测预警模型。基于气候变化根据一维水量平衡和垂向水温分布模型和水生生物地球化学模型，创建于桥水库蓝藻暴发生态动力学模型。模型可以根据气象因素、初始温度及蓝藻分布等数据，在 6 天的较短时间范围内准确预测于桥水库的水温和蓝藻生物量的分布与变化趋势，具有预测精度高、速度快、准确性高、响应及时的特点。

（2）基于全色多光谱蓝藻水华监测技术。利用全色多光谱技术可以获取蓝藻水华范围、程度等信息，有效地监测湖泊中大范围蓝藻水华的动态变化，并对地表的时空分布及变化进行监测，具有监测范围广、速度快、时效性好的特点。利用红外、中红外等谱段，可以实现日夜持续监测甚至大雾气象条件下的监测，具有一定程度全天候监测的优势。航空遥感技术具有时效性高、分辨率高、机动灵活的特点，结合使用航天航空遥感技术进行大面积水华探测成为一种全新的尝试。

（3）摇蚊科三个新纪录种。该项目在对于桥水库的水生态监测过程中，对采集到的水生生物样品，特别是昆虫纲双翅目摇蚊科样品进行鉴定，共发现齿突水摇蚊、木兽水摇蚊、近藤水摇蚊 3 个海河流域摇蚊科新纪录种，均属于水摇蚊属（*Hydrobaenus*）。水摇蚊属为中度污染水域的常见类群，根据水摇蚊属的生活习性及分布情况，可以判断于桥水库的生态环境受到一定程度的污染。

（4）快速精准水生生物鉴定技术。将 DNA 条形码技术引入水生生物监测中，利用该技术对研究区水源地水中的指示生物进行鉴定。通过提取大量单个个体的 DNA 样本进行 PCR 扩增获取目的基因片段，对该片段进行测序，进而与 Genebank 数据库内的资料进行比对分析。目前，采用此技术能够非常成功的扩增出 16srDNA 片段，成功率达到 90% 以上。可以准确快速地完成微囊藻属的分类及毒性鉴定和浮游动物（轮虫、枝角类和桡足类）的分类鉴定。

（5）筛选出于桥水库水源地指示生物，初步构建于桥水库综合营养指数预警系统。通过对于桥水库水生生物的定性定量分析，筛选出于桥水库水源地指示生物，包括浮游植物、浮游动物和底栖动物。根据指示生物的筛选结果，得出于桥水库目前处于 α 中污染和中污染水平。

（6）构建了新型有效的饮用水水源保护评价体系。饮用水水源地经过污染源治理、水生态修复、富营养化预警及处置等水生态保护后，为有效评价其保护效果及水生态状况，根据全国重要江河湖泊水功能区管理制度，结合河流型和湖泊型水源地的特征，创建了适合于海河流域的新型有效饮用水源保护评价体系，用于全面评价饮用水水源地水生态状况。

（二）州河流域水资源与水生态修复规划

1. 项目开展情况

中法两国水资源综合管理项目第二阶段合作协议规定在海河流域以州河子流域为试点，开展州河流域水资源综合管理规划。2014 年 3 月，水利部以水规计〔2014〕108 号文批复《州河流域水资源与水生态修复规划项目任务书》（图 10-3）。

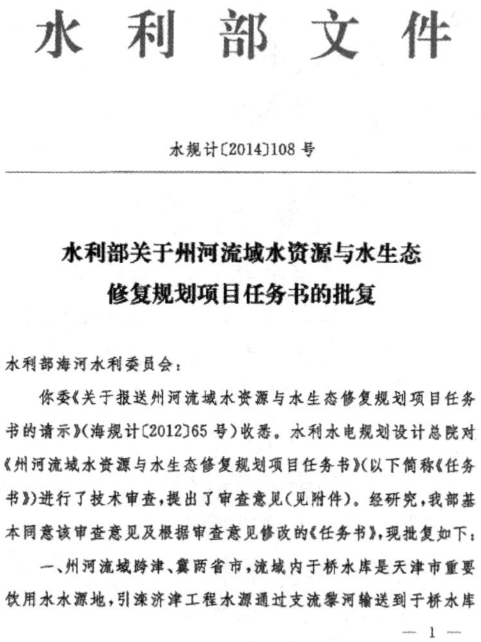

2014 年 8 月，海委召开"州河流域水资源与水生态修复规划"（以下简称"规划"）编制启动会，部署开展规划工作，海河水保局具体承担规划编制工作。经过多次实地调查、专题讨论、技术协调以及成果衔接等，海河水保局于 2016 年 2 月完成了《规划》初稿。2016 年 3 月，中法海河流域水资源综合管理项目第三阶段指导委员会听取了编制单位成果汇报，对总体成果予以了肯定，同时提出了修改意见，根据专家意见，修改完成了规划征求意见稿。2016 年 4 月，海委正式发文征求流域内各省（自治区、直辖市）水利（水务）厅（局）意见，根据反馈意见对报告进行了修改，形成送审稿。2016 年 11 月 22—23 日，水利部水利水电规划设计总

水 利 部 文 件

水规计〔2014〕108 号

水利部关于州河流域水资源与水生态修复规划项目任务书的批复

水利部海河水利委员会：

你委《关于报送州河流域水资源与水生态修复规划项目任务书的请示》（海规计〔2012〕65 号）收悉。水利水电规划设计总院对《州河流域水资源与水生态修复规划项目任务书》（以下简称《任务书》）进行了技术审查，提出了审查意见（见附件）。经研究，我部基本同意该审查意见及根据审查意见修改的《任务书》，现批复如下：

一、州河流域跨津、冀两省市，流域内于桥水库是天津市重要饮用水水源地，引滦济津工程水源通过支流黎河输送到于桥水库

— 1 —

图 10-3　水利部关于州河流域水资源与水生态修复规划项目任务书的批复文件

院组织对规划进行了审查，根据审查意见对报告进行了修改完善，形成报批稿。

2. 主要成果

（1）借鉴法国规划编制方法，在州河流域现状诊断、压力预测基础上，制定了具体的指标目标，提出了流域管理和项目措施表。

（2）在工程措施方面，规划提出水质改善、水量管理、管理工程和科技支撑工程等4大类工程措施，涵盖点源治理、面源治理、内源治理、水源地保护、湿地工程、水生态修复、水土保持、供水工程、灌区改造工程、管理机构建设、信息平台建设、科技支撑等12小类共33项工程措施。

（3）在管理措施方面，提出了包括建立州河流域委员会、完善水资源保护与水污染防治协作机制、加快落实天津市水污染防治条例、建立引滦水资源保护生态补偿制度、建立水利突发事件的应急处理机制、制定水量分配制度在内的体制与机制建设措施。此外，在产业结构调整政策、加强污水处理设施的运行管理等方面也提出了措施要求。

（三）流域水资源管理规划编制指南

1. 项目开展情况

2016年3月初，召开中法海河流域水资源综合管理项目联合指导委员会会议，签署了第三阶段合作协议，并确定了中法海河项目第三阶段行动计划表，明确了编制《流域水资源管理规划编制指南》（以下简称《指南》），由海河水保局具体承担该项目工作；2016年5月、9月、11月三次法国专家团来访，经过多次讨论，明确了《指南》的读者受众、章节安排及编写思路、规划步骤与方法、附录附表等内容，就《指南》的框架细节进行了讨论。2016年12月至2017年2月，针对修改意见和建议，召开了多次会议，讨论指南的架构、思路，具体内容的布设安排，形成中英文对照的初稿；2017年2月14—17日，法国专家团来访，针对初稿进行了交流讨论，并对《指南》编写及结构调整提出修改意见；2017年3月8日，参加中法指导委员会高层论坛；2017年10月31日至11月2日，法方专家来访，针对反馈的具体修改意见并进一步修改《指南》；2018年2月，参加中欧水平台推介会；2018年3月，完成《指南》终稿；2018年10月，与出版社联系《指南》出版事宜，2019年9月《指南》正式出版。

2. 主要成果

（1）介绍水资源管理综合管理方法。

（2）规划编制的准备阶段。包括地理管理范围的界定，参与方的识别和动员、建立协调小组，数据收集，中法相关案例。

（3）流域现状诊断。从水质水量状况、压力和影响、经济分析、趋势分析-预测、存在的主要问题识别等方面进行流域现状诊断。

（4）目标的确定。基于流域现状、国家战略定位、利益相关方及公众的咨询过程，设定可以保障规划方案达到的目标。

（5）规划措施方案制订。针对现状诊断存在的问题，结合目标，制订措施行动方案，分析经济效用，进行措施优选，提出规划实施保障措施。

（6）规划实施和跟踪。具体落实制定的措施，筛选指标以此来确定规划实施效果，进行下一个规划周期的评估和修订。

（7）贯穿规划编制过程的三个工具——数据管理与信息系统、利益相关者参与和公众咨询、监测方案的运用。

（8）此外，还对中法两国水资源管理组织制度、体制，水资源管理的相关法律法规，水资源管理的规划体系进行了简要介绍。

（四）引滦水资源保护行动计划

1. 项目开展情况

2016 年 3 月，中法海河项目第三阶段协议成功签署，项目区从州河流域扩展到滦河流域，拟开展《引滦水资源保护行动计划》编制、规划技术与方法指南编制、体制机制研究等各项工作。

海委会同天津市、河北省水利（水务）厅（局），组织相关市县水利、环保部门进行规划编制。经过多次实地调查、专题讨论、技术协调以及成果衔接等，以及法国专家多轮指导与帮助，于 2017 年 9 月完成《滦河流域水资源与水生态现状诊断》报告，在此基础上完成《引滦水资源保护行动计划（初稿）》。截至 2019 年 3 月，项目尚在进行之中。

2. 主要成果

《引滦水资源保护行动计划》对滦河流域水资源开发利用情况、地表与地下水质情况、水土流失及河湖水生态现状、水资源管理体制与机制等现状进行了分析评价和问题梳理，重点分析了流域污染来源与各类污染源对潘大水库的贡献，并从水质、水量、水生态、水管理与认知 5 个方面制定流域规划目标与控制性指标，以保护潘大水库水源地为重点，提出了控制农村面源污染、污染源综合整治、水土流失治理、河流生态修复、节水与水资源合理配置以及流域水生态补偿、综合管理与监测规划方案。

第三节 水利公益性科技项目

为贯彻落实《国家中长期科学和技术发展规划纲要（2006—2020 年）》，支持开展公益性行业科研工作，根据《国务院办公厅转发财政部科技部关于改进和加强中央财政科技经费管理若干意见的通知》（国办发〔2006〕56 号），中央财政设立公益性行业科研专项经费。2008 年，海河水保局承担了北方水库蓝藻暴发阈值研究项目。2011 年和 2015 年，海河水保局又先后承担了海河流域典型河流生态水文效应研究和海河平原区地下水资源保护与修复两项水利部公益性行业科研专项项目。这些项目的开展，提升了海河水保局的科研能力，为海河流域水资源保护事业提供了科技支撑。

一、北方水库蓝藻暴发阈值研究

（一）项目开展情况

2008 年 9 月，水利部批准开展水利公益性行业科研专项经费项目——北方水库蓝藻暴发阈值研究（项目编号：20081135）。项目承担单位为海河水保局，协作单位为科研所、南开大学生命科学学院和引滦局。该项目于 2010 年 8 月完成。在两年的研究周期内，项目承担单位先后开展了两轮次室内实验和两年度四轮次的野外现场围隔实验，开展了多项藻类预防和处置实验，取得大量理化和藻类数据，提出了蓝藻暴发阈值，构建了藻类生长动态模型，完成了北方水库蓝藻暴发阈值研究报告，发表论文8篇，培养锻炼了一批青年技术人才，全面完成了项目任务和要求。研究成果可以为北方水库蓝藻水华防治提供科学依据和技术支撑。2011年11月9日，项目顺利通过验收，综合评价等级为A级。2013年12月，北方水库蓝藻暴发阈值研究项目获大禹奖三等奖。

（二）主要成果

1. 北方重要水库富营养化现状监测与生物评价

选取海河流域密云、官厅、潘家口、于桥、洋河水库等北方重要大型供水水库开展富营养化现状监测与评价。分析影响水库富营养化的污染物来源，提出控制营养盐来源的对策措施。并对重点水库的浮游植物群落结构组成进行了监测与评价。

2. 蓝藻暴发室内模拟实验

建立了室内模拟实验室，配备相应的采样、化验及实验设备。研究了蓝藻室内模拟生长与氮、磷、溶解氧、pH以及周围环境的光照、温度等因素关系的机理研究。

3. 设计建立了野外试验基地并开展野外围隔藻类生长试验

在潘家口水库建立了蓝藻野外实验基地，配备相应的采样、化验及实验设备。实验基地由10个3米×3米×2米（长×宽×高）的中型围隔组成。项目组根据实验要求自行设计了实验围隔，经过两年运行，该围隔的装置设计完全满足实验的需求。野外试验内容是在前期室内模拟基础上，通过人工添加营养盐、藻菌，模拟暴发蓝藻的营养盐条件，分析环境因子、营养因子及其组合对蓝藻暴发的影响，为分析蓝藻暴发机理提供数据支撑。

4. 确定了典型水库的藻类水华暴发阈值

通过对氮（硝酸氮和氨氮）、无机磷（K_2HPO_4）、光照、温度和pH 5个因素进行单因素实验和正交均匀设计实验，得出了在单因素作用下铜绿微囊藻水华暴发的因素阈值和最佳组合值。

对温度、pH、溶解氧、叶绿素a、总磷、总氮以及氮磷比等7个因素进行单因素分析，得出了潘家口水库围隔水体最适宜藻类生长环境条件，确定藻类对数生长期初始点和藻类水华峰值点的藻细胞数量和叶绿素含量作为藻类水华的预警阈值和暴发阈值。

5. 初步建立了蓝藻暴发预测预警模型

针对北方水库所在地区的水文气象特点，借鉴国内外应对蓝藻暴发的先进经验，初步建立了简化生态学模型。该模型所需实测资料比复杂生态学模型大大减少，预测结果与实际监测结果之间相对偏差较小，满足预测预警需求，不同水库对模型参数值进行适当调整后就可用于模型计算，计算所需时间较短，满足短期预测预警的时效性要求，可以在流域内推广使用。

6. 提出适合北方水库蓝藻暴发的应急处置措施

分析了太湖、滇池、洋河水库等典型湖库蓝藻水华应急处置实例，并对其实施效果做了初步分析，在此基础上提出了包括实验室和野外的多种实验方案。根据实际条件，该研究设计共开展了6种室内或室外除藻实验，逐一对其除藻效果进行检验，提出了适合北方水库的应急处置关键技术，并且研究了适用于湖水、河水、水库等地表水中藻类（主要为蓝绿藻）的分离和自来水原水的预处理技术，2010年7月已申请"水中藻类真空分离设备"专利。

创新点：针对我国北方水库特点，首次在潘家口水库建立了藻类暴发阈值研究中型野外围隔实验基地，首次开展了室内与野外围隔实验相结合的藻类水华暴发条件综合研究。利用室内模拟和野外围隔相结合的试验方法，提出了适合我国北方水库藻类暴发的包括预警阈值和暴发阈值的综合性阈值体系，并给出了相应的判别标准和影响因素阈值。构建了基于生长动力学的藻类生长动态模型，模拟了潘家口水库和于桥水库藻类生长状况，满足藻类水华预测预警需求。通过开展多项藻类水华预防和处置实验，并结合水库实际情况，构建了适合我国北方水库藻类暴发应急处置技术体系，提出了藻类暴发应急处置技术方案。研制的水中藻类真空分离设备取得了国家实用新型专利证书。

研究提出的蓝藻暴发阈值、蓝藻预警模型和应急处置技术方案等研究成果在天津市、河北省水源地保护和富营养化防治等方面得到应用和借鉴，对进一步提升水源地保护、水污染防治工作技术水平具有重要指导意义，为保护流域水源地水质安全、保障饮水安全提供技术支撑，促进城乡供水保障能力的提高，为开展类似研究提供借鉴。

二、海河流域典型河流生态水文效应研究

2011—2013 年，海河水保局组织完成水利公益性行业科研专项经费项目——海河流域典型河流生态水文效应研究（项目编号：201101018），由科研所主承担，中国科学院生态环境研究中心和漳卫南局协作完成。项目经费 330.6 万元。

（一）项目背景

海河流域水生态修复已成为一个研究热点，主要集中于生态需水量计算、宏观对策和生态学意义上的修复技术等方面。河流水文过程是河流生态过程的重要组成部分，对河流生态系统起着重要的驱动作用。海河流域大规模的水资源开发利用活动，使得河流水文过程和状态发生了很大变化，而针对严重缺水和人类活动干扰双重胁迫下的河流生态水文效应的研究还很不充分，这种不充分进一步影响和制约了流域水生态保护和修复工作的深入开展。开展海河流域典型河流生态水文效应研究，着重分析河流水文过程与河流生态相互作用与影响，以及水文过程变化对生态系统的影响，识别产生生态效应的主导因子，构建入河排污控制、河流生态系统重建与自身修复，以及生态水量补给与调控"三位一体"的水生态修复与保障技术，为今后流域水生态保护和改善河流生态环境提供技术支撑。

（二）开展情况

2011 年 3 月，海河水保局组织召开项目启动会；7 月，组织对典型河流漳卫南运河进行了夏季生态现状调查；8 月，针对漳卫南运河水系漳河的干旱风沙河道现状，进行了专门的生物多样性调查；10 月，组织完成了秋季生态现状调查；12 月，组织召开了"海河流域典型河流生态水文效应研究生态现状评价"咨询会议，总结了年度工作成果。

在 2011 年水生态监测的基础上，2012 年 5 月和 10 月，组织对典型河流漳卫南运河继续进行了两次生态现状调查（图 10-4），完成了既

图 10-4 项目组成员进行生态调查

定的漳卫南运河野外调查任务。2012年5月、8月和10月，组织对滦河中下游段（大黑汀水库以下至河口）进行了3次生态监测。2012年11月和12月，组织召开了"滦河干流下游生态水文系统及潘家口水库生态调度研究"咨询会和"海河流域典型河流生态水文效应研究中期成果"咨询会，对项目中期成果进行了汇总和讨论。

2013年10月，组织召开了协作单位合同评审会，完成了协作单位合同的验收；11月和12月，组织召开了"海河流域典型河流生态水文效应研究"成果汇总会和"海河流域

图10-5　海委水利科学技术进步奖获奖证书

典型河流生态水文效应研究"项目成果咨询会，并于12月27日参加了海委组织的《水利部公益性行业科研专项经费项目成果内审会》。2014年1月提出项目验收申请，2015年7月17日通过水利部国科司组织的项目验收。2016年12月《海河流域典型河流生态水文效应研究》项目获海委水利科学技术进步奖二等奖（图10-5）。

（三）主要成果

（1）通过监测和调研，收集了不同时期漳卫南运河水文、水质及生物多样性等资料，通过相关历史资料对比，分析了水文、水质等生态要素变化；对河流生态系统生物多样性现状进行了分析评价，分析水文过程变化对河流生态系统的影响程度，确定河流生态修复目标。

（2）根据漳卫南运河河流特点和生态修复目标，通过耦合水环境模型和鱼类生境模型，估算了河流生态流量和鱼类生境适宜性指数，并结合岳城水库调水进行水质水量跟踪监测，对模型进行了参数率定和验证。

（3）根据岳城水库1981—2010年来水供水资料，建立了水库多目标生态调度模型，计算了不同水平年不同修复目标下的岳城水库生态调度可利用水量。

（4）总结和凝练适合于漳卫南运河特点的生态修复技术，结合漳卫新河减河德州段水生态修复治理工程进行了生态修复的效果评价，提出了不同类型的河流生态修复规划方案。

三、海河平原区地下水资源保护与修复治理模式

2015—2017年，海河水保局组织完成水利公益性行业科研专项经费项目——海河平原区地下水资源保护与修复治理模式（项目编号：201501008），由科研所主承担，中国地质科学院水文地质环境地质研究所、中国水利水电科学研究院、华北水利水电大学协作完成，项目总经费494万元。

（一）项目背景

海河平原地下水存在着人为污染加剧、持续超采及环境地质危害等严重问题。随着南水北调中东线一期工程的通水和地下水超采治理工作的逐步开展实施，地下水超采及其引

164

发的环境地质问题将逐步有所缓解，而地下水资源保护问题却仍十分突出。地下水污染总体上呈现由点状、条带状向面上扩散、由浅层向深层渗透、由城市向周边蔓延的发展趋势，地下水水源地保护形势不容乐观。初步调查表明，平原浅层地下水污染面积达到 6 万平方千米，占平原面积的 45%；在平原区 151 个城镇（区）地下水水源地中有 16 个出现不同程度的污染，涉及人口 297 万人。农业面源、城镇工业和生活废污水、严重污染河流是浅层地下水的主要污染源，严重影响了地下水资源的开发、利用和保护，危及生态安全和广大人民群众健康。因此，开展地下水资源保护与修复治理模式研究十分必要。

（二）项目开展情况

2015 年 1 月，海河水保局成立"海河平原区地下水资源保护与修复治理模式"研究项目组（图 10-6）。

图 10-6　海河水保局工作项目组成立发文

2015 年 6 月，上报了项目任务书，根据项目任务书和项目实施方案，对项目工作大纲进行了讨论和细化，并于 2015 年 6 月组织召开了海河流域典型河流生态水文效应研究项目启动会。

2015 年 12 月，结合项目进展情况，组织召开了项目年度成果咨询会，汇总了当年的工作成果。

2016 年 1 月，以中法海河流域水资源综合管理项目合作为契机，组织了中法地下水资源保护与修复交流研讨会，邀请法国地下水专家与项目各承担单位进行了地下水资源管理、地下水污染来源分析技术、地下水更新能力、城市地下水污染影响因素及其保护修复模式、地下水资源保护与修复监督管理机制等方面的专题讲座和交流研讨。

2016 年 8 月，组织召开项目中期成果专家咨询会。

2016 年 11 月，组织项目中期审查。

2017 年 12 月，参加海委项目内审，并向水利部申请报验。

（三）主要成果

（1）通过水质监测和资料收集，调查了海河平原区浅层地下水质量状况，从空间和时间上分析了平原区浅层地下水水质分布和演变情况。海河平原区划分了 56 个保护修复单元，其中，一般保护单元 19 个、重点保护单元 16 个、一般治理单元 9 个、重点治理单元12 个。

（2）选取了馆陶县为典型农业区进行农业对地下水污染影响及保护修复模式研究。部分地区面源污染难以直接污染地下水；区域面源污染排放强度空间分布不均衡；畜禽养殖业面源是今后海河流域平原区面源污染治理的重点。

（3）选取了石家庄市为典型城市进行城市对地下水污染影响及保护修复模式研究。石家庄地下水存在一定程度的污染；石家庄市地下水已形成较大范围的降落漏斗，城区压采和综合压采方案对研究区地下水漏斗修复具有显著的作用；石家庄市存在较为严重的产业结构不合理现象。

（4）选取了卫河为典型河流进行污染河流对地下水水质影响及保护修复模式研究。河流补给地下水为地表水污染物进入地下水提供动力条件；河流对地下水的影响呈带状且两侧范围有限，其影响范围仅为河流沿岸 200 米的范围内；河流污染程度与地下水受到间接污染的深度有较大相关性。

（5）对海河流域重点地下水水源地进行了调查评价；选取石家庄市滹沱河地下水水源地作为典型水源地，利用 GMS 软件对硝酸盐氮进行了模拟预测。

（6）在充分考虑海河平原区的地下水资源开发利用情况、地下水污染情况、地下水脆弱性、修复技术成熟性及社会经济发展水平，从宏观和微观两个尺度，提出区域和场地两个不同尺度的地下水资源保护模式，采取多种保护策略与修复技术的优化组合形式。

第四节　"948" 项 目

"948" 项目是 1994 年 8 月经国务院批准，由农业部、国家林业局、水利部和财政部共同组织实施的"引进国际先进农业科学技术计划"。为尽快缩小我国农业科技与世界先进水平的差距，1994 年 8 月，经时任国务委员、国家科委主任宋健同志提议，国务院批准，从"九五"计划开始实施的"引进国际先进农业科学技术计划"（简称"948"计划）。该计划由农业部、水利部、国家林业局、财政部共同组织实施。该项目的实施，有力促进了我国农业科技水平的提升，对推动农业结构调整，保障农产品有效供给，促进粮食增产、农民增收和农业增效发挥了重要的作用。自 2005 年起，海河水保局先后开展了河流水质在线监测系统、VOC 和水中油监测系统、Cogent 重金属监测系统等项目，这些技术设备的引进，显著提升了海河水保局的科技硬件实力，为水资源保护事业提供了基础支撑。

一、河流水质在线监测系统

2005—2007 年，海河水保局组织完成"河流水质在线监测系统"（项目编号：200531）项目，项目引进经费 17 万美元，配套经费 70 万元（其中国拨 20 万元，自筹 50 万元）。

（一）项目背景

海河流域内的水质监测站网存在监测手段、监测设施、信息传输手段落后，布设不尽合理等问题，不能及时、准确、全面地反映水质动态变化，难以对水质动态变化的发生发展进行全面实时监控和预测预报。这种现状不能适应水资源日益紧缺、用水计划日益完善形势的需要。

美国和德国在开发利用水资源、水环境监测的过程中，积累了丰富的经验，并拥有世界上最先进的仪器和管理技术，另外，其完善的水质监测及信息处理系统为全面掌握水质、预测水质的动态变化、为水资源的可持续利用发挥了关键作用。

"948"项目河流水质在线监测系统通过引进国外先进的监测设备和技术，建成 2 个自动监测站并形成完整体系。实现两个水质自动监测站向监测中心北京分中心的数据传输，与海委已建的水质自动监测站一起，结合信息传输、网络、管理平台和监控中心等组成一个水质自动监测系统。

项目建成后，能及时监测并反馈信息，提高水资源监督管理水平。监测数据被应用，可更快速、准确、方便地开展专题监测研究项目，为生态环境和水资源保护提供科学的规划、决策依据。海委作为海河流域水行政主管部门将提高水资源监管能力，能够及时采集、加工处理和提供水质水量信息，进行水质预警、预报及水质水量优化配置等。及时掌握漳卫南运河内水质水量变化动态和突发事件等，为有关部门提供信息支持，从而实现水资源的合理开发利用。

（二）项目开展情况

该项目引进设备为：美国 HACH 公司 MiniSonde 5 型常规五参数在线监测仪 1 套、德国布朗卢比 M90S 型总磷在线监测仪和氨氮在线监测仪各 1 套、Biomon 型 TOC 在线监测仪 1 套、DiaMon 及 BioMon 集成系统各 1 套。

2005 年 9 月，监测中心与中国水利电力物资有限公司签订了进口代理协议。2005 年 12 月，中国水利电力物资有限公司与香港仪脉国际集团签订了进口供货合同。

2007 年 6 月，海河水保局会同漳卫南局水保处、岳城水库管理局、卫河管理局以及上海仪脉自控科技有限公司分别对岳城水库、元村和龙王庙进行实地考察，综合考虑各种因素后，项目选址初步确定为岳城水库和龙王庙。

2007 年 9 月，完成技术方案，9 月底前完成水样采集控制系统、系统和电控柜的图纸设计。

2007 年 10 月，岳城水库和龙王庙自动监测站站房土建工程完工，海河水保局对站房质量进行了查看，并对下一步仪器设备安装调试开工进行了安排。

2007 年 10 月中旬，完成相关部件耗材采购，初步接线安装。

2007 年 10 月下旬，开始正式安装。到 12 月中旬完成两个站的取水处理单元安装调试，仪表就位安装调试，PLC 控制程序调试。实现系统连续定时工作无错误。

2008 年 3—4 月，完成系统数据的就地显示及数据上传。

2008 年 4 月底，海河水保局对监测站建设进度进行了检查，并提出了整改意见。

2008 年 5 月，系统整改。

2008 年 6 月，整改完毕。

2008 年年底，开始试运行。

2009 年 11 月 13 日，水利部"948"项目管理办公室在天津组织召开了由海河水保局承担的水利部"948"项目"河流水质在线监测系统"（合同编号：200531）验收会，项目通过验收。

（三）主要成果

项目引进了国际先进的水质自动在线监测技术和设备，在岳城水库、省界龙王庙断面分别建成了水质自动监测站和信息集成系统，使岳城水库的监测频次由每旬 1 次增加到每日 1～12 次，龙王庙的监测频次由每月 1 次增加到每日 1～12 次，大大提高了水质监测和信息发布的时效性，及时准确地提供断面水质变化情况和主要污染物总量变化情况，有效地弥补了固定实验室在时间、空间和能力上的不足，为水库上游河北、山西、河南地区水资源保护和管理、改善水库水质，保障邯郸、安阳的供水安全，提供了有利的依据。

项目 2 个水质自动监测站使海河流域初步建成了漳卫南水系水质在线监测网，实现了海委直管的重要水源地——岳城水库水质信息的动态监测。龙王庙自动监测站的建立，推动了漳卫南运河成为海河流域首个成功实施省际入河污染物总量通报工作的水系。在线监测网弥补了常规监测在时间和空间分布方面的不足，对省界断面水质和污染物下泄总量实施了监督，实现了对突发水污染的及时预报预警，保证了供水安全，为全面实现动态监测水源地水质信息和实施省界断面污染物总量监控打下了良好基础。

项目提高了岳城水库及卫河省界断面水质动态监测能力，通过环境监测信息平台的整合，实现了与已有监测体系的无缝连接，构成了比较完整的水质监测体系，能够及时将监测结果上报管理决策部门，保证了不同时空条件下水质信息的提供，提高了快速反应能力。

项目成果已在引岳济淀应急调水、漳卫南运河流域水质水量联合调度、水质日常监测等水资源保护监督管理工作中，得到了实际应用，取得了良好的效果。

二、Cogent 重金属监测系统

2011—2012 年，海河水保局组织完成"Cogent 重金属监测系统"项目（编号：201108），由监测中心承担完成。项目总经费 201 万元，其中国拨经费 174 万元，研究期为 2011—2012 年。

（一）项目背景

突发性水污染事件频发，已对生态环境、百姓身体健康和可持续发展构成严重威胁。重金属具有亲脂性、高富集性和难降解性，一旦水体被污染，将会对整个生态系统产生巨大的影响，且重金属污染水体的治理耗费人力、物力和财力。古北口站既是河北入北京的省界断面，又是潮河入密云水库的重要入库控制断面，该站水质状况直接影响密云水库供水状况。项目通过引进英国具有国际先进水平的 Cogent OVA 5000 在线式重金属监测仪1台和 Cogent PDV 6000 PLUS 便携式重金属监测仪1台，完善密云水库古北口水质自动监测站监测手段，从根本上解决传统监测设备的监测时间长、测量范围窄、重金属监测种类较少以及无法有效应对突发状况下水质监测需求等问题，实现水体重金属污染监测从技术到设备的跨越，对重金属突发水污染事件起到预警作用。

（二）项目开展情况

2011 年 2 月，水利部"948"项目管理办公室以〔2011〕科推引自第 9 号文批复了"Cogent 重金属监测系统"项目；与中国水利电力物资有限公司签订了进口代理协议，同时与威海达贸易有限公司签订供货合同。

2011 年 3—6 月，和设备的中国代理商进行商务谈判，完成设备引进的基础工作；水利部财务司以财务函〔2011〕147 号文向财政部申请采购进口便携式重金属监测仪和在线式重金属监测仪。

2011 年 6—8 月，对水站安装环境进行调研，对基本的水电等设施进行准备；财政部以财库便函〔2011〕898 号文批复进口便携式重金属监测仪和在线式重金属监测仪的采购。

2011 年 9 月至 2012 年 2 月，为设备到货进行各种准备工作。

2012 年 3 月，引进的 Cogent 重金属监测仪（1 台）和便携式重金属监测仪（1 台）到货，在古北口水文站进行安装调试，并对相关人员进行仪器原理和操作培训。

2012 年 4—5 月，重金属监测系统试运行，并进行对比试验；实现数据远程传输，与海委的数据平台进行集成。

2012 年 6—8 月，赴厂家进行技术交流，参观欧洲水站并进行水站运营维护等方面的交流；编制设备使用手册，日常维护手册；在密云水库上游开展重金属污染相关研究；由水利部水质监督检验测试中心出具重金属监测比对实验报告。

2012 年 11 月 21 日，通过水利部"948"项目管理办公室在天津组织召开 Cogent 重金属监测系统项目验收会。

（三）主要成果

项目引进了在线式重金属监测仪和便携式重金属监测仪。项目技术人员熟练掌握了引进设备的操作方法，编译了设备使用手册。实现了重金属监测系统数据上传至海委已有的水质数据库，与其实现兼容。在密云水库上游潮河开展了重金属污染研究，监测分析水体污染源状况，完成了监测报告。

利用实验 ICP - MS 检测技术，与重金属监测仪对镍、铬、镉、铜、砷、汞、铅、锌、锰等 9 项参数检测结果进行了 90 次比对实验，所得结果均满足有关规范要求，相对误差均不大于 3%，各项多日平均误差均不大于 2%，Cogent OVA 5000 在线式重金属监测仪和 Cogent PDV 6000 PLUS 便携式重金属监测仪比对实验合格，提交了对比检测报告。

重金属自动监测系统的建成，使古北口断面的重金属监测频次由省界常规的每月 1 次监测增加到每日实时监测，能非常及时地掌握密云水库这一首都重要饮用水水源地入库重金属水质变化动态，有效弥补了固定实验室在时间、空间和能力上的不足，为各级领导和部门提供信息支持，满足首都社会、生态和经济可持续发展对水质的要求，具有明显的社会效益。另外，古北口水质自动监测站与水文站结合，一方面有力补充了水质评价依据；另一方面，有利于水质水量联合调度及水质水量优化配置，为更好地水资源管理提供信息服务。同时项目能监测并及时捕捉反馈信息，提高监督管理水平，为首都生态环境和水资源保护提供科学的规划、决策依据。

项目在密云水库上游建成的重金属水质自动监测系统实现了水质数据的自动监测和传输。此系统进一步提高了海河流域重要水源地水质监测质量和水平，为水资源的实时监控与科学管理奠定了坚实的科学基础。

项目引进了便携式重金属监测仪，可方便、快捷、同时测定水中多种重金属离子，对于现场监测和应急监测发挥了很大作用。便携式重金属监测仪能很快反映出重金属的排放状况，为查找污染源及制定应急处理措施提供极大保障，为海河流域水源地保护和饮水安全起到了重要保障。在 2012 年处理岳城水库以上清漳河、漳河汞离子超标事件、开展河湖健康评估、南水北调沿线水质监测以及四大水库向北京调水水质监测工作中，便携式重金属监测仪发挥了极大作用。

三、VOC 和水中油监测系统

2014—2015 年，海河水保局组织完成"VOC 和水中油监测系统"项目（编号：201412），由海河流域水环境监测中心承担完成。研究经费 110 万元，全部为国拨经费，研究期为 2014—2015 年。

（一）项目背景

项目通过引进英国的 Modern Water VOC 和水中油监测设备，完善密云水库古北口水质自动监测站监测手段，解决传统监测站点中没有 VOC 和水中油监测，以及无法有效应对各种突发紧急状况下的水质监测需求等问题，实现水体 VOC 和水中油污染监测从技术到设备的提升，对 VOC 和水中油水污染事件起到预警作用。

Multisensor 1200 在线 VOC 和水中油监测系统具有维护简便、测量范围广、测量精度高、测试时间短、具有报警功能等特点，具有广泛的使用前景。该系统运用无接触、无试剂的测量技术，测量取样箱顶部空间气体和其他挥发性物质，具有检测限低且维护简便的优越性；测量范围广，可以使设备应用到不同环境的不同水体当中去；测量精度高，可以保证获得的水质数据的准确性；测试时间短，该技术监测样本中的 VOC 无须高温，使得样品中很低浓度的 VOC 都能够被快速监测出来；具有报警功能，可输出相对于平均背景值的百分比变化，背景值基准由历史记录确定，报警信号根据已确定的背景值基准产生，因此可以忽略单次的背景值的偏离，从而减少误报率，可有效应对突发水污染事件，减少 VOC 和水中油污染带来的经济损失。

（二）项目开展情况

2014 年 1 月，项目启动。

2014 年 4 月，承担单位与中国水利电力物资有限公司签订进口代理协议（合同号：14WEME204JD18684CN）；与中国水利电力物资有限公司进行商务谈判，签订商务合同（合同号：14WEME204JG18383CN）。

2014 年 6 月，英国 Modern Water 公司 Multisensor 1200 在线 VOC 和水中油监测仪设备到货。

2014 年 7—10 月，承担单位与仪器供货商工程师在古北口水质自动监测站进行开箱验收，安装调试及试运行，并进行操作培训；编制《VOC 和水中油监测系统比对试验监测方案》，开展比对测试；发表《超高效液相色谱-质谱联用仪测定地表水中苯胺方法研究》论文 1 篇。

2014 年 11 月，根据比对测试结果进行修改完善《VOC 和水中油监测系统比对试验监测方案》；VOC 和水中油监测设备试运行良好，建成古北口水质自动监测站 VOC 和水中油监测系统。

2015 年 5 月，VOC 和水中油监测系统继续进行试运行。

2015 年 6 月，签订 VOC 和水中油在线监测设备运行维护合同，龙网公司定期对该设备进行运行维护。

2015 年 7 月，开展 VOC 和水中油在线监测性能测试和比对试验；对相关人员开展技术培训。

2015 年 8 月，VOC 和水中油在线监测数据实现上传至海委"戴营、官厅水库水质自动监测站改造工程"数据库，与海委已建的水质数据库兼容；开展 VOC 和水中油在线监测性能测试和比对试验。

2015 年 9—10 月，开展 VOC 和水中油在线监测性能测试和比对试验；分析对比测试结果；《水体中 VOC 在线监测系统及应用概述》已录用。

2015 年 11—12 月，开展 VOC 和水中油在线监测性能测试和比对试验及数据分析；编写完成《VOC 和水中油监测系统技术报告》；准备项目验收相关材料；《Multisensor 1200 型在线 VOC 监测仪性能的验证及在地表水监测中的应用》正在投稿。

2016 年，发表《水中 VOC 在线监测系统及应用概述》《水中 VOC 与其他在线监测参数相关性分析》《一种在线 VOC 监测仪性能的验证及应用》等论文。

（三）主要成果

引进英国的 Modern Water VOC 和水中油监测设备 1 台；古北口水文站和中心 2 人可熟练操作设备；编译完成 VOC 在线水质监测系统安装手册、调试手册、操作和维护手册、软件使用手册 4 套手册。

建成 VOC 和水中油监测系统 1 套；开展 4 次性能测试和比对试验；在线监测数据实现上传至海委"戴营、官厅水库水质自动监测站改造工程"数据库，进一步提高了海河流域重要水源地水质监测质量和水平，为水资源的实时监控与科学管理奠定了坚实的科学基础。

已实现常规水质在线监测系统、重金属在线监测系统、VOC 和水中油在线监测系统整合，建成古北口自动监测站水质监测示范点。

第五节　水体污染控制与治理科技重大专项

水体污染控制与治理科技重大专项（简称"水专项"）是国家重大科技专项之一。水专项针对解决制约我国社会经济发展的重大水污染科技瓶颈问题，重点突破工业污染源控制与治理、农业面源污染控制与治理、城市污水处理与资源化、水体水质净化与生态修复、饮用水安全保障以及水环境监控预警与管理等水污染控制与治理等关键技术和共性技术。将通过湖泊富营养化控制与治理技术综合示范、河流水污染控制综合整治技术示范、城市水污染控制与水环境综合整治技术示范、饮用水安全保障技术综合示范、流域水环境监控预警技术与综合管理示范、水环境管理与政策研究及示范，实现示范区域水环境质量改善和饮用水安全的目标，有效提高我国流域水污染防治和管理技术水平。自 2008 年以来，海河水保局先后参与了海河流域水资源与河流水质过程综合研究、蓟运河中上游污染防治技术集成与综合示范和海河南系子牙河流域下游湿地生态恢复关键技术与示范等项目研究，为海河流域水资源保护管理提供了科技支撑。

一、海河流域水资源与河流水质过程综合研究

2008—2010 年，海河水保局组织完成水专项海河流域水污染综合治理与水质改善技术与集成示范项目中"海河流域水污染综合治理技术集成与总体方案"（课题编号：2008ZX07209－010）的子课题"海河流域水资源与河流水质过程综合研究"。

（一）项目背景

21 世纪初期，"有河皆干，有水皆污"为海河流域河流的基本现象。污水等非常规水源补给成为海河流域平原区河流主要水量来源，影响着河流生态系统结构和功能，河水中生物绝迹，生态功能丧失，河流退化严重。基于海河流域水资源开发利用严峻的现状与需求，海河水保局承担了国家"十一五"水专项"海河流域水资源与河流水质过程综合研究"专题研究。课题以区域经济社会可持续发展为前提，针对海河流域水资源短缺、流域开发利用程度高、水污染问题日趋严重等特点，全面调查海河流域主要水系社会经济、流域水文水资源和水质特征，揭示流域水资源与水环境演变过程及其机制，提出海河流域生态基流保障方案，为改善流域水环境质量提供技术支持。

（二）项目开展情况

2008 年，根据任务书开展流域综合调研，完成基础年数据收集、整理。完成海河流域主要水系社会、经济特征等基础信息收集。

2009 年，开展流域水文水资源变化特征研究、水质评价与入河排污口调查。6 月完成海河流域河流水质现状及变化趋势评价，12 月完成海河流域主要水系水文水资源特征及其变化过程研究。

2010 年，开展生态基流研究、生态水源配置，制定河流生态基流保障方案。6 月提出适合于海河流域的生态基流计算方法及生态需水量，12 月完成河流生态基流配置与保障方案。

（三）主要成果

（1）海河流域主要水系社会、经济特征识别。根据海流流域水系特征，调查海河流域主要水系的河流特征，包括河流长度、流域面积等，了解海河流域主要水系的流域环境变化特征；调查海河流域主要水系的地表取水、供水、排水等流域水资源开发工程及供水能力，包括蓄水工程、引提水工程、地下水资源开发利用工程等，以及现状供水量、用水量、节水、排水等，以及相应的变化趋势，为流域水资源演变提供基础信息。

（2）海河流域河流水质特征识别。针对海河流域水污染严重、生态系统严重退化的特点，全面调查海河流域河流水质现状和多年来水质演变数据，评估海河流域河流的水污染现状和历史过程。

（3）海河流域主要水系水文水资源特征及其变化过程研究。调查海河流域水文条件与主要水系河流的水文水资源特征。通过上述调查分析以及流域社会、环境用水特征，识别海河流域尺度上的水资源时空变化特征、水文情势变化特征，揭示海河流域典型水系的水资源演变规律，为水污染防治提供基础信息。

（4）海河流域河流生态基流保障方案研究。通过对海河流域不同河流生态基流特征的综合分析，探讨河流最小生态基流；研究流域非常规水源、常规水源、南水北调补给情况下的水资源演变特征，了解流域水资源平衡状况及演变趋势，提出相应的对策和措施；针对海河流域内不同类型河流的生态系统功能，以河流污染控制与生态修复为核心，探明河道生态基流时空尺度特征，提出河流生态基流保障方案。

研究作为海河流域水污染综合治理与水质改善技术集成项目的子课题，为整个项目和其他子课题，提供流域层面的社会经济特征、水文水资源演变过程、河流水质特征识别等基础信息，并提出流域各水系水资源配置方案和基本生态水量为总课题提供技术支撑，为制定海河流域河流治理与水环境安全保障战略方案起到重要的基础支撑作用，为海河流域河流水环境改善带来的环境效益显著，对保证社会经济可持续发展和生态系统良性循环具有重大作用。

二、蓟运河中上游污染防治技术集成与综合示范

2012—2016 年，海河水保局组织完成水专项"海河北系（天津段）河流水质改善集成技术与综合示范"子课题"蓟运河中上游污染防治技术集成与综合示范"，由监测中心承担完成。

（一）项目背景

子课题针对入潘家口水库河流氨氮超标、影响水库水质的问题，研究了生物接触氧化法、人工曝气、生物稳定塘、模拟自然河流通道、人工湿地、水生植物、砂石滤坝等多种生态治理技术，并集成研发得到物理-生物-生态技术相结合的处理工艺，根据示范区气候、地理条件，结合最终采用的生态技术特点，建立潘家口水库入库污染河流水质改善技术示范工程。

（二）项目开展情况

2012 年 9 月，签订"蓟运河中上游污染防治技术集成与综合示范"课题任务合同书。

2013 年 10 月，委托承德利承建筑安装工程有限公司承建潘家口入库稳定塘及人工湿地。

2014 年 5 月，潘家口水库入库河流氨氮控制技术集成示范区主体工程完工。2014 年 5—8 月，潘家口水库入库河流氨氮控制技术集成示范工程试运行。2014 年 7 月，完成潘家口水库入库河流氨氮控制技术集成示范竣工验收。

2018 年 4 月，示范工程通过国家水专办评估。

2018 年 6 月，项目通过子课题验收。

2018 年 7 月 5 日，项目通过国家水专办组织的课题档案验收。

2018年9月28—29日，国家水专办组织开展海河北系（天津段）河流水质改善集成技术与综合示范项目验收与财务验收，课题承担单位顺利通过项目验收与财务验收。

（三）主要成果

该项目成功研发了一套基于物理-生物-生态技术相结合综合处理工艺的入库河流水质净化技术；建成了潘家口水库入库污染河流水质改善技术示范工程，示范工程总处理能力1000立方米每天，出水氨氮达到2毫克每升，总磷达到0.2毫克每升。

研究了生物接触氧化法、人工曝气、生物稳定塘、模拟自然河流通道、人工湿地、水生植物净化水污染物等多种生态治理技术，探索了物理-生物-生态技术相结合的处理工艺的外源污染物的治理技术。建成了集物理-生物-生态技术相结合处理工艺的潘家口水库入库污染河流水质改善技术示范工程。申请专利两项：《一种水质监测用自清洁膜传感器》（申请号：CN106153621A，申请公布日：2016年11月23日）及《一种微型COD在线检测系统》（申请号：CN106153563A，申请公布日：2016年11月23日）。

三、流域水系结构及湿地生境特征研究

2015—2018年，海河水保局组织完成水专项"海河南系子牙河流域下游湿地生态恢复关键技术与示范"（课题编号：2014ZX07203 - 008）子课题1"流域水系结构及湿地生境特征研究"，由科研所承担完成。

（一）项目背景

子牙河流域是资源性和水质性缺水地区，随着人口增加和经济社会的发展，水资源供需矛盾不断加剧。子牙河流域内水资源极度匮乏，平均每年自产水资源量36亿立方米，而每年实际用水量却高达60多亿立方米。河流上游水库蓄水，河道闸坝林立，造成河道断流严重。同时，子牙河水系是海河流域中污染严重的区域，2006—2012年《海河流域水资源质量状况年报》评价结果显示，海河南系水污染严重，严重污染（劣Ⅴ类）河段比例高达60%以上，是海河流域重点治理区域。水污染加剧和水资源缺乏加速了湿地的退化过程。

我国湿地生态基础研究多侧重于湿地植物群落、生物多样性等研究，较少探讨湿地生态系统与流域生态系统交换过程的复杂性，也缺乏系统分析海河流域典型湿地退化成因。

（二）项目开展情况

2015年4月，科研所与课题牵头单位签订子课题合同。2016年主要完成项目研究范围内河流、湖库及湿地的水质和底泥监测取样工作；2016年9月，完成框架报告，并配合承担单位完成项目中期检查。2017年3月，完成报告初稿；5月，参加青岛召开的课题内部讨论会；子课题项目组于6月、8月进行了两次内部讨论，明确了下一步修改完善的方向；2017年12月，对报告进行了进一步修改。2018年参加课题项目组于7月、8月分别在邯郸、青岛召开的验收筹备会和专题协调会；2018年10月，开展了底泥分层采样，完成了财务审计；子课题进行了多次内部讨论修改，形成了报告咨询稿。2019年2月子课题通过验收。

（三）主要成果

（1）在收集研究区和流域相关资料基础上，并对重点研究河流与湿地水质、底泥进行补充监测，借鉴国内外湿地退化研究方法，选择基于累积距平、肯德尔趋势检验法探讨子

牙河平原区典型断面的长期变化趋势及生态水文系统的年际演变情况，分析流域水质演变趋势和水质空间变异规律。

（2）在研究区水质水量分析的基础上，建立包含供给功能、生态功能、人文功能三大类生态系统服务功能的生态价值体系，评估各典型湿地生态价值。根据海河流域典型湿地生态现状建立湿地"压力-状态-响应"生态评价指标体系，以评价指标的实测值与退化前的湿地生态系统作为参考标准进行对比，使评价指标标准化，采用层次分析法对湿地生境质量评价指标进行权重赋值，从而判定典型湿地生境质量综合评价指数。

（3）针对典型湿地退化现状，采用景观格局和灰色关联度方法分析典型湿地退化影响因素，通过遥感解译及湿地转移矩阵法，分析主要湿地面积变化和土地利用类型转移方向，利用灰色关联度对湿地生境问题进行诊断，分析湿地退化成因。进而有针对性地提出了湿地生态需水保障、污染控制、生物多样性保护对策方案。

第六节　科技创新推广项目

一、海河流域平原河道生态保护与修复模式研究

2007—2009 年，海河水保局组织完成"海河流域平原河道生态保护与修复模式研究"（编号：XDS2007 - 05），由科研所主承担，南开大学协作完成，项目总投资 100 万元。

（一）项目背景

由于水资源过度开发，经济社会发展而治理污染的措施跟不上，海河流域平原河道多数河道断流干涸，部分河段严重沙化，水体污染严重，已经呈现有水皆污的恶劣局面，由此而造成河流生态系统退化，生物量锐减。面对平原河道恶劣的局面，采取何种技术与模式修复与保护平原河流生态系统，并对此进行深入研究，对于维持河流健康生命，保障经济社会发展，具有重要意义。

（二）项目开展情况

2007 年 8 月，编制了项目工作大纲。

2007 年 9 月，开展了资料收集和整理工作，并对重点研究河流北运河等进行了查勘。

2007 年 12 月，完成了河流健康评价因子的确定工作，并召开中间成果研讨会。

2008 年 8 月，完成研究报告初稿，召开了由委领导和主管部门领导参加的内部把关研讨会，提出了修改意见。

2009 年 6 月，根据修改意见完成了研究报告（专家咨询稿），召开了专家咨询会，对该项目成果提出了正式的专家咨询意见。

2009 年 8 月，根据专家意见完成了报告的修改，并准备验收材料，提交水利部国科司申请验收。

2009 年 9 月 27 日，通过了水利部国科司主持召开的项目验收会。

（三）主要成果

针对海河流域平原河流特点，建立了海河流域平原河流生态健康评价指标体系，并对主要河流进行了健康评价；计算了主要河流生态需水量；针对性地提出了 9 种生态修复模

式；明确了河流生态功能定位及生态修复管理对策措施，具有创新性，提出的平原河流生态保护与修复模式和管理措施对海河流域开展河流生态修复具有指导作用。发表学术论文11篇，完成硕士论文2篇，出版专著1部；并完成三个专题报告和总报告，分别为：专题报告一《平原河流生态健康评价指标体系研究》、专题报告二《平原河流生态需水量研究》、专题报告三《平原河道生态修复模式研究》和总报告《海河流域平原河道生态保护与修复模式研究》。项目成果被"海河流域综合规划"采纳。

二、水资源保护信息系统在海河流域的推广应用

2006年1—9月，海河水保局组织完成"水资源保护信息系统在海河流域的推广应用"（编号：TG0522），由科研所承担完成，项目总投资70万元。

（一）项目开展情况

项目建设目的为加强水保工作人员对水环境指标掌握，提高水环境监测成果的管理水平。通过水资源保护信息服务系统的建设，利用现代的技术，实现水质信息的自动收集、存储、分析，并对水质监测业务管理起到辅助决策作用，基本实现了水资源保护工作的现代化。

2005年12月，项目正式批准实施。

2006年1月，海河水保局与流域有关部门沟通，确定了推广单位（海委所属三个管理局以及河北承德水文局及河南安阳水文局共5个单位）。

2006年2月，海河水保局及龙网公司共同完成了信息收集与调研工作。

2006年3月，海河水保局与龙网公司向推广单位通报了系统所具有的功能并完成了需求分析。

2006年7月，龙网公司初步完成了系统开发工作，海河水保局提出了修改意见并与引滦局等部分推广单位交换了意见，对系统进行了修改完善并推广到了上述5个推广单位。

2006年9月，海河水保局和龙网公司准备有关验收材料并提请科技外事处验收。

2007年8月，水利部国科司在引滦局主持召开会议，对水资源保护信息系统在海河流域的推广应用进行专家评审。

（二）成果应用推广情况

通过该系统的推广应用，初步实现了水资源信息系统的自动收集、存储、分析，并对水质监测业务管理起到了辅助决策作用，基本实现了水资源保护工作的现代化。该系统的建成运行，实现了海委对海河流域重要水源地、省界监测断面、入河排污口、水功能区等流域水质综合信息的动态跟踪、实时发布和信息共享，实现了在海委工作网上的网络化办公，使海河流域水资源保护和监督管理水平得到明显提高，为全面推动流域水资源保护工作的现代化管理奠定了良好基础。

三、基于GMS地下水模型在海河流域水资源规划和管理中的应用

2007—2009年，海河水保局组织完成"基于GMS地下水模型在海河流域水资源规划和管理中的应用"（编号：TG0708），由科研所承担完成，项目总投资40万元。

（一）项目开展情况

为了有效地管理海河流域京津地区的地下水资源，2002年海委在京津地区重要水源地水资源实时监控系统项目中利用GMS（地下水模拟系统）开发了"海河流域平原区浅层地下水模型"。该模型重点模拟了京津地区地下水的补给规律、含水层分布及其动态特征，在京津地区地下水管理中起到了重要作用，模型已成功应用于"京津地区重要水源地水资源实时监控系统"中，并作为地下水动态管理子系统的管理模型。鉴于地下水模型在水资源管理中发挥的作用，将基于GMS地下水模型在海河流域水资源规划和管理中的应用项目列入水利部科技成果重点推广计划。

科研所和龙网公司签订协作合同成立项目组。科研所负责该项目的实施，包括实施方案的制定、任务分配、进度督促、质量把关、技术资料档案建设、成果推广等。

2007年6—8月，签订合同，并完成实施计划的编写。

2007年9—12月，进行资料分析整理，根据模型和推广单位的需求，进行了全面的资料搜集、分析、整理和入库工作。

2008年1—10月，进行模型修正和系统完善，根据前期模型开发中的问题和新的资料系列，对模型及地下水信息管理系统进行了修正和完善，使更符合生产实际。

2008年10月至2009年2月，为模型推广阶段，根据合同约定实施推广。主要是与推广单位协调，进行模型安装调试，技术人员初步培训。

2009年5月，进行项目培训工作：对推广单位、海河水保局、龙网公司等有关技术人员进行了技术培训。

2009年8月26日，项目通过水利部国科司验收。

（二）成果应用推广情况

改进后的模型经过天津市科学技术委员会的鉴定，已成功推广于海河流域水资源综合规划。项目成果在海委、海委GEF项目办公室、海委防汛抗旱办公室、海委信息化项目建设办公室、天津市中水科技咨询有限责任公司等单位得到推广应用，为上述用户解决了地下水补给量、开采量以及水位预测等技术难题，同时模型实现了海河流域地下水资料存储的信息化，用户可以通过模型和模型数据库，快速、便捷地查询所需信息，节省了外出调查和数据分析时间。模型维护简单、方便，用户根据实际需求，通过输入各种数据直接在模型中进行运算，不需重新建模和调参，大大提高了工作效率。

通过对地下水信息管理系统的完善，从初期在京津地区的推广到海委政务外网门户中，实现了海河流域平原区地下水资源状况的外网存储、查询和分析，并展示了地下水模型计算的部分成果，使流域内外的地下水管理人员能够较快速和全面地了解海河流域地下水信息。该系统的建成应用，实现了海委对流域内地下水水位、埋深、水量平衡、水文地质等信息的跟踪、发布和信息共享，实现了在海委外网上的网络办公，使海河流域地下水管理水平得到明显提高，为海河流域地下水资源的高效管理和合理规划提供信息支持，为有关部门积极关注、监督并参与地下水管理提供平台。

项目获得2008年海委水利科学技术进步二等奖；在国内核心期刊上发表论文3篇，国际会议论文2篇。

第十一章

环 境 影 响 评 价

　　海河水保局最早于 1990 年获得环境影响评价资质，1999 年、2007 年两次经历资质证书变更后，2008 年、2012 年、2015 年分别进行了资质延续，2016 年再次经历资质证书变更。2008 年之前，海河水保局开展的环境影响评价业务较少，随着国家的环评政策要求不断提高，海河水保局对环境影响评价工作日益重视。2008 年以来，环境影响评价队伍不断壮大，现有环评工程师 6 人，单独持证上岗人员 16 人。环评业绩发展较快，共完成环境影响评价项目报告书（表）百余项，涵盖农林水利、社会区域等项目类别，尤其以水利工程项目为重点，完成了一批重点工程的环境影响报告书的编制，包括南水北调东线第一期工程黄河以北段工程、卫运河治理工程、天津市大黄堡洼蓄滞洪区工程与安全建设、于桥水库入库河口湿地工程等项目的环境影响报告书，在天津市水利环境影响评价领域有较高知名度，受到了环境影响评价主管部门、评估部门、行业专家和建设单位的一致好评，发挥了较好的社会服务功能。

第一节　资质管理与队伍建设

一、资质持有情况

　　科研所 1990 年获得国家甲级环评证书持证资格，1999 年 12 月获得乙级证书持证资格，后由于科研所非独立法人单位，环评证书单位名称为海委，2008 年 1 月再次获得乙级证书资格，环评证书机构名称变更为科研所。2012 年、2015 年进行了资质延续，证书编号为国环评证乙字第 1106 号（图 11-1）。后因国家关于环评资质政策调整，2016 年年底环评资质再次进行变更，环评证书单位名称变更为碧波公司。报告书行业类别有农林水利、社会区域，报告表为一般项目环境影响报告表。拥有环评工程师 6 人，单独持证上岗人员 16 人。

图 11-1　环境影响评价资质证书

二、资质延续情况

（一）2007 年资质延续

2007 年，环评资质证书机构名称为海委。根据国家环保总局办公厅文件《关于 2007 年乙级建设项目环境影响评价资质延续有关问题的通知》（环办〔2007〕98 号），当年需申请延续环评资质证书事宜。自 2006 年起，海河水保局组织多人次参加了国家环评工程师执业资格考试，先后有 7 人通过了环评工程师执业资格考试和登记培训。鉴于科研所已取得独立法人资格，符合国家环保总局乙级证书持证要求，同时为了不断增加科研所的业绩积累，以利于科研所的不断发展壮大，2007 年 9 月 20 日，海河水保局向水利部海委提交《关于环评资质证书名称变更的请示》（水保〔2007〕25 号），申请将环评证书的机构名称由"水利部海河水利委员会"更换为"水利部海河水利委员会水资源保护科学研究所"。2007 年 9 月 28 日，海委以《关于环评资质证书名称变更的批复》（海人教〔2007〕64 号）对申请进行了批复，同意环评证书机构名称变更。后国家环保总局批准了环评资质延续。

（二）2011 年资质延续

根据原《建设项目环境影响评价资质管理办法》（国家环保总局令第 26 号），环评资质证书有效期为 4 年，资质证书有效期届满，评价机构应当于有效期届满 90 日前申请延续。科研所 2008 年 1 月再次获得乙级证书资格，有效期截止日为 2011 年 12 月 31 日。科研所于 2011 年第四季度进行了资质延续申请，递交了申请材料。环境保护部于 2012 年 1 月 17 日以公告第 5 号，批准了环评资质延续，延续时间为 2012 年 1 月 17 日至 2016 年 1 月 16 日。

（三）2015 年资质延续

根据《建设项目环境影响评价资质管理办法》（环境保护部令第 36 号）及其配套文件《现有建设项目环境影响评价机构资质过渡的有关规定》，环评机构应当为依法经登记的企业法人，现有环评机构中的其他事业单位，在 2016 年 12 月 31 日前，通过体制改革形成符合《建设项目环境影响评价资质管理办法》中规定的企业法人类型的环评机构。考虑科研所环评资质将于 2016 年 1 月 16 日到期，2015 年第四季度，科研所向环境保护部行文，申请资质延续 1 年，即有效期延至 2016 年年底，作为环评改革的过渡期。2016 年 1 月 27 日，环境保护部以公告 2016 年第 8 号文批准了科研所环评资质延续，有效期限为 2016 年 1 月 17 日至 2016 年 12 月 31 日。

（四）2016 年资质变更

按照《建设项目环境影响评价资质管理办法》（环境保护部令第 36 号），即国家关于环评机构企业化改革政策，2016 年 12 月 31 日科研所环评资质到期后将不得再从事环评业务。为适应政策调整需要，继续发展环评业务，2016 年 11 月，科研所向环境保护部提出申请，请求将环评资质变更至碧波公司。2016 年 12 月 15 日，环境保护部以 2016 年公告第 76 号文批准了环评资质变更，碧波公司环评资质有效期限为 2016 年 12 月 15 日至 2020 年 12 月 14 日，原科研所环评资质同时作废。

三、环评检查情况

根据环评管理的要求，天津市环保局分别于 2012 年 3 月、2015 年 6 月、2015 年 10 月、2016 年 12 月，对科研所进行了 4 次环境影响评价机构专项执法检查。经过检查，科研所在资质条件、工作质量、从业行为等方面均不存在违规行为，符合环评相关法律法规、部门规章的要求。

四、环评队伍建设

根据原《建设项目环境影响评价资质管理办法》（国家环保总局令第 26 号），乙级评价机构需具备 12 名以上环境影响评价专职技术人员，其中至少有 6 名登记于该机构的环境影响评价工程师，其他人员应当取得环境影响评价岗位证书。按照这一要求，科研所积极组织人员参加环评工程师考试和环评上岗证考试，从 2005—2014 年，先后有 6 人通过了环评工程师考试，21 人获得了环境影响评价岗位证书，满足了原管理办法的条件。

此后，海河水保局一直重视环评队伍的建设，支持在职人员参加环评考试培训、环评业务培训，鼓励和支持在职人员报考环评工程师考试和环评上岗证考试。2009—2016 年，环评技术人员队伍蓬勃发展，环评工程师最多时有 10 人，先后有 30 余人获得了环境影响评价岗位证书。2016 年年底，科研所有环评工程师 6 人，其中 3 人登记类别为农林水利，3 人登记类别为社会服务。

第二节　主　要　业　绩

科研所从取得环评资质至 2016 年年底，共完成环境影响报告书（表）一百余项，其中农林水利类 30 余项，基本为水利类项目，其余均为社会服务类项目。重点项目环境影响报告书或生态影响专题报告如表 11-1 所示。

表 11-1　　　　　　重点项目环境影响报告书或生态影响专题报告统计表

编号	项 目 名 称	审批时间	审批部门及文号
1	南水北调东线第一期工程黄河以北段工程环境影响报告书	2006 年 11 月	国家环保总局，环审〔2006〕561 号
2	天津市南水北调中线引滦扩建工程（尔王庄水库至津滨水厂）环境影响报告书	2009 年 4 月	天津市环保局，津环保许可函〔2009〕026 号
3	天津市南水北调中线津滨新区供水工程环境影响报告书	2009 年 8 月	天津市环保局，津环保许可函〔2009〕026 号
4	天津市新地河水库浚深改造工程环境影响报告书	2009 年 10 月	天津市环保局，津环评估报告〔2009〕246 号
5	卫运河治理工程环境影响报告书	2011 年 7 月	环境保护部，环审〔2011〕195 号
6	蓟运河宁汉交界—宁河城区段治理工程环境影响报告书	2012 年 4 月	天津市环保局，津环保许可函〔2012〕026 号
7	蓟运河宁河城区段治理工程环境影响报告书	2012 年 4 月	天津市环保局，津环保许可函〔2012〕027 号

续表

编号	项 目 名 称	审批时间	审批部门及文号
8	机场排水河综合治理工程环境影响报告书	2013 年 2 月	天津市环保局，津环保许可函〔2013〕006 号
9	天津市大黄堡洼蓄滞洪区工程与安全建设环境影响报告书	2013 年 4 月	天津市环保局，津环保许可函〔2013〕029 号
10	天津市大清河中下游段（新开河—金钟河）治理工程环境影响报告书	2013 年 5 月	天津市环保局，津环保许可函〔2013〕033 号
11	大沽排水河治理工程环境影响报告书	2013 年 7 月	天津市环保局，津环保许可函〔2013〕058 号
12	青龙湾减河治理工程环境影响报告书	2014 年 5 月	天津市环保局，津环保许可函〔2014〕045 号
13	于桥水库入库河口湿地工程环境影响报告书	2014 年 9 月	天津市环保局，津环保许可函〔2014〕109 号
14	外环河综合治理工程（河道及阻水建筑物部分）环境影响报告书	2014 年 12 月	天津市环保局，津环保许可函〔2014〕152 号
15	潮白新河（乐善橡胶坝至宁车沽防潮闸段）治理工程环境影响报告书	2015 年 5 月	天津市环保局，津环保许可函〔2015〕036 号
16	外环河综合治理工程（公路、铁路涵及配套部分）环境影响报告书	2015 年 7 月	天津市环保局，津环保许可函〔2015〕047 号
17	独流减河宽河槽湿地改造工程环境影响报告书	2016 年 1 月	天津市环保局，津环保许可函〔2016〕003 号
18	天津大沽河净水厂一期工程环境影响报告书	2017 年 6 月	天津市河西区审批局，津西审环许可〔2017〕53 号
19	潮白新河乐善橡胶坝工程环境影响报告书	2019 年 4 月	天津市宁河区审批局，宁河审批环〔2019〕68 号
20	潮白新河宝宁交界—乐善橡胶坝段治理工程对天津古海岸与湿地国家级自然保护区生态影响专题报告	2018 年 11 月	天津市海洋局，津海办函〔2017〕171 号

此外，还完成了海河口泵站工程、独流减河尾闾改造工程、南运河治理工程（津冀交界—独流减河段）、中心城区沿河排水口门提升改造、蓟县 2014 年农村饮水安全提升改造工程项目、蓟县深山区应急饮水安全提升工程、渔船道（泵站引河）治理工程、引滦水源保护工程黎河河道治理工程、天津市中心城区及环城四区水系联通工程——津唐运河综合治理工程、天津市北辰区郎园泵站迁建工程、独流减河左堤提升工程、赤龙河治理工程、天津市津南区双港—八里台污水总管工程（新家园雨污水泵站）、天津市津南区头道沟排水系统改造工程（雨水泵站部分）等项目的环境影响报告表，并通过市（区、县）环保局或审批局审批。

一、南水北调东线第一期工程黄河以北段工程环境影响报告书

1. 项目来由及开展情况

2001 年，淮河水利委员会负责会同海委，编制完成《南水北调东线工程规划（2001

年修订)》。2004 年 6 月，编制完成《南水北调东线第一期工程项目建议书》。2005 年 3 月，由淮委牵头组织编制完成了《南水北调东线第一期工程可行性研究报告》。

按照《中华人民共和国环境影响评价法》规定，受淮河水利委员会的委托，淮河水资源保护科学研究所和科研所等单位共同组成环境影响评价项目组，对南水北调东线第一期工程进行环境影响评价。2002 年 6 月，编制完成了《南水北调东线第一期工程环境影响评价工作大纲》。2002 年 8 月，编制完成了《南水北调东线第一期工程环境影响评价工作实施方案》。2002 年 9 月，国家环保总局环境工程评估中心以国环评估纲〔2002〕222 号文明确了《关于南水北调东线第一期工程环境影响评价工作大纲的评估意见》。

根据环评大纲批复中的内容要求和专题设置，淮河水资源保护科学研究所会同海河水资源保护科学研究所组织科研院校共 19 个单位开展了工程沿线及影响区的现状调查、工程分析、问题研究和影响预测评价等工作，科研所承担了南水北调东线第一期工程黄河以北段工程环境影响报告书的编制。报告查清了南水北调东线一期工程（黄河以北段）沿线范围内社会生态环境质量现状，分析了现状环境对调水工程输水水质的影响，提出了确保水质达标的措施，预测评价了规划方案可能产生的有利和不利影响，并提出了切实可信的环保措施，是南水北调东线第一期工程环境影响报告书的重要组成部分。2005 年 6 月 17—18 日，水利部水利水电规划设计总院召开南水北调东线第一期工程鲁北段工程环境影响报告书技术审查会，对报告书提出了修改建议；2006 年 6 月 7 日，国家环保总局对报告书进行了审查。

2. 评价结论

项目可解决聊城市、德州市水资源短缺的局面，为城乡居民生活用水、社会经济发展以及区域环境保护提供优质、可靠的水源，有效改善供水区城乡居民的生活条件，对维护供水地区的社会稳定有着显著的影响，具有综合的、巨大的、长远的、战略的经济效益和环境保护效益，项目建设过程中的不利影响也可通过加强环保措施得到缓解和消除，并不存在限制性环境因素，从环境保护方面评价，该项目的建设具备环境可行性。

二、卫运河治理工程环境影响报告书

1. 项目来由及开展情况

"96·8"大水过后，海委于 1996 年 9 月和 1998 年 8 月分别以"海计〔1996〕97 号"和"海计〔1998〕46 号"文下达设计任务，中水北方勘测设计研究有限责任公司（原水利部天津水利水电勘测设计研究院）按照海委要求先后编制了《卫运河险工工程初步设计报告》和《卫运河险工整治及清淤复堤工程初步设计报告》。1999 年 5 月海委以"海计〔1999〕63 号"安排设计工作转入"项目建议书"阶段。2007 年，水利部以"水规计〔2007〕329 号"批准了卫运河治理工程项目任务书，中水北方勘测设计研究有限责任公司于 2009 年 1 月完成并提交了《卫运河治理工程可行性研究报告》，于 2009 年 9 月完成了《卫运河治理工程可行性研究报告》的修改工作。

按照《中华人民共和国环境影响评价法》和《建设项目环境保护管理条例》（国务院令第 253 号）等有关规定，此项目需进行环境影响评价。为此，建设单位漳卫南局委托淮河水资源保护科学研究所和海河水资源保护科学研究所合作进行环境影响评价工作。按照评价工作程序，在现场查勘的基础上，对项目所在区域进行了环境监测、污染源调查、相关部门咨询和资料收集等工作。在此基础上，分析、预测了该项目对周边环境的影响及其程度，并按评价导则和有关规范编制了环境影响报告书（报审稿），于 2009 年 3 月通过水利部预审。2009 年 12 月，环境保护部环境工程评估中心组织对《卫运河治理工程环境影响报告书》进行了技术评估，根据技术评估会专家组评审意见，评价单位对《卫运河治理工程环境影响报告书》进行了修改和完善，呈报国家环境保护行政主管部门审批，以此作为各级管理部门决策的依据。

2. 评价结论

卫运河治理工程的实施是为了实现《海河流域防洪规划》（国函〔2008〕11 号）和《关于抓紧落实加强海河流域近期防洪建设若干意见的通知》（国办发〔2002〕37 号）要求的"卫运河防洪标准达到 50 年一遇，河道设计行洪能力 4000 立方米每秒，排涝能力 1150 立方米每秒"的规划目标。

项目的主要任务是对卫运河徐万仓至四女寺之间全长 157 千米的河道进行综合治理，通过河道清淤、堤防加高、险工险段整治、穿堤建筑物维修加固等措施，恢复河道 50 年一遇的行洪设计能力，保证河道行洪安全。同时与《海河流域水污染防治规划（2006—2010 年）》《渤海环境保护总体规划》以及周边县市的生态建设规划和发展规划协调一致。

项目建设目的是确保卫运河防洪排涝安全，同时对两岸农业灌溉和生态环境建设以及水环境改善具有促进作用，对流域的社会发展与进步具有巨大的促进作用。项目建设的环境影响主要集中在施工期，重点是防止镉超标底泥对浅层地下水水质和农业生产环境、人群健康产生不利影响。在落实报告提出的各项环保对策措施后，项目建设的不利环境影响可得到缓解，不存在重大环境制约要素，从环境保护角度分析，项目建设是可行的。

三、于桥水库入库河口湿地工程环境影响报告书

1. 项目来由及开展情况

随着于桥水库周边和滦河潘大水库上游地区经济的不断发展，水库来水的水质呈下降趋势。2000 年和 2010 年，天津市对于桥水库进行了水源保护治理工程和污染治理工程，使水库周边的污染入库量得到了消减。但由于来自水库上游的主要污染源没有得到彻底治理，水库水质下降趋势没有得到有效遏制，水中总氮、总磷浓度仍呈上升趋势，水体富营养化没有得到根本解决，导致藻类密度持续增加，严重影响了城市供水安全。

根据天津市政府的统一安排，于桥水库周边在继续实施引滦水源保护工程建设的同时，开展实施"于桥水库库区水源保护工程"。天津市发展改革委于 2013 年 12 月 17 日批复了《于桥水库入库河口湿地工程项目建议书》。

于桥水库入库河口湿地工程属于水源地保护工程，工程位于于桥水库果河入库河口，水库 22 米控制线以内。根据《中华人民共和国环境影响评价法》和《天津市建设项目环境保护管理办法》的有关规定，该项目需要编制环境影响报告书。天津水务投资集团有限公司委托科研所承担了项目的环境影响评价工作。接受委托后，评价单位对工程基本情况进行了分析，在现场踏勘和资料调研的基础上，按照环境影响评价技术导则的规定和要求，编写完成评价工作大纲。2013 年 3 月 25 日，天津市环境工程评估中心组织专家对评

价工作大纲进行技术评估。根据修改后的工作大纲，评价单位组织了环境现状调查和监测，编制完成了《于桥水库入库河口湿地工程环境影响报告书》。2013 年 5 月 30 日，天津市环境工程评估中心组织专家对报告书进行了审查，评价单位对报告进行修改和完善后，呈报天津市环境保护行政主管部门进行审批。

2. 评价结论

于桥水库入库河口湿地工程是天津市引滦水源保护工程的重要建设内容之一，也是《海河流域综合规划》《全国重点流域水污染防治规划（2011—2015 年）》和《天津市十二五水利发展规划》等规划重要内容之一。项目的实施符合《天津市城市总体规划（2005—2020）》和《天津市引滦水源污染防治管理条例》的要求，在加强于桥水库水资源保护的同时，进一步促进了水库生态的修复与保护，对于保障天津市城市供水安全具有重要意义。

项目通过于桥水库入库河口湿地系统，利用湿地生态系统的净化功能，每年削减入库污染物总氮和总磷分别为 1168 吨和 58 吨，负荷量削减比分别为 38％和 48％，大大地减少了进入于桥水库的氮磷等营养物质，有效阻止了水体富营养化的进程，对于保障天津市的城市饮水安全具有重要的意义。项目施工期的施工废水、施工噪声以及施工产生的扬尘和固体废弃物会对周边环境造成暂时的不利的影响，通过有效的措施这些不利于影响可以得到避免或减缓。

项目的社会、经济、生态环境效益显著，项目的环境影响主要集中在施工期，在采取本报告提出的各项措施的前提下，不利的环境影响可得到缓解，不存在环境制约因素，从环境保护角度分析，项目建设是可行的。

四、外环河综合治理工程（河道及阻水建筑物部分）环境影响报告书

1. 项目来由及开展情况

按照"美丽天津一号工程"清水河道行动部署，结合《天津市外环线绿化带规划》和《天津市排水专项规划》，天津市水利勘测设计院先后编制了《外环河综合治理工程规划》和《外环河综合治理工程项目建议书》。2014 年 7 月 3 日，天津市发展改革委以津发改农经〔2014〕590 号文批复了《外环河综合治理工程项目建议书》。

外环河综合治理工程共包含截污治污、水循环及排涝、景观提升 3 大类工程。按照津发改农经〔2014〕590 号文，外环河综合治理工程建设内容包括：改造阻水建筑物 76 座，新建、扩建泵站及联通闸 4 座，清淤河道 68 千米，整治修复坍塌及破损岸坡等。工程项目多、投资大、周边环境复杂、工期紧迫。为加快工程进度，按照轻重缓急的原则，将整个工程分解为河道及阻水建筑物、公路和铁路涵、泵站及配套等 3 部分内容，并分别编制和报批可行性研究报告。该评价涉及的工程即为外环河综合治理工程的河道及阻水建筑物部分。

根据《中华人民共和国环境影响评价法》和《天津市建设项目环境保护管理办法》的有关规定，外环河综合治理工程（河道及阻水建筑物部分）需要编制环境影响报告书。天津水务投资集团有限公司委托水资源保护科学研究所承担了项目的环境影响评价工作。接受委托后，评价单位对工程基本情况进行了分析，在现场踏勘和资料调查的基础上，按照

环境影响评价技术导则的规定和要求,编写完成评价工作大纲,并报送天津市环境工程评估中心审查。根据修改后的工作大纲,评价单位组织开展了环境现状调查和监测,编制完成了《外环河综合治理工程(河道及阻水建筑物部分)环境影响报告书》。报告书重点关注了工程对水文情势、水环境和生态环境的影响,认为该项目社会、经济、环境效益显著。2014年11月,天津市环境工程评估中心组织专家对报告书进行了审查,评价单位对报告进行修改和完善后,呈报天津市环境保护行政主管部门进行审批。

2.评价结论

工程是"美丽天津一号工程"的重要组成部分,属于国家《产业结构调整指导目录》规定的"江河堤防建设及河道、水库治理工程"和"江河湖库清淤疏浚工程",为鼓励类项目,符合国家产业政策。同时,工程建设符合《天津市城市总体规划(2005—2020年)》《天津市排涝总体规划(2011—2020年)》《天津市排水专项规划修编(2013—2020年)》《天津市生态用地保护红线划定方案》等天津市有关规划和《海河流域综合规划(2012—2030年)》要求。

项目通过河道清淤、岸坡整治以及涵桥、倒虹吸等河道阻水建筑物改造,提升了外环河河道过流能力,改善了河道整体水环境质量,对保障沿线区域汛期排涝安全、改善区域生态环境质量、提升天津市整体发展水平具有极为重要意义。

项目施工期的施工废水、施工噪声以及施工产生的扬尘和固体废弃物会对周边环境造成暂时的不利影响,通过采取有效防治措施,这些不利于影响可以得到避免或减缓。

项目的社会、经济、生态环境效益显著。项目的环境影响主要集中在施工期,在采取该报告提出的各项措施的前提下,不利环境影响可得到缓解,不存在环境制约因素,从环境保护角度分析,项目建设是可行的。

五、独流减河宽河槽湿地改造工程环境影响报告书(含生态影响专题报告)

1.项目来由及开展情况

独流减河宽河槽湿地改造工程位于独流减河下游滨海新区境内,从东台子泵站上游360米(43+431)开始至十里横河(52+964)结束,长9.533千米,总面积27.82平方千米。工程对独流减河宽河槽湿地十里横河以上段进行生态补水,修复该段湿地生态环境,同时采用表流近自然湿地+兼氧型稳定塘组合工艺对南部水循环系统来水进行净化处理,增加中心城区及环城四区一级、二级河道生态供水量。湿地由水量调节池、近自然湿地和兼氧稳定塘等组成。工程估算总投资24200.05万元。

根据《中华人民共和国环境影响评价法》、国务院令1998年第253号《建设项目环境保护管理条例》及天津市人民政府令(2004年)第58号《天津市建设项目环境保护管理办法》的有关规定,该工程应编制环境影响报告书。受建设单位天津水务投资集团有限公司委托,科研所承担该工程的环境影响评价工作,同时为保证该项目在实施过程中对保护区的生态影响降至最低,对该项目对北大港湿地自然保护区生态环境的影响进行专题评价,对保护区生态环境现状和项目建设可能造成的生态影响做出客观评价,并对项目施工期和运行期的不利影响提出相应的生态保护与恢复措施。接受委托后,评价单位在现场踏勘和资料调研的基础上,按照环境影响评价技术导则的规定和要求,编写完成评价工作大纲。2014 年年底，天津市环境工程评估中心组织专家对评价工作大纲进行技术评估。根据修改后的工作大纲，评价单位组织了环境现状调查和监测，编制完成了《独流减河宽河槽湿地改造工程环境影响报告书》和《独流减河宽河槽湿地改造工程生态影响专题报告》。2015 年 8 月 13 日，天津市环境工程评估中心组织专家对报告书进行了审查；2015 年 8 月 20 日，天津市环保局生态处组织专家对生态专题报告进行了审查，在对生态专题报告进行修改后；2015 年 12 月 3 日，天津市环保局生态处组织专家对生态专题报告进行了复审。随后评价单位对报告进行修改和完善后，呈报天津市环境保护行政主管部门进行审批。

2. 评价结论

独流减河宽河槽湿地改造工程是"美丽天津一号工程"中"清水河道行动"的重要组成部分，位于北大港湿地自然保护区实验区的独流减河宽河槽湿地上半段，西起拟建东台子泵站，东至十里横河，湿地总面积 27.82 平方千米，由预处理区、近自然湿地和兼氧稳定塘组成。项目的实施符合《中华人民共和国自然保护区条例》《天津市城市总体规划（2005—2020）》《天津市生态用地保护红线划定方案》《建设美丽天津推动生态保护和修复行动计划（2014—2016 年）》等国家相关法规和天津市相关规划要求。

项目实施后，每年可为北大港湿地自然保护区的独流减河实验区 26.11 平方千米湿地提供生态用水 1.12 亿立方米，并有利于项目区域内水质现状的改善。

项目实施后，不会改变项目区域内生态系统的结构。项目不但对北大港湿地自然保护区生态系统无不利影响，而且将逐步稳定湿地面积，培育和优化了湿地生态群落结构，恢复提升湿地的生态功能，增加独流减河宽河槽湿地的环境容量，改善区域生态景观环境，有效地促进了湿地水生态的保护与修复。该项目结合项目区域内的地形，通过构建水鸟栖息岛和水位变化调节，丰富了区域内的生境多样性，辅以人工增殖放流措施，有利于鸟类的保护。

项目施工期，施工扰动会对项目区域内鸟类栖息产生不利影响，其中所涉及的主要保护鸟类为东方白鹳、白鹤、白枕鹤，施工迫使鸟类等动物迁移至远离施工区域的范围活动，通过合理安排施工时间、控制施工范围和人工补充食物等保护措施，可将对鸟类的不利影响降至最低，鸟类及其他动物种群也不会发生明显变化。综上所述，项目是"美丽天津一号工程"中"清水河道行动"的重要组成部分，是中心城区及环城四区水系联通工程的重要工程之一，符合国家相关法规和天津市相关规划要求，有利于北大港湿地自然保护区的生态环境改善和鸟类保护，从生态环境保护的角度，项目的实施合理可行。

图 11-2　荣誉证书

3. 获奖情况

获得天津市环境影响评价协会 2015 年度环评优秀成果三等奖（图 11-2）。

第十二章

财 务 经 济 管 理

　　机构成立之初，海河水保局业务经费主要为水质监测经费。随着国家水利投入的加大，单位水资源保护经费也稳步提升。财务管理方面，2003 年以前，海河水保局会计核算等财务工作由海委财务处统一管理。2003 年以后，按照海委的要求，预算管理工作由海河水保局负责，会计核算工作委托海委综合管理中心负责。同年，海河水保局资产也交由本单位进行统一管理。根据单位需要，海河水保局制定了涵盖财务、项目、合同、资产、绩效等方面的财务制度，加强海河水保局财务管理工作。预算管理方面，在水利部、海委的整体部署下，海河水保局 2009 年起开展绩效管理工作。2013 年，根据水利部要求，绩效评价试点项目将水质监测项目纳入试点范围。2015 年，按照财政部和水利部要求，监测中心纳入单位整体绩效评价试点单位。2016 年，海河水保局实现项目支出绩效目标全覆盖。内部管理方面，2016 年，海河水保局成立内部控制领导小组，组织开展海河水保局内部控制工作。结合单位具体情况，2018 年 6 月，海河水保局组织编制了《海河流域水资源保护局内部控制工作手册（2018 年版）》。以此为依据，开展单位内部管理工作。

第一节　预　算　管　理

　　预算管理是财务管理的核心，是单位职能履行的物质保证。海河水保局依据国家法律法规、水利部和海委的有关规定，实事求是、科学合理地编制部门和项目预算，完善预算执行的约束机制。在预算的编制与执行过程中，处理好行政性支出与业务性支出、重点性支出与一般性支出之间的关系，做好预算管理工作。

一、预决算管理

　　海河水保局按照海委下达的预算"一上"阶段规模和经费方向，在预算编制工作中，对预算安排的方向和要求进行重点说明，严格控制一般性支出，从严控制"三公经费"预算和会议费支出费用。规范编制基本支出和项目支出，控制基本支出的开支范围和标准，严格执行相关项目支出标准，真实反映支出需求，通过细化定员、定额、定量，逐步建立健全项目编制的规范体系。

　　2016 年，根据《财政部关于专员办进一步加强财政预算监管工作的意见》（财预

〔2016〕38号）要求，各单位的预算管理工作全部纳入财政部专员办的监管范围。海河水保局积极配合专员办开展财政预算监管工作，及时将"一上"预算申报材料报送所在地专员办备查、审核，同时提供预算编制政策依据、基本情况、基础信息数据变动情况及证明文件、事业编制内增人增支依据等。积极加强与专员办的沟通协调工作，及时反映单位合情合理的解释和诉求，确保与专员办达成一致意见。

二、绩效管理

预算绩效管理是提升政府管理效能的重要抓手，是深入贯彻落实科学发展观的必然要求，是完善政府绩效管理制度、深化行政体制改革的重要举措。自2003年起，财政部以绩效评价为核心，持续、深入地推动开展了预算绩效管理的实践工作，逐步推动全国预算绩效管理工作。在水利部、海委的部署下，海河水保局2009年起开展绩效管理工作，从绩效目标的设定审核、绩效的运行监控、绩效评价的实施以及绩效评价结果反馈4个环节对水利财政资金进行追踪问效。

按照水利部和海委要求，项目和单位绩效指标随年初预算一并由海委批复。海河水保局按照单位工作安排和项目预算实施方案，对照设置的单位绩效指标完成年度预算项目，在实施过程中及时跟踪绩效目标值，促进绩效目标的顺利实现。

2013年，根据水利部要求，绩效评价试点项目将水质监测项目纳入试点范围。多年来，海河水保局认真组织开展工作，做到"预算编制有目标、预算执行有监控、预算完成有评价、评价结果有应用"，均通过水利部和海委组织的考核，绩效评价得分均在95分以上。2015年，按照财政部和水利部要求，监测中心纳入单位整体绩效评价试点单位。2016年，海河水保局实现项目支出绩效目标全覆盖。

预算绩效管理工作的开展，有效地加强了资金监管，不断促进水利预算决策体制的完善；进一步提高了财政资金的使用效益，将绩效评价管理与预算的编制工作结合起来，更好地实现了水利财政资金的高效配置。

三、验收工作

海河水保局每年1月按照《海河流域水资源保护局项目管理办法》组织专家对上一年的项目进行自验收。验收的主要内容包括项目的立项、组织实施情况、工作内容、工作进度、绩效目标、成果质量、实施效果、经费使用情况、政府采购管理情况、合同管理情况、资产管理情况、档案管理情况等。自验收完成后，按照海委统一部署，配合海委完成项目终验（竣工验收）和复验工作，海河水保局每年均以高质量的项目成果通过海委组织的验收。

第二节　财　务　管　理

海河水保局严格执行国家法律法规、水利部和海委有关的财务制度，开展水利基建项目、行政事业类项目、行政运行等的相关财务活动，同时加强财务管理，强化内部控制，提高资金使用效率。

一、水利投入

机构成立之后,单位水质监测工作陆续开展。海河水保局的水利投入主要集中在水质监测及实验室能力建设方面。2010 年由于增加了中央分成水资源费项目,水资源保护经费大大增加。

"十二五"期间,海河水保局水资源保护项目经费超过 2327 万元,主要项目包括水资源管理、节约与保护专项经费和中央分成水资源费等。

2016 年,水利部对水资源管理、节约与保护专项经费和中央分成水资源费安排的项目进行优化整合,将原属于中央分成水资源费的入河排污口监督管理、水功能区管理等项目纳入到水资源管理、节约与保护项目中,进一步规范和保证了海河水保局水资源保护经费的安排。

"十三五"期间,水资源保护项目经费持续增加。2016—2018 年,水资源保护项目经费增加到 5800 万元,主要包括水源地管理与保护、水功能区监督管理、入河排污口监督管理、水质监测、地下水监测、水生态文明、水资源监督管理、水行政执法监督项目等。

由于水资源保护经费得到保障,推动了水资源保护、水生态修复工作迈上新台阶,使流域水功能区监督管理工作得以细化、重要饮用水水源地保护工作得以强化、水生态系统保护与修复工作得以深化、突发水污染事件应急处置工作得以实化,实现了海河水保局机关依法有效履职、事业单位健康发展的良好局面,促进流域生态环境的改善。

二、预算执行管理

做好水利预算执行工作是贯彻落实中央水利决策部署的重要基础,海河水保局对预算执行工作高度重视,为切实做好财政资金支付工作,确保全年预算执行达到序时进度要求,海河水保局及时跟进工作和预算执行进度,财务部门定期组织监督检查,各业务部门密切配合协作,全力抓好落实,对于支付进度偏低的项目及时分析原因,寻找解决的办法,确保水利部预算执行进度目标的完成。

预算单位绩效管理考核按照考核内容、范围和赋分进行,包括基础工作管理、预算编制、预算执行、国库支付、政府采购、资产管理等六方面。通过预算执行绩效考评工作,从中发现问题,及时解决。海河水保局每年预算执行都达到水利部的要求,全面完成了预算执行工作。

三、基本建设项目财务管理

海河水保局重视水利基本建设项目财务管理,遵照法定建设程序,根据基本建设项目管理要求,严格执行立项、可研、初设、开工、竣工验收等审批制度,加强建设项目的各项管理工作,项目财务管理纳入财政部专员办的监管范围。海河水保局利用水利统计系统规范水利基本建设项目管理工作,依据基本建设项目管理规定和海委要求,及时办理各项工程建设手续,定期报送项目旬报、月报和年报。工程建设资金下达后,海河水保局严格执行国库集中支付的相关制度,保证了建设资金有效正确使用。严格遵守财政部《国有建设单位会计制度》（财会字〔1995〕45号）和《国有建设单位会计制度补充规定》（财会字〔1998〕17号）以及《基本建设财务规则》（财政部令第81号）等各项基本建设会计制度与财务管理规定，严格执行工程价款结算手续，正确核算工程建设成本。在价款结算方面，由施工单位提出申请，监理单位审核，经建设单位审批，报送财政部天津专员办批准后，依据合同支付结算。工程完工后及时编报基本建设项目竣工财务决算并上报海委，由海委对项目竣工决算进行审计。验收通过后及时进行工程资产交付。海河水保局财务监督贯穿项目建设活动的全过程，同时积极配合水利部稽查组对基本建设项目的稽查工作，确保水利基本建设项目资金使用效益。

四、财务信息系统管理

为提高水利财务管理信息化水平，适应财务监管需要，2012年海河水保局正式使用水利部开发的财务业务管理信息系统（简称"NC"系统）进行账务核算和管理。财务核算运行"NC"系统后，结束了单位各自使用财务系统，互不关联的状况。"NC"系统的运行，加强了预算单位预算执行动态监护管理。在新的运行环境下，积极改进财务管理，做到"事先预防、事中控制、事后反馈"，为提高资金使用效率，确保资金使用安全提供有力保障。

2016年水利部开发了水利财务管理信息系统，海河水保局依托该系统将海河水保局预算管理、会计核算、政府采购、资产管理等纳入其中，使得财务管理更加科学有效。

五、会计工作

机构成立之初，财务工作按照隶属关系，执行行政事业单位会计制度。2003年以前，海河水保局会计核算等财务工作由海委财务处统一管理。2003年以后，按照海委的要求，预算管理工作由海河水保局负责，会计核算工作委托海委综合管理中心负责。

财务核算的工作方法从20世纪八九十年代的传统手工纸质记账，到21世纪初完全实现会计电算化。2001年起，海河水保局使用"用友"财务软件进行会计核算，并按照水利部的要求，逐步实现通过财务软件编报预算、决算报表，显著提高了会计信息的及时性、准确性，财务管理效率向前迈进重要的一步；按照水利部统一部署，2012年海河水保局开始试用"财务业务管理信息系统"，2013年正式使用该系统。2012年海河水保局实行公务卡结算制度。2017年财务管理正式使用"水利财务管理信息系统"平台。随着信息化管理手段不断升级，财务管理日趋完善，会计工作日益科学、系统、规范，财务管理效率有了质的飞越。

六、内部控制

内部控制是提升单位内部管理水平，加强廉政风险防控机制建设的一项重要工作。海河水保局贯彻执行《行政事业单位内部控制规范（试行）》（财会〔2012〕21号）、《关于全面推进行政事业单位内部控制建设的指导意见》（财会〔2015〕24号），加强内部管理。

2016年，海河水保局成立内部控制领导小组，组织开展内部控制工作。为了进一步提高内部管理水平，结合单位具体情况，2018年6月，海河水保局组织编制了《海河流域水资源保护局内部控制工作手册（2018年版）》（简称"《手册》"）。《手册》详细规定了行政事业单位在单位层面和业务层面的内部风险评估与控制、监督与评价的方法和流程。

1. 单位风险评估

单位风险评估主要包括以下6个方面。

（1）内部控制工作的组织情况，包括是否确定内部控制职能部门或牵头部门；是否建立单位各部门在内部控制中的沟通协调和联动机制。

（2）内部控制机制的建设情况，包括经济活动的决策、执行、监督是否实现有效分离；权责是否对等；是否建立健全议事决策机制、岗位责任制、内部监督等机制。

（3）内部管理制度的完善情况，包括内部管理制度是否健全；执行是否有效。

（4）内部控制关键岗位工作人员的管理情况，包括是否建立工作人员的培训、评价、轮岗等机制；工作人员是否具备相应的资格和能力。

（5）财务信息的编报情况，包括是否按照国家统一的会计制度对经济业务事项进行账务处理；是否按照国家统一的会计制度编制财务会计报告。

（6）其他情况。

2. 业务风险评估

业务风险评估主要包括以下7个方面。

（1）预算管理情况，包括在预算编制过程中单位内部各部门间沟通协调是否充分，预算编制与资产配置是否相结合、与具体工作是否相对应；是否按照批复的额度和开支范围执行预算，进度是否合理，是否存在无预算、超预算支出等问题；决算编报是否真实、完整、准确、及时。

（2）收支管理情况，包括收入是否实现归口管理，是否按照规定及时向财会部门提供收入的有关凭据，是否按照规定保管和使用印章和票据等；发生支出事项时是否按照规定审核各类凭据的真实性、合法性，是否存在使用虚假票据套取资金的情形。

（3）政府采购管理情况，包括是否按照预算和计划组织政府采购业务；是否按照规定组织政府采购活动和执行验收程序；是否按照规定保存政府采购业务相关档案。

（4）资产管理情况，包括是否实现资产归口管理并明确使用责任；是否定期对资产进行清查盘点，对账实不符的情况及时进行处理；是否按照规定处置资产。

（5）建设项目管理情况，包括是否按照概算投资；是否严格履行审核审批程序；是否建立有效的招投标控制机制；是否存在截留、挤占、挪用、套取建设项目资金的情形；是否按照规定保存建设项目相关档案并及时办理移交手续。

（6）合同管理情况，包括是否实现合同归口管理；是否明确应签订合同的经济活动范围和条件；是否有效监控合同履行情况，是否建立合同纠纷协调机制。

（7）其他情况。

按照《手册》规定，海河水保局每年组织对单位的经济活动存在的风险进行全面、系统和客观评估，每年至少进行一次。经济活动风险评估结果形成书面报告并及时提交单位领导班子和领导小组，作为完善内部控制的依据。按照海委要求，海河水保局于每年3月组织编制《行政事业单位内部控制报告》，并上报海委。

七、制度制定

为完善财务管理，海河水保局结合单位实际，不断建立健全财务制度。财务制度的制定以严格遵守财经纪律为原则，以防止损失、杜绝浪费为宗旨，保障了单位资金的安全运行，提高了资金的使用效益。

2009 年以前，海河水保局按照海委要求，合同管理执行海委合同管理办法。2009 年根据海委要求，各独立法人单位合同由各单位自行管理，为加强合同管理工作，提高资金使用效益，保证资金安全，同年制定并印发了《海河流域水资源保护局合同管理办法（试行）》，办法规定内容涵盖合同的组织管理、合同审批、合同执行、合同验收等方面的内容。自 2009 年之后，海河水保局合同管理执行海河水保局合同管理办法。2013 年，对该办法进行了修订，印发了《海河流域水资源保护局合同管理办法》（水保〔2013〕38 号）。

为规范预算单位财务管理工作，提高财务精细化管理水平，根据海委预算单位绩效管理考核暂行办法，2013 年 5 月 30 日，海河水保局制定并印发了《水保局预算单位绩效管理考核细则》（水保〔2013〕34 号）。

2013 年，为进一步规范项目管理工作，根据水利部、财政部有关项目管理的规章制度，海河水保局结合实际情况，制定了《海河流域水资源保护局项目管理办法》（水保〔2013〕68 号），该办法在 2017 年进行了修订。

为加强和规范差旅费管理，推进厉行节约反对浪费，2014 年 3 月 19 日，海河水保局制定并印发了《海河流域水资源保护局差旅费管理办法》（水保〔2014〕22 号）。

为适应财务管理的新形势，进一步加强财务管理工作，2005 年海河水保局制定了《海河流域水资源保护局财务制度》（水保〔2005〕14 号）。2014 年在此基础上进行了修订，制定了《海河流域水资源保护局财务管理办法》（水保〔2014〕68 号）。该办法重点明确了海河水保局各部门和局属事业单位在预算管理和资金管理上的管理职责和财务责任。

第三节　固定资产管理

2003 年以前，海河水保局固定资产由海委统一管理。2003 年后，海委不再统一管理各独立法人单位资产，海河水保局固定资产改为由海河水保局按照海委要求进行管理，并贯彻执行《事业单位国有资产管理暂行办法》（财政部令第 36 号）、《中央级水利单位国有资产管理暂行办法》（水财务〔2009〕147 号）等文件要求。2013 年，海河局结合海河水保局的实际工作情况，制定了《水保局固定资产管理办法（试行）》（水保〔2013〕42 号），进一步明确了管理职责，规范了资产使用管理。海河水保局在资产购置、验收、保管、维修、报废、账务等日常管理工作中严格执行以上各项规章制度。

一、管理机制

为了加强固定资产管理，计划财务处作为海河水保局局机关资产管理部门，设专人对固定资产实施统一监督管理。海河水保局局机关各部门和各单位内部明确一名资产管理员负责具体工作。管理上遵循统一管理、分级负责、合理配置、有效利用的原则。

在年度部门预算编制前，海河水保局机关各部门根据占有资产的实际情况和工作需要，提出下一年度固定资产购置计划表，报计划财务处审核。计划财务处根据资产配置标准、各部门资产占有情况，对上报的资产购置计划进行审核，经局长办公会审核通过后，上报海委。经海委同意后的资产购置计划列入年度部门预算，作为审批部门预算的依据。海河水保局根据海委批准的资产购置计划，编制采购方案并依法实施政府采购。海河水保局按照经批复的政府采购预算逐级上报政府采购计划和执行。计划财务处负责组织局机关各部门购置的固定资产验收，验收合格后，资产使用部门在固定资产验收单上签字，依据合同、发票等有关凭据到会计核算部门办理报销结算手续，同时办理固定资产登记手续。海河水保局局机关各部门的固定资产由计划财务处登记入账，录入固定资产卡片，同时将会计凭证号记录到固定资产卡片备注项内。年终将固定资产账列入部门决算。资产管理员定期监督、检查局机关各部门单位的固定资产管理、维护和使用情况。

二、资产管理信息化

通过水利财务管理信息系统，使资产管理与预算管理、政府采购、会计核算、决策支持、动态监控、水利审计等实现对接，建立"全面、准确、细化、动态"的行政事业单位国有资产基础数据库，加强数据分析，为管理决策和编制部门预算等提供参考依据，同时完善对国有资产配置、使用、处置等事项审批流程。

三、资产清查情况

2016年，根据《事业单位国有资产管理暂行办法》（财政部令第36号）、《行政事业单位资产清查核实管理办法》（财资〔2016〕1号）和《水利部办公厅转发财政部关于开展2016年全国行政事业单位国有资产清查工作的通知》（办财务函〔2016〕122号）精神，海河水保局以2015年12月31日为资产清查工作基准日开展了资产清查的工作，并委托天津倚天会计师事务所有限公司出具专项审计报告。

第四节　企　业　经　营

海河水保局所属事业单位科研所开办有一家国有全资企业碧波公司。碧波公司自1996年成立以来，随着企业的发展，经营规模和人才队伍逐步扩大，公司组织结构日趋完善。同时，按照海河水保局印发的公司职责要求，在流域水资源保护与水生态修复规划编制、水功能区监督管理、水质水生态监测调查等方面承担了大量工作，有力支撑了流域水资源保护与水生态修复相关工作的顺利开展。

一、基本情况

（一）企业概况

碧波公司成立于1996年3月18日，注册资金50万元人民币，企业类型为有限责任公司（法人独资），具有环境保护部颁发的建设项目环境影响评价乙级资质证书（环境影响报告书评价范围为农林水利和社会服务，环境影响报告表评价范围为一般项目）。

碧波公司营业范围包括：环境科学、环境工程、水利工程、现代农业、水资源管理与保护、水生态保护与修复、电子信息技术及产品的开发、咨询、服务、转让以及环境评估服务等。

（二）发展历程

1995 年年初，水利部鼓励事业单位开展综合经营兴办经济实体。为适应当时的改革形势，促进海委水利事业发展，有效发挥现有人才、技术和资金优势，逐步形成坚实的经济基础，海河水保局向海委提出拟成立碧波公司的请示。同年 8 月，海委以《关于成立"碧波（天津）环境资源开发有限公司"的批复》（海人字〔1995〕第 56 号）文件，同意海河水保局成立碧波公司，同时明确公司独立经营、自负盈亏，实行有限责任制。

1996 年 3 月，海河水保局向天津市南开区工商管理局提交碧波公司注册申请书，同月碧波公司完成工商登记注册，注册资金 50 万元。经营范围包括：技术开发、咨询、服务、转让（环境科学和劳动保护、新材料、生物医学工程、电子与信息的技术及产品）；化工（易燃、易爆、易制毒化学品除外）、计算机及外围设备批发兼零售。

2016 年 12 月，环境保护部向碧波公司颁发建设项目环境影响评价资质证书（国环评证乙字第 1106 号）。在此基础上，2017 年 1 月，碧波公司完成营业执照变更，经营范围调整为：环境科学、环境工程、水利工程、现代农业、水资源管理与保护、水生态保护与修复、电子信息技术及产品的开发、咨询、服务、转让以及环境评估服务等。

2012 年、2013 年、2015 年，由于政策变化或企业经营管理需要，碧波公司先后三次调整股东结构（表 12-1）。自 2015 年 7 月始，碧波公司变更为科研所全资企业。碧波公司历任法人代表一览见表 12-2。

表 12-1 碧波公司股东结构变化一览表

时 间	股东	出资规模	股权占比	备 注
1996 年 3 月至 2012 年 12 月	海委	40 万元	80%	实物投资（3 台水质化验仪器）
	马增田（自然人）	10 万元	20%	货币资金
2012 年 12 月至 2013 年 5 月	海河水保局	40 万元	80%	海委股权无偿划转给海河水保局
	马增田（自然人）	10 万元	20%	无变化
2013 年 5 月至 2015 年 7 月	海河水保局	40 万元	80%	无变化
	科研所	10 万元	20%	收购马增田股权
2015 年 7 月至 2018 年 12 月	科研所	50 万元	100%	海河水保局 40 万元股权无偿划转科研所

表 12-2 碧波公司历任法人代表一览表

序号	法人代表	任职时间	备注
1	王裕玮	1996 年 3 月至 2000 年 4 月	副局长
2	户作亮	2000 年 4 月至 2002 年 11 月	局长
3	及金星	2002 年 11 月至 2013 年 7 月	副局长
4	范兰池	2013 年 7 月至 2014 年 9 月	副局长
5	张辉	2014 年 9 月至 2018 年 12 月	科研所职工

（三）组织结构

碧波公司设立股东会；设执行董事 1 名，不设立董事会；设监事 1 名，不设立监事会。

碧波公司内设综合部、市场发展部、水利事业部和环评事业部 4 个部门。公司财务由海委综合管理中心提供会计核算、资金收付、纳税申报、报表决算等服务，日常费用开支由碧波公司统一管理。

二、经营管理

（一）产权登记

按照有关要求，碧波公司于 2000 年 9 月完成水利部所属企业国有资产产权登记；2001 年 3 月，完成财政部国有资产产权登记；2005 年 11 月，完成国务院国有资产监督管理委员会国有资产产权登记。

（二）税收政策

2009 年 1 月，天津市河东区地方税务局将碧波公司所得税从查账征收改为核定征收，税率 10％。2013 年，企业所得税由核定征收改为查账征收，国家实行"营改增"政策，增值税税率为 3％。2016 年，因连续 12 个月合同收入超过 500 万元，碧波公司从小规模企业变更为一般纳税人，增值税税率由 3％变为 6％。

（三）制度与文化建设

碧波公司内部管理制度完善。截至 2017 年 8 月，在重大决策、保密工作、工资福利、员工管理、会议、固定资产、安全生产、差旅、公务接待等方面，共计出台相关制度、办法 16 项，并有效执行。

为加强企业文化建设，2016 年公司设计了企业标志，制作了企业文化宣传手册，以"绿色、环保、合作、敬业"为企业发展秉承的理念，实施以人为本的管理模式，不断优化企业资源配置，实现企业内外资源的有机融合，为职工营造了一个良好的工作环境和学习氛围。

三、业绩成果

（一）营业收入

随着职工队伍的壮大和承揽项目的增多，碧波公司营业收入自 2011 年开始大幅增加，2011 年合同额首次突破 100 万元后，至 2015 年合同额接近 500 万元，至 2017 年合同额达到历史最高点，达到 690 万元，当年人均产值超过 50 万元。

（二）项目业绩

截至 2018 年年底，碧波公司独立承担或参与了 100 余个规划、研究、现状调查、建设项目环境影响评价等各类项目，重点编制完成了 2013—2016 年各年度海河流域水功能区水质达标率指标复核、流域典型地区水生态补偿方案研究、重要水源地安全保障达标评估、中小河流治理重点县综合整治和水系连通治理生态环境效益评估、潘大水库网箱养鱼清理补偿分析、流域重要湿地调查、海河流域水资源保护规划、永定河突发水污染风险防控技术方案、岳城水库水源地保护管理方案研究等报告，以及潮白新河乐善橡胶坝、蓟运河治理等工程环境影响评价报告书、生态影响专题论证报告等,在流域水资源开发利用、水资源保护与修复以及建设项目环境影响评价等方面积累了丰富的经验。

(三)获奖情况

2018 年,碧波公司与漳卫南局等单位联合完成的"漳卫南局最严格水资源管理制度关键技术研究与应用"项目、与海河水保局等单位联合完成的"中小河流治理生态环境效益评估体系及应用研究"项目,分别荣获海委科学技术进步奖一等奖和三等奖。

第十三章

综 合 管 理

海河水保局于2002年开始设立办公室，归口管理单位综合政务工作。2012年机构改革，原办公室改称办公室（人事处），归口管理单位党建工作、政务工作、干部人事管理工作、工会工作等，为全局工作顺利开展提供有效管理、服务和支撑作用。

第一节 党 建 工 作

海河水保局始终坚持和加强党的领导，把党建工作和党员队伍建设放在重要位置，充分发挥基层党支部的战斗堡垒作用和党员的先锋模范作用。特别是近年来，海河水保局党委在海委党组的正确领导下，全面贯彻党的十八大、十九大精神，深入落实国家资源环境保护战略部署，认真履行工作职责，一手抓管理促发展，一手抓党建带队伍，严明党的纪律规矩，聚焦全面从严治党，切实加强党风廉政建设，大力转变工作作风，为推进流域水资源保护工作提供了坚实基础。

一、党组织建设

（一）组织机构

2013年5月之前，海河水保局基层党组织为海委机关党委领导下的海河水保局党支部。

2013年5月，经海委直属机关党委批准，成立中共海河水保局党委。

2013年7月19日，海委副主任李福生主持召开了海河水保局党委成立大会，宣布海河水保局党委成立，海河水保局局长郭书英任党委书记，副局长林超、罗阳任党委委员，任期4年。

海河水保局党委成立之后，根据单位实际，逐步建立健全了各级党组织。2013年7月，为加强基层党组织建设和党员管理，经海河水保局党委研究决定，印发《关于成立基层党支部的通知》（水保党〔2013〕1号），明确了三个基层党支部及其构成：机关党支部由局机关各部门党员组成；监测中心党支部由监测中心、碧波公司党员组成；科研所党支部由科研所党员组成。

2013年8月，根据各党支部选举结果，经海河水保局党委研究决定，印发《关于各党支部委员会任职的通知》（水保党〔2013〕2号），明确了三个党支部委员会的组成：孙锋任机关党支部书记，韩东辉任组织委员，戴乙任宣传委员；海河水保局党委委员罗阳兼任监测中心党支部书记，张世禄任组织委员，王洪翠任宣传委员；海河水保局党委委员林超兼任科研所党支部书记，石维任组织委员，侯思琰任宣传委员。

2014年9月，根据工作需要及民主选举结果，海河水保局党委对基层党支部书记进行了重新任免。任命孟宪智为监测中心党支部书记、任命王立明为科研所党支部书记，同时免去罗阳监测中心党支部书记职务、免去林超科研所党支部书记职务，进一步确保了党支部工作开展的制度化、规范化。

2016年11月，海河水保局党委所属三个基层党支部进行按时换届。选举出海河水保局机关支部委员会由孙锋、王振国、张睿昊3名同志组成，孙锋同志任党支部书记；监测中心支部委员会由孟宪智、张世禄、王洪翠3名同志组成，孟宪智同志任党支部书记；科研所支部委员会由王立明、石维、侯思琰3名同志组成，王立明同志任党支部书记。

2017年6月21日，海河水保局党委召开第二次党员大会，选举新一届党委委员和第一届纪委委员。会议采取无记名投票方式，差额选举出中共海河水保局第二届委员会委员为郭书英、林超、罗阳等3位同志。中共海河水保局第一届纪律检查委员会委员为林超、张增阁、刘明喆等3位同志。6月26日，新一届中共海河水保局委员会和中共海河水保局第一届纪律检查委员会分别召开第一次全体会议，选举出郭书同志任党委书记，林超同志任纪委书记。

2018年2月，为进一步加强党的组织建设，海河水保局党委印发《关于明确党组织架构及人员职责的通知》，明确了海河水保局党委、纪委、各党支部、党委秘书的职责及人员组成。

2018年12月，海河水保局党委所属3个基层党支部进行按时换届选举。选举出局机关党支部委员会由李文君、张睿昊、王佰梅等3位同志组成，李文君同志任党支部书记；监测中心党支部委员会由孟宪智、张世禄、王洪翠、崔文彦等4位同志组成，孟宪智同志任党支部书记，张世禄同志为党支部副书记；科研所党支部委员会由王立明、石维、侯思琰、张辉等4位同志组成，王立明同志任党支部书记，石维同志为党支部副书记。

（二）制度建设和工作开展情况

海河水保局党委、党支部严格贯彻执行党中央、上级党委各项决策部署，积极组织开展基层党建工作。2011年7月，海河水保局党支部被中共天津市委农村工作委员会评为"先进基层党组织"。

2014年，为了更加充分发挥各支部和广大党员在各项工作中的重要作用，进一步推动党在事业中的领导作用，海河水保局党委出台了《关于健全和完善保持共产党员先进性的长效机制的意见》（水保党〔2014〕3号），强调建立与完善层层抓党建的责任机制，进一步强化党员教育机制，建立党员规范管理与创新相结合的长效机制，建立基层服务群众的有效机制，建立健全组织监督与制度制约的监督机制，建立健全党建工作的保障机制。

2014年7月，海河水保局党委出台了《海河水保局党委工作规则》，进一步明确了党委工作基本原则，确定了党委的基本职责与主要任务，决定了党委工作的组织原则，同时对党委会议、民主生活会、思想建设及文件管理等方面的内容进行了详细规定，保证了党委工作有章可循，实现党委工作的规范化、专业化。

2015年3月31日，海河水保局召开局党委扩大会议，深入贯彻落实海委直属机关党委2015年党建工作会议精神，安排部署2015年党组织建设及精神文明建设工作。会议要求各党支部认真学习习近平总书记系列讲话精神，贯彻党的十八届四中全会依法治国精神。会议还对精神文明建设工作做了具体部署，要求各部门充分认识精神文明建设工作的重要性，按照海委要求，做好单位的日常管理，从思想道德建设、廉政建设、工作作风、工作实绩、内部管理五个方面加强精神文明创建考核。

2018年5月29日，海河水保局党委召开党建工作暨党支部书记约谈会，局党委书记、局长郭书英代表局党委从持续加强党的建设、推进全面从严治党、落实巡察问题整改等方面的工作对各支部书记进行了约谈。

二、党风廉政建设

（一）组织机构

2014年8月，根据海委党组关于在各级党委中配备纪委书记的要求，海河水保局党委提名党委委员林超为海河水保局党委纪委书记并获选举通过。

2014年9月，海河水保局党委印发《关于明确纪检监察职责及任命纪检委员的通知》，确定办公室（人事处）的纪检监察职责。

2014年9月，为贯彻落实党中央《关于实行党风廉政建设责任制的规定》和水利部以及海委关于党风廉政建设意见，推动海河水保局党风廉政建设和反腐倡廉工作，增强执政能力和拒腐防变能力，海河水保局党委印发了《海河流域水资源保护局党风廉政建设工作规则》，进一步推进海河水保局党风廉政建设工作。规则共六章二十九条，分为总则、主体责任、工作制度、责任考核、责任追究、附则。规则明确了局党委、纪检部门、党支部、职能部门的党风廉政责任，以及各级领导班子、领导干部在党风廉政建设中承担的主要任务。规则的出台，使海河水保局党风廉政建设工作有章可循，明确了各廉政主体的责任，形成"一级抓一级、层层抓落实"的工作机制，确保党风廉政建设的各项工作落到实处、收到实效。

（二）工作开展情况

海河水保局党风廉政建设工作主要通过签订承诺书、廉政警示教育、廉政风险防控、重要节假日廉政提醒、廉政约谈等活动开展。

1. 党风廉政责任承诺

2014年9月30日，海河水保局党委组织签订党风廉政建设责任书、承诺书。党委书记与各党支部书记，局长与各部门单位主要负责人签订党风廉政建设责任书。局长与副局长、副局长与各部门单位主要负责人签订党风廉政建设承诺书，该次共签订党风廉政建设责任书、承诺书共计22份。

2015年年初，海河水保局组织签订2015年度党风廉政建设责任书、承诺书，通过实行签字背书，进一步强化承诺制度，形成一级抓一级、层层抓落实的党风廉政建设工作格局，通过层层传导压力，确保责任落实到位。

2016 年 2 月，海河水保局继续组织签订党风廉政建设承诺书、责任书共计 12 份，紧紧抓住领导干部这个"关键少数"，以上率下，传导压力。

2017 年 1 月底，海河水保局组织签订党风廉政建设责任书、承诺书共计 15 份。

2018 年 2 月，海河水保局组织签订党风廉政建设责任书、承诺书共计 23 份，把廉政责任书、承诺书延伸到事业单位的科级干部，保证廉政压力层层传导，实现承诺制度全覆盖。

2. 党风廉政警示教育

2015 年 4 月 12 日，海河水保局党委组织干部职工观看廉政警示教育片《道》，帮助干部职工筑牢拒腐防变的思想道德防线。

2015 年 5 月 19 日，海河水保局组织开展"廉政法规学习教育月"学习培训，副局长、纪委书记林超传达了海委党风廉政建设工作的相关要求，并部署安排海河水保局"廉政法规学习教育月"的具体工作。

2015 年 5 月 19 日，为持续加强反腐倡廉教育，海河水保局党委放映了廉政微电影《青青我心》《最贵的房子》《回家》《国画》。

2018 年 8 月 13 日，海河水保局党委召开工作推进会，传达海委廉政警示教育月启动会议精神，并印发《水保局 2018 年廉政警示教育月活动安排》，对海河水保局 2018 年廉政警示教育月活动进行了安排布置。

2018 年 8 月 21 日，海河水保局党委组织开展了廉政讲堂活动。海河水保局党委书记、局长郭书英以"重温入党初心、忠诚干净担当，实现流域水资源资源保护事业永续发展"为主题讲了一堂廉政党课。参会人员还观看了廉政警示教育片《巡视利剑》。

3. 巡察整改工作

2017 年 9 月 29 日至 10 月 26 日，海委党组第一巡察组巡察海河水保局并反馈了在党的建设、干部队伍建设、单位管理等三方面 10 个问题。

2017 年 12 月 6 日，海河水保局成立巡察整改工作领导小组，领导小组负责巡察整改的组织、协调及督导工作，协调、研究解决整改工作中的问题，确保整改工作有效落实。郭书英任组长。

海河水保局党委第一时间召开专题民主生活会、紧紧围绕海委第一巡察组反馈意见，逐一对照检查，逐一明确目标，逐一落实责任，逐一建立台账，逐一整改落实，逐一对账销号，做到问题不解决坚决不松手，整改不到位坚决不收兵，切实将各项整改任务落实到位。

2017 年 12 月 25 日，海河水保局党委向海委党组报送了《关于落实海委党组第一巡察组巡察情况反馈意见整改方案的报告》，针对海委党组第一巡察组提出的三方面 10 项具体问题，从整改任务、责任人和整改时限等方面明确了整改对策措施。

2018 年 1 月 19 日，海河水保局党委印发了《巡察整改任务清单》，明确了整改任务、牵头领导、责任部门、责任人及整改时限，并将整改任务细化为 10 方面 26 项具体整改工作。

2018 年 3 月 5 日，海河水保局党委向海委党组及海委巡察办报送了《关于落实海委党组第一巡察组巡察情况反馈意见整改情况的报告》，全面完成了此次巡察整改的全部任务。

4. 廉政风险防控工作

2018年2月，海河水保局党委编制了《海委水资源保护廉政风险防控手册》，手册涵盖了基础能力建设、基建工程建设管理、日常管理监督考核三大类别中的水资源保护规划管理、水功能区划分与调整、入河排污口监督管理、生态文明城市试点建设、数据统计和信息发布、水利基建项目管理、财务管理、人事管理等8项业务的主要工作流程和关键环节，共提出162个廉政风险点和159条防控措施。2018年5月22日，海河水保局开展廉政风险防控手册宣贯暨廉政案例警示教育会，在全局范围内开展了水资源保护廉政风险防控手册的宣传贯彻，并向与会人员解读了水利部、天津市的一些违法违纪犯罪典型案例。

5. 党风廉政约谈

2018年2月28日，海河水保局党委召开海河水保局2018年党风廉政建设工作暨领导干部廉政约谈会，深入学习贯彻海委2018年党风廉政建设工作会议精神，安排部署2018年廉政工作重点任务，对副处级以上干部进行集中约谈。

2018年5月29日，海河水保局党委召开党风廉政建设约谈会。局党委书记、局长郭书英代表局党委对全面从严治党、加强党风廉政建设、落实巡察问题整改等工作约谈局机关各部门、局属各单位主要负责同志。局纪委书记、副局长林超出席会议并进行了廉政提醒。

6. 不作为不担当问题专项治理

2018年4月24日，海河水保局党委召开理论学习中心组扩大学习会，学习传达海委关于深入开展不作为不担当问题专项治理三年行动推动会精神，部署海河水保局不作为不担当专项整治工作。

7. 财务检查

2018年6月，海河水保局纪委会同计划财务处开展了海河水保局年中财务执行工作检查，对预算执行、会议费管理和使用、差旅费报销、办公用品的领用、违规发放津贴补贴等6项重点查纠内容的行为进行全面检查，并对发现问题提出了整改建议。

三、党员教育与党组织活动

海河水保局党委、各党支部按照上级党组织要求，认真开展党员教育和党组织活动，包括日常学习教育和近年按照党中央要求先后开展的党的群众路线教育实践活动、"三严三实"专题教育、"两学一做"学习教育等活动。

（一）爱国主义教育和先进典型学习活动

2013年5月23—24日，海河水保局党支部组织全体党员干部到爱国主义教育基地——河北省易县狼牙山、清苑县冉庄、唐县西大洋水利枢纽和满城县南水北调漕河渡槽等地开展"弘扬伟大抗战精神、发挥先锋模范作用"主题党日活动。

2014年8月12日，海河水保局组织全体党员向蒋志刚、张生贤和曹君同志学习的专题学习教育活动，通过学习3位同志的先进事迹，使广大党员干部自觉加强了党性修养和党性锻炼，树立了正确的世界观、人生观、价值观，以实际行动推动流域水利改革发展。

（二）海河水保局党委党的群众路线教育实践活动

1. 启动

2013 年 7 月 23 日，海河水保局召开动员大会，全面部署海河水保局党的群众路线教育实践活动。海河水保局党委书记、局长、教育实践活动领导小组组长郭书英主持会议并讲话。会议要求海河水保局全体党员深入学习领会习近平总书记重要讲话精神，充分认识开展教育实践活动的重大意义，统一思想和行动，坚决贯彻党中央部署和水利部党组、海委党组要求，以高度的政治责任感和历史使命感，扎实开展海河水保局的教育实践活动，为贯彻落实党的十八大精神、推进流域水资源保护事业发展提供有力保障。海委教育实践活动督导组组长于耀军、副组长娄秀龙出席会议并讲话。海河水保局领导林超、范兰池、海委督导组全体成员出席会议。

海河水保局党委于 2013 年 7 月 24 日印发了《中共海河流域水资源保护局党委深入开展党的群众路线教育实践活动实施方案》，正式开始全局的教育活动。教育实践活动以支部为单位、以处级以上党员干部为重点，全体党员参加。

2. 活动开展

2013 年 8 月 2 日，海河水保局举办党的群众路线教育实践活动处级干部示范班。培训班以《论群众路线——重要论述摘编》《党的群众路线教育实践活动学习文件选编》《厉行节约、反对浪费——重要论述摘编》《海委学习材料汇编》等 4 本教材为主要内容，同时结合海河水保局工作实际，讨论了实际工作中存在的"四风"问题的具体表现，并对开展党的群众路线教育实践活动提出了意见及建议。海河水保局党委书记、局长、教育实践活动领导小组组长郭书英，副局长林超、范兰池、罗阳出席会议。

2013 年 8 月 6 日，为落实海河水保局党的群众路线教育实践活动工作部署，海河水保局组织党员干部参观了周恩来邓颖超纪念馆。参观中，大家表示要认真学习周恩来、邓颖超讲党性、重品行、做表率、全心全意为人民服务的精神；以他们为榜样，查找差距，端正党风，坚定理想信念，强化宗旨意识；以实际行动，密切党群关系，促进海河水保局各项事业健康发展。

2013 年 10 月 12 日，海河水保局与水政水资源处召开联学联查联改座谈会，海河水保局局领导郭书英、林超、范兰池、罗阳及处级以上干部与水政处班子成员梁凤刚、阎战友、邹洁玉、王瑞增参加了座谈。与会党员干部共同学习了水利部和海委有关文件，结合各自思想和工作实际，深入查找海河水保局和水政处在"四风"方面存在的共性问题，以及流域水资源开发利用与保护面临的困难和问题。

2013 年 12 月 13 日，海河水保局举办了党的十八大三中全会精神学习班。副局长林超传达了海委主任任宪韶在海委党组中心组学习班上的讲话精神，组织学习了《〈中共中央关于全面深化改革若干重大问题的决定〉辅导读本》，并观看了《〈新的历史起点上全面深化改革的纲领性文件〉辅导录像》。

2014 年 1 月 22 日，海河水保局开展教育实践活动民主评议。该次民主评议贯彻海委"开门搞总结"的精神，了解广大党员干部对局党委领导班子及班子成员开展群众路线教育实践活动的感受和评价，进一步巩固教育实践活动成果。

3. 总结

2014年2月13日，海河水保局召开党的群众路线教育实践活动总结会议，全面总结教育实践活动，部署后续工作。海河水保局党委书记、局长、教育实践活动领导小组组长郭书英主持会议并对教育实践活动进行总结。海委督导组组长于耀军对海河水保局教育实践活动的各项工作给予充分肯定并通报了海河水保局党委领导班子和班子成员在党的群众路线活动中的民主测评情况。

（三）海河水保局党委"三严三实"专题教育

2015年6月3日，海河水保局党委印发《关于在处级以上干部中开展"三严三实"专题教育实施方案》，部署开展"三严三实"专题教育工作。聚焦对党忠诚、个人干净、敢于担当，教育引导各级领导干部加强党性修养，坚持实事求是，改进工作作风，着力解决"不严不实"问题，切实增强践行"三严三实"要求的思想自觉和行动自觉。

2015年6月5日，海河水保局党委书记、局长郭书英以"践行'三严三实'，引领流域水资源保护事业永续发展"为题，为海河水保局全体党员和职工上了一堂"三严三实"专题党课。郭书英从守纪律讲规矩、"三严三实"以及新形势新思考三个方面做了具体讲解，着重讲述了党的政治纪律和政治规矩，具体阐释了"三严三实"的内涵、要求及其意义和要遵循的原则，以及如何在新时期、新的治水思路下推进水资源保护事业的永续发展。

2015年7月28日，海河水保局党委开展了"严以修身，坚定理想信念，实现海河流域水资源保护事业新发展"为主题的专题研讨会。海河水保局党委书记、局长郭书英主持会议并做主题发言，副局长林超、罗阳、范兰池分别围绕"严以修身"做了讨论发言。

2015年9月15日，海河水保局党委开展了"三严三实"专题教育第二阶段"严于律己"专题研讨会。海河水保局党委书记、局长郭书英主持会议，海委直属机关党委书记曹盛军列席参加会议并进行点评。

（四）海河水保局党委"两学一做"学习教育

2016年4月29日，局党委印发了《水保局党委关于印发在全体党员中开展"学党章党规、学系列讲话，做合格党员"学习教育实施方案的通知》，对全局开展"两学一做"学习教育的总体要求、学习教育内容、主要措施和组织领导等进行了详细部署。

2016年5月5日，海河水保局召开"两学一做"学习教育工作座谈会，学习贯彻海委"两学一做"学习教育工作座谈会精神，对局机关及企事业单位各党支部"两学一做"学习教育活动进行再部署、再落实。

2016年8月11日，海河水保局机关党支部创新"联学联做"模式，开展"两学一做"学习教育专题党课活动。海委安全监督处党支部和海河水保局监测中心党支部积极支持参与，共同开展联学联做讲党课活动。

2016年11月17日，海河水保局机关党支部、监测中心党支部、科研所党支部联合海委水政水资源处党支部，共同开展联学联做活动，并紧紧围绕"两学一做"学习教育第四专题"讲奉献、有作为"进行了学习研讨。

（五）推进"两学一做"学习教育常态化制度化等活动

2017年5月19日，海河水保局党委印发了《水保局开展"维护核心、铸就忠诚、担当作为、抓实支部"主题教育实践活动推进"两学一做"学习教育常态化制度化实施方案》，在全局范围内开展了学习讨论。

2017年9月26日，海河水保局党委组织开展了"两学一做"常态化制度化知识竞赛。深入考察党员干部对"两学一做"知识的掌握，巩固党员干部的知识储备。

2017年6月20日，机关党支部、科研所党支部、监测中心党支部与海委科外处支部联合开展了"缅怀抗日英烈，为雄安新区做贡献"为主题的党日活动。

2017年12月14日，机关党支部赴海河下游局独流减河防潮闸管理处，与防潮闸管理处党支部开展了"联学联做暨'互学互促、互帮互助'"主题党日活动，共同学习党的十九大精神。机关党支部还向防潮闸管理处党支部赠送了《习近平用典》《党的十九大报告辅导读本》等书籍，促进双方进一步研习习近平新时代中国特色社会主义思想，实现共同学习、共同进步。

2017年12月14日，机关党支部书记、部分党员赴滨海新区与十九大代表吴静所在支部天津海滨高速公路管理有限公司党支部、武警滨海新区边防支队马棚口边防派出所党支部、海河下游局独流减河防潮闸管理处党支部开展支部共建活动，党的十九大天津代表团代表、天津海滨高速公路管理有限公司安全指挥调度中心部长吴静向与会党员深入解读了党的十九大报告精神。

第二节　政　务　工　作

海河水保局综合政务管理工作主要按照上级主管部门和局领导要求，围绕海委水保局主要业务工作开展，工作内容包括综合协调、公文处理、档案管理、制度建设、宣传及信息发布、保密工作、调查研究等方面工作，为各项工作提供支撑和保障作用。

一、综合协调

办公室负责沟通上下、平行交流、联系各方，肩负着保障整体工作正常运转、沟通联系外部单位、协调畅通内部渠道的重任，确保政令统一，形成工作合力。

（一）总结计划与督查督办

海河水保局办公室每年按照上级主管部门部署和本单位工作要求，年底前组织各部门单位编制年度工作总结计划，对下年度全局重点工作进行梳理，细化提出重点工作进度安排及责任分工，对于特别重要工作还需要编制工作实施方案。每年工作计划经局长专题办公会审议通过后，以文件形式印发执行。对于特别重要工作，实行督查督办制度，办公室定期开展工作督查，检查工作进展情况，及时将有关情况反馈上级领导，确保如期完成工作任务。

（二）会议管理

海河水保局会议分为局长办公会、局长专题办公会、局务会、全局职工大会、专业专项会议等。需要安排经费的会议，在上年度末提前编报会议计划，并严格执行国家会议费管理相关规定和海河水保局会议管理办法。综合性会议由海河水保局办公室牵头筹备组织，专业专项会议一般由归口管理部门单位筹备组织。

二、公文处理与档案管理

海河水保局公文处理严格执行《党政机关公文处理工作条例》《海委公文处理办法》等相关规定。印发文件一般经海委电子政务综合办公系统，发文处理执行"拟稿—部门审核—办公室核稿—分管领导核签—局长签发—印制"审签制度。收文处理一般以纸质文件形式流转，收文处理执行"登记—办公室意见—局长阅批—分管领导批示—部门办理"批办制度。

海河水保局档案管理工作服从海委要求，纸质文书档案与电子档案一并归档，其他类型档案由归口管理部门单位按照海委要求归档，所有档案资料由海河档案馆统一管理。

三、制度建设

海河水保局严格执行水利部、海委等上级主管单位相关管理制度，同时结合单位特点，先后制定出台了 27 项内部管理制度，同时加强制度宣贯学习和执行情况监督检查，及时开展制度制修工作，不断推进各项工作规范化、制度化。

2013 年 11 月，为了认真贯彻党的民主集中制原则，充分发挥领导班子集体领导作用，促进领导班子民主、科学、依法决策，海河水保局编制印发了《海河流域水资源保护局"三重一大"议事制度（试行）》，对"三重一大"事项范围、决策程序及要求、组织实施、纪律监督与责任追究等进行了明确规定。

2014 年 6 月，为促进各项工作规范化、制度化，提高工作效能，印发了《海河流域水资源保护局工作规则》，对单位职责分工、工作安排及检查、会议制度、文件批办制度、其他基本工作制度、作风纪律等进行了明确规定。

海河水保局内部管理制度详见表 13-1。

表 13-1　　　　　　　　海河水保局内部管理制度一览表

序号	制 度 名 称	制修时间
1	海河流域水资源保护局应急事件值班制度	2007 年 8 月 16 日
2	水保局机关值班管理办法	2010 年 10 月 9 日
3	海河流域水资源保护局机关考勤和请休假管理办法（试行）	2013 年 1 月 29 日
4	水保局加强和规范人事管理工作实施方案	2013 年 1 月 29 日
5	海河流域水资源保护局优秀公文评比奖励办法	2013 年 3 月 1 日
6	水保局工会活动管理规定	2013 年 4 月 28 日
7	海河流域水资源保护局业务成果奖励规定	2013 年 5 月 2 日
8	水保局预算单位绩效管理考核细则	2013 年 5 月 30 日
9	海河流域水资源保护局合同管理办法	2013 年 6 月 8 日
10	水保局固定资产管理办法（试行）	2013 年 6 月 20 日
11	海河流域水资源保护局"三重一大"议事制度（试行）	2013 年 11 月 5 日
12	海河流域水资源保护局项目管理办法	2013 年 11 月 5 日
13	海河流域水资源保护局会议管理制度	2013 年 11 月 5 日

续表

序号	制 度 名 称	制修时间
14	海河水利委员会应对重大突发水污染事件应急预案	2013 年 12 月 2 日
15	海河流域水资源保护局差旅费管理办法	2014 年 3 月 19 日
16	海河流域水资源保护局工作规则	2014 年 6 月 3 日
17	中共海河流域水资源保护局党委工作规则	2014 年 7 月 10 日
18	水保局党委关于健全和完善保持共产党员先进性的长效机制的意见	2014 年 7 月 10 日
19	水保局职工在职教育管理办法	2014 年 7 月 16 日
20	海委重大突发水污染事件水质应急监测预案（试行）	2014 年 9 月 25 日
21	海河流域水资源保护局党风廉政建设工作规则	2014 年 9 月 30 日
22	海河流域水资源保护局机关公车管理制度	2014 年 11 月 17 日
23	海河流域水资源保护局财务管理办法	2014 年 11 月 21 日
24	海河流域水资源保护局保密管理规定	2014 年 12 月 15 日
25	海河流域水资源保护局工会工作规则（暂行）	2014 年 12 月 15 日
26	海河流域水环境监测中心"三重一大"决策制度（试行）	2014 年 12 月 16 日
27	海河流域水资源保护局科技项目管理办法	2014 年 12 月 29 日

四、宣传及信息发布

海河水保局对外宣传及信息发布主要是通过海河水保局网站、海河水利委员会网站、《中国水利报》、《海河水利》等途径，围绕流域水资源保护中心工作，以发布信息通讯稿件、报刊专刊形式开展宣传，同时也结合世界水日、中国水周活动组织开展水法规宣传活动，积极参与组织中国水之行——海河行活动，为推进海河流域生态文明建设工作提供舆论保障。

（一）海河水保局网

海河水保局网站（http：//hrwp.hwcc.gov.cn/）是海河水保局对外宣传主要窗口，2005 年建成运行，截至 2018 年 12 月，共发布通讯稿 1180 余篇。作为面向外界的展示窗口，网站及时、高效地发布各类工作信息。

（二）海河水利网

海河水利网是水利部海河水利委员会官网（http：//www.hwcc.gov.cn/），海河水保局开展的流域性重要水资源保护工作以及海河流域省界水体水质状况、海河流域重要水功能区水质状况等相关水质信息，均通过海河水利网对外发布。

（三）《中国水利报》

《中国水利报》是由水利部主管，是水利系统权威、覆盖面广的报纸。海河水保局有 1 名特约编辑，不定期向报社投稿，宣传海河流域水资源保护工作。2018 年 12 月 18 日第 4320 期，《中国水利报》以报纸专版的形式刊载《海河水资源保护：守生命之源 还碧水清波》，回顾 40 年来海河流域水资源保护工作历程、重大事件和改革发展成果。

（四）《海河年鉴》

《海河年鉴》是反映海河流域水利事业发展、记录水利事实、汇集水利统计资料的工具书，由海委主办，每年编印1册。海河水保局负责其中流域管理中水资源保护部分的编纂工作，每年安排1名责任编辑参加专业培训、负责编纂工作。水资源保护部分内容包括水质监测与评价、水功能区管理、饮用水水源保护、入河排污口监督管理、水污染事件处置、水生态系统保护与修复、规划科研等内容。

（五）中国水之行——海河行活动

中国水之行——海河行活动于2016年启动，是为贯彻落实中央关于加快推进生态文明建设的决策部署，促进水生态文明建设，提高公众水科学素养和参与度，由中国水利学会联合海河水利委员会组织开展的大型公益活动，是中国水之行活动的重要组成部分。海河水保局作为承办单位参与活动的筹备和组织工作。

2016年9月17—18日，中国水之行——海河行活动启动仪式暨首站活动在河南省焦作市修武县举行；12月24—25日，第十届中国城市河湖综合治理高级研讨会暨中国水之行——海河行天津武清站活动在天津市武清区举行；2017年7月22—23日，中国水之行——海河行献县站活动在河北省献县举行；2018年3月24—25日，中国水之行——海河行临清站活动在山东省临清市举行。

五、保密工作

海河水保局保密工作在海委领导下开展，严格执行国家保密法规、海委保密相关规定，并结合单位实际制定了《海河流域水资源保护局保密工作管理规定》。成立了保密工作领导小组，负责组织领导全局保密工作，组长由海河水保局局长兼任，副组长由副局长兼任，成员由各部门单位主要负责人兼任。领导小组办事机构设在海河水保局办公室，承担保密检查、指导协调等日常保密管理工作。各部门单位指定1名兼职保密员，负责本部门单位保密相关工作。海河水保局保密日常工作主要是海委综合政务办公网络及相关涉密终端、涉密存储介质、涉密文件管理，严禁使用互联网计算机处理涉密信息。每年按照海委要求配合开展保密检查、保密法规及案例警示教育等方面工作。对于涉密文件由专人负责，专用保险柜存放，按照海委要求及时办理保密事项，及时归还保密文件。

六、调查研究

海河水保局一直重视调查研究工作，成立初期，按照海委要求针对海河流域水生态环境状况、跨界水污染纠纷开展了大量调查研究工作，形成了一系列调研和资料整编成果，为海河流域水生态环境保护、跨界污染纠纷协调解决提供了科学依据。2007年开始，海河水保局按照海委《关于进一步加强调查研究工作的通知》要求，建立领导干部每年下基层调研和完成调研报告的制度。自2013年，海河水保局在完成海委调查研究工作基础上，单独组织开展调查研究工作，每年年初对年度调查研究工作进行专题研究，坚持问题导向，确定年度调研题目，年底前完成调研报告。同时每年组织开展调研报告评优活动，促进调研质量和水平提升。调研成果从不同方面反映了水资源保护工作贯彻国家治水方针的新思路、新见解、新经验，助力业务工作高质量开展，推动水资源保护事业又好又快发展。2013—2017年，总计完成调研题目40余个，历年评选优秀调研报告18篇（表13-2）。

表 13 - 2　　　　　　　　海河水保局优秀调研成果（报告）一览表

年度	优秀调研报告名称
2013	基于社会管理的流域水资源保护工作思考
	新时期对海河流域水质监测工作的思考
	海河流域全国重要饮用水水源地安全保障达标建设调研报告
	海河流域水生态问题以及保护与修复基本思路
2014	基于智库理念的流域水资源保护工作思考
	基层单位突发水污染事件应急处置工作调研
	海河流域饮用水水源地安全保障达标建设工作思考
	引滦水资源保护生态补偿机制情况调研报告
	潘家口水库水体颜色异常及大黑汀水库放水气味异常调研报告
2015	海河流域省界监测样品采集工作调研
	海河流域水资源保护协作机制建设调研报告
	于桥水库上游水资源与水生态修复研究
2016	海河流域入河排污口管理情况调研报告
	关于永定河流域山区生态水量状况的调研报告
	关于企业管理问题及对策建议的调研报告
2017	海河流域水生态治理体系思考
	全面深化水功能区监督管理工作的思考
	关于地表水环境质量标准的探讨

第三节　干部人事管理

　　海河水保局干部人事管理工作在海委领导下，按照海委人事处工作安排和有关要求开展。人事管理工作始终坚持党管干部、党管人才的原则，坚持正确选人用人导向，不断完善工作制度，积极组织开展职工教育培训，创新机制，扎实工作，为各项事业健康发展提供坚强的组织保障。

一、职工队伍现状

　　截至 2018 年 12 月，海河水保局共有在职职工 60 人。其中局机关参照公务员法管理人员 25 人，公益事业单位人员 25 人，公司职员 10 人。职工中博士学历 5 名，占 8.3%；硕士学历 21 名，占 35.0%；大学本科学历 31 名，占 51.7%；大学专科学历 3 名，占 5.0%。共有专业技术人才 55 人，其中高级职称 31 人，占 56.4%；中级职称 14 人，占 25.4%；初级职称 10 人，占 18.2%。职工平均年龄 40 岁，其中 35 岁以下 26 名，占在职总人数的 43.3%；36～45 岁 18 名，占在职总人数的 30.0%；46～55 岁 13 名，占在职总人数的 21.7%；55 岁以上 3 名，占在职总人数的 5.0%。

二、干部考核与选拔任用

（一）职工年度考核

海河水保局每年组织开展职工年度考核工作，根据海委办公室《关于开展参照公务员法管理人员及各事企业单位人员考核工作的通知》，局机关按照海委机关参照公务员法管理人员考核实施方案进行考核，事业单位按照海委机关各事企业单位人员考核实施方案进行考核。通过年终考核，客观公正评价职工工作表现，能够进一步激励员工提高自身素质和业务水平。

（二）干部选拔任用

海河水保局干部选任工作按照海委要求开展，处级干部选任由海河水保局根据海委设置的岗位要求，配合海委人事处开展人选推荐、征求群众意见、公示、请示等环节工作。

科级干部选任由海河水保局提出需求，经海委批准后，由海河水保局按照海委有关要求组织实施。2011年，经海委批准，海河水保局组织开展了监测中心、科研所科室设置及科级干部选任工作，分别在监测中心设置综合管理室、质量控制室、水质分析室和生态分析室，科研所设置水资源保护室、水生态修复室、环境影响评价室。共选拔任用7名科级干部走上领导岗位。

三、职工教育培训

海河水保局职工教育培训主要由4部分组成：①积极组织职工参加水利部、海委等上级主管部门单位组织的培训活动，按照主办单位要求报名参加；②结合单位特点和工作需要，自行组织职工教育培训工作；③鼓励支持职工参加水利系统以外相关业务培训，需要履行审批手续，确有必要批准参加；④职工通过中国水利教育培训网以及其他途径开展自主学习。

为规范单位职工在职教育管理，鼓励职工参加在职教育，2014年7月海河水保局制定了《海河水保局职工在职教育管理办法》，对职工在职教育审批、费用等作出明确规定。

海河水保局自行组织的教育培训主要包括党建知识培训、水资源保护业务培训、行政工作培训、其他各种业务类培训等。据不完全统计，2008—2018年海河水保局组织各类培训120余班次。

四、劳资管理

海河水保局劳资工作早期由海委人事处统一管理，2012年，印发《关于进一步加强和规范机关各事业单位人事管理工作的通知》（办人事函〔2012〕1号），进一步落实事业单位法人自主权，规范事业单位人事劳资管理，海河水保局在海委人事处指导下自行开展劳资管理工作，相关材料报海委人事处备案。局机关执行公务员工资制度，事业单位自2018年12月正式执行事业单位岗位绩效工资制度，碧波公司实行企业工资制度。

五、退休职工管理

截至2018年12月，海河水保局共有退休人员14名，其中局机关退休人员8名，监测中心退休人员 6 名。2017 年之前，退休职工管理工作由海委离退休职工管理处代为管理。自 2018 年开始，退休职工管理工作由海河水保局自行开展，日常工作主要包括春节慰问工作、订阅相关报刊、协助组织体检及疗养工作、协助组织文体活动等工作。

第四节　工　会　工　作

一、工会沿革

2014 年之前，海河水保局工会组织是中国农林水利气象工会海河委员会（简称海河工会）海河水保局分工会。

2014 年 9 月 29 日，经海河工会批准，海河水保局组建工会，接受海河工会领导。

二、工会制度

（1）2014 年 12 月 22 日，海河水保局印发了《海河流域水资源保护局工会工作规则》（水保〔2014〕75 号），对海河水保局工会的基本任务、组织机构、工会干部、工会制度等方面作出了具体规定。

（2）2015 年 6 月 16 日，海河水保局工会印发了《海河流域水资源保护局工会财务管理规定》（水保工〔2015〕1 号），对海河水保局工会财务管理作出了具体规定。

三、工会活动

海河水保局组建工会之前，海河水保局分工会积极响应海河工会号召，组织职工参加海河工会组织的各项活动，展示海河水保局职工良好的精神风貌，并多次得到海河工会、上级领导的肯定和表扬。海河水保局组建工会之后，继续组织职工参加海河工会活动，同时进一步推进具有海河水保局特色的工会活动。

（一）劳动竞赛

2015 年 10 月，海河水保局局长郭书英率队参加海委系统岗位练兵比武活动，海河水保局王乙震获得水质监测岗位一等奖，计亚丽获得水质监测岗位三等奖。

2018 年 10 月，海河水保局副局长罗阳、局工会主席孙锋率队赴保定参加由水利部办公厅、中国农林水利气象工会主办，河北省水利厅承办的"人水和谐·美丽京津冀"水生态环境监测技能竞赛，监测中心代表队获团体优秀奖。

（二）文体活动

海河水保局工会每年单独组队参加海委组织的海委机关各项文体活动，同时作为海委机关代表队成员参加海委系统历届运动会。2013 年之后，海河水保局工会每年不定期组织开展乒乓球、羽毛球运动，同时支持和鼓励会员参加天津市总工会组织的羽毛球赛事相关活动，促进职工健身活动。2015 年之后，海河水保局工会于每个工作日上午 10 时，组织职工工间操活动，包括第九套广播体操、八段锦健身操，预防和避免职工因长期伏案久坐造成腰椎、颈椎疾病。2016 年之后，海河水保局工会每季度利用工会活动时间组织 1 次"掼蛋"比赛，广大会员参与积极性非常高，绝大多数会员报名参加活动。通过该项活动，促进了会员之间工作之余的交流。

（三）其他活动

海河水保局工会注意维护女职工合法权益，每年"三八"妇女节期间，组织女职工参观、郊游、观影等活动。海河水保局工会积极组织参加海委"水利扶贫日"等募捐活动，不定期举办摄影比赛、飞镖比赛等一些工会会员喜爱的活动。

四、职工之家建设

海河水保局工会注重职工之家建设工作，在单位会议室设置了荣誉展示柜，建设了职工书屋，同时做到制度上墙，接受会员监督。每年积极组织开展困难职工慰问帮扶活动，认真做好退休职工春节慰问活动。

海河水保局工会 2010 年荣获全国总工会"模范职工小家"称号，2013 年获得天津市总工会"工人先锋号"、天津市职工文化体育活动示范单位称号，2015 年获得天津市总工会"职工之家"、全国总工会"模范职工之家"称号。

2016 年，为了更好地开展工会工作，海河水保局工会针对妇女权益保障和工会工作向局工会全体会员征求了合理化建议及提案，共收集建议、提案 39 条。对于切实合理、可行的建议、提案进行了梳理归纳，在工会工作中安排实施。

第五节 信 息 化 建 设

海河水保局信息化建设主要以海委信息化建设为依托，围绕服务流域水资源保护工作，开展了单位网站建设、电子政务、信息服务系统等信息化建设项目。各项信息化建设项目的建成和应用，为提高工作水平、提高工作效率等方面起到了重要支撑和保障作用。

一、海河流域水资源保护信息系统

2004 年，为加强流域水资源保护管理力度，提高水资源保护实时监测信息的动态管理水平，海河水保局启动研发"海河流域水资源保护信息系统"工作。龙网公司通过技术攻关完成了系统设计和程序开发工作。2005 年 1 月 10 日，海河流域水资源保护信息系统建成开通（图 13-1）。该系统的建成运行，实现了海委对海河流域重要水源地、省界监测断面、入河排污口、水功能区等流域水质综合信息的动态跟踪、实时发布和信息共享，初步实现了海河水保局网络化办公，使海河流域水资源保护和监督管理水平得到明显提高，为全面推动流域水资源保护工作的现代化管理奠定了良好基础。

图 13-1 海河流域水资源保护信息系统界面

二、海河水保局网站

海河水保局网站（http：//hrwp.hwcc.gov.cn/）于 2005 年建成开通。海河水保局网站界面（见图 13-2）分为重要信息、工作动态、水环境监测、监督管理、规划研究、法规标准、机构简介等模块。海河水保局网站由龙网公司进行运行维护，通讯稿由海河水保局各部门单位通讯员分别上传至后台，海河水保局办公室审核后发布。

图 13-2 海河水保局网站

截至 2018 年 12 月，海河水保局网站共发布通讯稿 1180 余篇，内容包括本单位工作报道、海河流域水资源质量信息、转载的海河水利网等其他网站上相关通讯稿等。

三、海委电子政务综合办公系统

自 2007 年，海河水保局依托上级机关海委电子政务综合办公系统（图 13-3），初步实现了办公自动化。电子政务综合办公系统建成运行，初步实现"政务资源数字化，内部办公协同化，信息交流网络化"，公文运转、档案管理等日常政务管理工作实现网上办公，促进节约型机关建设，规范机关运转，提高工作效率。2018 年 8 月，海委对电子政务综合办公系统进行了升级，启用海委政务外网综合办公系统。

四、官厅密云水库上游水质预警预测系统建设

官厅密云水库上游水质预警预测系统是官厅、密云水库上游水质水量自动监测系统二期、三期工程的重要组成部分，主要建设内容包括水质数据库、水质信息查询系统和官厅水库上游水质预警预测模型建设。

图 13-3 海委电子政务综合办公系统界面

（一）水质数据库和信息查询系统

2004 年 5 月 13 日，海委《转发水利部关于官厅密云水库上游水质水量自动监测系统二期工程初步设计报告的批复的通知》（海规计〔2004〕38 号）。水质数据库和信息查询系统是"官厅、密云水库上游水质水量自动监测系统二期工程"的一个单位工程，总投资536 万元。该工程项目法人为海委信息化项目建设办公室，设计单位为龙网公司、科研所和北京中水科工程总公司，监理单位为天津市华朔水利工程咨询监理有限公司；施工单位为龙网公司和北京太比雅科技股份有限公司；运行管理单位为海河水保局。该单位工程于2005 年 12 月 28 日正式开工，2007 年 12 月通过项目法人验收，投入使用。

主要建设目标为收集、分析、整理录入有关水质水量方面的系统资料和相关信息。以数据库及相关技术为主要手段，在统一的规范和标准下，以 GIS 为平台构建官厅、密云水库上游水质水量自动监测系统数据库，建立相应的数据管理体系，为官厅、密云水库上游的水质水量监控提供基础性的数据资料，为有关决策者提供比较全面可靠的信息。

水质数据库建设主要内容包括：建设水质数据库、水质污染事件数据库、污染源数据库、水质标准数据库、空间数据库等系统数据库以及历史数据的整理和录入。查询系统主要内容包括：完成系统的结构设计、软件开发，建设在线数据采集处理子系统、实时监控预警子系统、综合信息查询子系统、信息发布与反馈子系统、安全与管理子系统和水资源质量评价子系统，实现项目区内水资源质量评价功能，实现水质信息的综合查询。

（二）官厅水库上游水质预警预测模型建设

2007 年 6 月 22 日，水利部下达了《关于官厅密云水库上游水质水量自动监测系统三期工程初步设计报告的批复》（水总〔2007〕238 号）。官厅水库上游水质预警预测模型建设是"官厅密云水库上游水质水量自动监测系统三期工程"的一个单位工程，总投资 210万元。该工程项目法人为海委信息化项目建设办公室，设计单位为龙网公司、监测中心和北京中水科工程总公司，监理单位为天津市华朔水利工程咨询监理有限公司；施工单位为北京太比雅科技股份有限公司；运行管理单位为海河水保局。该单位工程于2008年1月22日开工，2018年11月26日通过项目法人验收，投入使用。

主要建设目标为根据收集的资料和实测成果，利用模型研究发生突发性污染事故时，污染物下游的影响范围、影响程度、到达控制断面的时间，提出应急处理措施方案，以及近期和中期水质变化趋势，为有关水资源管理部门提供重要参考。

主要建设内容包括：收集并处理适时监测的水文水质信息，统一投影系统和坐标体系；构建河流综合水质模型，并对模型进行率定和验证；对模型输出结果进行分析。分析河流的水质趋势和突发性污染事故的污染预警等级，由专家分析功能给出污染事故应急处理方案；模拟污染物扩散状况、影响范围等，提供方便实用的人机交互界面，为水资源保护监督管理服务；完成整个官厅密云水库上游水质水量自动监测系统集成。

五、海河流域水资源监控管理平台

海河流域水资源监控管理信息平台是国家水资源监控能力建设项目（海委部分）的重要组成部分，是提高海河流域水资源监控能力、强化最严格水资源制度监督考核的支撑平台。通过流域平台节点建设，实现了海委与水利部、流域内各省（自治区、直辖市）三级平台间的互联互通。

项目于2012年启动，2015年9月通过项目验收。该项目由海委组织实施，海委水政水资源处牵头，海河水保局作为项目办成员单位参加了水资源保护部分项目建设工作。

（一）海河流域水资源监控管理平台（图13-4）建设内容

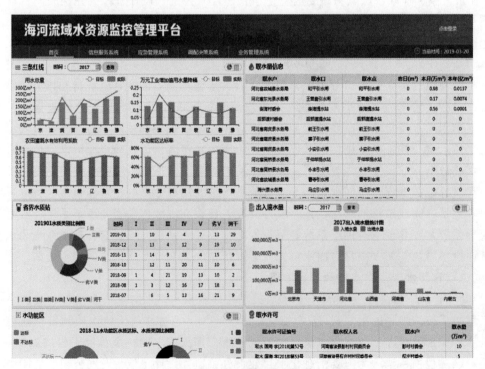

图13-4　海河流域水资源监控管理平台界面

主要建设内容：采购服务器等设备和数据库管理系统等商业软件，开发业务应用软件，搭建了海河流域水资源监控管理信息平台；实现与中央、流域内各省（自治区、直辖市）三级平台互联互通；建立了海河流域水资源基础库、监测库、业务库、空间库、多媒体库，整合了实时雨水情库数据，建成了海河流域水资源管理数据库，初步形成海河流域水资源数据中心；开发水资源信息服务系统，实现了取水户、省界断面、水功能区监测、统计信息的综合展示，提供了入河排污口监测数据展示功能。在三级通用软件基础上，定制开发了水资源业务管理系统、调配决策支持系统、应急管理系统；开发政务外网水资源业务门户和水资源公众门户等。

（二）海河流域水资源监控管理平台效益

该项目在充分依托海河流域已建的水利信息化设施的基础上，建设以重要河流省界控制断面、主要取水口、重要水功能区等重要区域的信息采集为基础，以水资源管理业务为核心的海河流域水资源管理系统，动态及时准确掌握流域内水资源及其开发利用总体状况，形成支撑海河流域水资源管理体系的业务平台和决策支持环境，为海河流域落实最严格的水资源管理制度，实行"三条红线"管理，实现水资源优化配置、高效利用和科学保护提供支撑。

六、海河流域水资源保护信息服务系统

为提高海河流域水资源保护信息化水平，整合、集成现有水资源保护业务基础数据和成果资料，建设海河流域水资源保护数据库，对业务数据进行集中、高效和规范管理。2016年开始建设海河流域水资源保护信息服务系统，经过近两年的建设和测试运行，平台于2018年4月正式运行。海河流域水资源保护信息服务系统（图13-5），在数据库建设和地理空间数据体系框架建设的基础上，实现技术成果数据的可视化的分层叠加显示、查询和专业出图等功能，为海河水保局的日常业务管理工作提供技术支撑。

图13-5 海河流域水资源保护信息服务系统登录界面

（一）主要内容

海河流域水资源保护信息服务系统包括数据库和数据应用服务系统。

数据库：以海河流域水功能区管理为核心，整合已有水功能区划、入河排污口、水质监测、水源地保护、水生态保护等业务数据，建立水资源保护数据库。数据按分层分类管理，形成水资源保护数据库。水资源保护数据包括基础数据、专题数据和业务成果数据。

数据应用服务系统：利用遥感图像处理、GIS、可视化和虚拟现实等技术，开发数据查询、数据统计分析、地理信息空间分析、可视化信息展示的功能。以图形、表格、GIS和虚拟化相结合的方式，直观、准确、动态地展示水功能区监督管理、入河排污口监督管理、省界断面监督管理、水资源保护管理、水资源保护监测等各个方面的信息。

（二）系统管理

2018 年 6 月，海河水保局印发了《海河流域水资源保护局业务成果共享管理办法（试行）》（水保〔2018〕32 号），该办法对海河流域水资源保护信息服务系统管理的职责分工和日常管理进行了明确要求。规划保护处为业务成果管理牵头部门，负责"一张图"日常管理；办公室负责局规章制度收集整理；监督管理处负责地方上报的水源地、水功能区、排污口等数据资料收集；计划财务处负责监测中心上报监测成果资料的审核；监测中心负责监测数据的收集、整理；各部门单位负责本部门单位的年度业务成果的上传，碧波公司负责"一张图"数据库所有数据的整理上传、出图服务、日常运行维护工作。

第十四章

改 革 发 展 成 果

　　近 40 年来，伴随着海河水保局改革发展，经过单位全体员工共同努力，涌现出一大批优秀改革发展成果。管理工作中形成了《海河流域入河排污口监督管理权限》《海河流域水质资料整编技术规定》等流域性法规制度成果；规划工作中形成了《海河流域水功能区划》《海河流域水资源保护规划》《海河流域水污染防治规划》等规划成果；科研工作中形成了《中美合作地下水对照研究》《北方水库蓝藻暴发阈值研究》《海河流域生态环境恢复需水量研究》等科研成果；陆续出版发行了《海河流域平原河流生态保护与修复模式研究》《海河流域河湖健康评估研究与实践》等多部专著；《坚持生态优先构建海河流域水资源保护与河湖健康体系》等多篇论文在《中国水利》等杂志发表，单位、集体或个人获得全国总工会、天津市、水利部等多项荣誉奖励。这些成果和荣誉奖励凝聚了海河水保局全体员工辛勤付出，体现了海河水保局积极向上、健康和谐的良好的工作氛围，彰显了"献身、负责、求实"的水利行业精神。

第一节　重 大 业 务 成 果

一、法规制度成果

（一）海河流域水质资料整编技术规定

2018 年 6 月，海委印发了《海河流域水质资料整编技术规定》（海水保函〔2018〕6号，以下简称《规定》）。《规定》是对《海河流域水质资料整编规定（1987 年）》进行的修订，修订后的《规定》主要内容包括资料汇编与审核流程、表格填制说明、监测项目分析方法与取用位数修约规定、合规合理性审查、成果质量及资料保存要求等。该《规定》是海河流域水质资料整编工作的规范性文件，使水质资料整编工作更加规范化、标准化和科学化，进一步提高了整编成果质量。

（二）海河流域跨省河流闸坝调度通报制度（试行）

2004 年，海委根据水利部办公厅《关于组织建立跨省河流闸坝调度通报制度的通知》（办函〔2003〕192 号），结合海河流域实际，制定并印发了《海河流域跨省河流闸坝调度通报制度（试行）》（海水保〔2004〕5 号）。该制度规定：跨省河流上闸坝调度必须事先通报相邻省级行政区地方政府有关部门，减少因闸坝调度引发的水污染纠纷。

（三）海河流域入河排污口监督管理权限

2007 年 12 月，海委上报《关于报批海河流域入河排污口监督管理权限的请示》（海水保〔2007〕7 号）。2008 年 6 月，水利部印发《关于海河流域入河排污口监督管理权限的批复》（水资源〔2008〕217 号）。该管理权限明确了海委负责审查同意的入河排污口设置情形，以及海委和地方人民政府水行政主管部门在入河排污口登记、整治、档案统计和监测等方面的职责分工，促进了海河流域入河排污口监督管理工作规范化、制度化。

（四）引滦水资源保护条例

1983 年，海委牵头，天津市环保局、河北省建设厅参加，起草《引滦水资源保护条例》（以下简称《条例》）。经多次征求意见，不断修改完善，《条例》分别经第二次、第三次引滦水资源保护领导小组会议原则通过。1988 年，引滦水资源保护领导小组第四次会议纪要显示，与会同志一致认为颁布《条例》十分必要，对《条例》中的保护区的建立、划分等问题，由国家环保局和领导小组办公室组织河北省、天津市进一步协商，争取于 1988 年年底前提出修改意见，送河北省、天津市联合颁布。之后，先后形成《条例（报请审议颁布稿）》《条例（报请颁布稿）》《引滦水资源保护管理规定（拟颁布稿）》《引滦水资源保护管理规定（1995 年 5 月稿）》，终因一些问题无法协调，未能颁布实施。

（五）海河流域限制排污总量意见

2006 年，海委按照水利部工作部署，组织开展了海河流域水功能区纳污能力核定工作，并在此工作基础上提出了海河流域水功能区限制排污总量意见。以水利部《关于海河流域限制排污总量的意见》（水资源函〔2006〕41 号）文件形式印发。

二、规划成果

（一）海河流域水功能区划

2000 年，海委按照水利部有关要求，组织开展海河流域水功能区划拟订工作。2002 年，海河流域区划成果纳入《中国水功能区划（试行）》。之后各省级人民政府陆续批准所辖区水功能区划。2011 年，国务院正式批复了《全国重要江河湖泊水功能区划（2011—2030 年）》。2013 年，海委根据《全国重要江河湖泊水功能区划（2011—2030 年）》《海河流域综合规划（2012—2030 年）》，结合流域内各省级人民政府批准实施水功能区划情况，编制印发了《海河流域水功能区划》。

（二）海河流域水资源保护规划

1987 年，海委组织海河流域水资源保护规划编制工作，规划成果纳入《海河流域综合规划》。2000 年，海委组织海河流域水资源保护规划编制工作。2002 年，编制完成了《海河流域水资源保护规划报告（报批稿）》。2012 年，海委组织开展流域水资源保护规划编制工作。2017 年，完成《海河流域水资源保护规划》上报水利部。

（三）海河流域水污染防治规划

1997 年，海河水保局作为副组长单位参与《海河流域水污染防治规划》编制工作，于 1999 年经国务院批准。2010 年，海河水保局作为规划编制副组长单位参加《重点流域水污染防治规划（2011—2015 年）》编制工作，2012 年，经国务院以国函〔2012〕32 号文批复。

（四）海河流域生态环境恢复水资源保障规划

2002 年，海委组织《海河流域生态环境恢复水资源保障规划》编制工作，经征求意见、专家咨询、审查、修改完善，2005 年上报水利部。规划现状水平年 2000 年，规划近期水平年为 2010 年，规划远期水平年为 2030 年。该规划提出了 4 项管理措施、7 大类工程项目。

（五）州河流域水资源与水生态修复规划

2012 年，中法两国签署水资源综合管理项目第二阶段合作协议，协议规定在海河流域以州河子流域为试点，开展州河流域水资源综合管理规划。2014 年，海委启动《州河流域水资源与水生态修复规划》编制工作。2016 年 11 月，该规划通过水利部水利水电规划设计总院审查。

三、其他成果

（一）京津冀协同发展六河五湖综合治理与生态修复总体方案

2015 年，海委启动京津冀协同发展六河五湖综合治理与生态修复总体方案编制工作，经专家咨询、征求意见、审查、修改完善，2016 年，形成《京津冀协同发展六河五湖综合治理与生态修复总体方案》，提出了海河流域生态水量配置方案和综合治理方案，是海河流域生态环境保护修复工作指导性文件。

（二）永定河综合治理与生态修复总体方案

按照京津冀协同发展 2016 年工作要点的有关部署要求，2016 年 2 月，国家发展改革委会同水利部、国家林业局以及北京、天津、河北、山西 4 省（直辖市），启动了《永定河综合治理与生态修复总体方案》编制工作。编制工作具体由水利部海委技术总负责，海河水保局承担具体编制工作。2016 年 12 月，该总体方案由国家发展改革委、水利部、国家林业局联合印发。

第二节　重大科研成果

一、海河流域入河排污口调查评价（1991 年）

1991 年，根据水利部水资源司《关于在海河流域开展入河排污口调查试点工作的通知》要求，海委组织流域内各省（自治区、直辖市）水利厅（局）开展了海河流域第一次全流域入河排污口调查工作，编制了《海河流域入河排污口调查评价》（图 14-1）。

二、海河流域地下水水质调查评价及与地表水污染关系分析研究

1991—1994 年，海委承担海河流域地下水水质调查评价及与地表水污染关系的研究项目。海委组织开展了全流域范围内地下水水质水位观测、水质评价、成果汇总等工作。海委编制了《海河流域地下水水质调查评价及与地表水污染关系分析研究》（图 14-2）。该研究通过地下水监测数据，对流域地下水进行了分析评价，并提出了地下水保护意见

建议。

图 14-1 海河流域入河排 图 14-2 海河流域地下水水质调查评价
污口调查评价 及与地表水污染关系分析研究

三、中美合作交流项目——区域地下水水质评价与系统分析研究

1995 年，海委与美国地调局签订了中国海河流域与美国类似流域之间地下水水质对
照合作研究项目的实施计划书，明确了研
究单元定位在中国海河流域的唐山地区与
美国东海岸的德尔马拉半岛、加利福尼亚
的圣华金及萨克拉门托流域。1996—2000
年，在唐山研究区进行了大量野外工作，
编制完成《区域地下水水质评价与系统分
析研究》专题报告。区域地下水水质评价
与系统分析研究相关材料见图 14-3。

四、海河流域平原河道生态保护
与修复模式研究

2007 年，海河水保局承担了现代水利
科技创新项目——海河流域平原河道生态
保护与修复模式研究。研究成果《海河流

图 14-3 区域地下水水质评价
与系统分析研究相关材料

域平原河道生态保护与修复模式研究》于 2009 年 9 月通过水利部项目验收。该研究项目
对海河流域主要河流进行了健康评价，计算了主要河流生态需水量，针对性地提出了 9 种
生态修复模式，明确了河流生态功能定位及生态修复管理对策措施，提出的平原河流生态
保护与修复模式和管理措施对海河流域开展河流生态修复具有指导作用。

五、北方水库蓝藻暴发阈值研究

2008年，海河水保局承担开展水利公益科研专项——北方水库蓝藻暴发阈值研究，2010年完成通过验收，项目综合评价等级为A级。该项目通过室内模拟与野外现场试验相结合的方式，针对我国北方水库特点，开展了蓝藻水华暴发条件综合研究，提出了适合我国北方水库蓝藻暴发的综合性预警阈值和暴发阈值，并给出了藻类暴发的应急处置措施。在流域水源地保护、供水安全保障和水体富营养化防治等方面具有较强的技术支撑和指导作用，经实际应用取得良好成效。

六、海河流域重点水源地富营养化防治对策研究

2001—2004年，海河水保局与美国地质调查局合作开展"海河流域重点水源地富营养化防治对策研究"。该研究基本查清了潘大水库富营养化现状、发生的原因及发展规律，进行了水库集水区非点源负荷估算，建立了富营养化计算分析SWAT模型，初步提出了富营养化防治对策。该项成果在海河流域内相关省份得到应用，取得了较好的社会经济效益。2006年10月10日，项目通过了水利部水文局组织的验收。

第三节 论 文 专 著

一、重要论文

海河水保局职工发表重要论文见表14-1。

表 14-1   海河水保局职工发表重要论文一览表

序号	论 文 名 称	作者	发表期刊
1	坚持生态优先构建海河流域水资源保护与河湖健康体系	林超，郭勇，李文君	中国水利
2	海河流域重要湿地生态需水及保障措施研究	张浩，郭丽峰，白雪，等	中国水利
3	海河流域水质监测资料整编经验及技术探讨	王洪翠，罗阳，李漱宜，等	中国水利
4	海河流域省界断面水体污染物分布及相关性分析	张俊，郭书英，孟宪智，等	中国水利
5	海河流域河湖健康评估探索与展望	张浩，高晓月，周绪申，等	中国水利
6	海河流域"五湖"水生态评价与修复研究	张浩，刘明喆，郭丽峰，等	中国水利
7	漳河平原段生态修复模式的构建	侯思琰，刘德文，徐宁，等	中国人口·资源与环境
8	水体中磺胺、四环素、喹诺酮类抗生素检测方法	张俊，罗阳，潘曼曼，等	中国环境监测

序号	论　文　名　称	作者	发表期刊
9	海河流域东北部地表水水源地藻类及代谢物研究	张俊，孟宪智，张世禄，等	中国环境监测
10	基于投影寻踪法的衡水湖湿地健康评价	张浩，郭勇，缪萍萍，等	水资源保护
11	季节性 Kendall 检验法在滦河干流水质分析中的应用	郭丽峰，郭勇，罗阳，等	水资源保护
12	基于改进的综合评价模型的北京市水资源短缺风险评价	郝光玲，王烜，罗阳，等	水资源保护
13	滦河干流水体多环芳烃与有机氯农药季节性分布、组成及源解析	王乙震，张世禄，孔凡青，等	环境科学
14	滦河流域水生态补偿机制初探	刘明喆，张辉，谭林山，等	环境保护
15	基于随机水质模型的水功能区 COD 超标风险分析	张浩，季树凯，缪萍萍，等	水资源与水工程学报
16	汛期前后白洋淀主要污染物空间特征及来源分析	张浩，刘明喆，缪萍萍，等	水资源与水工程学报
17	海河平原区地下水砷的时空分布特征	缪萍萍，刘德文，张浩，等	水资源与水工程学报
18	海河平原区高氟地下水分布与评估	张浩，王立明，徐鹤，等	水资源与水工程学报
19	基于大型底栖动物完整性指数（B-IBI）的永定河水系生态健康评价	孔凡青，崔文彦，周绪申，等	生态环境学报
20	SPE-GC/MS/MS 测定地表水中有机磷农药	王乙震，孟宪智，罗阳，等	环境科学与技术
21	潘家口水库浮游植物群落结构时空变化及多样性分析	李文君，郭勇，富可荣	环境科学与技术
22	基于 3 个生物评价指数的滦河上游水质评价	孔凡青，孙康，周绪申	环境科学与管理
23	以生活污水中油脂为复合碳源的特性菌株筛选与降解效率研究	李文君，郭勇，侯思琰，等	农业环境科学学报
24	农村河道综合整治生态环境效益评估体系研究	郭丽峰，张辉，刘明喆，等	生态与农村环境学报
25	五氯酚钠对鲫鱼的急性毒性：悬浮颗粒物的影响	王乙震，黄岁樑，林超，等	生态毒理学报
26	柳河流域特征污染物负荷模拟及污染源解析	张睿昊，朱龙基，王佰梅	南水北调与水利科技

续表

序号	论 文 名 称	作者	发表期刊
27	HPLC separation of higher fullerenes in the synthetical "graphite smokes" soot	Zhang J，Becker L，Liang H	Chinese Journal of Geochemistry
28	A review of the subgenera Euorthocladius and Orthocladius s. str. from China（Diptera：Chironomidae）	Kong F，SÆther O A，Wang X	Zootaxa
29	Polycyclic aromatic hydrocarbons and organochlorine pesticides in surface water from the Yongding River basin，China：Seasonal distribution，source apportionment，and potential risk assessment	Wang Y Z，Zhang S L，Cui WY，et al.	Science of the Total Environment
30	Occurrence，composition and ecological restoration of organic pollutants in water environment of South Canal，China	Wang Y Z，Lin C，Zhou X S，et al.	3rd International Conference on Water Resource and Environment（WRE 2017）
31	Analysis water quality variation trend of Guanting Reservoir Based on Markov Model	Wang H C，Wang B T，Luo Y	Advances in Engineering Research
32	Analysis on nitrogen and phosphorus removal of sand stone dam in river	Wang H C，Wang D T，Bao Z，et al.	2018 International Conference on Energy Development and Environmental Protection
33	Nitrogen species distribution in groundwater of the Haihe River Plain	Zhang H，Miao P，Aldahan A，et al.	Water Supply

二、专著

（一）海河流域平原河流生态保护与修复模式研究

《海河流域平原河流生态保护与修复模式研究》（图 14 - 4）于 2010 年 10 月由中国水利水电出版社出版发行。该书以 2009 年完成的水利部现代水利科技创新项目"海河流域平原河道生态保护与修复模式研究"成果为基础，结合海河流域近年来河流生态修复规划与实践编写而成。主要内容包括流域平原河流主要生态问题分析、河流生态健康评价、河流生态功能定位分析、平原河流生态需水量分析、河流生态修复模式、典型河流生态修复、管理对策措施等内容。

（二）海河流域河湖健康评估研究与实践

《海河流域河湖健康评估研究与实践》（图 14 - 5）于 2018 年 9 月由中国水利水电出版社出版发行。该书内容包括河湖健康评估的研究背景与意义，河湖健康内涵，河湖健康国内外相关研究工作进展及主要存在问题；河湖健康评估体系理论研究，并根据理论研究构建海河流域河湖健

图 14 - 4 海河流域平原河流生态保护与修复模式研究

康评估体系，确定海河流域河湖健康评估指标权重、指标获取方法和赋分标准等；分别选择海河流域重要湖泊白洋淀和重要河流滦河、永定河系作为研究对象，开展海河流域重要河湖健康评估实践，并对流域河湖健康评估方向提出了展望。

（三）海河流域典型河流生态水文过程与生态修复研究

《海河流域典型河流生态水文过程与生态修复研究》（图14-6）由中国水利水电出版社2018年3月出版。该书依据2013年完成的水利部公益性行业科研专项经费项目"海河流域典型河流生态水文效应研究"编写而成。主要内容包括河流生态调查、生态系统健康评价、河流水环境模型与生态流量、基于河流生态调度的生态修复模式研究、生态修复技术集成等内容。

图14-5　海河流域河湖
健康评估研究与实践

图14-6　海河流域典型河流
生态水文过程与生态修复研究

（四）区域地下水水质评价与系统分析研究

《区域地下水水质评价与系统分析研究》（图14-7）于2003年7月由中国三峡出版社出版发行。该书是中美合作交流项目"中国海河流域与美国类似流域之间地下水水质对照合作研究项目"的研究成果，该研究以唐山市为海河流域的典型区域，深入进行地下水水质方面的研究调查，并与美国相似区域进行对比，揭示了地下水水质变化与人类生活影响的关系和规律，提出了保护地下水水质的对策措施。

（五）海河流域典型水库富营养化及藻类暴发防治研究

《海河流域典型水库富营养化及藻类暴发防治研究》（图14-8）于2016年12月由天津科学技术出版社出版发行。该书全面地介绍了水库的富营养化和藻类监测方法、模型及技术，阐述了国内外研究进展及其理论和研究框架，探索北方地区特别是海河流域大型水库蓝藻暴发关键控制指标的阈值，建立蓝藻暴发预测预警模型，研究蓝藻水华预防与控制的技术方法与措施，提出防治蓝藻水华的对策措施，为实现海河流域水生态安全战略提供科学依据和技术支撑。

图14-7　区域地下水水质评价
与系统分析研究

（六）饮用水源保护生态修复成套关键技术研究

《饮用水源保护生态修复成套关键技术研究》（图 14-9）于 2017 年 8 月由中国水利水电出版社出版发行。该书基于中法双方签订的关于水资源领域的合作协议，合作研究外源污染氮磷营养盐控制技术、水源地生态系统修复构建技术、生物监测预警技术、蓝藻暴发应急处置技术，整合形成治理修复预警处置四位一体的饮用水源保护成套关键技术，能够为海河流域饮用水源保护及生态系统修复提供技术支撑。

图 14-8 海河流域典型水库富营养化 　　图 14-9 饮用水源保护生态修复
及藻类暴发防治研究 　　　　　　　　成套关键技术研究

第四节 荣 誉 奖 励

海河水保局自成立以来，在历届党政班子的正确领导下，全体职工在党政、业务及工会等各个方面的工作中脚踏实地、锐意进取、求真务实、开拓创新，单位管理水平不断提升、职工业务素质持续增强，受到来自各界的广泛认可与好评，获得多项省部级荣誉及其他荣誉。

一、省部级荣誉

（一）水资源工作先进单位

2001 年，为表彰海河水保局多年来在流域水环境监测、水资源保护规划科研和监督管理方面做出的成绩，水利部授予海河水保局"全国水利系统水资源工作先进单位"荣誉称号（图 14-10）。

（二）劳动奖状

海河水保局贯彻落实国家资源环境保护政策，结合海河流域实际，积极组织开展流域水环境监测、水功能区监督管理、水资源保护规划科研、水源地保护和生态系统修复、水污染事件防范及协调处置等方面工作，为海河流域生态文明建设做出了突出贡献。2008 年 5 月，中国农林水利工会授予海河水保局全国农林水利产（行）业劳动奖状（图 14-11）。

图 14-10 全国水利系统水资源 工作先进单位奖牌　　图 14-11 全国农林水利产（行）业 劳动奖状

（三）工人先锋号、抗震救灾先锋、全国水利抗震救灾先进个人

"5·12"汶川地震发生后，海委按照水利部指示，以海河水保局为主组建赴四川地震灾区应急水源水质监测工作组。工作组在灾区工作 20 天，冒着余震、塌方危险，在灾区各地往返监测，累计行程 12800 多千米，监测水质数据 6400 余个，圆满完成了重灾区 81 个应急水源地水质监测任务，保障了灾区群众 209 万人饮水安全。全国总工会授予海委工作组"'抗震救灾、重建家园'工人先锋号"荣誉称号（图 14-12）。水利部授予海委工作组"全国水利抗震救灾先锋"荣誉称号（图 14-13），授予工作组组长罗阳"全国水利抗震救灾先进个人"荣誉称号。

图 14-12 海委工作组获"'抗震救灾、 重建家园'工人先锋号"荣誉称号　　图 14-13 全国水利抗震 救灾先锋锦旗

（四）先进基层党组织

海河水保局党支部高度重视、不断加强党支部建设和党员管理，工作中注重发挥党支部战斗堡垒作用和党员先锋模范作用，抢抓机遇、攻坚克难、奋勇争先，各项工作取得长足进步和优异成绩。2011 年 6 月，中共天津市委员会授予海河水保局党支部"天津市先进基层党组织"荣誉称号（图 14-14）。

（五）水利科学进步奖

2000 年，海委组织完成的"区域地下水水质评价与系统分析研究"成果荣获水利部科学技术进步三等奖（图 14-15）。

图 14-14 天津市先进基层党组织奖牌

图 14-15 区域地下水水质评价
与系统分析研究相关材料

2007年，海河水保局组织完成的"海河流域生态环境修复需水量研究"成果荣获水利部大禹水利科学技术奖三等奖（图14-16）。

2013年，海河水保局主持完成的"北方水库蓝藻暴发阈值研究与应用"项目荣获大禹水利科学技术奖三等奖（图14-17）。该项目通过室内模拟与野外现场试验相结合的方式，针对我国北方水库特点，开展了蓝藻水华暴发条件综合研究，提出了适合我国北方水库蓝藻暴发的综合性预警阈值和暴发阈值，并给出了藻类暴发的应急处置措施。在流域水源地保护、供水安全保障和水体富营养化防治等方面具有较强的技术支撑和指导作用，经实际应用取得良好成效。

图 14-16 大禹水利科学技术奖三等奖奖牌

图 14-17 大禹水利科学技术奖三等奖奖牌

（六）文化体育示范单位

海河水保局党委坚持以人为本，高度重视职工身心健康，把搞好单位文化体育活动作为营造积极和谐工作氛围、推动单位健康发展的重要抓手之一。局工会按照局党委要求，有组织、有计划开展单位文化体育活动，积极组织参加天津市、海委组织的文化体育活动，并不断取得优异成绩。2013年，天津市总工会、天津市体育局授予海河水保局"天津市职工文化体育活动示范单位"荣誉称号（图14-18）。

（七）青年文明号

监测中心积极开展"青年文明号"创建活动，大力弘扬"献身、负责、求实"的水利行业精神，始终把培育"学习型"青年作为创建活动的重要内容，把提高业务技能水平作为建设"学习型"青年文明号的手段。监测中心以青年团队为骨干力量，出色完成了应急监测、科学研究等多项急难险重工作任务，发表了大量学术论文，多次获得水利部、海委等上级单位表彰奖励。2015年，共青团天津市委授予监测中心"2014年度天津市青年文明号"荣誉称号。2017年，共青团中央、水利部授予监测中心"2015—2016年度青年文明号"荣誉称号（图14-19）。

图14-18　天津市职工文化体育活动示范单位奖牌　　图14-19　青年文明号奖牌

（八）模范职工之家

图14-20　模范职工之家奖牌

海河水保局工会紧紧围绕单位中心工作和上级工会的安排部署，坚持以人为本，全面履行工会职能，不断完善工会各项制度，促进工会工作规范化、制度化。扎实服务单位员工，大力拓宽民主渠道，营造和谐、稳定劳动关系；组织开展合理化建议征求活动，鼓励员工关心参与单位管理工作，增强每一位员工主人翁意识；广泛开展员工喜闻乐见的文化体育活动，有效促进了职工身心健康和单位健康发展。局工会积极工作、主动作为，工会各项工作取得突出成绩，得到上级工会肯定和支持。2010年，中华全国总工会授予局工会"模范职工小家"称号。2015年，天津市总工会授予局工会"职工之家"称号，中华全国总工会授予"模范职工之家"称号（图14-20）。

二、其他荣誉

（一）引黄济津先进集体

2000年10月11日至2001年2月5日，海河水保局承担完成了引黄济津应急调水水质监测工作。在工作中不畏严寒，勇于奉献，克服恶劣天气、艰苦环境等不利因素，出色完成了调水期间水质监测工作，为调水工作圆满完成做出了突出贡献。2001 年 3 月，海委授予海河水保局"引黄济津先进集体"荣誉称号（图 14 - 21）。

（二）优秀实验室

2013 年，在水利部组织实施的全国水利系统 271 个水质监测机构 2011—2013 年度水质监测质量管理监督检查考核评定中，监测中心以总分 96.50 分位列第三名，被评为优秀实验室（图 14 - 22）。

图 14 - 21　引黄济津先进集体奖牌

图 14 - 22　水利系统水质监测质量与安全管理优秀实验室奖牌

（三）海委水利科技进步奖

2008—2018 年，在海委组织开展的海委水利科技进步奖评选活动中，海河水保局及所属单位先后有 3 个成果获得一等奖，2 个成果获得二等奖，8 个成果获得三等奖（表 14 - 2）。

表 14 - 2　　　　　　　　　海河水保局获得海委水利科技进步奖情况一览表

年份	获 奖 成 果	所获奖项	获奖单位
2008	海河流域水资源保护信息系统的开发与应用	三等奖	海河水保局
2010	海河流域平原河道生态保护与修复模式	二等奖	科研所
2012	海河流域湿地调查与生态安全评价	三等奖	海河水保局
2014	海河流域纳污能力和限制排污总量控制研究	一等奖	海河水保局
	基于 ET 约束下的海河流域废污水再生利用战略研究	二等奖	科研所
	海河流域重要水功能区入河排污口布设研究	三等奖	海河水保局
	滦河干流水生态健康状况调查研究	三等奖	监测中心
	21 世纪初海河流域水环境演变趋势及成因分析	三等奖	监测中心
2016	潘大水库水源地水环境安全诊断及治理体系研究	一等奖	海河水保局
	海河流域河湖健康评估体系与实践	三等奖	监测中心
2018	海河流域突发水污染风险等级图绘制理论与实践	一等奖	海河水保局
	中小河流治理生态环境效益评估体系及应用研究	三等奖	海河水保局
	海河流域水质资料整编技术与应用	三等奖	海河水保局

（四）海委优秀科技论文奖

2008—2017 年，在海委组织的优秀科技论文评选活动中，海河水保局及所属单位先后有 40 篇论文获得海委优秀科技论文（表 14 - 3）。

表 14 - 3　　　　　　　　海河水保局获海委优秀科技论文情况一览表

年份	获　奖　论　文
2008	《河流生态健康评价指标体系研究》等 6 篇
2009	《基于生态功能定位的海河流域平原河道生态需水量计算》等 4 篇
2011	《滦河水库系统浮游植物时空变化特征研究》等 4 篇
2013	《漳河平原段生态修复模式的构建》等 7 篇
2015	《南运河生态修复水体有机污染物降解特征研究》等 7 篇
2017	《白洋淀流域河湖生态需水研究》等 12 篇

（五）海委直属机关先进党支部

2015 年 7 月，海河水保局机关党支部获中共水利部海委直属机关委员会颁发的"海委直属机关先进党支部"荣誉称号（图 14 - 23）。

图 14 - 23　海委直属机关先进党支部奖牌

海河流域水资源保护局　大事记

◆ **1980 年**

4 月 1 日，水利部海河水利委员会成立，单位设在天津市河东区龙潭路 4 号，单位内设水源保护水土保持办公室，标志着海河流域水资源保护工作机构正式设立。

8 月上旬至 9 月中旬，按照国务院环境保护领导小组《关于协助做好水资源调查和评价工作的函》，海委水源保护水土保持办公室组织开展了漳卫南运河邯郸地区、安阳地区污染源调查工作。

8 月 21 日，水利部印发《关于加强水源保护工作的通知》，通知要求：各级水利部门把水源保护工作作为水利工作的一个重要组成部分，列入领导议事日程；加强水质监测工作；规划设计工作中注意发挥水利改善环境、调整生态平衡作用，避免不利影响；工程管理和水利管理单位要既管水量又管水质。

10 月 20 日，姜维忠任海委水源保护水土保持办公室主任。

11 月 3 日，李善才任海委水源保护水土保持办公室副主任。

◆ **1981 年**

1 月 30 日，按照水利部《关于组织白洋淀治污工程和环境水利调查的通知》要求，海委水源保护水土保持办公室组织开展相关调查工作。9 月，编制完成《白洋淀生态环境变化的调查报告》。12 月，海委上报水利部《关于白洋淀环境水利的调查报告》。

1981 年下半年至 1982 年上半年，根据水利部统一部署，海委水源保护水土保持办公室组织流域内各省（自治区、直辖市）水文总站、天津勘测设计院，以及有关环境保护、自来水、卫生防疫等单位，开展了海河流域水质评价和污染源调查工作。

1981 年，海委启动水质检测实验室建设工作，实验室设在海委电校楼一楼，实验室于 1983 年具备基本检测能力，1988 年迁至海委水质楼。

◆ **1982 年**

7 月 27—30 日，海委在天津市召开海滦河流域水质调查评价工作会议。水电部水管司，水文局，河北省水利厅，天津市水利局和环保局，漳卫南局，流域内各省（自治区、直辖市）水文站以及保定地区水利局，唐山地区、承德地区水文分站等单位代表共 35 人参加。海委副主任孙英、水电部水管司司长李健生出席并讲话。会议讨论通过了《海河流域污染源调查和水质评价工作计划》、关于大清河水系水资源保护工作规划，确定由海委牵头，河北省水利厅和天津市水利局等单位派人参加，邀请地方有关单位协助进行。

8月20日至9月22日，海委组织调查海河干流蓄水水质发生污染情况。原因是8月6—7日，北京市房山一带降雨量较大，上游存蓄的污水及雨污水通过北运河下泄，进入海河干流。到8月18日，海河干流市区段水质急剧恶化，氨氮含量超过10倍左右，溶解氧降低到最低标准以下，水闸处出现鱼死、水有苦味等现象。为改善水质，使污水团向河口流移，采取了提海河闸放水的措施，将2400万立方米受污染的水放入渤海（放出的水中氯化物含量为1200～2500毫克每升）。9月22日，水电部以〔82〕水电水管字第879号文通知天津市水利局，指出这次污染是由于天津市水利部门调度失误造成的，要查明情况报告天津市人民政府。

12月13—18日，海委副主任杨振怀、张挺陪同水利水电科学研究院水利所鲁光四等3人到保定市、安新县查看了白洋淀、府河、唐河污水库、保定氧化塘等处的水体污染与防治情况，并就白洋淀水源保护工作进行了座谈。

◆ **1983 年**

1月28日，海委在天津市召开污染源调查工作汇报会，汇报污染源调查、水质监测站网现状与规划以及水质现状评价工作的进展情况，交流工作经验，提出工作安排意见。流域内各省（自治区、直辖市）水利厅（局）参加。

3月，王亚山任海委水源保护水土保持办公室副主任。

5月6日，建设部、水电部联合印发《关于对流域水源保护机构实行双重领导的决定》（〔83〕城环字第279号），对流域的水源保护局（办）实行水电部和建设部双重领导、以水电部为主的领导体制，其工作职责及原隶属关系不变。

5月15日，引滦水源保护工作组成立，由水电部水管司为组长单位，建设部环保局、海委为副组长单位，即日开展工作。水电部水管司、建设部环保局随即共同主持召开"引滦水源保护工作组"现场调查会。海委、天津市、河北省等有关单位共40人参加，现场察看了天津市至承德地区引滦水道、水库及水利工程；调查了26个排放污水的重点工矿企业及2个城镇；提出了《关于引滦入津水源保护问题的报告》，对引滦水质规划、管理、监测、科研等提出了意见，并要求海委会同天津市、河北省有关部门起草《引滦水源保护暂行条例》。

7月5—7日，水电部受国务院委托，在天津市召开引滦工程管理会议，由水电部部长钱正英主持，参加会议的有水电部副部长李伯宁、河北省副省长杜竟一、天津市副市长刘晋峰等。会议讨论了国务院有关指示和水电部《关于引滦工程管理问题的报告》，水电部、建设部《关于引滦入津水资源保护问题的报告》及引滦工程尾工和验收等问题。

7月，海委组织召开引滦水质监测工作会议，讨论确定《关于引滦水质监测工作的安排意见》，天津市、河北省等有关单位参加会议。8月10日，海委印发《关于引滦水质监测工作的安排意见》，组织开展引滦水质监测工作。9月13日，海委印发《引滦水质简报》第1期——滦水抵津甘甜清澈；9月17日，印发《引滦水质简报》第2期——引滦入津工程试通水期间水质情况；12月29日，印发《引滦水质简报》第3期——引滦入津工程正式输水水质情况。之后定期编发《引滦水质简报》。

7月，海委增设农田水利处，把水土保持工作纳入农田水利处管理，撤销水土保持办公室。海委水源保护水土保持办公室改称海委水资源保护办公室。

9月，王裕玮任海委水资源保护办公室副主任。

10月20日，海委印发《关于〈引滦水资源保护条例〉起草工作的通知》，启动《引滦水资源保护条例》起草工作。11月19日，《引滦水资源保护条例（征求意见稿）》报两部审定。该条例称：应按行政区划分段分级负责和按水系统一管理的体制，划定适用范围和水源保护区，选定水质标准和排放标准并规定对新、老污染源的防治要求等。

◆ **1984 年**

3月10日，水电部、建设部联合印发《关于流域机构水资源保护局（办）更改名称的通知》，海委水资源保护办公室对外改称水电部、城乡建设环境保护部海河水资源保护办公室。

9月8—9日，建设部会同水电部在天津召开引滦水资源保护工作协调会。会议由建设部副部长廉仲、水电部副部长杨振怀主持，天津市、河北省有关部门及两部有关单位和海委参加了会议。会议商定成立引滦水资源保护领导小组，领导小组办公室设在海委。

10月17—26日，国务院环境保护委员会组织天津市、河北省等有关单位组成检查组，到引滦沿线检查一年来水质保护工作情况。检查组先后到天津北郊芥园自来水厂、蓟县及河北省遵化县、承德市等单位进行了实地检查，并写了检查报告。

11月19日，在北京召开国务院环境保护委员会第二次会议，专题讨论引滦水资源保护工作。海委副主任董光鉴汇报了引滦水质保护的情况。会议确定由国务院环委副主任芮杏文同志担任引滦水资源保护领导小组组长。要求1985年务必使引滦水质取得明显好转，并同意补助污染治理经费500万元。

12月3—5日，国务院环委、建设部等单位到引滦沿线了解水质保护情况。

12月19日，引滦水资源保护领导小组成立会议在北京召开。在国务院环委领导下，引滦水资源保护领导小组成立。成员单位由天津市人民政府、河北省人民政府、水电部水利管理司、建设部环保局、军委总后勤部、水电部海委、天津市环保局、天津市水利局、河北省环保局、河北省水利厅等十个单位。领导小组负责统一管理引滦工程的水资源保护，包括引滦水资源保护的规划、立法、监测、科研等具体工作。建设部部长、国务院环委副主任芮杏文任组长，国务院环委委员兼办公室主任曲格平、天津市副市长刘晋峰、河北省副省长郭志、水电部水管司副总工李石、全军环办主任张登云、天津市环保局总工于锡忱、天津市水利局副局长张永平、天津市地质局总工李士伟、河北省环保局局长李启峰、河北省水利厅工管处处长李兆庆、海委副主任董光鉴等人为成员，办事机构设在海委，海委副主任董光鉴兼任引滦水资源保护领导小组办公室主任。

◆ **1985 年**

1月8—11日，天津市和海委对引滦水质有影响的蓟县化肥厂、廊坊地区钨钼材料厂、蓟县医院、解放军二六九医院等单位的污水治理情况进行了检查。上述重点排污单位，基本上按期完成了治理任务。

3月27—29日，海委在天津召开了引滦水质管理规划编制工作会议，会议由海委副主任董光鉴主持，天津市、河北省有关单位参加，会议对引滦水质管理规划工作大纲、技术要求、组织协调和分工进行了讨论。1989年6月，全面完成引滦水质管理规划，成果报告包括总报告《潘家口、大黑汀水库水质管理规划报告》和四个分报告《潘家口、大黑汀水库污染源现状》《潘家口、大黑汀水库水质状况分析与评价》《潘家口水库水体营养化现状评价》《潘家口水库水质预测》。

4月8—14日，在国务院环委办孙嘉绵、马梅生主持下，水电部、河北省、天津市的有关部门参加，检查了承德市、兴隆县、承德县等地引滦水质保护情况，并研究了限期治理污染的措施。

5月，周信泉任海河水资源保护办公室副主任。

8月30日，建设部副部长廉仲在天津蓟县主持召开了引滦水资源保护领导小组第二次会议。会议原则通过《引滦水资源保护条例（送审稿）》《引滦水质管理规划》的工作大纲和技术要求。会议对河北省遵化县，承德市及天津市蓟县等地有关污染企业提出了限期治理要求。

◆ **1986 年**

1月，王裕玮任海河水资源保护办公室主任。

3月，海河水资源保护办公室以引滦水资源保护领导小组办公室名义组织召开引滦水质监测工作会议。会议议定由海河水资源保护办公室牵头，11个监测单位参加组成"引滦水质监测网"，并提出了《引滦水质监测网管理办法》。4月26日，正式印发《关于发送〈引滦水质监测网管理办法〉的通知》，明确引滦水质监测网的任务、组成单位、协调小组成员单位、职责及分工、监测频次及项目等。

3月18日，引滦水资源保护领导小组第三次会议在承德市召开，领导小组组长、建设部部长叶如棠主持会议。会议听取了河北省、天津市和领导小组办公室关于领导小组第二次会议以来的工作汇报，对引滦沿线污染源限期治理、引滦水资源保护条例、引滦水质管理规划、引滦水质监测、上游水土流失等相关问题进行了研究讨论并提出建议意见。

6月20日，海委以《关于〈漳河水污染严重，几万人生命受到威胁〉一文调查报告》上报水电部水资源保护办公室浊漳河污染调查详细情况。

◆ **1987 年**

1月6—9日，海委召开海河流域水资源保护规划工作会议。参加会议的有水电部水资源保护办公室、水文局、规划设计院、国家环保局和流域8省（自治区、直辖市）环保、水利厅（局）等22个单位的代表共60人。会议研究布置了规划编制工作，讨论确定了海河流域水资源保护规划任务书和规划技术大纲。《海河流域水资源保护规划纲要》于1989年10月通过水利部和国家环保局审查，《海河流域水资源保护规划》于1993年作为专业规划报国务院审查原则同意。规划成果纳入《海河流域综合规划》，于1993年由国务院以国函〔1993〕156 号文批准。

9 月，海河水资源保护办公室编制完成《海河流域水质资料整编规定》。

10 月 12 日，水电部、国家环保局联合印发《关于进一步贯彻水电部、建设部对流域水资源保护机构实行双重领导的决定的通知》（〔87〕水电水资字第 20 号），文件在肯定双重领导体制正确和必要基础上，要求进一步贯彻水电部、建设部对流域水资源保护机构实行双重领导的决定。

◆ **1988 年**

3 月 1 日，海河流域水质监测研究中心成立，王裕玮兼任主任，周信泉兼任副主任。

3 月 9—11 日，海委副主任董光鉴参加了由国家环保局汪贞慧在天津主持召开的引滦污染源限期治理项目验收工作会议。会议确定了验收组组成成员、验收标准及验收日程等。会后国务院环委办以《关于引滦沿线及上游污染源限期治理项目验收工作的通知》部署了验收工作。1988 年 4 月、7 月、9 月和 1989 年 7 月，由国家环保局、水利部、天津市环保局、天津市水利局、河北省环保局、海委组成的引滦污染源限期治理项目验收组，对 55 个限期治理项目分 4 次进行了验收。经验收评定 42 项合格，6 项尚未完成或正在试运行，2 项因技术不过关，有待之后进一步解决；5 项已关停并转。

11 月 3 日，海委副主任曾肇京与河北省水利厅厅长郑德明等一行 8 人，向水利部副部长钮茂生汇报了白洋淀入夏以来的水质污染情况及主要污染源（来自保定市和北京市房山区）的情况。并于 11 月 24—27 日由曾肇京陪同部水资源司负责人到白洋淀进行了实地考察。

11 月 6—7 日，引滦水资源保护领导小组第四次会议在承德市召开。会议总结了引滦水资源保护五年工作，研究讨论《引滦水资源保护条例》颁布及引滦水资源保护工作安排意见等。

◆ **1989 年**

9 月 26—27 日，引滦水资源保护领导小组在天津市召开引滦水资源保护工作会议，总结工作，交流经验，表彰先进，研究第二批污染源限期治理工作计划。国家环保局、水利部、天津市、河北省有关领导出席会议并讲话，海委副主任、引滦水资源保护领导小组办公室主任董光鉴做了《六年来引滦水资源保护工作总结》报告。

10 月，海委在洛阳市召开海河流域水质监测工作会议，会议总结交流水质监测工作经验、研究讨论质控考核工作，海河流域各省（自治区、直辖市）水文总站代表参加会议。

◆ **1990 年**

2 月 16 日，海委水资源保护科学研究所成立。

5 月，海河水资源保护办公室升格为海委水资源保护局，为副局级海委内设机构。

9 月 27—28 日，海委召开海河流域入河排污口调查座谈会，会议对《排污口调查工作技术大纲（初稿）》进行了讨论，一致认为排污口调查是水资源保护的基础工作，应认真组织好调查。

10月，海委副主任康文龙兼任海委水资源保护局局长，王裕玮、周信泉、马增田任海委水资源保护局副局长。

10月15日，海委印发《关于印发海委机关各部门工作职责的通知》，明确海委水资源保护局职责。

1990年，沧浪渠、北排河发生津冀省际水污染纠纷，海委水资源保护局按照国家环保局、水利部、海委有关要求，开展调查监测，提出了调查报告。

1990年，海委水资源保护科学研究所获得国家甲级环评证书持证资格。

◆ 1991 年

1月8—10日，海委组织召开海河流域入河排污口调查与地下水水质调查评价工作会议。会议研究讨论了技术大纲，安排部署了相关工作。入河排污口调查、地下水水质调查评价成果分别于1994年、1995年完成并上报水利部。

3月21日，水利部、国家环保局联合印发《关于更改各流域水资源保护局名称的通知》。该通知要求：由于国家机关体制改革，原部委机构有所变化，为理顺关系，将原水电部、建设部××水资源保护局改为水利部、国家环保局××流域水资源保护局。

5月，海河水保局以引滦水资源保护领导小组办公室名义，会同河北省、天津市水利、环保厅（局），引滦局，对引滦上游污染源治理工作进行了联合检查，并向水利部、国家环保局，天津市、河北省人民政府报送了《引滦污染源治理工作报告》。

7月，根据水利部《关于加强流域机构水环境监测工作的通知》，海河流域水质监测研究中心更名为"海河流域水环境监测中心"。

1991年，海河水保局按照海委工作安排，调查了解沧浪渠、北排河津冀省际水污染纠纷，调查了解德州、吴桥边界水污染纠纷。

◆ 1992 年

8月，海河水保局按照水利部南水北调规划办公室要求，开展南水北调东线工程环境影响评价补充工作（黄河以北部分）。1994年1月，完成《南水北调东线工程（黄河以北）水资源保护规划》《调水对黄河以北蓄水水库水生生物的影响》《天津—北京段输水工程环境影响评价》等3份补充报告。

12月，海河水保局以引滦水资源保护领导小组办公室名义组织引滦入唐及滦河下游污染治理检查，国家环保局、水利部，天津市、河北省水利、环保部门参加。1993年1月，向水利部、国家环保局，天津市、河北省人民政府报送了检查报告与今后工作意见。

◆ 1993 年

5月，海委启动亚洲开发银行资助项目"海河流域环境管理与规划研究"。海河水保局为主要承担单位，于1996年2月完成研究工作，该项目于1997年通过验收。

1993年，海河水保局参与调查协调沧浪渠冀津省际水污染纠纷。

1993年，海河水保局开始组织编制海河流域水资源保护规定，多次讨论、征求意见、修改补充，改为海河流域水污染防治条例。

◆ 1994 年

2 月 15 日，海委副主任张锁柱兼任海河水保局局长。

3 月 16 日，水利部印发《关于印发海河水利委员会职能配置、机构设置和人员编制方案的通知》，明确海河水保局为海委直属事业单位。

6 月 29 日，监测中心通过国家计量认证评审。

10 月，海河水保局完成了"唐河污水库对地下水水质的影响研究"项目，提出了污染防治的措施和建议。

11 月，林超任海河水保局局长助理。

11 月，国家环保局印发文件，调整引滦水资源保护领导小组成员。国家环保局局长解振华任组长，水利部副部长严克强、天津市副市长朱连康、河北省副省长顾二熊任副组长，国家环保局污控司副司长臧玉祥、水利部水政水资源司副司长任光照、建设部城市建设司副司长林家宁、天津市环保局副局长邢振刚、天津市水利局副局长赵连铭、河北省环保局副局长白进杰、河北省水利厅副厅长韩乃义、海委副主任张锁柱、引滦局副局长李树芳为成员，张锁柱兼任领导小组办公室主任，海河水保局副局长马增田任办公室副主任。

◆ 1995 年

1 月 10—15 日，海河水保局以引滦水资源保护领导小组办公室名义，组织河北省、天津市水利、环保厅（局），引滦局，对引滦入津、滦河上游水资源保护工作进行了联合检查和座谈。2 月 22 日，向国家环保局、水利部上报了《关于呈送引滦水资源保护工作检查汇报》。

4 月 17—21 日，海河水保局以引滦水资源保护领导小组办公室名义组织开展引滦入唐及滦河下游水资源保护工作检查。河北省水利厅、环保局、引滦局参加，水利部、国家环保局派人指导。5 月，向国家环保局、水利部报送了《关于引滦入唐及滦河下游水资源保护工作检查报告》。

5 月，海委与美国地调局调查签订了"中国海河流域与美国类似流域地下水水质对照合作研究"项目实施计划书。研究单元定位在中国唐山地区和美国东海岸的德尔马拉半岛、加利福尼亚州的圣华金及萨克拉门托流域。合作时间从 1995 年至 1999 年。海河水保局承担中方具体工作。

9 月，海委组织北京市、河北省、山西省有关部门对官厅水系水污染情况进行检查。

◆ 1996 年

3 月，碧波公司成立，注册资金 50 万元。

8 月 27 日至 9 月 2 日，海河水保局以引滦水资源保护领导小组办公室名义组织河北省、天津市水利、环保厅（局），对引滦入津、滦河上游水污染防治工作进行了联合检查，水利部、国家环保局派人指导，召开了引滦水资源保护管理座谈会。11 月，以《关于呈送引滦水资源保护工作检查汇报的函》将检查情况上报国家环保局、水利部。

10 月 29 日，赵光任海河水保局局长。

11 月，海河水保局在郑州市召开海河流域水资源保护管理座谈会，会议座谈交流各单位水资源保护管理工作情况及建议意见，海河流域各省（自治区、直辖市）水利厅（局），海委直属各管理局代表参加会议。

1996 年，《中华人民共和国水污染防治法》修正实施，第十八条"国家确定的重要江河流域的水资源保护工作机构，负责监测其所在流域的省界水体的水环境质量状况，并将监测结果及时报国务院环境保护部门和国务院水利管理部门"。赋予了流域水资源保护工作机构省界水体水环境质量状况监测职能。

◆ 1997 年

3 月 12—13 日，海委在天津市召开海河流域水资源保护工作会议，总结交流水资源保护工作，研究布置入河排污口管理、省界河流水质监测工作，流域内各省（自治区、直辖市）水利厅（局）水资源保护主管部门负责人参加。3 月 27 日，海委印发《关于开展海河流域省界河流水质监测的通知》，启动海河流域省界水体水质监测工作。

6 月 10—14 日，海河水保局局长赵光带队，以引滦水资源保护领导小组办公室名义组织河北省、天津市环保、水利厅（局），引滦局，对引滦入津及滦河上游水污染防治工作进行了检查。8 月，向国家环保局、水利部，天津市、河北省人民政府报送了《关于引滦水污染防治工作检查情况的报告》。

9 月，海委组织召开引滦水质监测工作会议，专题讨论滦河、潘家口水库、大黑汀水库、引滦入津、引滦入唐水质监测工作，河北省、天津市水资源和水环境监测部门参加会议。会后，海委印发《关于认真做好引滦水质监测工作的通知》，对引滦水质监测、重点入河排污口监测工作进行了安排部署。

9—10 月，海河水保局协助配合中央电视台《经济半小时》《新闻 30 分》栏目记者对海河流域水污染问题采访。

1997 年，林超任海河水保局副局长。

1997 年，海河水保局内设机构由正科级升格为副处级，设规划环评处、监督管理处、水质监测处。

◆ 1998 年

2 月，海委以《关于漳卫南运河水系水污染问题的报告》向水利部报告了漳卫南运河水污染情况以及解决漳卫南运河污染纠纷建议意见。

12 月，水利部以《关于下达 1998 年水利基建投资计划的通知》（规计设〔1998〕111号）下达水利基建投资计划 120 万元，用于省界水质监测站网项目建设。至 2000 年 7 月，海河水保局组织完成了海河流域省界水质监测站网项目建设工作，共埋设省界监测断面界碑 52 个。

1998 年，水利部和北京市政府开始联合编制《21 世纪初期（2001—2005 年）首都水资源可持续利用规划》，海河流域水资源保护局按照水利部、海委工作安排参与官厅、密云水库上游部分规划编制工作。该规划于 2001 年 5 月经国务院批复。

1998 年，按照水利部《关于编发〈中国水资源公报〉的通知》，海委开始组织编制《海河流域水资源公报》，海河水保局负责水质部分编制工作。

◆ 1999 年

4 月，及金星任海河水保局副局长。

8 月，监测中心通过国家级计量认证复查。

12 月，海河水保局按照水利部统一部署和海委要求，组织开展海河流域水功能区划拟订工作。2000 年 10 月，《海河流域水功能区划报告》通过水利部审查。

1999 年，国务院以《国务院办公厅关于批准海河流域水污染防治规划的通知》（国办函〔1999〕21 号）批准《海河流域水污染防治规划》。

1999 年，海河水保局组织开展了滦河上游及引滦沿线入河排污口调查工作。

◆ 2000 年

3 月 22 日，户作亮任海河水保局局长。

3 月 28—29 日，海委在天津组织召开海河流域水资源保护规划工作会议，会议讨论通过了《海河流域水资源保护规划技术细则》，明确了任务分工与工作进度，海河流域 7 省（自治区、直辖市）水利厅（局）负责人参加会议。2001 年 11 月，《海河流域水资源保护规划报告（送审稿）》通过水规总院审查。2002 年 4 月，编制完成了《海河流域水资源保护规划报告（报批稿）》。

5 月，水利部水资源司、海委、天津市水利局、河北省水利厅派员组成调查组，对蓟运河沿河地区农田灌溉污染进行调查核实，海河水保局参与了调查工作。海委以《关于河北省玉田县潮洛窝乡农作物受污染危害的调查报告》向水利部报送了调查报告。

5 月，海河水保局按照海委要求协助开展沧浪渠拦河坝天津、河北省际水事纠纷调查、协调工作。

10 月 13 日，引黄济津工程位山闸开启向天津输水。2001 年 2 月 2 日，位山闸关闭，历时 112 天。海河水保局按照海委要求，组织开展引黄济津跨流域调水水质监测工作。

10 月，海河水保局按照海委要求协助开展沧浪渠冀津省际水污染纠纷调查工作。

10 月 13 日，国务院副总理温家宝视察卫运河山东临清段污染情况，听取漳卫南局负责同志汇报，并作出重要指示。

11 月 12 日，国家环保总局局长解振华到漳卫河四女寺枢纽考察南水北调线路山东省海河流域水质情况。

12 月 15 日，海河水保局按照海委要求参与漳卫南运河污染调查工作。

2000 年，海河水保局实施水资源监测项目——实验室改建工程。

◆ 2001 年

5 月 17 日，海河水保局按照海委要求，组织沧浪渠、北排河水污染调查，并编制了调查报告。

5 月 29 日，水利部部长汪恕诚视察海委，指出：海河流域最核心的问题是生态问题。

海河流域治理要把生态恢复作为工作目标,海委的一切工作都要围绕这一目标进行。2001—2005年,海委针对性开展了海河流域水生态恢复专题研究、海河流域生态环境恢复水资源保障规划工作。

7月,海河水保局参与编制的《南水北调东线工程(黄河以北段)治污规划》通过了由国家计委主持的领导小组验收。

10月17日至11月3日,美国地调局专家到海委交流,探讨海河流域重点水源地富营养化防治技术方法。

2001年,漳卫新河河口发生污染事件,海河水保局按照海委要求开展调查,并提交了调查报告。

2001年,海委与美国地质调查局联合开展海河流域重点水源地富营养化防治对策研究项目。海河水保局为主要承担单位,2004年完成了成果报告,2006年10月通过水利部验收。

◆ **2002年**

2月4日,海委印发《关于成立海河流域水环境监测中心北京分中心的批复》,同意成立监测中心北京分中心,北京分中心为事业单位,人员由海河水保局内部调剂。

2月9日,海河流域水生态恢复研究专家咨询会在北京召开,水利部副部长陈雷出席并讲话。

3月,按照水利部统一部署,海委启动海河流域水资源综合规划工作,海河水保局为水资源保护规划部分承担单位。2008年9月10日,《海河流域水资源综合规划(送审稿)》通过水利部审查。2010年10月26日,国务院批复《全国水资源综合规划(2010—2030年)》,《海河流域水资源综合规划》作为其附件4一并获得批复。

3月,水利部印发《中国水功能区划(试行)》。

5月19—22日,国务院委派国家环保总局、监察部、水利部联合调查卫河沿岸重点企业水污染防治情况。

7月29日,水利部部长办公会专题研究海河流域生态与环境水资源保障规划工作,并正式确定规划名称为"海河流域生态环境恢复水资源保障规划"。海委开始组织编制《海河流域生态环境恢复水资源保障规划》,海河水保局为规划责任单位,规划成果报告于2005年11月上报水利部。

8月5—29日,海委主任王志民率队查勘海河流域生态环境。

9月10日,海河流域生态环境恢复规划、水资源综合规划工作会议在天津召开,海委主任王志民出席并讲话。

12月,海委印发《关于印发〈海河流域水资源保护局主要职责、机构设置和人员编制方案〉的通知》。

2002年,海委依托《21世纪初期(2001—2005年)首都水资源可持续利用规划》实施,开展官厅水库、密云水库及上游河流水质自动监测站建设工作。至2008年,先后建成戴营、响水堡、册田水库坝上、官厅水库坝上、下堡、密云水库坝上等6座水质自动监测站。

◆ **2003 年**

3 月 25 日，海委召开潘大水库水源地保护规划工作会议，安排部署潘大水库水源地保护规划工作。2005 年 5 月，开展了规划专家咨询。2005 年 10 月，完成规划送审稿。

5 月，水利部印发《水功能区管理办法》。

7 月 21 日，海委组织流域内各省（自治区、直辖市）水利（水务）水利厅（局），召开了海河流域水功能区管理工作会议，研究并安排了流域水功能区水质监测和通报工作、水功能区入河排污口调查监测工作。海委副主任户作亮、总工曹寅白出席会议。

7 月 23 日，张胜红任海河水保局局长。

8 月 2—3 日，全国七大流域水资源保护工作座谈会在天津召开，水利部水资源司副司长刘伟平、海委副主任户作亮出席并讲话。

9 月，海河水保局组织开展了海河流域农村地下饮用水源情况调查，并编制了《海河流域农村地下饮用水源污染调查报告》。

9 月—11 月，海委组织流域内各省（自治区、直辖市）有关部门开展了海河流域水功能区入河排污口调查外业工作。

9—10 月，海河水保局组织开展册田水库向官厅水库输水水质监测工作。

10 月，海河水保局按照海委要求，协助调查漳卫新河污水下泄影响近海养殖业等问题，并提出情况报告。

11 月 7 日，水资源保护支队成立。

12 月 29 日，山东省环保局、山东省水利厅、山东省海洋与渔业厅联合向国家环保总局、水利部、农业部、国家海洋局发文《关于尽快解决漳卫南运河山东段污染问题的请示》，海河水保局按照海委要求协助调查并提出情况报告。

12 月，海河水保局编发《海河流域重点水功能区水质状况通报》第一期。

2003 年，监测中心获得水利部颁发的《水文、水资源调查评价资质证书（甲级）》。

2003 年，监测中心开始对流域重点饮用水水源地开展按月监测并公布《海河流域重点水源地水质监测信息》。

◆ **2004 年**

5 月，《河北省水功能区划》由河北省水利厅、河北省环保局联合颁布实施。

6 月 23 日，水利部水资源司转发海委、国家环保总局签报《关于子牙新河上游下泄污水造成天津大港区滩涂养殖受损事件的调查报告》，海河水保局按照有关要求组织开展了子牙新河沿途污水来源、各控制性闸坝枢纽调度情况以及天津市滩涂养殖受损情况调查工作。

7 月 29 日，海委在天津市召开海河流域水资源保护与水污染防治协作机制建设座谈会，海委副主任户作亮出席会议并讲话，水利部水资源司有关部门负责人到会指导。会议研究和讨论了《海河流域水资源保护与水污染防治协作机制实施方案（征求意见稿）》，会后海委与流域各省（自治区、直辖市）水利（水务）厅（局）签署了海河流域水资源保护与水污染防治协作机制，流域各省（自治区、直辖市）环保部门以观察员身份参与协作机制。

9月9日，海委印发《海河流域跨省河流闸坝调度通报制度（试行）》。该制度规定：跨省河流上闸坝调度必须事先通报相邻省级行政区地方政府有关部门，减少因闸坝调度引发的污染纠纷。

9月，GEF海河流域水资源与水环境综合管理项目正式启动，该项目于2013年通过验收。海河水保局承担了其中"海河流域废污水再生利用战略研究""海河流域水资源与水环境综合管理战略行动计划"。

11月，《入河排污口监督管理办法》（水利部令22号）出台，该办法对入河排污口设置申请、管理权限、监督检查等进行了明确规定。

2004年，河南省人民政府对河南省水利厅、河南省环保局联合上报的《河南省水功能区划报告》进行了批复，并要求尽快下发各地各有关部门，认真组织实施。

2004年，海委深化机构改革，监测中心、科研所正式独立，成为独立法人机构。罗阳任监测中心主任，刘德文任科研所所长。

◆ 2005 年

1月10日，海河流域水资源保护信息系统建成开通，海委副主任户作亮出席开通仪式并讲话。

1月12—13日，海委系统举办水资源保护培训班，海委副主任户作亮出席开班仪式并讲话。

4月18日，内蒙古自治区人民政府批复《内蒙古自治区水功能区划》，要求自治区水利厅、环保局会同有关部门具体组织实施。

4月，海委启动《京津冀都市圈区域规划》水资源专题研究工作，海河水保局为责任单位。2006年3月，编制完成《京津冀都市圈区域规划水资源专题规划（送审稿）》。

6月28—30日，海委在内蒙古自治区锡林浩特市召开海河流域水资源保护工作会议，水利部水资源管理司司长高而坤、海委副主任户作亮出席会议并讲话，会议总结交流了海河流域水资源保护工作，分析了水资源保护工作面临的形势和问题，研究部署了海河流域城市饮用水水源地普查、水功能区纳污能力核定等工作任务，并对在海河流域入河排污口调查工作表现突出的7个先进集体和56个先进个人进行了表彰。

8月16—18日，海委会同天津市水利局、环保局，河北省水利厅、环保局，组织开展引滦沿线及滦河上游联合检查。

9月30日，水利部副部长索丽生到海委视察指导工作，并就做好海河流域生态环境保护与修复工作作了重要指示。

9月，海河水保局按照水利部《关于印发全国开展城市饮用水水源地安全保障规划技术大纲的通知》和海委有关要求，组织开展海委直管水库饮用水水源地安全保障规划编制工作。成果纳入《全国城市饮用水水源地安全保障规划》。在该规划基础上，国家发展改革委组织建设、水利、环保、卫生等部门联合编制了《全国城市饮用水安全保障规划（2006—2020年）》，并于2007年10月23日经国务院同意联合印发。

◆ **2006 年**

1 月，水利部印发《关于海河流域限制排污总量的意见》。

3 月 29 日，海河水保局网建成开通，海委副主任户作亮出席开通仪式并讲话。

4 月 19—22 日、10 月 24—29 日，海河水保局按照海委要求，组织天津市水利局、天津市环保局、河北省水利厅、河北省环保局、山西省水利厅、山西省环保局等单位组成联合检查组，对子牙河水系城市污水处理厂建设和运行情况、城市总退水情况、城市供水水源地情况、重点企业排污情况、河道闸门调度运行通报情况及海口养殖情况等进行了联合检查。

5 月，山东省水利厅印发《关于印发〈山东省水功能区划〉的通知》。

5 月 17—18 日，水利部水利水电规划设计总院在北京主持召开《官厅、密云水库上游水质水量自动监测系统三期工程可行性研究报告》审查会。水利部水文局、水规总院、海委等有关单位的代表和专家参会。

6 月，山西省水利厅、山西省环保局联合印发《关于印发〈山西省地表水功能区划〉的通知》。

8 月，《渤海环境保护总体规划》编制工作启动，按照水利部、海委要求，海河水保局承担其中《入渤海主要河流限制排污总量及对策研究》《改善入渤海主要河流生态环境用水的对策措施》两个专题报告。

9 月 18—29 日，海河水保局参加 2006 年海委引智项目气候变化条件下海河流域水量及水质变化研究专家学术交流。

9 月 28 日，海河水保局局长张胜红参加天津市第九次环境保护大会。

9 月，海委会同天津市水利局、环保局，河北省水利厅、环保局，对引滦入津、引滦入唐沿线进行了联合检查。

10 月 15 日，水利部副部长矫勇在海委主任任宪韶、副主任户作亮陪同下到海河水保局视察并听取工作汇报。

10 月 18 日，海委受水利部委派参加保护海洋环境免受陆源污染全球行动计划（GPA）第二次政府间审查会中的"中国保护海洋环境免受陆源污染行动国际论坛"，海河水保局副局长林超作了"保护水资源维护河流健康生命"专题发言。

11 月 14 日，海河水保局代表海委组织召开潮白河水资源保护座谈会，水利部水资源管理司、海委水政水资源处、北京市水务局、河北省水利厅及北京市潮白河管理处、通州区水务局、河北省三河市水务局和环保局等代表参加了会议。

12 月 8 日，水利部水资源管理司保护处处长石秋池到海河水保局调研并听取了工作汇报。

12 月 29 日，淮河流域水资源保护局局长姜永生到海河水保局调研并进行了工作交流和座谈，海河水保局局长张胜红、副局长及金星出席会议。

◆ **2007 年**

1 月 22 日，海河水保局局长张胜红率队赴河北省水利厅，座谈交流海河流域水资源保护工作，河北省水利厅副厅长梁建义出席座谈。

2月2日，海河水保局局长张胜红，副局长林超、及金星率队到天津市水文水资源勘测管理中心调研考察。

3月26日，美国环保局代表团访问海委，海委副主任户作亮和美国环保局助理局长本杰明·葛兰保斯分别致辞，会议听取了海河水保局关于海河流域水资源保护的专题报告，双方就水生态和水环境保护问题进行了交流并表达了进行合作的愿望。

4月10日，中国水利水电科学研究院水资源所总工、博士生导师贾仰文教授带领GEF项目流域二元模型开发小组到海河水保局进行水质预测模型交流，海河水保局副局长林超参加了交流活动。

4月19日，水利部总工刘宁出席渤海环境保护总体规划专题成果汇报会，并听取水利专题汇报。项目组分别汇报了环渤海流域十五期间水资源保护工作总结、改善入渤海主要河流生态环境用水的对策措施、入渤海主要河流限制排污总量及水资源保护对策等3个成果。海河水保局局长张胜红、副局长林超参加会议。

5月28日，海委电子政务综合办公系统应用培训暨启动大会在津召开，海委主任任宪韶、副主任王文生出席并讲话，海委副主任户作亮主持会议。

5月31日至6月1日，海委在岳城水库水源地组织开展了突发性水污染事件应对演练。该次演练由海河水保局主办，河南省水利厅水政水资源处、水文局，安阳市水利局、水文局参加了演练，海委副主任户作亮指挥演练。

7月4日，河北省秦皇岛市洋河水库暴发蓝藻，海河水保局副局长林超赴洋河水库协助指导应急工作，并派出移动实验室和应急水质监测小组，协助开展水质监测工作。

8月3日，潘家口水库库区发生养鱼网箱大规模死鱼情况。海河水保局副局长及金星率工作组，赶赴现场协助应急工作。

8月20—22日，海委以引滦水资源保护领导小组办公室名义组织天津市水利局、环保局，河北省水利厅、环保局，对引滦沿线及滦河上游进行了联合检查。

8月，海委印发《关于表彰2007年军地（永定河）联合防汛演习和应对突发性水污染事件先进单位的通报》，海河水保局在应对突发性水污染事件中的突出表现受到通报表彰。

8月，海委启动《海河流域综合规划》修编工作。

9月3日，海委印发《海河水利委员会应对突发性水污染事件应急预案》。

9月19日，海委在天津组织召开海河流域水资源保护暨入河排污口调查工作会议，海河流域各省（自治区、直辖市）水利（水务）厅（局）水资源保护主管部门负责人参加会议。海河水保局局长张胜红主持会议，海委副主任户作亮出席并讲话，水利部水资源管理司保护处处长石秋池到会指导。会议总结交流了近年海河流域水资源保护工作、研究部署了下一阶段工作任务，安排了2007年海河流域入河排污口调查工作。

11月1日，河北省承德市环保局副局长唐建华一行到海河水保局调研，双方就水环境监测及自动监测站建设等相关工作进行了座谈，海河水保局局长张胜红、副局长林超出席座谈。

11月5—9日，海河水保局参加国家环保总局组织的引滦入津水源保护情况调研。

11 月 6 日，海委邀请美国地质调查局水文专家做关于《地下水监测及美国加州地下水监测系统》的专题报告。

11 月 22 日，海河水保局监测管理处更名为行业管理处，部门职能进行了相应调整。

2007 年，海河水保局启动海河流域平原河道生态保护与修复模式研究项目，该项目于 2009 年 9 月通过水利部验收。

2007 年，海河水保局《海河流域生态环境修复需水量研究》获 2007 年度大禹水利科学技术奖三等奖。

◆ 2008 年

1 月 16 日，海委在天津组织召开 2007 年海河流域水功能区入河排污口调查资料整编会，流域内各有关单位代表出席会议。会议对 2007 年海河流域水功能区入河排污口调查工作进行了总结，对各辖区和全流域入河排污口调查资料进行了整编。

3 月 5 日，海委主任任宪韶主持研究潘大水库饮用水水源地保护区划分及保护方案编制有关工作，海委副主任户作亮，海河水保局局长张胜红、副局长林超出席会议。

3 月 6 日，珠江流域水资源保护局局长黄建强一行到海河水保局调研，双方就水生态监测工作进行了座谈，海河水保局局长张胜红，副局长林超、及金星出席会议。

3 月 13 日，海委召开海河流域综合规划修编工作会议，海委总工曹寅白主持，海委副主任户作亮出席会议，海河水保局局长张胜红、副局长林超参加会议，并签订责任书。海河水保局承担水资源保护规划、河流生态修复规划部分编制工作。《海河流域综合规划（2012—2030 年）》于 2012 年 8 月经水利部部长办公会审议通过。

5 月 12 日，四川省汶川发生 8.0 级特大地震。5 月 23 日，按照水利部抗震救灾指挥部要求，海委赴四川应急水源水质监测工作组赶赴地震灾区参加应急水源水质监测工作。工作组由海河水保局和海委机关服务中心共同组建，工作组成员：罗阳、张增阁、张世禄、崔文彦、高越鹏、刘志宪、齐玉森、杜建军。6 月 6 日，海委主任任宪韶、纪检组长于耀军、海河水保局局长张胜红、海委机关服务中心主任赵书儒赴灾区慰问、指导工作组工作。6 月 16 日，工作组结束灾区工作任务顺利返津。

6 月 19 日，水利部以水资源〔2008〕217 号文批准《海河流域入河排污口监督管理权限》。

6 月 20 日，海委抗震救灾应急水源水质监测工作组专题汇报会召开。海委主任任宪韶出席会议并作重要讲话，海委副主任王文生宣读了《关于表彰海委赴四川抗震救灾应急水源水质监测工作组的决定》，海委纪检组长于耀军主持会议。海委抗震救灾应急水源水质监测工作组组长罗阳、成员张世禄、刘志宪代表工作组作了专题汇报，海委机关全体干部职工参加汇报会。

6 月，接上级通知，各流域水资源保护局统一更改名称，海河水保局按照要求将单位名称由"水利部、国家环境保护局海河流域水资源保护局"更名为"海河流域水资源保护局"。

7 月 21 日，海委举行潘大水库水源地突发性水污染应对演练，海委副主任户作亮指挥演练，演练由海河水保局主办，海委规划计划处，防汛抗旱办公室及引滦局负责人参加。

8月26—28日，海委在天津召开海河流域水资源保护暨规划工作座谈会，海委副主任户作亮出席会议并讲话，海河流域各省（自治区、直辖市）水利（水务）厅（局）水资源保护主管部门负责人，入河排污口调查、地表水资源保护规划、地下水（水质）保护规划技术负责人参加了会议。

9月18日，海委组织实施北京奥运会应急调水，海河水保局承担应急调水水质监测工作。

10月，水利部公益性行业专项经费项目——北方水库蓝藻暴发阈值研究正式启动。项目承担单位为海河水保局。2011年11月9日，"北方水库蓝藻暴发阈值研究"通过水利部验收，项目综合评价等级为A级。2013年12月，北方水库蓝藻暴发阈值研究与应用成果获大禹水利科学技术奖三等奖。

11月19日，海河水保局、天津市水利局、天津市环保局召开座谈会，共同研究蓟运河、引滦水资源保护与水污染防治工作。海河水保局局长张胜红、副局长及金星出席会议。

12月26—29日，海河水保局参加环保部与水利部联合组织的漳卫南运河水污染防治工作现场调研。

2008年，水利部授予海委赴四川应急水源水质监测工作组"全国水利抗震救灾先锋"荣誉称号，授予工作组组长罗阳"全国水利抗震救灾先进个人"荣誉称号。

2008年，中国农林水利工会授予海河水保局全国农林水利产（行）业劳动奖状。

2008年，海河水保局启动藻类监测试点工作。每年编发6期《海河流域藻类监测试点工作情况通报》，报送水利部水文局。

◆ **2009 年**

4月3日，海委在天津召开引滦水资源保护座谈会，海委主任任宪韶、副主任户作亮出席会议，海河水保局局长张胜红，天津市、河北省水利、环保厅（局）负责人参加会议。

5月7日，水利部部长陈雷视察海河水保局并听取局长张胜红工作汇报。天津市副市长熊建平、水利部有关司局负责人、海委主任任宪韶等陪同视察。

6月26—27日，环保部华北环境保护督查中心副主任王赣江、天津市环保局副局长赵恩海到海河水保局调研，海河水保局局长张胜红、副局长林超参加座谈。

8月11—14日，海河水保局会同天津市水务局、环保局，河北省承德市水务局、环保局对引滦上游及于桥水库开展水资源保护联合检查，对引滦沿线水质监测、违规设置入河排污口等进行了检查，提出整治意见。

8月20—21日，水利部水文局副局长林祚顶到海委调研水质监测工作，海委副主任户作亮、海河水保局局长张胜红出席座谈。

9月17—18日，海河水保局副局长林超率队对岳城水库饮用水水源地进行了联合检查调研。检查组对岳城水库库区及周边污染隐患进行了检查并座谈。河北省水利厅、环保厅，河南省水利厅、环保厅及邯郸市、安阳市两地的水利、环保等单位参加。

8月29日，海委与河南省环保厅就流域水生态环境保护工作进行座谈，海委副主任户作亮、海河水保局局长张胜红参加座谈。

10月12—14日，海河水保局在天津举办了水资源保护培训班，水保局机关、委直属各管理局水资源保护工作人员参加了培训。海河水保局副局长林超出席开班仪式并讲话。

10月21日，海河水保局按照海委要求，组织开展引黄济津应急调水水质监测工作。

10月29—30日，海委在河南省林州市召开海河流域水资源保护暨水质监测工作座谈会，海河流域各省（自治区、直辖市）水利（水务）厅（局）水资源保护主管部门负责人参加会议。会议座谈交流了各省（自治区、直辖市）水资源保护工作，分析研究了水资源保护工作面临的形势和问题，对水资源监测能力建设、水功能区入河污染物限排总量分解等方面工作进行了探讨。海委副主任户作亮、海河水保局局长张胜红出席会议。

11月9日，水利部水资源司、政法司调研组，到潘家口水库实地调研引滦入津水资源保护情况。海河水保局，河北省水利厅、天津市水务局，唐山市、承德市水务局等单位参加调研。

12月22—24日，海河水保局根据水利部要求，对山西省大同市御河地下水水源地、河北省唐山市滦河及冀东沿海地下水水源地进行了检查调研。山西省、河北省水利厅，大同、唐山两地相关负责人参加。

12月22—23日，海河水保局参加环保部、水利部组织的引滦水资源保护联合调研。

2009年，海河水保局按照海委要求，组织实施漳卫南运河省际入河污染物总量通报工作，以海委正式文件形式向河北、山西、山东、河南等省人民政府报告了漳卫南运河入河污染物排放总量、漳卫南运河沿河各省入河排污口达标情况以及近年来漳卫南运河水环境质量变化趋势。

◆ 2010年

1月12日，天津市人大常委会副主任左明视察海河水保局，海委主任任宪韶陪同，海河水保局局长张胜红汇报了海河流域水资源保护工作情况和海河流域水质状况。

2月3日，环保部污染防治司、水利部水资源司在北京市联合召开引滦入津水质保护工作协调会，海委副主任户作亮、水保局局长张胜红出席会议。

3月10日，海河水保局副局长及金星出席天津市环保局主持召开的引滦水资源保护生态补偿机制方案编制讨论会。

4月1日，海委在天津市召开成立30周年庆祝大会。

4月29日，海委召开海河流域入河排污口监督监测工作会议，海委副主任户作亮、海河水保局局长张胜红、副局长及金星出席会议。

5月20日，海河水保局副局长及金星带队到河南省环保厅调研，就岳城水库饮用水源地保护工作、流域水资源保护与水污染防治协作机制等方面工作进行座谈交流，河南省环保厅副厅长马新春出席座谈会。

5月27日，潘家口、大黑汀水源地水资源实时监测项目启动。

8月23日，水利部水资源司在北京组织召开全国重要江河湖泊水功能区划（内蒙古自治区部分）协调会议，海河水保局副局长林超及有关人员参加了会议。

8月24—26日，环境保护部在北京组织召开重点流域水污染防治"十二五"规划编制大纲论证审查会。海河水保局副局长林超作为规划编制副组长单位代表参加了会议。

9月9日，海委主任任宪韶视察北方水库蓝藻暴发阈值研究项目野外实验基地，引滦局局长徐士忠、海河水保局局长张胜红陪同调研。

10月20—22日、27—29日，海河水保局分别对永定河山区、北三河系省界缓冲区水质监测断面设置进行了现场协调和复核，就省界缓冲区水质监测断面的设置方案形成了初步意见，海河水保局局长张胜红、副局长及金星参加查勘协调工作。

10月24日，根据海委《2010年引黄济津潘庄线路应急调水水量水质监测方案》，海河水保局对潘庄闸站、漳卫新河倒虹吸出口站、第三店等引黄济津输水沿线断面进行水质跟踪监测。

11月10日，海河水保局工作人员前往内蒙古西乌珠穆沁旗，对内蒙古吉林郭勒二号露天煤矿疏干水入河排污口设置进行现场查勘，锡林郭勒盟水利局和西乌珠穆沁旗水利局等地方水行政主管部门相关领导参加查勘。

11月18—19日，海河水保局在天津组织召开海河流域水功能区划复核筛选成果研究讨论会，流域内各省（自治区、直辖市）水行政主管部门、水文部门代表参加了会议。

2010年，海河水保局启动海河流域重要河湖健康评估（试点）工作。

2010年，海河水保局启动海委直管水功能区、海河流域省界缓冲区和省界监测断面确界立碑工作，2015年确界立碑工作全面完成。共埋设标志碑190个，涉及28个海委直管水功能区、42个省界缓冲区、65个省界监测断面。

2010年，海河水保局承担了海委援疆项目——乌鲁瓦提枢纽区职工饮水安全工程建设项目。2013年6月15日，工程过竣工验收。该项工程彻底解决了乌鲁瓦提枢纽建管局汛期生活饮用水不达标的问题。

◆ 2011 年

3月17日，水利部公益性行业科研项目海河流域典型河流生态水文效应研究项目启动，该项目承担单位为科研所。项目于2015年7月17日通过水利部验收。

4月25日，天津市委农工委组织处处长刁东升一行3人到海河水保局调研党组织建设工作，海委纪检组组长于耀军陪同调研，海河水保局局长张胜红、副局长及金星参加座谈。

5月20日，海委召开海河流域省界缓冲区水质监测断面复核报告评审会，海委副主任户作亮出席会议，海河水保局局长张胜红、副局长林超参加会议。会议审议并通过了海河水保局关于海河流域省界缓冲区水质监测断面复核工作报告。流域省界缓冲区水质监测断面由52个增加到70个。

6月21日，水利部印发《关于开展全国重要饮用水水源地安全保障达标建设的通知》，安排部署全国重要饮用水水源地达标建设工作。

6月，水利部印发《关于公布全国重要饮用水水源地名录的通知》，海河流域16个水源地纳入全国名录。

7月，海河水保局党支部获中共天津市委农村工作委员会"先进基层党组织"称号。

10 月 18 日，国际生态学协会主席、美国佐治亚大学 Alan P. Covich 教授和美国得克萨斯州立大学 Yixin Zhang 教授到海河水保局进行学术交流活动。海委科技外事处、科技咨询中心、龙网公司等部门单位参加活动。

11 月 11 日，水利部副部长刘宁在海委主任任宪韶陪同下视察海河水保局，实地考察水质监测能力建设情况，并听取了海河水保局局长张胜红的工作汇报。

12 月 28 日，国务院批复《全国重要江河湖泊水功能区划（2011—2030 年）》。2012 年 3 月 27 日，水利部、国家发展改革委、环境保护部联合印发《全国重要江河湖泊水功能区划（2011—2030 年）》。

◆ **2012 年**

2 月 22 日，海委印发《转发水利部关于印发海河流域水资源保护局主要机构设置和人员编制规定的通知》，明确海河水保局为海委单列机构，是具有行政职能的事业单位，承担海委水资源保护行政职能。

3 月 2 日，海河水保局在天津市召开中央分成水资源费项目——海河流域重要江河湖泊水功能区纳污能力核定和分阶段限制排污总量控制方案制定工作会，海河水保局副局长林超出席会议并讲话，海河流域内各省（自治区、直辖市）水利（务）厅（局）代表参加会议，会议对水功能区水质评价及控制目标、纳污能力核定、限排总量分解等内容进行了讨论，并提出了修改意见。

3 月 30 日，海河水保局副局长林超接受新华社记者采访，介绍了海河流域水资源保护取得的成就、存在问题和工作方向，海河水保局相关部门负责人参加采访。

7 月 5 日，海委在天津市召开海河流域重要河湖健康评估（试点）项目评审会议，对监测中心完成的海河流域重要河湖健康评估（试点）滦河和白洋淀健康评估成果进行评审。海委副主任户作亮出席会议并讲话，海委有关部门单位负责人，河北省水利厅、中国水利水电科学研究院、黄河流域水资源保护局代表以及项目组成员参加项目评审。

7 月 11 日，水利部办公厅印发《关于做好 2012 年度全国重要饮用水水源地达标建设有关工作的通知》，安排年度水源地达标建设工作。

7 月 16 日，海河水保局举办学术交流会，邀请美国地质调查局专家 Joseph L. Domagalski、加拿大弗莱明大学教授 Brent C. Wootton 和加拿大水处理技术公司生态修复专家 Lloyd R. Rozema 进行学术交流讲座。海河水保局副局长林超主持会议，海委机关、水文局、科技咨询中心、龙网公司、天津大学、南开大学等单位代表参加了交流活动。

8 月 7—8 日，水利部水利水电规划设计总院副院长梅锦山率队到海河水保局调研，海委副主任户作亮陪同调研。海河水保局副局长林超介绍了水资源保护工作开展情况。双方就流域纳污能力核定和分阶段限排总量控制方案编制、重要河湖健康评估等工作进行深入研讨。

8 月 31 日，郭书英任海河水保局局长。

9 月 12 日，水利部水资源司副司长于琪洋、保护处处长张鸿星一行在海委副主任户作亮陪同下到海河流域水资源保护局调研，海河水保局局长郭书英、副局长林超参加座谈。

10 月 14—15 日，海委在天津市召开海河流域水资源保护规划编制工作会议，启动海河流域水资源保护规划编制工作。

10 月 18 日，天津人民广播电台记者到海河水保局采访。

11 月 1 日，美国环保局 Robert B. Ambrose 和 Tim A. Wool 到海河水保局进行学术交流。

11 月 22 日，漳卫南局副局长靳怀堾率队到海河水保局调研，海河水保局局长郭书英、副局长林超及有关人员参加座谈。

12 月，范兰池任海河水保局副局长。

◆2013 年

1 月 4 日，岳城水库上游浊漳河突发水污染事件，海委启动应急预案，海委主任任宪韶、副主任户作亮分别主持污染事故应急处置会商会议。海河水保局按照海委要求，组织相关调查与监测工作。经查，2012 年 12 月 31 日，山西省长治市潞安天脊煤化工集团发生苯胺泄漏事故，致使浊漳河严重污染。在国家及相关地方政府部门多方介入、通力协作下，通过吸附、截留、倒污等多项措施，污染事件得到有效处置。

3 月 12 日，罗阳任海河水保局副局长。

4 月 2 日，海河水保局与天津市水务局、天津市环保局、引滦局座谈引滦水资源保护工作。

4 月，海河水保局承担完成的《海河流域重要江河湖泊水功能区纳污能力核定和分阶段限制排污总量控制方案》通过水利部审查。

5 月 20 日，国家国际科技合作专项中法海河流域水资源综合管理合作项目“饮用水源保护生态修复成套关键技术合作研究”项目启动会在天津召开，海委总工曹寅白主持会议，水利部、天津市水利科学研究院、河北省水利科学研究院、天津大学、天津农学院等单位专家和代表参加了会议。该项目承担单位为监测中心，项目工作周期为 3 年，2016 年 7 月项目通过验收。

5 月 23—24 日，海河水保局党支部组织党员干部到爱国主义教育基地河北省易县狼牙山、清苑县冉庄、唐县西大洋水利枢纽和满城县南水北调漕河渡槽等地开展“弘扬伟大抗战精神、发挥先锋模范作用”主题党日活动。

6 月 3 日，中央电视台《经济半小时》栏目播出《引来滦水浊入津》节目，报道引滦入津工程沿线污染问题。水利部部长陈雷，副部长矫勇、胡四一分别作出重要批示，海委召开会议专题研究并立即派出工作组到引滦沿线进行现场调查，并上报水利部《海委关于引滦水资源保护工作情况的报告》。

6 月 23 日，水利部在北京市召开潘大水库水源地保护工作座谈会，海委主任任宪韶、副主任户作亮，海河水保局局长郭书英参加会议，会议形成《关于进一步推进潘大水库水源地保护有关工作的报告》。

6 月 28 日，海委印发《海河流域水功能区划》。

7 月 19 日，海委副主任李福生主持召开了海河水保局党委成立大会，宣布海河水保局党委成立，海河水保局局长郭书英任党委书记，副局长林超、罗阳任党委委员。

7月23日，海河水保局召开动员大会，全面部署党的群众路线教育实践活动。

10月26日，水利部水资源司水保处处长张鸿星一行5人到海河水保局检查调研。

2013年，监测中心实验室被评为全国水利系统水质监测质量管理优秀实验室。

◆ 2014 年

1月8日，海河水保局启动流域内北京、天津、河北、山西、河南、山东6省（直辖市）地下水水质监测工作，确定海河流域地下水测井565个。

1月21日，水利部水资源司在海委召开潘大水库水源保护座谈会，研究部署2014年引滦水资源保护重点工作。水资源司副司长陈明主持会议，海委副主任户作亮出席，天津市水务局、河北省水利厅、引滦局负责人，海河水保局局长郭书英参加会议。

2月13日，海河水保局党的群众路线教育实践活动总结会议召开。局党委书记、局长、教育实践活动领导小组组长郭书英主持会议并对教育实践活动进行总结，海委督导组、局领导班子全体成员、各部门负责人和全体党员参加会议。

4月8—11日，海河水保局邀请法国国立农业与环境科学研究院Julien Tournebize研究员和法国国际水资源国际办公室培训中心研究员Joseph Pronost进行学术交流活动，并实地考察了国家国际科技合作专项饮用水源保护生态修复成套关键技术合作研究项目试点区域。海河水保局副局长林超、罗阳，海委科技外事处、龙网公司、天津市水利水电科学研究院、河北省水利水电科学研究院、天津大学、天津农学院等单位代表参加了交流活动。

4月9—11日，海委在河北省邯郸市、邢台市分别召开生态文明城市建设试点实施方案审查会，海委副主任户作亮出席，海河水保局局长郭书英及有关人员参加会议。

4月15日，海河水保局在天津市召开海河流域重要饮用水水源地安全保障达标建设工作交流及培训会议。海河流域相关省（自治区、直辖市）水利部门及重要水源地管理单位负责人参加了会议，水利部水资源司相关人员到会指导。

4月29日，海河水保局在天津市召开海委系统水资源保护工作座谈会，海河水保局局长郭书英主持会议，漳河上游局副局长马文奎出席会议，海委直属各管理局水资源保护工作主管部门负责人参加了会议。会议座谈交流了各单位水资源保护工作情况，提出了推进海委水资源保护工作的意见和建议。

5月19—20日，水利部水文局副局长林祚顶一行到海河水保局调研海河流域地下水水质监测工作。海委副主任户作亮，海河水保局局长郭书英、副局长罗阳出席调研座谈会。

8月13日，水利部党组成员周学文到潘大水库和引滦入津工程沿线调研水资源保护工作，海委主任任宪韶、副主任户作亮，海河水保局局长郭书英陪同调研。

8月，州河流域水资源与水生态修复规划编制工作启动，海河水保局为承担单位。2016年11月，规划成果通过水利部审查。

9月29日，海河水保局工会成立。

10月17日，海委在天津召开内蒙古锡林郭勒盟煤电基地开发规划水资源论证报告评审会，海委副主任王文生、总工曹寅白，海河水保局局长郭书英，水利部水资源司、内蒙古自治区水利厅、锡林郭勒盟发展改革委和水利局等单位的专家代表参加会议。

11月3日，海委副主任翟学军到海河水保局调研指导信息化建设工作，并听取海河水保局局长郭书英信息化建设工作汇报。

11月5—7日，海委在河南省林州市召开突发水污染事件应急处置座谈会，海委副主任户作亮出席并指挥突发水污染事件应急演练，海河水保局局长郭书英、副局长范兰池参加会议。

11月13日，天津市水务局副巡视员刘广洲率队到海河水保局调研。双方座谈交流了引滦水资源保护工作，海河水保局局长郭书英，副局长林超、范兰池参加了调研座谈。

2014年，海河水保局恢复开展海河流域水质资料整编工作。

◆ **2015 年**

1月9日，天津大学学者练继建教授、郭祺忠教授到海河水保局座谈交流水资源保护前沿技术，海河水保局局长郭书英、副局长林超及有关人员参加了座谈。

1月26—28日，海委分别在天津市蓟县、河北省承德市召开海河流域第二批水生态文明城市试点建设实施方案审查会议，海委副主任户作亮、海河水保局局长郭书英、副局长林超出席会议。

3月24日，海委副主任户作亮率队到海河水保局调研，并听取海河水保局局长郭书英工作汇报。

4月2—3日，海委在北京市召开门头沟区、延庆县生态文明城市试点建设实施方案审查会，海委副主任户作亮、海河水保局副局长林超出席会议。

4月17日，环境保护部华北环境保护督查中心巡视员王赣江一行5人到海河水保局调研，海委副主任户作亮会见调研组，双方就流域水资源保护与污染治理工作进行座谈，海委办公室负责人参加了座谈。

4月22日，海河水保局与联合国开发计划署、中国国际经济技术交流中心、可口可乐公司联合对大黄堡进行考察，考察中国与联合国开发计划署合作海河流域蓄滞洪区洪水利用及生态系统管理示范项目实施效果，海河水保局局长郭书英陪同考察。

5月4日，海委副主任户作亮主持研究潘大水库水源地保护方案编制工作，海河水保局局长郭书英、副局长范兰池出席会议。

6月25日，海河水保局在天津市召开海委水资源保护工作座谈会，总结交流海委水资源保护工作，研究部署2016年及"十三五"海委水资源保护工作。海河水保局局长郭书英主持会议，海委副主任户作亮出席并讲话，海委直属各管理局负责人出席会议。

7月31日，水利部水资源司副司长石秋池到海河水保局调研，海河水保局局长郭书英，副局长林超、范兰池、罗阳参加座谈。

7月31日，《京津冀协同发展六河五湖综合治理与生态修复总体方案》编制工作启动。海河水保局承担总体方案编制工作，10月完成方案初稿。12月完成方案送审稿。2016年2月，方案通过水利部水规总院审查。

7月，监测中心水资源监测能力建设及5处自动监测站改建工程、漳河及岳城水库水源地水资源实时监测工程项目启动，2017 年 9 月完成建设任务，2018 年通过竣工验收。

9 月 1 日，海委行政审批窗口正式运行。海河水保局按照海委要求参加海委行政审批窗口值班工作。

10 月 14—15 日，海委在漳卫南局举办委系统岗位练兵比武活动，海委主任任宪韶、副主任李福生、刘学峰到现场观摩指导，海委有关部门、直属各管理局、海河水保局有关人员参加。海河水保局王乙震获得水质监测岗位比武第一名。

10 月 20 日，水利部召开推进潘大水库网箱养鱼清理工作座谈会，水资源司副司长石秋池主持会议，海委主任任宪韶、副主任户作亮、海河水保局郭书英、引滦局局长徐士忠、天津市水务局副巡视员刘广洲、河北省水利厅副巡视员张宝全，水利部规划计划司、建设与管理司、水库移民开发局等单位相关部门负责人参加会议。会议讨论了海委、天津市水务局、河北省水利厅对加快推进潘大水库网箱养鱼清理工作的意见，并形成会议纪要。

10 月，监测中心中标国家地下水监测工程（水利部分）成井水质检测分析项目。2018 年 4 月 12 日，项目通过验收。

11 月 5 日，海委在潘家口水库上游滦河乌龙矶段举办 2015 年度应对突发水污染事件应急演练，演练由海河水保局主办，海委直属各管理局有关人员参加。

2015 年，海河水保局工会获全国总工会"模范职工之家"称号。

2015 年，监测中心获得 2014 年度"天津市青年文明号"称号。

◆ 2016 年

1 月 18 日，水利部召开部长专题办公会，研究潘大水库水源地保护及两库网箱养鱼取缔工作，海委副主任户作亮、海河水保局局长郭书英参加会议。

2 月，《永定河综合治理与生态修复总体方案》编制工作启动，海河水保局作为项目责任单位会同国家林业局调查规划设计院以及京津冀晋 4 省（直辖市）水利（水务）厅（局）、林业厅（局）等单位共同开展此项工作。项目组于 10 月编制完成了方案送审稿，12 月方案通过中咨公司评估，并由国家发展改革委、水利部、国家林业局联合印发。

3 月 11 日，国务院南水北调工程建设委员会办公室环境保护司副司长范治晖一行到海委调研引滦水资源保护工作，海委副主任户作亮、海河水保局有关人员参加了座谈。

5 月 11 日，天津市环保局总工程师孙韧一行到海河水保局调研，双方就涉及天津市的跨省水资源保护与水污染防治问题进行了座谈，海河水保局局长郭书英、有关部门单位负责人参加座谈。

5 月 12 日，海委主任任宪韶主持召开海委主任专题办公会，研究潘大水库水源地保护工作，海委副主任户作亮出席会议，海委办公室、规划计划处、水政水资源处、财务处、建管处、引滦局负责人，海河水保局局长郭书英、副局长范兰池参加会议。

9 月 17—18 日，中国水之行——海河行活动启动仪式暨首站活动在河南省焦作市修武县举行。12 月 24—25 日，中国水之行——海河行天津武清站活动在天津市武清区举行，海委副主任户作亮出席活动并作了主旨发言——永定河综合治理与生态修复对策措施。

9月26日，水利部公布了《全国重要饮用水水源地名录（2016年）》。名录中海河流域重要饮用水水源地55个，包括水库型水源地29个、河道型水源地1个、地下水水源地25个。

10月27—28日，"中丹水和环境战略行业合作项目（SSC项目）"在海委召开第一次交流培训会，海河水保局向会议介绍了海河流域地下水资源开发利用、保护及水质监测等内容。

11月1日，海委主任任宪韶主持研究潘大水库水资源保护相关工作，海委副主任户作亮出席，海河水保局局长郭书英、副局长范兰池参加会议。

11月，河北省政府7部门联合印发《潘大水库网箱养鱼清理工作方案》，潘大水库网箱养鱼清理工作全面启动。2017年5月，两库网箱全部清理完毕。

12月26日，海河水保局印发《海委水政监察总队水资源保护支队工作制度（试行）》。

◆ **2017 年**

2月22日，海委副主任户作亮到海河水保局调研指导工作，海委办公室、科技外事处有关负责人陪同调研。海河水保局领导班子成员、各部门单位负责人参加了座谈。

2月27日，海委在天津市召开海委直管饮用水水源地保护工作座谈会，海委副主任户作亮出席，海委有关部门、海河水保局、海委直属各管理局有关负责人参加会议。

2月，水利部印发《水功能区监督管理办法》。

3月20日，海委水政监察总队到互助道小学开展世界水日、中国水周宣传活动，水资源保护支队参加活动。

6月19日，海委副主任户作亮到潘大水库、于桥水库调研引滦水资源保护及水库供水安全保障工作，天津市水务局副巡视员杨建图，海河水保局局长郭书英、副局长范兰池陪同调研。

6月21日，海河水保局党委第二次党员大会召开，选举产生新一届党委委员和第一届纪委委员。

7月21日，海委主任王文生到海河水保局调研指导工作，海委办公室、规划计划处、财务处、人事处、机关党委有关负责人，海河水保局领导班子成员、各部门单位负责人参加会议。

8月9日，海河水保局在太原市召开海河流域水质监测技术交流会，海河水保局副局长罗阳出席会议，海河流域各省（自治区、直辖市）监测中心及分中心代表参加会议。

8月29—30日，海委主任王文生到引滦局调研潘大水库水资源管理与保护工作，海河水保局局长郭书英参加调研。

11月23—29日，海河水保局局长郭书英带队赴山西省进行水资源管理专项监督检查，水利部调水局、海委水政水资源处、海委水文局、漳河上游局有关人员参加检查。

11月30日，河北省水利厅、环境保护厅联合印发《关于调整公布〈河北省水功能区划〉的通知》。

2017年，监测中心荣获共青团中央、水利部2015—2016年度"青年文明号"。

◆ **2018 年**

1 月 26 日，漳卫南局副局长韩瑞光一行到海河水保局调研，海河水保局局长郭书英、副局长范兰池及有关人员参加座谈。

3 月 6 日，海河水保局召开海河流域水资源保护"一张图"系统应用培训会，标志着海河流域水资源保护"一张图"管理平台正式开始运行。

3 月 14 日，海河水保局局长郭书英带队到中水北方勘测设计研究有限责任公司航测遥感航测院就航测遥感技术和地理信息系统在水资源保护方面利用进行调研。

3 月 24—25 日，中国水之行——海河行临清站活动在山东省临清市举行。

5 月 29 日，海委在邯郸市组织召开 2018 年突发水污染事件应急处置座谈会。会议重点交流了潘家口水库、大黑汀水库、岳城水库及漳河上游突发水污染事件应急监测方案，并进行了现场应急监测演练。海河水保局副局长范兰池出席会议。

6 月 1 日，海河水保局医疗保险正式纳入天津市统筹管理。

6 月，海委印发《海河流域水质资料整编技术规定》，进一步规范和统一了海河流域水质资料整编技术细节和标准，使水质资料整编工作更加规范化、标准化和科学化。

7 月 26 日，黄河流域水资源保护局监察审计处处长、直属机关党委副书记、工会副主席张清等一行 5 人到海河水保局调研。海河水保局副局长范兰池主持召开座谈会，双方就相关工作进行了深入交流。

8 月 14 日，海河水保局在呼和浩特市召开海河流域水质监测技术交流会，海河水保局副局长罗阳出席会议，海河流域各省（自治区、直辖市）中心及分中心等 40 多家单位代表参加了会议。

10 月 19 日，松辽流域水资源保护局副局长金世光一行到海河水保局调研。海河水保局局长郭书英、副局长罗阳及有关部门单位负责人参加座谈。

10 月 29 日，海河水保局副局长罗阳、工会主席孙锋率队到保定市参加由水利部办公厅、中国农林水利气象工会主办，河北省水利厅承办的"人水和谐·美丽京津冀"水生态环境监测技能竞赛，获团体优秀奖。

附 录

附录 A 关于海委机构、编制的批复

（〔80〕水劳字第 29 号）

海河水利委员会：

根据国务院发〔1979〕258 号关于同意成立"水利部海河水利委员会"的批复，本着精简的原则，经研究，确定你委为地师级机构。委本部编制为 300 人。委下设总工程师室、办公室、干部处、劳资处、计划处、财务处、供应处、工程管理处、科学技术情报处、水源保护、水土保持办公室、水情处和规划设计室。处（室）下不设科。各处、室的印章，由你委自行刻制后颁发。海委总编另文批复。

中华人民共和国水利部

一九八〇年四月二十八日

附录 B 关于对流域水源保护机构实行双重领导的决定

（〔83〕城环字第 279 号）

长江流域规划办公室，黄河水利委员会，治淮委员会，海河水利委员会，珠江水利委员会，长江、黄河、淮河、海河、珠江干流沿岸省、市、自治区城乡建设环境保护厅（环保局）、水利厅（局）：

一、为了加强对我国主要水系水体环境保护的管理工作，现决定对长江、黄河、淮河、珠江、海河五个流域的水源保护局（办）实行水电部和建设部双重领导、以水电部为主的领导体制。各流域水源保护局（办）有关机构设置、编制、工作任务、经费来源、人事调动和任免等事宜按原隶属关系不变；有关水体的环境保护工作，接受两部的领导。建设部在资金、设备等方面给予适当支持。

二、五个流域水源保护局（办）在环境保护方面的主要任务是：

（1）贯彻执行国家环境保护的方针、政策和法规，协助建设部草拟水系水体环境保护法规、条例。

（2）牵头组织水系干流所经省、市、自治区的环境保护部门制订水系干流的水体环境保护长远规划及年度计划，报建设部、水电部批准实施。

（3）协助环境保护主管部门审批水系干流沿岸修建的工业交通等工程以及有关大中型水利工程对水系环境的影响报告书；协助各级环境保护主管部门监督检查新建、技术改造

工程项目对水体保护执行"三同时"的情况。

（4）会同各级环境保护部门监督不合理利用边滩、洲地，任意堆放有毒有害物质，向水体倾倒和排放废弃物质造成的污染和生态破坏。

（5）在全国环境监测网的指导下，按商定的统一监测方法和技术规定，组织协调长江、黄河干流的水体环境监测（淮河、珠江、海河另行商议），掌握水质状况，提出干流水质监测报告，报送建设部、水电部，并供沿岸各环境保护和水利主管部门及其监测站使用。

（6）开展有关水系水体环境保护科研工作，如水体环境质量、环境容量、稀释自净规律及水利开发、工程建设对环境的影响和评价等。

三、流域干流各省、市、自治区环保和水利部门要大力支持水源保护局（办）的工作，同时要继续抓好本地区的水体环境的保护管理工作。对执行任务中需要流域水源保护机构协助、配合的各项工作。有关省、市、自治区环保部门和水利部门要主动联系，积极配合。遇有问题，要协商解决，共同把水系水体环境保护工作做好。

四、在执行中的一些具体问题（如监测网的建设和分工等）由两部协商解决。

中华人民共和国城乡建设环境保护部

中华人民共和国水利电力部

一九八三年五月六日

附录C　关于流域机构水资源保护局（办）更改名称的通知

（〔84〕水电劳字第2号）

长江流域规划办公室，黄河水利委员会，治淮委员会，海河水利委员会，珠江水利委员会，松辽水利委员会：

根据水利电力部和城乡建设环境保护部〔83〕城环字第279号《关于对流域水源保护机构实行双重领导的决定》，将现有的长江水源保护局，黄河、淮河、海河水源保护办公室，珠江水利委员会科研所水源保护研究室分别改称为：水利电力部、城乡建设环境保护部长江水资源保护局；水利电力部、城乡建设环境保护部黄河水资源保护办公室；水利电力部、城乡建设环境保护部淮河水资源保护办公室；水利电力部、城乡建设环境保护部海河水资源保护办公室；水利电力部、城乡建设环境保护部珠江水资源保护办公室。松辽水利委员会尚未设置水资源保护机构，据此，也设置水利电力部、城乡建设环境保护部松辽水资源保护局。人员编制均由各流域机构内部调整解决。

根据体制改革的需要，对上述机构均为流域机构的职能部门，在水源环境管理上按两部〔83〕城环字第279号文件执行。

印章由水利电力部刻制颁发。

中华人民共和国水利电力部

中华人民共和国城乡建设环境保护部

一九八四年三月十日

附录D 关于进一步贯彻水电部、建设部对流域水资源保护机构实行双重领导的决定的通知

（〔87〕水电水资字第20号）

各流域机构，各省（自治区、直辖市）水利（水电）厅（局）、环保局：

最近水电部与国家环保局在河南省洛阳市召开了流域水资源保护工作会议，总结了一九八三年五月城乡建设环境保护部和水利电力部决定对流域水资源保护局（办）实行两部双重领导以来的工作经验和存在的问题，进一步肯定了双重领导的体制是正确的和必要的，"决定"中规定的六项任务是符合实际的、可行的；几年来，各方面做了大量的工作，取得了一定的成绩，水利和环保部门的协作和配合日益加强；有的流域结合本流域的特点推行松花江水系的经验，先后成立以有关省、市政府负责人组成的水系保护领导小组，使流域管理与区域管理较好地结合起来，是管理体制上新的尝试。但是在工作中也还存在一些问题，主要是关系还没有完全理顺，信息还不够通畅，经费还不充足等。为了进一步加强对我国主要水系水体环境保护的管理，全面实施"决定"所规定的各项任务，经研究，提出以下几点意见，望认真执行。

一、各级水利、环保部门要进一步认真学习两部的"决定"，对照文件的规定进行总结与检查，制订出贯彻实施的具体措施。

二、主管部门今后召开有关水环境的一些会议和拟定水环境标准或规程规范，要通知流域水资源保护局（办）参加；流域和各省水利、环保部门的有关文件要相互主动抄送。流域内重大水污染事故要及时通报流域水保局（办），江河重大调度行动凡涉及水体环境的也要通报有关环保部门。

三、有关部门在审查水系干流沿岸修建的大中型建设项目环境影响报告书时，应请流域水资源保护局（办）参加。

四、水电部和国家环保局主管监测部门将统一监测方法和技术要求，按流域协调监测分工。流域水资源保护局（办）和各省（自治区、直辖市）水利、环保部门在资料整编和进行水资源保护规划方面，应免费相互提供水质及有关水文基础资料。

五、各流域水资源保护局（办）实行两部双重领导后，机构设置、编制、任务、经费来源、人事调动和任免等按原属关系不变，各流域机构应继续加强对水资源保护局（办）的领导，给予工作上的支持。同时，水电部按开展业务项目继续给予经费补助，国家环保局在资金和设备方面继续给予支持。

附件：关于对流域水源保护机构实行双重领导的决定（略）

中华人民共和国水利电力部
国家环境保护局
一九八七年十月十二日

附录 E　关于批准水利部海河水利委员会"三定"方案的通知

（水办〔1990〕20 号）

水利部海河水利委员会：

按照国务院机构改革精神和国务院批准的水利部"三定"方案的规定：七大江河流域机构是水利部的派出机构。国家授权其对所在流域行使《水法》赋予水行政部门的部分职责。经部审议，批准海河水利委员会的"三定"方案。望即照此贯彻执行。在执行中注意总结经验，使之更加完善。

附件：水利部海河水利委员会"三定"方案。

中华人民共和国水利部

一九九〇年五月八日

附件

水利部海河水利委员会"三定"方案

按照水利部关于流域机构体制改革的部署精神，遵循"转变职能，下放权力，调整机构，精简人员"及党政分开、政事企分开等原则，结合海河流域的实际情况，关于海河水利委员会的职能、机构、人员的"三定"方案，意见如下：

一、主要职能

根据国务院批准的水利部"三定"方案，海河水利委员会是水利部在海河流域的派出机构，按部授权并协同地方执行水法，负责流域内跨省（自治区、直辖市）河流的治理与防洪安全，组织推动海滦河流域水资源的综合开发、利用和保护，协调流域内省际水事纠纷及行业间的水事矛盾，协调跨省河流管理机构的设置。其基本职责是：

1. 贯彻执行水法和有关水利方针政策，协助部进行有关政策法规的调查研究和拟定。

2. 组织协调海滦河流域水资源综合考察、调查评价和水文、勘测、地质等基本工作。

3. 根据国家批准的规划任务书，组织编制海滦河流域综合规划及有关专业规划，在规划指导下，组织流域水资源的综合开发和河道治理。负责本流域直属工程的管理。

4. 组织制定流域内跨省（自治区、直辖市）区域的水长期供求计划和水量分配方案，根据批准的方案进行水量调度。对本流域节约用水工作实行行业管理。

5. 协调处理流域内省际水事纠纷及行业之间的水事矛盾。

6. 拟定本流域防御洪水方案；及时掌握情况，提出防汛调度意见，并协助地方做好防汛抗旱工作，按部授权，负责本流域直属工程或主要河流的防汛调度工作。

7. 按照有关规定，执行取水许可管理。

8. 依照河道管理条例及河道分级规定，管理有关河流、湖泊等水域及其岸线和水工程。督促检查流域内跨省（自治区、直辖市）的河道清障，指导流域内蓄滞洪区的安全与建设。组织实施跨流域调水工程。

9. 负责管理本流域水资源保护工作和部分水质监测工作，协同环境保护部门对水污染防治进行监督管理。依照水土保持法规，管理本流域水土保持工作。

10. 管理流域内中央直属水利基本建设项目，代部管理水利部直供和补助地方的水利建设项目，受部委托，审查或审批地方水利基建项目的设计任务书和工程设计。负责流域内中央水利基建年度计划的编制、调整和实施。

11. 对地方水利工作进行业务指导和技术服务。

12. 组织本流域内水利水电行业各项工作的经验交流，促进流域内有关水利水电部门的科技管理和合作。组织对本流域水事的宣传、新闻报道、信息交流。

13. 组织安排流域内中央直属水利工程的前期工作，承担水利水电工程的勘测设计。

14. 管理委属单位的队伍建设、思想政治工作及职工教育，并组织强化委机关的各项管理工作。

15. 承担部授权与交办的其它事宜。

二、机构设置

（一）委机关机构设置

1. 办公室（含政策研究中心）

2. 水政水资源管理处

3. 防汛抗旱办公室（水管处）

4. 计划处（含移民办）

5. 财务处

6. 规划设计处

7. 人事劳动处

8. 科技外事处

9. 水利水电管理处

10. 水文处

11. 农村水利水土保持处

12. 水资源保护局（副局级）

13. 监察室

14. 审计处

15. 政治工作处

16. 保卫处

17. 行政处

18. 离退休职工管理处

19. 党、工、团机构

（二）委属事业单位机构设置

1. 天津勘测设计院（两部共管，挂靠水利部）（地师级）
2. 海河下游管理局（地师级）
3. 引滦枢纽管理局（地师级）
4. 漳卫南运河管理局（地师级）
5. 海河科技咨询中心
6. 通讯调度中心
7. 水质监测中心
8. 情报资料中心
9. 计算机中心
10. 设计室
11. 物资供应处
12. 综合经营办公室
13. 海河志编纂办公室
14. 职工后勤服务中心

（三）委属企业单位机构设置

1. 海河综合经营公司
2. 华北水利水电开发总公司

三、编制

（一）全委事业编制 5250 人

1. 委机关编制 330 人（含党群、记者站的编制）
2. 委属事业单位编制 4920 人（含企业化管理单位编制）委领导职数按有关规定执行。

附录 F　关于更改各流域水资源保护局名称的通知

（水人劳〔1991〕18 号）

各流域机构：

由于国家机关体制改革，原部委机构有所变化，为理顺关系，将原水电部、城乡建设环境保护部××水资源保护局改为水利部、国家环保局××流域水资源保护局，各流域水资源保护局可据此刻制印章一枚，印模报水利部和国家环保局。

特此通知。

中华人民共和国水利部
国家环境保护局
一九九一年三月二十日

附录 G 关于印发海河流域水资源保护局主要职责机构设置和人员编制规定的通知

（水人事〔2012〕4 号）

海河水利委员会，北京市、天津市、河北省、山西省、内蒙古自治区、辽宁省、山东省、河南省水利（水务）厅（局）：

根据《国务院办公厅关于印发水利部主要职责内设机构和人员编制规定的通知》（国办发〔2008〕75 号）、中央机构编制委员会办公室《关于印发〈水利部派出的流域机构的主要职责、机构设置和人员编制调整方案〉的通知》（中央编办发〔2002〕39 号）和水利部《关于印发〈海河水利委员会主要职责机构设置和人员编制规定〉的通知》（水人事〔2009〕645 号）精神以及国家有关法律、法规，经研究，现将《海河流域水资源保护局主要职责机构设置和人员编制规定》予以印发，请遵照执行。

附件：海河流域水资源保护局主要职责机构设置和人员编制规定

中华人民共和国水利部
二○一二年一月四日

附件

海河流域水资源保护局主要职责机构设置和人员编制规定

根据《国务院办公厅关于印发水利部主要职责内设机构和人员编制规定的通知》（国办发〔2008〕75 号）、中央机构编制委员会办公室《关于印发〈水利部派出的流域机构的主要职责、机构设置和人员编制调整方案〉的通知》（中央编办发〔2002〕39 号）和水利部《关于印发〈海河水利委员会主要职责机构设置和人员编制规定〉的通知》（水人事〔2009〕645 号）精神以及国家有关法律、法规，海河流域水资源保护局为海河水利委员会的单列机构，是具有行政职能的事业单位。海河水利委员会水资源保护的行政职责由海河流域水资源保护局承担。

一、主要职责

（一）负责流域水资源保护工作。拟订流域性水资源保护政策法规，负责水资源保护和水污染防治等有关法律法规在流域内的实施和监督检查。

（二）组织编制流域水资源保护规划并监督实施；按规定组织开展水利规划环境影响评价工作，参与重大水利建设项目环境影响评价报告书（表）预审工作，负责流域机构直管水利建设项目环境保护管理工作；承担流域水资源保护中央投资计划与预算项目组织、实施工作。

（三）组织拟订跨省（自治区、直辖市）江河湖泊的水功能区划并监督实施；核定水域纳污能力，提出限制排污总量意见；按规定对重要水功能区实施监督管理。

（四）承办授权范围内入河排污口设置的审查许可，组织实施流域重要入河排污口的监督管理。

（五）负责省界水体水环境质量监测，组织开展重要水功能区、重要供水水源地、重要入河排污口的水质状况监测；组织指导流域内水环境监测站网建设和管理，指导流域内水环境监测工作。

（六）承担流域水资源调查评价有关工作，按规定归口管理水资源保护信息发布工作。

（七）承担取水许可水质管理工作，参与流域机构负责审批的规划、建设项目水资源论证报告书的审查。

（八）指导协调流域饮用水水源保护工作、水生态保护和地下水保护有关工作，协助划定跨省（自治区、直辖市）行政区饮用水水源保护区。

（九）按规定参与协调省际水污染纠纷，参与重大水污染事件的调查，并通报有关情况；组织开展水资源保护科学研究和信息化建设工作。

（十）承担引滦水资源保护领导小组办公室日常工作，承办上级交办的其它事项。

二、机构设置

（一）机关内设机构
1. 办公室（人事处）（正处级）
2. 监督管理处（正处级）
3. 计划财务处（正处级）
4. 规划保护处（正处级）

（二）事业单位
1. 海河流域水环境监测中心（正处级）
2. 海河水资源保护科学研究所（正处级）

三、人员编制和领导职数

（一）海河流域水资源保护局事业编制总数为 70 名，其中行政执行人员编制 40 名，公益事业单位人员编制 30 名。

（二）领导职数

局领导职数 4 名，其中副局级 1 名，正处级 3 名。

机关内设机构领导职数 13 名，其中处长（正处级）4 名，副处长（副处级）9 名（含副总工程师职数 2 名）。

局属二级事业单位领导职数 6 名，其中正处级 2 名，副处级 4 名。

附录 H 海河流域省界水体监测断面一览表

序号	水系名称	河流名称	断面名称	流向
1	滦河及冀东沿海诸河	闪电河	闪电河中桥	河北→内蒙古
2	滦河及冀东沿海诸河	滦河	太极湾（大河口）	内蒙古→河北
3	滦河及冀东沿海诸河	滦河	乌龙矶	河北→引滦
4	滦河及冀东沿海诸河	洒河	洒河桥	河北→引滦
5	滦河及冀东沿海诸河	滦河	大黑汀水库	河北→引滦
6	北三河	白河	下堡（后城）	河北→北京
7	北三河	潮河	古北口	河北→北京
8	北三河	潮白河	苏庄桥	北京‖河北
9	北三河	潮白河	赶水坝	北京‖河北
10	北三河	潮白河	大套桥	河北→天津
11	北三河	蓟运河	新安镇	河北‖天津
12	北三河	蓟运河	江洼口大桥	河北‖天津
13	北三河	北运河	杨洼闸	北京→河北
14	北三河	北运河	土门楼	河北→天津
15	北三河	泃河	东店	北京→河北
16	北三河	泃河	罗汉石	天津→北京
17	北三河	泃河	桑梓红旗闸	河北‖天津
18	北三河	泃河	宝平公路桥	河北‖天津
19	北三河	黎河	黎河桥	河北→天津
20	北三河	沙河	沙河桥	河北→天津
21	北三河	淋河	淋河桥	河北→天津
22	北三河	北京港沟河	里老节制闸	北京→天津
23	北三河	凤港减河	凤港减河公路桥	北京→河北
24	北三河	还乡河	小赵官庄节制闸	河北→天津
25	北三河	双城河	双城闸	河北→天津
26	北三河	汤河	大草坪	河北→北京
27	北三河	黑河	四道甸	河北→北京
28	永定河	洋河	八号桥	河北→北京
29	永定河	御河	堡子湾	内蒙古‖山西
30	永定河	饮马河	黑疙瘩村（小黄土沟）	内蒙古‖山西
31	永定河	壶流河	洗马庄	山西→河北
32	永定河	桑干河	东册田村北桥	山西→河北
33	永定河	永定河	永定河桥	北京→河北
34	永定河	永定河	罗古判村	河北→天津
35	永定河	南洋河	天镇水文站	山西→河北

续表

序号	水系名称	河流名称	断面名称	流向
36	永定河	东洋河	友谊水库坝上	内蒙古→河北
37	大清河	唐河	水堡	山西→河北
38	大清河	小清河	八间房	北京→河北
39	大清河	大石河	祖村	北京→河北
40	大清河	拒马河	张坊	北京→河北
41	大清河	拒马河	大沙地	河北→北京
42	大清河	大清河	安里屯	河北→天津
43	大清河	青静黄排水渠	团瓢桥	河北→天津
44	子牙河	绵河	地都	山西→河北
45	子牙河	子牙河	群英闸	河北→天津
46	子牙河	子牙新河	翟庄子桥（阎辛庄）	河北→天津
47	子牙河	滹沱河	闫家庄大桥	山西→河北
48	子牙河	松溪河	王寨村西	山西→河北
49	黑龙港及运东地区	北排水河	翟庄子北桥	河北→天津
50	黑龙港及运东地区	沧浪渠	翟庄子南桥	河北→天津
51	漳卫河	清漳河	麻田	山西→河北
52	漳卫河	浊漳河	三省桥	山西→河北‖河南
53	漳卫河	清漳河	合漳	河北→河南
54	漳卫河	漳河	观台	河南→河北
55	漳卫河	卫河	元村	河南‖河北
56	漳卫河	卫河	龙王庙	河南‖河北
57	漳卫河	卫运河	秤钩湾	河北‖山东
58	漳卫河	卫运河	油坊桥	河北‖山东
59	漳卫河	卫运河	临清大桥（临清）	河北‖山东
60	漳卫河	漳卫新河	袁桥闸	河北‖山东
61	漳卫河	漳卫新河	田龙庄桥	河北‖山东
62	漳卫河	漳卫新河	玉泉庄桥	河北‖山东
63	漳卫河	漳卫新河	王营盘	河北‖山东
64	漳卫河	漳卫新河	辛集闸	河北‖山东
65	漳卫河	南运河	第三店	山东→河北
66	漳卫河	南运河	九宣闸	河北→天津
67	徒骇马颊河	徒骇河	毕屯	河南‖山东
68	徒骇马颊河	徒骇河	马集闸	河南‖山东
69	徒骇马颊河	马颊河	南乐水文站	河南→河北
70	徒骇马颊河	马颊河	沙王庄	河北→山东

注　该表来源于《2015 年海河流域省界水质监测断面复核成果报告》。

附录 I 海河流域一级水功能区划登记表

序号	一级水功能区名称	水系	河流、湖库	范围 起始断面	范围 终止断面	长度/km	面积/km²	水质目标	省级行政区
1	滦河内蒙多伦县开发利用区	滦河及冀东沿海诸河	滦河	白城子	羊肠子沟入口	40.0		按二级区划执行	内蒙古
2	滦河蒙冀缓冲区	滦河及冀东沿海诸河	滦河	羊肠子沟入口	外沟门子	40.0		Ⅲ	内蒙古、冀
3	滦河河北承德保留区 1	滦河及冀东沿海诸河	滦河	外沟门子	郭家屯	89.0		Ⅲ	冀
4	滦河河北承德保留区 2	滦河及冀东沿海诸河	滦河	郭家屯	三道河子	100.0		Ⅲ	冀
5	滦河河北承德开发利用区	滦河及冀东沿海诸河	滦河	三道河子	乌龙矶	71.0		按二级区划执行	冀
6	滦河河北承德、唐山缓冲区	滦河及冀东沿海诸河	滦河	乌龙矶	潘家口水库入库口	11.0		Ⅲ	冀
7	潘家口水库水源地保护区	滦河及冀东沿海诸河	潘家口水库	潘家口水库库区			64.0	Ⅱ	冀
8	大黑汀水库水源地保护区	滦河及冀东沿海诸河	大黑汀水库	大黑汀水库库区			25.0	Ⅱ	冀
9	滦河河北唐山开发利用区	滦河及冀东沿海诸河	滦河	大黑汀水库坝下	滦县	95.5		按二级区划执行	冀
10	滦河河北唐山、秦皇岛开发利用区	滦河及冀东沿海诸河	滦河	滦县	滦河河口	62.5		按二级区划执行	冀
11	闪电河河北张家口源头水保护区	滦河及冀东沿海诸河	闪电河	源头	闪电河水库坝上	40.0		Ⅱ	冀
12	闪电河冀蒙缓冲区	滦河及冀东沿海诸河	闪电河	闪电河水库坝下	黑城子牧场	40.0		Ⅲ	冀、内蒙古

续表

序号	一级水功能区名称	水系	河流、潮库	范围 起始断面	范围 终止断面	长度 /km	面积 /km²	水质目标	省级行政区
13	闪电河内蒙正蓝旗保留区	滦河及冀东沿海诸河	闪电河	黑城子牧场	小吐尔基	29.0		Ⅲ	内蒙古
14	闪电河内蒙正蓝旗开发利用区	滦河及冀东沿海诸河	闪电河	小吐尔基	上都分场	50.0		按二级区划执行	内蒙古
15	闪电河内蒙多伦县开发利用区	滦河及冀东沿海诸河	闪电河	上都分场	白城子（内）水文站	53.2		按二级区划执行	内蒙古
16	柳河河北承德开发利用区	滦河及冀东沿海诸河	柳河	兴隆	李营	33.0		按二级区划执行	冀
17	柳河河北承德缓冲区	滦河及冀东沿海诸河	柳河	李营	潘家口水库入库口	33.0		Ⅲ	冀
18	瀑河河北承德源头保护区	滦河及冀东沿海诸河	瀑河	源头	平泉	19.0		Ⅱ	冀
19	瀑河河北承德开发利用区	滦河及冀东沿海诸河	瀑河	平泉	宽城	63.0		按二级区划执行	冀
20	瀑河河北承德、唐山缓冲区	滦河及冀东沿海诸河	瀑河	宽城	潘家口水库入库口	15.0		Ⅲ	冀
21	潵河河北承德、唐山保留区	滦河及冀东沿海诸河	潵河	兴隆	大黑汀水库入库口	60.0		Ⅲ	冀
22	潮河河北承德源头保护区	北三河	潮河	源头	土城子	25.0		Ⅱ	冀
23	潮河河北承德保留区	北三河	潮河	土城子	戴营	127.0		Ⅱ	冀
24	潮河冀京缓冲区	北三河	潮河	戴营	下会	25.0		Ⅱ	冀、京
25	潮河北京保留区	北三河	潮河	下会	密云水库入库口	20.0		Ⅱ	京
26	白河河北张家口源头水保护区	北三河	白河	源头	云洲水库入库口	40.0		Ⅱ	冀
27	白河河北张家口保留区	北三河	白河	云洲水库入库口	下堡	65.0		Ⅱ	冀

267

续表

序号	一级水功能区名称	水系	河流、湖库	范围 起始断面	范围 终止断面	长度/km	面积/km²	水质目标	省级行政区
28	白河冀京缓冲区	北三河	白河	下堡	密云水库入库口	75.0		II	冀、京
29	密云水库北京水源地保护区	北三河	密云水库	密云水库库区			179.3	II	京
30	潮河北京开发利用区	北三河	潮河	潮河主坝	河槽	25.3		按二级区划执行	京
31	白河北京开发利用区	北三河	白河	白河主坝	河槽	16.3		按二级区划执行	京
32	潮白河北京开发利用区	北三河	潮白河	河槽	苏庄	58.0		按二级区划执行	京
33	潮白河北京缓冲区	北三河	潮白河	苏庄	牛牧屯	30.0		IV	京、冀
34	潮白新河冀津缓冲区	北三河	潮白新河	牛牧屯	朱刘庄闸	42.0		IV	冀
35	潮白新河天津开发利用区	北三河	潮白新河	朱刘庄闸	宁车沽闸	76.4		按二级区划执行	津
36	北运河北京开发利用区	北三河	北运河	北关闸	牛牧屯	41.9		按二级区划执行	京
37	北运河北京缓冲区	北三河	北运河	牛牧屯	土门楼	12.5		IV	京、冀
38	北运河天津开发利用区1	海河干流	北运河	土门楼	屈家店节制闸	74.3		按二级区划执行	津
39	北运河天津开发利用区2	北三河	北运河	屈家店节制闸	三岔口	14.1		按二级区划执行	津
40	蓟运河北京开发利用区1	北三河	蓟运河	九王庄	新安镇	21.0		按二级区划执行	津
41	蓟运河冀津缓冲区	北三河	蓟运河	新安镇	江洼口	76.4		IV	冀、津
42	蓟运河天津开发利用区2	北三河	蓟运河	江洼口	蓟运河闸	91.6		按二级区划执行	津
43	汤河河北承德保留区	北三河	汤河	源头	三道河	70.0		II	冀
44	汤河北京缓冲区	北三河	汤河	三道河	喇叭沟门	40.0		II	冀、京
45	汤河北京开发利用区	北三河	汤河	喇叭沟门	白河	40.0		II	京
46	泃河冀津京缓冲区	北三河	泃河	源头	海子水库入库口	20.0		III	冀、京
47	泃河北京开发利用区	北三河	泃河	海子水库入库口	英城大桥	42.8	6.3	按二级区划执行	津、京
48	泃河京冀缓冲区	北三河	泃河	英城大桥	三河	30.0		III～IV	京、冀
49	泃河冀津缓冲区	北三河	泃河	三河	辛撞	20.0		III	冀、津

续表

序号	一级水功能区名称	水系	河流、湖库	范围 起始断面	范围 终止断面	长度/km	面积/km²	水质目标	省级行政区
50	沟河天津开发利用区	北三河	沟河	辛疃	九王庄	54.8		按二级区划执行	津
51	还乡河北唐山开发利用区	北三河	还乡河	邱庄水库坝下	窝洛沽	99.0		按二级区划执行	冀
52	还乡河冀唐津缓冲区	北三河	还乡河	窝洛沽	丰北闸	15.0		Ⅳ	冀、津
53	还乡河天津开发利用区	北三河	还乡河	丰北闸	蓟运河	8.0		按二级区划执行	津
54	北京港沟河北京开发利用区	北三河	北京港沟河	源头	马头	50.0		按二级区划执行	京
55	北京港沟河（北京排污河）京津缓冲区	北三河	北京港沟河（北京排污河）	马头	里老闸	10.0		Ⅳ	京、津
56	北京排污河（北京港沟河）天津开发利用区	北三河	北京港沟河（北京排污河）	里老闸	东堤头闸	73.7		按二级区划执行	津
57	黑河冀北张家口源头水保护区	北三河	黑河	源头	三道营	72.0		Ⅱ	冀
58	黑河冀京缓冲区	北三河	黑河	三道营	白河	20.0		Ⅱ	冀、京
59	引滦专线天津水源地保护区 1	北三河	黎河	引滦隧洞洞出口	于桥水库入库口	57.6		Ⅱ	津
60	淋河北京水源地保护区	北三河	淋河	龙门口	于桥水库入库口	20.0		Ⅱ	冀、京
61	沙河北唐山开发利用区	北三河	沙河	源头	水平口	33.0		Ⅲ	冀
62	沙河冀津缓冲区	北三河	沙河	水平口	果河桥	33.0		Ⅱ	冀、津
63	于桥水库天津水源地保护区	北三河	于桥水库	于桥水库库区			113.8	Ⅱ	津
64	引滦专线天津缓冲区	北三河	引滦入津渠	九王庄	大张庄	64.2		Ⅱ	津
65	官厅水库北京水源地保护区	永定河	官厅水库	官厅水库库区			157.0	Ⅱ	京
66	永定河北京开发利用区	永定河	永定河	官厅水库坝下	辛庄	149.6		按二级区划执行	京
67	永定河京津缓冲区	永定河	永定河	辛庄	东州大桥	66.0		按二级区划执行	京、冀、津
68	永定新河天津开发利用区	永定河	永定新河	东州大桥	屈家店闸	22.0		按二级区划执行	津
69	永定新河天津开发利用区	永定河	永定新河	屈家店闸	永定新河防潮闸	62.0		按二级区划执行	津
70	桑干河山西开发利用区	永定河	桑干河	东榆林水库入库口	册田水库坝下	162.1		Ⅳ	晋

序号	一级水功能区名称	水系	河流、湖库	范围		长度/km	面积/km²	水质目标	省级行政区
				起始断面	终止断面				
71	桑干河晋冀缓冲区	永定河	桑干河	册田水库坝下	阳原	42.0		Ⅲ	晋、冀
72	桑干河河北张家口开发利用区	永定河	桑干河	阳原	入洋河河口	130.0		按二级区划执行	冀
73	洋河河北张家口开发利用区	永定河	洋河	怀安	响水堡	78.0		按二级区划执行	冀
74	洋河冀京缓冲区	永定河	洋河	响水堡	八号桥	41.0		Ⅲ	冀、京
75	二道河内蒙古兴和县源头水保护区	永定河	二道河	源头	团结水库入库口	30.0		Ⅱ	内蒙古
76	二道河内蒙古兴和县开发利用区	永定河	二道河	团结水库入库口	付家天	51.3		按二级区划执行	内蒙古
77	二道河（东洋河）蒙冀缓冲区	永定河	二道河	付家天	友谊水库坝下	6.5	7.7	Ⅲ	内蒙古、冀
78	东洋河河北张家口开发利用区	永定河	东洋河	友谊水库坝下	入洋河河口	46.0		按二级区划执行	冀
79	南洋河山西阳高源头水保护区	永定河	南洋河	源头	小白登	35.0		Ⅲ	晋
80	南洋河山西阳高、天镇开发利用区	永定河	南洋河	小白登	宣家塔	45.0		按二级区划执行	晋
81	南洋河山西晋冀缓冲区	永定河	南洋河	宣家塔	水闸屯	38.0		Ⅲ	晋、冀
82	南洋河河北张家口开发利用区	永定河	南洋河	水闸屯	入洋河河口	4.0		按二级区划执行	冀
83	饮马河内蒙古丰镇市源头水保护区	永定河	饮马河	源头	九龙湾水库入库口	26.2		Ⅱ	内蒙古
84	饮马河内蒙古丰镇市开发利用区	永定河	饮马河	九龙湾水库入库口	大庄科河入口	39.1		按二级区划执行	内蒙古
85	饮马河（御河）蒙晋缓冲区	永定河	饮马河	大庄科河入口	堡子湾	28.7		Ⅲ	内蒙古、晋
86	御河山西大同市开发利用区	永定河	御河	堡子湾	入桑河河口	57.0		按二级区划执行	晋
87	壶流河山西广灵县开发利用区	永定河	壶流河	源头	下河湾水库坝下	46.6		按二级区划执行	晋
88	壶流河晋冀缓冲区	永定河	壶流河	下河湾水库坝下	壶流河水库入库口	20.0		Ⅲ	晋、冀
89	壶流河河北张家口开发利用区1	永定河	壶流河	壶流河水库区			10.8	按二级区划执行	冀
90	壶流河河北张家口开发利用区2	永定河	壶流河	壶流河水库坝下	钱家沙洼	79.0		按二级区划执行	冀
91	大清河河北保定、廊坊开发利用区	大清河	大清河	新盖房闸	左各庄	100.0		按二级区划执行	冀、津
92	大清河冀津缓冲区	大清河	大清河	左各庄	台头	15.0		Ⅲ	冀、津

续表

序号	一级水功能区名称	水系	河流、湖库	范围 起始断面	范围 终止断面	长度/km	面积/km²	水质目标	省级行政区
93	大清河天津开发利用区	大清河	大清河	台头	进洪闸	12.6		按二级区划执行	津
94	拒马河河北保定开发利用区	大清河	拒马河	源头	紫荆关	67.0		按二级区划执行	冀
95	拒马河冀京缓冲区	大清河	拒马河	紫荆关	落宝滩	117.0		Ⅲ	冀、京
96	南拒马河河开发利用区	大清河	南拒马河	落宝滩	新盖房	70.0		按二级区划执行	冀
97	唐河山西晋源、灵丘开发利用区	大清河	拒马河	源头	城头会	73.0		按二级区划执行	晋
98	唐河晋冀缓冲区	大清河	唐河	城头会	倒马关	71.0		Ⅲ	晋、冀
99	唐河河北保定开发利用区 1	大清河	唐河	倒马关	西大洋水库入库口	75.0		按二级区划执行	冀
100	唐河河北保定开发利用区 2	大清河	唐河	西大洋水库区			29.0	按二级区划执行	冀
101	唐河河北保定开发利用区 3	大清河	唐河	西大洋水库坝下	温仁	93.0		按二级区划执行	冀
102	唐河河北保定缓冲区	大清河	唐河	温仁	白洋淀	47.0		Ⅲ	冀
103	白洋淀河北湿地保护区	大清河	白洋淀	白洋淀淀区			360.0	Ⅲ	冀
104	独流减河河天津开发利用区	大清河	独流减河	进洪闸	工农兵闸	70.3		按二级区划执行	津
105	小清河河北保定开发利用区	大清河	小清河	大宁水库	马头镇	30.0		按二级区划执行	冀
106	小清河京冀缓冲区	大清河	小清河	马头镇	东茨村	16.6		Ⅳ	京、冀
107	白洋淀河北保定天津开发利用区	大清河	白洋淀	东茨村	新盖房	54.0		按二级区划执行	冀
108	北大港水库天津开发利用区	大清河	北大港水库	北大港水库库区			149.0	按二级区划执行	津
109	子牙河河北沧州、廊坊开发利用区	子牙河	子牙河	献县	南赵扶	72.0		按二级区划执行	冀
110	子牙河冀津缓冲区	子牙河	子牙河	南赵扶	东子牙	21.5		Ⅳ	冀、津
111	子牙河河天津开发利用区 1	子牙河	子牙河	东子牙	西河闸	51.6		按二级区划执行	津
112	子牙河河天津开发利用区 2	海河干流	子牙河	西河闸	子、北汇流口	17.0		按二级区划执行	津
113	子牙新河河北沧州开发利用区	子牙河	子牙新河	献县	周官屯	90.0		按二级区划执行	冀
114	子牙新河冀津缓冲区	子牙河	子牙新河	周官屯	太平村	30.0		Ⅳ	冀、津

序号	一级水功能区名称	水系	河流、湖库	范围		长度/km	面积/km²	水质目标	省级行政区
	项目			起始断面	终止断面				
115	子牙新河天津开发利用区	子牙河	子牙新河	大平村	子牙新河主槽闸	21.2		按二级区划执行	津
116	滹沱河山西忻州、阳泉开发利用区	子牙河	滹沱河	源头	整头	301.0		按二级区划执行	晋
117	滹沱河晋冀缓冲区	子牙河	滹沱河	整头	小觉	50.0		Ⅲ	晋、冀
118	滹沱河河北石家庄水源地保护区	子牙河	滹沱河	小觉	岗南水库入库口	30.0		Ⅱ	冀
119	岗南水库河北水源地保护区	子牙河	岗南水库	岗南水库区			52.8	Ⅱ	冀
120	滹沱河河北石家庄开发利用区	子牙河	滹沱河	岗南水库坝下	黄壁庄水库入库口	10.0		按二级区划执行	冀
121	黄壁庄水库河北水源地保护区	子牙河	黄壁庄水库	黄壁庄水库库区			55.1	Ⅱ	冀
122	滹沱河河北石家庄、衡水、沧州开发利用区	子牙河	滹沱河	黄壁庄水库坝下	献县	190.0		按二级区划执行	冀
123	滏阳河河北邯郸开发利用区1	子牙河	滏阳河	九号泉	东武仕水库入库口	13.5		按二级区划执行	冀
124	滏阳河河北邯郸开发利用区2	子牙河	滏阳河	东武仕水库库区			18.0	按二级区划执行	冀
125	滏阳河河北邯郸、邢台、衡水开发利用区	子牙河	滏阳河	东武仕水库坝下	零仓口	355.0		按二级区划执行	冀
126	滏阳河河北衡水开发利用区	子牙河	滏阳河	零仓口	大西头头闸	10.0		按二级区划执行	冀
127	滏阳河河北衡水、沧州开发利用区	子牙河	滏阳河	大西头头闸	献县	67.0		按二级区划执行	冀
128	滏阳新河河北邢台、衡水、沧州开发利用区	子牙河	滏阳新河	艾辛庄	献县	125.0		按二级区划执行	冀
129	千顷洼河北衡水开发利用区	黑龙港及运东地区	千倾洼	千倾洼			75.0	按二级区划执行	冀
130	清凉江河北邢台开发利用区	黑龙港及运东地区	清凉江	威县常庄	郎吕坡	22.0		按二级区划执行	冀
131	清凉江河北衡水、沧州水源地保护区	黑龙港及运东地区	清凉江	郎吕坡	大浪淀水库入库口	250.0		Ⅱ	冀
132	大浪淀水库河北沧州引黄调水水源地保护区	黑龙港及运东地区	大浪淀水库	大浪淀水库区			16.7	Ⅱ	冀

续表

序号	一级水功能区名称	水系	河流、湖库	范围 起始断面	范围 终止断面	长度/km	面积/km²	水质目标	省级行政区
133	北排水河河北沧州开发利用区	黑龙港及运东地区	北排水河	献县	齐家务	76.0		按二级区划执行	冀
134	北排水河冀津缓冲区	黑龙港及运东地区	北排水河	齐家务	翟庄子（西）	9.0		IV	冀、津
135	北排水河天津开发利用区	黑龙港及运东地区	北排水河	翟庄子（西）	北排河防潮闸	20.0		按二级区划执行	津
136	沧浪渠河北沧州开发利用区	黑龙港及运东地区	沧浪渠	沧州	孙庄子	60.0		按二级区划执行	冀
137	沧浪渠缓冲区	黑龙港及运东地区	沧浪渠	孙庄子	窦庄子（西）	16.0		IV	冀、津
138	沧浪渠冀津缓冲区	黑龙港及运东地区	沧浪渠	窦庄子（西）	沧浪渠防潮闸	25.4		按二级区划执行	津
139	滏东排河邢台开发利用区	黑龙港及运东地区	滏东排河	宁晋孙家口	新河陈海	6.6		按二级区划执行	冀
140	滏东排河河北邢台、衡水、沧州开发利用区	黑龙港及运东地区	滏东排河	新河陈海	献县护持寺闸上	107.0		按二级区划执行	冀
141	青静黄排水渠冀津缓冲区	黑龙港及运东地区	青静黄排水渠	青县	大庄子	30.0		III	冀、津
142	清漳河山西左权开发利用区	漳卫河	清漳河	口则	下交漳	3.0		按二级区划执行	晋
143	清漳河晋冀缓冲区	漳卫河	清漳河	下交漳	刘家庄	50.0		III	晋、冀
144	清漳河河北邯郸开发利用区	漳卫河	清漳河	刘家庄	匡门口	45.0		按二级区划执行	冀
145	清漳河岳城水库豫冀缓冲区	漳卫河	清漳河	匡门口	合漳	15.0		III	豫、冀
146	浊漳河河北黎城开发利用区	漳卫河	浊漳河	合河口	实会	50.3		按二级区划执行	晋
147	浊漳河晋冀豫缓冲区	漳卫河	浊漳河	实会	合漳	56.3		III	晋、冀、豫
148	漳河岳城水库上游缓冲区	漳卫河	漳河	合漳	岳城水库入库口	75.0		III	冀

序号	一级水功能区名称	项目		范围		长度 /km	面积 /km²	水质目标	省级行政区
		水系	河流、湖库	起始断面	终止断面				
149	岳城水库水源地保护区	漳卫河	岳城水库	岳城水库区	岳城水库区		51.2	II	冀
150	漳河河北邯郸开发利用区	漳卫河	漳河	岳城水库坝下	徐万仓	114.0		按二级区划执行	冀
151	卫河河南开发利用区	漳卫河	卫河	合河闸	元村水文站	210.0		按二级区划执行	豫
152	卫河豫冀缓冲区	漳卫河	卫河	元村水文站	龙王庙	20.0		IV～V	豫、冀
153	卫河北邯郸开发利用区	漳卫河	卫河	龙王庙	徐万仓	42.0		按二级区划执行	冀
154	卫运河冀鲁缓冲区	漳卫河	卫运河	徐万仓	四女寺	157.0		III	冀、鲁
155	漳卫新河冀鲁缓冲区	漳卫河	漳卫新河	四女寺	辛集	165.0		王营盘以上IV类，王营盘以下III类	鲁、冀
156	共楽河南新乡、鹤壁开发利用区	漳卫河	共产主义渠	合河水文站	入卫河河口	100.0		按二级区划执行	豫
157	南运河南水北调东线调水源地保护区	漳卫河	南运河	四女寺	九宣闸	264.0		II	鲁、冀
158	小运河山东调水源地保护区	漳卫河	小运河	张秋	临清	104.2		III	鲁
159	七一河山东调水源地保护区	漳卫河	七一河	邱屯闸	夏津	30.0		III	鲁
160	六五河山东调水源地保护区	漳卫河	六五河	夏津	大屯水库入库口	58.1		III	鲁
161	大屯水库山东调水源地保护区	漳卫河	大屯水库	大屯水库区	大屯水库区		40.0	III	鲁
162	海河天津开发利用区1	海河干流	海河	三岔口	二道闸上	33.5		按二级区划执行	津
163	海河天津开发利用区2	海河干流	海河	二道闸下	海河闸	38.5		按二级区划执行	津
164	徒骇河豫鲁缓冲区	徒骇马颊河	徒骇河	文明寨	毕屯	41.9		IV	豫、鲁
165	徒骇河山东开发利用区	徒骇马颊河	徒骇河	毕屯	入海口	376.1	4.2	按二级区划执行	鲁
166	马颊河南濮阳市开发利用区	徒骇马颊河	马颊河	濮阳金堤闸	南乐水文站	61.2		按二级区划执行	豫
167	马颊河豫冀缓冲区	徒骇马颊河	马颊河	南乐水文站	沙王庄	27.0		IV	豫、冀
168	马颊河山东开发利用区	徒骇马颊河	马颊河	沙王庄	入海口	338.0		按二级区划执行	鲁

注　该表来源于《全国重要江河湖泊水功能区划手册》（水利部水资源司等，2013）。

附录 J 海河流域二级水功能区划登记表

序号	二级水功能区名称	所在一级水功能区名称	水系	河流、湖库	范围 起始断面	终止断面	长度/km	面积/km²	水质目标	省级行政区
1	滦河内蒙多伦工业用水区	滦河内蒙多伦县开发利用区	滦河及冀东沿海诸河	滦河	白城子	羊肠子沟入口	40.0		Ⅲ	内蒙古
2	滦河河北承德饮用水源区	滦河河北承德开发利用区	滦河及冀东沿海诸河	滦河	三道河子	乌龙矶	71.0		Ⅲ	冀
3	滦河河北唐山工业用水区	滦河河北唐山开发利用区	滦河及冀东沿海诸河	滦河	大黑汀水库坝下	滦县	95.5		Ⅲ	冀
4	滦河河北唐山、秦皇岛工业用水区	滦河河北唐山、秦皇岛开发利用区	滦河及冀东沿海诸河	滦河	滦县	滦河河口	62.5		Ⅲ	冀
5	闪电河内蒙正蓝旗农业用水区	闪电河内蒙正蓝旗开发利用区	滦河及冀东沿海诸河	闪电河	小吐尔基	上都分场	50.0		Ⅲ	内蒙古
6	闪电河内蒙多伦县农业用水区	闪电河内蒙多伦县开发利用区	滦河及冀东沿海诸河	闪电河	上都分场	白城子（闪）水文站	53.2		Ⅲ	内蒙古
7	柳河河北承德饮用水源区	柳河河北承德开发利用区	滦河及冀东沿海诸河	柳河	兴隆	李营	33.0		Ⅲ	冀
8	瀑河河北承德饮用水源区	瀑河河北承德开发利用区	滦河及冀东沿海诸河	瀑河	平泉	宽城	63.0		Ⅲ	冀
9	潮河北京饮用水源区	潮河北京开发利用区	北三河	潮河	潮河主坝	河槽	25.3		Ⅲ	京
10	白河北京饮用水源区	白河北京开发利用区	北三河	白河	白河主坝	河槽	16.3		Ⅲ	京
11	潮白河上段北京饮用水源区	潮白河北京开发利用区	北三河	潮白河	河槽	向阳闸	29.0		Ⅲ	京
12	潮白河下段北京景观娱乐用水区	潮白河北京开发利用区	北三河	潮白河	向阳闸	苏庄	29.0		Ⅳ	京
13	潮白新河天津渔业用水区	潮白新河天津开发利用区	北三河	潮白新河	朱刘庄闸	里自沽闸	36.0		Ⅲ	津

序号	二级水功能区名称	所在一级水功能区名称	水系	河流、湖库	范围 起始断面	范围 终止断面	长度/km	面积/km²	水质目标	省级行政区
14	潮白新河天津工业、农业用水区	潮白新河天津工业、农业开发利用区	北三河	潮白新河	里自沽闸	宁车沽闸	40.4		IV	津
15	北运河北京景观娱乐用水区	北运河北京景观娱乐开发利用区	北三河	北运河	北关闸	牛牧屯	41.9		V	京
16	北运河天津农业用水区	北运河天津开发利用区1	北三河	北运河	土门楼	筐儿港节制闸	41.4		IV	津
17	北运河天津工业、农业用水区	北运河天津开发利用区1	北三河	北运河	筐儿港节制闸	屈家店节制闸	32.9		IV	津
18	北运河天津饮用、工业、景观用水区	北运河天津开发利用区2	海河干流	北运河	屈家店节制闸	三岔口	14.1		III	津
19	蓟运河天津农业用水区1	蓟运河天津开发利用区1	北三河	蓟运河	九王庄	新安镇	21.0		IV	津
20	蓟运河天津农业用水区2	蓟运河天津开发利用区2	北三河	蓟运河	江洼口	芦台大桥	47.0		IV	津
21	蓟运河天津工业、农业用水区	蓟运河天津开发利用区2	北三河	蓟运河	芦台大桥	蓟运河闸区	44.6		IV	津
22	海子水库景观娱乐用水区	泃河北京开发利用区	北三河	泃河	海子水库坝下	平谷东关		6.3	III	京
23	泃河北京工业用水区	泃河北京开发利用区	北三河	泃河	海子水库坝下	平谷东关	30.8		IV	京
24	泃河北京农业用水区	泃河北京开发利用区	北三河	泃河	平谷东关	英城大桥	12.0		V	京
25	泃河天津农业、工业用水区	泃河天津开发利用区	北三河	泃河	辛撞	九王庄	54.8		IV	津
26	还乡河北唐山农业用水区	还乡河北唐山开发利用区	北三河	还乡河	邱庄水库坝下	窝洛沽	99.0		IV	冀
27	还乡河天津农业用水区	还乡河天津开发利用区	北三河	还乡河	丰北闸	蓟运河	8.0		IV	津
28	北京排污河北京农业用水区	北京港沟河北京开发利用区	北三河	北京港沟河	源头	马头	50.0		V	京
29	北京排污河（北京港沟河）天津农业用水区	北京港沟河（北京港沟河）天津开发利用区	北三河	北京港沟河（北京港沟河）	里老闸	东堤头闸	73.7		IV	津
30	沙河北唐山农业用水区	沙河河北唐山开发利用区	北三河	沙河	源头	水平口	33.0		IV	冀
31	永定河山峡段饮用水源区	官厅水库北京开发利用区	永定河	永定河	官厅水库坝下	三家店	92.0		II	京
32	永定河平原段饮用水源区	永定河北京开发利用区	永定河	永定河	三家店	辛庄	57.6		III	京
33	永定河天津农业用水区	永定河天津开发利用区	永定河	永定河	东州大桥	屈家店闸	22.0		IV	津

续表

序号	二级水功能区名称（项目）	所在一级水功能区名称	水系	河流、湖库	起始断面（范围）	终止断面（范围）	长度/km	面积/km²	水质目标	省级行政区
34	永定新河天津工业、农业用水区	永定新河天津工业、农业用水区	永定河	永定新河	屈家店闸	大张庄	14.5		IV	津
35	永定新河天津农业用水区 1	永定新河天津农业用水区	永定河	永定新河	大张庄	金钟河闸	28.9		IV	津
36	永定新河天津农业用水区 2	永定新河天津农业用水区	永定河	永定新河	金钟河闸	永定新河防潮闸	18.6		V	津
37	桑干河山西应县农业用水区	桑干河山西开发利用区	永定河	桑干河	东榆林水库人库口	北张寨	71.1		IV	晋
38	桑干河山西怀仁过渡区	桑干河山西开发利用区	永定河	桑干河	北张寨	固定桥	59.0		III	晋
39	桑干河山西朔田水库大同市饮用、工业水源区	桑干河山西开发利用区	永定河	桑干河	固定桥	册田水库坝下	32.0		II	晋
40	桑干河河北张家口农业用水区	桑干河河北张家口开发利用区	永定河	桑干河	阳原	入洋河河口	130.0		IV	冀
41	二道河内蒙兴和农业用水区	二道河内蒙兴和县开发利用区	永定河	二道河	团结水库人库口	前河人河处	45.0		IV	内蒙古
42	二道河内蒙兴和排污控制区	二道河内蒙兴和县开发利用区	永定河	二道河	前河人河处	南十八台	3.3			内蒙古
43	二道河内蒙兴和过渡区	二道河内蒙兴和县开发利用区	永定河	二道河	南十八台	付家天	3.0		IV	内蒙古
44	东洋河河北张家口农业用水区	东洋河河北张家口开发利用区	永定河	东洋河	友谊水库坝下	入洋河河口	46.0		IV	冀
45	南洋河山西阳高、天镇农业、工业用水区	南洋河山西阳高、天镇开发利用区	永定河	南洋河	小白登	宣家塔	45.0		IV	晋
46	南洋河河北张家口饮用水源区	南洋河河北张家口开发利用区	永定河	南洋河	水闸屯	入洋河河口	4.0		III	冀
47	洋河河北张家口农业用水区	洋河河北张家口开发利用区	永定河	洋河	怀安	响水堡	78.0		IV	冀
48	饮马河内蒙丰镇市农业用水区	饮马河内蒙丰镇市开发利用区	永定河	饮马河	九龙湾水库人库口	丰镇水文站	30.0		III	内蒙古
49	饮马河内蒙丰镇市排污控制区	饮马河内蒙丰镇市开发利用区	永定河	饮马河	新城湾乡	新城湾乡	5.8		IV	内蒙古
50	饮马河内蒙丰镇市过渡区	饮马河内蒙丰镇市开发利用区	永定河	饮马河	堡子湾	大庄科人口	3.3		IV	内蒙古
51	御河山西大同市农业用水区	御河山西大同市开发利用区	永定河	御河	堡子湾	白马城	26.0		IV	晋

序号	二级水功能区名称	所在一级水功能区名称	水系	河流、湖库	起始断面	终止断面	长度/km	面积/km²	水质目标	省级行政区
52	御河山西大同市排污控制区	御河山西大同市开发利用区	永定河	御河	白马城	艾庄	11.0		V	晋
53	御河山西大同市过渡区	御河山西大同市开发利用区	永定河	御河	艾庄	入桑干河河口	20.0		IV	晋
54	壶流河山西广灵农业用水区	壶流河山西广灵县开发利用区	永定河	壶流河	源头	下河湾水库坝下	46.6		III	晋
55	壶流河河北张家口农业用水区1	壶流河河北张家口开发利用区1	永定河	壶流河	壶流河水库坝下	下河湾水库库区		10.8	III	冀
56	壶流河河北张家口农业用水区2	壶流河河北张家口开发利用区2	永定河	壶流河	壶流河水库坝下	钱家沙洼	79.0		III	冀
57	大清河河北保定农业用水区	大清河河北保定、廊坊开发利用区	大清河	大清河	新盖房闸	保定、廊坊交界	40.0		IV	冀
58	大清河河北廊坊农业用水区	大清河河北保定、廊坊开发利用区	大清河	大清河	保定、廊坊交界	左各庄	60.0		IV	冀
59	大清河河北天津农业用水区	大清河河北天津开发利用区	大清河	大清河	台头	进洪闸	12.6		III	津
60	拒马河河北保定饮用水源区	拒马河河北保定开发利用区	大清河	拒马河	源头	紫荆关	67.0		II	冀
61	南拒马河河北保定农业用水区	南拒马河河北保定开发利用区	大清河	南拒马河	落宝滩	新盖房	70.0		III	冀
62	唐河山西灵丘农业用水区	唐河山西灵丘开发利用区	大清河	唐河	源头	王庄堡镇	35.0		III	晋
63	唐河山西灵丘工业用水区	唐河山西灵丘开发利用区	大清河	唐河	王庄堡镇	城头会	38.0		III	晋
64	唐河河北保定饮用水源区1	唐河河北保定开发利用区1	大清河	唐河	倒马关	西大洋水库入库口	75.0		II	冀
65	唐河河北保定饮用水源区2	唐河河北保定开发利用区2	大清河	唐河	西大洋水库坝下	西大洋水库库区		29.0	II	冀
66	唐河河北保定农业用水区	唐河河北保定开发利用区3	大清河	唐河	西大洋水库坝下	温仁	93.0		IV	冀
67	独流减河天津农业用水区1	独流减河天津开发利用区	大清河	独流减河	进洪闸	万家码头	43.5		IV	津
68	独流减河天津饮用水源区	独流减河天津开发利用区	大清河	独流减河	万家码头	十里横河	11.0		III	津
69	独流减河天津农业用水区2	独流减河天津开发利用区	大清河	独流减河	十里横河	南北腰闸	9.7		IV	津
70	独流减河天津工业用水区	独流减河天津开发利用区	大清河	独流减河	南北腰闸	工农兵闸	6.1		V	津
71	小清河北京景观娱乐用水区	小清河北京开发利用区	大清河	小清河	大宁水库	马头镇	30.0		IV	京

附录

续表

序号	二级水功能区名称	所在一级水功能区名称	水系	河流、湖库	范围 起始断面	范围 终止断面	长度/km	面积/km²	水质目标	省级行政区
72	白沟河河北保定饮用水源区	白沟河河北保定开发利用区	大清河	白沟河	东茨村	新盖房	54.0		Ⅲ	冀
73	北大港水库天津饮用、工业、农业水源区	北大港水库天津开发利用区	大清河	北大港水库	北大港水库库区			149.0	Ⅲ	津
74	子牙河河北沧州工业用水区	子牙河河北沧州开发利用区	子牙河	子牙河	献县	南赵扶	72.0		Ⅳ	冀
75	子牙河天津农业用水区	子牙河天津开发利用区1	子牙河	子牙河	东子牙	八堡节制闸	31.6		Ⅳ	津
76	子牙河天津饮用、农业用水区	子牙河天津开发利用区1	子牙河	子牙河	八堡节制闸	西河闸	20.0		Ⅲ	津
77	子牙河天津饮用、工业、景观用水区	子牙河天津开发利用区2	海河干流	子牙河	西河闸	子、北汇流口	17.0		Ⅲ	津
78	子牙新河河北沧州农业用水区	子牙新河河北沧州开发利用区	子牙河	子牙新河	献县	周官屯	90.0		Ⅳ	冀
79	子牙新河天津农业用水区	子牙新河天津开发利用区	子牙河	子牙新河	太平村	子牙新河主槽闸	21.2		Ⅳ	津
80	滹沱河山西繁峙饮用、农业用水区	滹沱河山西忻州开发利用区	子牙河	滹沱河	源头	下茹越水库坝上	52.5		Ⅱ	晋
81	滹沱河山西代县农业用水区	滹沱河山西忻州开发利用区	子牙河	滹沱河	下茹越水库坝下	下政化	57.0		Ⅳ	晋
82	滹沱河山西原平忻定工业、农业用水区	滹沱河山西忻州开发利用区	子牙河	滹沱河	下政化	南庄	146.5		Ⅳ	晋
83	滹沱河山西阳泉饮用水源区	滹沱河山西阳泉开发利用区	子牙河	滹沱河	南庄	鳌头	45.0		Ⅲ	晋
84	滹沱河河北石家庄饮用水源区	滹沱河河北石家庄开发利用区	子牙河	滹沱河	岗南水库坝下	黄壁庄水库入库口	10.0		Ⅱ	冀
85	滹沱河河北石家庄农业用水区	滹沱河河北石家庄、衡水、沧州开发利用区	子牙河	滹沱河	黄壁庄水库坝下	石家庄、衡水交界	107.0		Ⅳ	冀
86	滹沱河河北衡水农业用水区	滹沱河河北石家庄、衡水、沧州开发利用区	子牙河	滹沱河	石家庄、衡水交界	衡水、沧州交界	64.0		Ⅳ	冀

续表

序号	二级水功能区名称	项目 所在一级水功能区名称	水系	河流、湖库	范围 起始断面	终止断面	长度 /km	面积 /km²	水质 目标	省级 行政 区
87	滹沱河河北沧州农业用水区	滹沱河河北沧州农业开发利用区	子牙河	滹沱河	衡水、沧州交界	献县	19.0		IV	冀
88	滏阳河河北邯郸饮用水源区 1	滏阳河河北邯郸开发利用区	子牙河	滏阳河	九号泉	东武仕水库入库口	13.5		III	冀
89	滏阳河河北邯郸饮用水源区 2	滏阳河河北邯郸开发利用区	子牙河	滏阳河	东武仕水库区	东武仕水库入库区		18.0	III	冀
90	滏阳河河北邯郸农业用水区	滏阳河河北邯郸、邢台、衡水开发利用区	子牙河	滏阳河	东武仕水库坝下	邯郸、邢台交界	115.0		V	冀
91	滏阳河河北邢台农业用水区	滏阳河河北邯郸、邢台、衡水开发利用区	子牙河	滏阳河	邯郸、邢台交界	邢台、衡水交界	214.0		IV	冀
92	滏阳河河北衡水农业用水区 1	滏阳河河北邯郸、邢台、衡水开发利用区	子牙河	滏阳河	邢台、衡水交界	零仓口	26.0		IV	冀
93	滏阳河河北衡水景观娱乐用水区	滏阳河河北衡水开发利用区	子牙河	滏阳河	零仓口	大西头水闸	10.0		IV	冀
94	滏阳河河北衡水农业用水区 2	滏阳河河北衡水、沧州开发利用区	子牙河	滏阳河	大西头水闸	衡水、沧州交界	47.0		IV	冀
95	滏阳河河北沧州农业用水区	滏阳河河北沧州开发利用区	子牙河	滏阳河	衡水、沧州交界	献县	20.0		IV	冀
96	滏阳新河河北邢台农业用水区	滏阳新河河北邢台开发利用区	子牙河	滏阳新河	艾新庄	邢台、衡水交界	22.0		IV	冀
97	滏阳新河河北衡水农业用水区	滏阳新河河北衡水、沧州开发利用区	子牙河	滏阳新河	邢台、衡水交界	衡水、沧州交界	83.0		IV	冀
98	滏阳新河河北沧州农业用水区	滏阳新河河北沧州开发利用区	子牙河	滏阳新河	衡水、沧州交界	献县	20.0		IV	冀
99	千顷洼河北衡水饮用水源区	千顷洼河北衡水开发利用区	黑龙港及运东地区	千顷洼	献县			75.0	III	冀
100	北排水河河北沧州工业用水区	北排水河河北沧州开发利用区	黑龙港及运东地区	北排水河		齐家务	76.0		IV	冀

续表

序号	二级水功能区名称	所在一级水功能区名称	水系	河流、湖库	范围 起始断面	范围 终止断面	长度/km	面积/km²	水质目标	省级行政区
101	北排水河天津农业用水区	北排水河天津开发利用区	黑龙港及运东地区	北排水河	翟庄子（西）	北排河防潮闸	20.0		IV	津
102	沧浪渠河北沧州农业用水区	沧浪渠河北沧州开发利用区	黑龙港及运东地区	沧浪渠	沧州	孙庄子	60.0		V	冀
103	沧浪渠天津农业用水区	沧浪渠天津开发利用区	黑龙港及运东地区	沧浪渠	窦庄子（西）	沧浪渠防潮闸	25.4		IV	津
104	滏东排河河北邢台过渡区	滏东排河河北邢台开发利用区	黑龙港及运东地区	滏东排河	宁晋孙家口	新河陈海	6.6		III	冀
105	滏东排河河北邢台、衡水、沧州饮用水源区	滏东排河河北邢台、衡水、沧州开发利用区	黑龙港及运东地区	滏东排河	新河陈海	邢台、衡水交界	18.0		III	冀
106	滏东排河河北衡水饮用水源区	滏东排河河北邢台、衡水、沧州开发利用区	黑龙港及运东地区	滏东排河	邢台、衡水交界	衡水、沧州交界	67.0		III	冀
107	滏东排河河北沧州饮用水源区	滏东排河河北邢台、衡水、沧州开发利用区	黑龙港及运东地区	滏东排河	衡水、沧州交界	献县护持寺闸上	22.0		III	冀
108	清凉江河北邢台过渡区	清凉江河北邢台开发利用区	黑龙港及运东地区	清凉江	威县常庄	郎吕坡	22.0		III	冀
109	清漳河山西左权农业用水区	清漳河山西左权开发利用区	漳卫河	清漳河	口则	下交漳	3.0		III	晋
110	清漳河河北邯郸饮用水源区	清漳河河北邯郸开发利用区	漳卫河	清漳河	刘家庄	匡门口	45.0		III	冀
111	浊漳河山西黎城工业用水区	浊漳河山西黎城开发利用区	漳卫河	浊漳河	合河口	实会	50.3		III	晋
112	漳河河北邯郸农业用水区	漳河河北邯郸开发利用区	漳卫河	漳河	岳城水库坝下	徐万仓	114.0		IV	冀
113	卫河河南新乡农业用水区	卫河河南开发利用区	漳卫河	卫河	合河闸	西孟人口	12.1		IV	豫
114	卫河河南新乡市景观娱乐用水区	卫河河南开发利用区	漳卫河	卫河	西孟入口	饮马口	5.0		IV	豫
115	卫河河南新乡市排污控制区	卫河河南开发利用区	漳卫河	卫河	饮马口	107公路桥	11.6		IV	豫

续表

序号	项目 二级水功能区名称	所在一级水功能区名称	水系	河流、湖库	范围 起始断面	范围 终止断面	长度/km	面积/km²	水质目标	省级行政区
116	卫河河南卫辉市排污整制区	卫河河南开发利用区	漳卫河	卫河	107公路桥	卫辉市倪湾乡洪庄	17.0			豫
117	卫河河南卫辉市农业用水区	卫河河南开发利用区	漳卫河	卫河	卫辉市倪湾乡洪庄	淇门水文站	25.0		V	豫
118	卫河河南浚县农业用水区1	卫河河南开发利用区	漳卫河	卫河	淇门水文站	浚、滑县界	29.5		V	豫
119	卫河河南滑县排污控制区	卫河河南开发利用区	漳卫河	卫河	浚、滑县界	滑、浚县界	6.0			豫
120	卫河河南浚县农业用水区2	卫河河南开发利用区	漳卫河	卫河	滑、浚县界	浚县至白寺乡公路桥	11.0		V	豫
121	卫河河南浚县排污控制区	卫河河南开发利用区	漳卫河	卫河	浚县至白寺乡公路桥	东王桥	4.8			豫
122	卫河河南浚县农业用水区3	卫河河南开发利用区	漳卫河	卫河	东王桥	五陵水文站	19.0		V	豫
123	卫河河南内黄县农业用水区	卫河河南开发利用区	漳卫河	卫河	五陵水文站	清丰阳邵乡兴旺庄	50.0		V	豫
124	卫河河南濮阳市农业用水区	卫河河南开发利用区	漳卫河	卫河	清丰阳邵乡兴旺庄	元村水文站	19.0		V	豫
125	卫河河北邯郸市农业用水区	卫河河北邯郸开发利用区	漳卫河	卫河	龙王庙	徐万仓	42.0		IV	冀
126	共渠河南新乡市排污控制区	共渠河南新乡、鹤壁开发利用区	漳卫河	共产主义渠	合河水文站	六店村107国道公路桥上	21.0		V	豫
127	共渠河南新乡、鹤壁农业用水区	共渠河南新乡、鹤壁开发利用区	漳卫河	共产主义渠	六店村107国道公路桥上	入卫河口	79.0		V	豫
128	海河天津饮用、工业、景观用水区	海河天津开发利用区	海河干流	海河	三岔口	二道闸上	33.5		III	津
129	海河天津过渡区	海河天津开发利用区	海河干流	海河	二道闸下	海河闸	38.5		V	津
130	徒骇河山东莘县农业用水区	徒骇河山东开发利用区	徒骇马颊河	徒骇河	毕屯	东延营桥	10.6		V	鲁
131	徒骇河山东莘县过渡区	徒骇河山东开发利用区	徒骇马颊河	徒骇河	东延营桥	杨庄闸	8.1		IV	鲁

续表

序号	项目 二级水功能区名称	所在一级水功能区名称	水系	河流、湖库	范围 起始断面	范围 终止断面	长度/km	面积/km²	水质目标	省级行政区
132	徒骇河山东莘县景观娱乐用水区	徒骇河山东开发利用区	徒骇马颊河	徒骇河	杨庄闸	刘马庄闸	6.6		IV	鲁
133	徒骇河山东阳谷农业用水区	徒骇河山东开发利用区	徒骇马颊河	徒骇河	刘马庄闸	王堤口闸	16.8		V	鲁
134	徒骇河山东东昌府过渡区1	徒骇河山东开发利用区	徒骇马颊河	徒骇河	王堤口闸	羊角河入徒骇河处	13.6		IV	鲁
135	徒骇河山东聊城环城湖景观娱乐用水区	徒骇河山东开发利用区	徒骇马颊河	徒骇河	聊城环城湖区			4.2	IV	鲁
136	徒骇河山东聊城景观娱乐用水区	徒骇河山东开发利用区	徒骇马颊河	徒骇河	羊角河入徒骇河处	昌东橡胶坝	11.5		IV	鲁
137	徒骇河山东东昌府过渡区2	徒骇河山东开发利用区	徒骇马颊河	徒骇河	昌东橡胶坝	西新河入徒骇河处	9.1		V	鲁
138	徒骇河山东茌平农业用水区	徒骇河山东开发利用区	徒骇马颊河	徒骇河	西新河入徒骇河处	禹城前油坊	51.7		V	鲁
139	徒骇河山东德州农业用水区	徒骇河山东开发利用区	徒骇马颊河	徒骇河	禹城前油坊	临邑夏口	60.0		V	鲁
140	徒骇河山东济南农业用水区	徒骇河山东开发利用区	徒骇马颊河	徒骇河	临邑夏口	淄角镇靠河郑村	59.1		V	鲁
141	徒骇河山东滨州工业用水区	徒骇河山东开发利用区	徒骇马颊河	徒骇河	淄角镇靠河郑村	入海口	129.0		IV	鲁
142	马颊河南濮阳濮阳市景观娱乐用水区	马颊河河南濮阳市开发利用区	徒骇马颊河	马颊河	濮阳金堤闸	清丰县马庄桥	16.5		IV	豫
143	马颊河河南濮阳农业用水区	马颊河河南濮阳市开发利用区	徒骇马颊河	马颊河	清丰县马庄桥	南乐水文站	44.7		IV	豫
144	马颊河山东聊城工业用水区	马颊河山东开发利用区	徒骇马颊河	马颊河	沙王庄	薛王刘闸	76.0		IV	鲁
145	马颊河山东高唐农业用水区	马颊河山东开发利用区	徒骇马颊河	马颊河	薛王刘闸	津期店	53.0		IV	鲁
146	马颊河山东德州饮用水源区	马颊河山东开发利用区	徒骇马颊河	马颊河	津期店	车镇乡李李村	164.0		III	鲁
147	马颊河山东滨州农业用水区	马颊河山东开发利用区	徒骇马颊河	马颊河	车镇乡李李村	入海口	45.0		IV	鲁

注 该表来源于《全国重要江河湖泊水功能区划手册》（水利部水资源司，2013）。

附录 K 海河流域重要饮用水水源地一览表

序号	水 源 地 名 称	省级行政区	所属流域	取水水源类型
1	密云水库水源地		海河流域	水库
2	北京市自来水集团第二水厂水源地		海河流域	地下水
3	北京市自来水集团第三水厂水源地		海河流域	地下水
4	北京市自来水集团第八水厂水源地		海河流域	地下水
5	怀柔水库水源地	北京市	海河流域	水库
6	北京市拒马河水源地		海河流域	河道
7	北京市顺义区第三水源地		海河流域	地下水
8	白河堡水库水源地		海河流域	水库
9	于桥-尔王庄水库水源地	天津市	海河流域	水库
10	潘家口-大黑汀水库水源地		海河流域	水库
11	岳城水库水源地		海河流域	水库
12	邯郸市羊角铺水源地		海河流域	地下水
13	岗南水库水源地		海河流域	水库
14	黄壁庄水库水源地		海河流域	水库
15	石家庄市滹沱河地下水水源地		海河流域	地下水
16	陡河水库水源地		海河流域	水库
17	唐山市北郊水厂水源地		海河流域	地下水
18	桃林口水库水源地（含洋河水库）		海河流域	水库
19	石河水库水源地		海河流域	水库
20	西大洋水库水源地		海河流域	水库
21	王快水库水源地		海河流域	水库
22	保定市一亩泉水源地	河北省	海河流域	地下水
23	大浪淀水库水源地		海河流域	水库
24	杨埠水库水源地		海河流域	水库
25	廊坊市城区水源地		海河流域	地下水
26	承德市二水厂水源地		海河流域	地下水
27	承德市双滦自来水公司水源地		海河流域	地下水
28	张家口市旧李宅水源地		海河流域	地下水
29	张家口市样台水源地		海河流域	地下水
30	张家口市腰站堡水源地		海河流域	地下水
31	张家口市北水源水源地		海河流域	地下水
32	邢台市桥西董村水厂水源地		海河流域	地下水
33	衡水自来水公司水源地		海河流域	地下水

续表

序号	水源地名称	省级行政区	所属流域	取水水源类型
34	长治市辛安泉水源地		海河流域	地下水
35	阳泉市娘子关泉水源地	山西省	海河流域	地下水
36	朔州市耿庄水源地		海河流域	地下水
37	忻州市豆罗水源地		海河流域	地下水
38	锡林郭勒盟一棵树-东苗圃水源地	内蒙古	内蒙古高原内陆区	地下水
39	清源湖水库水源地		海河流域	水库
40	相家河水库水源地		海河流域	水库
41	庆云水库水源地		海河流域	水库
42	丁东水库水源地		海河流域	水库
43	杨安镇水库水源地		海河流域	水库
44	思源湖水库水源地		海河流域	水库
45	三角洼水库水源地	山东省	海河流域	水库
46	孙武湖水库水源地		海河流域	水库
47	仙鹤湖水库水源地		海河流域	水库
48	幸福水库水源地		海河流域	水库
49	西海水库水源地		海河流域	水库
50	滨州市东郊水库水源地		海河流域	水库
51	聊城市东聊供水水源地		海河流域	地下水
52	盘石头水库水源地		海河流域	水库
53	弓上水库水源地	河南省	海河流域	水库
54	安阳市洹河地下水水源地		海河流域	地下水
55	焦作市城区地下水水源地		海河流域	地下水

注 该表来源于《水利部关于印发全国重要饮用水水源地名录（2016 年）的通知》（水资源涵〔2016〕383 号）。

后　记

2019 年，海河水保局迎来了自成立以来最大的机构改革，根据《中编办关于生态环境部流域生态环境监管机构设置有关事项的通知》（中央编发〔2019〕26 号）、生态环境部《关于海河流域北海海域生态环境监督管理局主要职责、内设机构和人员编制规定（试行）的通知》（人事函〔2019〕55 号），海河水保局更名为"生态环境部海河流域北海海域生态环境监督管理局"，为生态环境部设在海河流域的派出机构，实行生态环境部和水利部双重领导、以生态环境部为主的管理体制，单位职责进行了较大调整，主要负责海河流域、北海海域生态环境监管和行政执法相关工作。

站在新的历史起点，面对更为光荣而艰巨的任务和严峻挑战，海河流域北海海域生态环境监督管理局将继续秉承"献身、负责、求实"精神，以习近平生态文明思想为指导，坚持人与自然和谐共生理念，砥砺奋进，担当作为，为美丽中国建设不懈努力，在海河流域北海海域生态环境保护工作中谱写更为辉煌、壮丽的历史篇章。

2020 年 3 月